现代城市园林规划设计与林木保护

曾嘉悦　张元华　卜会荣　著

吉林科学技术出版社

图书在版编目（CIP）数据

现代城市园林规划设计与林木保护 / 曾嘉悦，张元华，卜会荣著. -- 长春 : 吉林科学技术出版社，2023.3

ISBN 978-7-5744-0315-4

Ⅰ. ①现… Ⅱ. ①曾… ②张… ③卜… Ⅲ. ①城市—园林设计—景观规划—研究②城市—园林设计—景观设计—研究③森林保护—研究 Ⅳ. ①TU986.2②S76

中国国家版本馆 CIP 数据核字(2023)第 066103 号

现代城市园林规划设计与森林保护

著　　曾嘉悦　张元华　卜会荣
出 版 人　宛　霞
责任编辑　高千卉
封面设计　南昌德昭文化传媒有限公司
制　　版　南昌德昭文化传媒有限公司
幅面尺寸　185mm×260mm
开　　本　16
字　　数　460 千字
印　　张　21.25
印　　数　1-1500 册
版　　次　2023 年 3 月第 1 版
印　　次　2024 年 1 月第 1 次印刷

出　　版　吉林科学技术出版社
发　　行　吉林科学技术出版社
地　　址　长春市南关区福祉大路 5788 号出版大厦 A 座
邮　　编　130118
发行部电话/传真　0431—81629529　81629530　81629531
81629532　81629533　81629534
储运部电话　0431-86059116
编辑部电话　0431-81629510
印　　刷　廊坊市印艺阁数字科技有限公司

书　　号　ISBN 978-7-5744-0315-4
定　　价　85.00 元

#《现代城市园林规划设计与林木保护》编审会

前　言

随着我国人口数量不断增长，社会物质文化水平持续提高，经济大发展等，使得生活环境日益恶化。于是，人们越来越重视城市园林建设，使城市园林景观与生态系统和谐相生，在改善生活环境的同时美化城区。林业是我国产业重要组成部分，而林业的管理及保护可有效发挥林地生产潜力，提升我国生态、经济与社会效益。

城市景观园林规划设计，其创造元素往往取材于当地的生活习惯、民俗文化、人文建筑、特色景观等。这些元素通过提炼升华，以铺装、雕塑、假山、水景、园林建筑、小品等景观布局手法和形式呈现在广大民众视线，容易引起居民心理上的共鸣，增强居民的城市自豪感和幸福感，同时从侧面也向外展示了城市特色文化，以城市名片形式对外传播，为提升城市形象打下基础。

本书从城市园林规划设计理论基础介绍入手，针对城市园林规划设计的方法、景观规划设计的原则以及城市园林景观组景规划设计手法进行了分析研究；另外对城市园林设计的原则与布局、城市园林风景布局规律、景观与园林设计创新发展以及风景园林建筑的内外部空间设计做了一定的介绍；还对现代林业与生态文明建设、林业工程项目有害生物的综合治理、伐区木材生产作业与森林环境保护及现代林业生态工程建设与管理做了简要分析；旨在摸索出一条适合现代城市园林规划设计与林木保护工作创新的科学道路，帮助其工作者在应用中少走弯路，运用科学方法，提高效率。

在本书的写作过程中，虽然努力做到精雕细琢、精益求精，但是由于知识和经验的局限，书中不足之处在所难免，恳请读者批评、指正，以使我们的学术水平不断提高，不胜感激。本书参考借鉴了很多专家、学者的教材、论著、文章，并借鉴了他们的一些观点，在此，对这些学术界前辈深表感谢！

目 录

第一章 城市园林规划设计理论基础

第一节 园林概述

一、中国园林的概念

园林，指特定培养的自然环境和游憩境域。在一定的地域运用工程技术和艺术手段，通过改造地形、种植树木花草、营造建筑和布置园路等途径创作而成的美的自然环境和游憩境域，就称为园林。在中国传统建筑中独树一帜，有重大成就的是古典园林建筑。

传统中国文化中的一种艺术形式，受到传统“礼乐”文化影响很深。通过地形、山水、建筑群、花木等作为载体衬托出人类主体的精神文化。

园林具有很多的拓展概念：园林社区、园林街道、园林城市（生态城市）、国家园林县城等等。现代的生活方式和生活环境对于园林有着迫切的功能性和艺术性的要求。对于我们现代的生活和未来的人民发展方向有着越来越重要的作用。

二、中国古典园林的特点

中国古典园林作为东方园林体系的代表，与世界上其他园林体系相比多具有鲜明的个性。而它的各个类型之间，又有着许多的共性，可以概括为以下四个方面。

（一）本于自然、高于自然

自然风景以山、水为地貌基础，以植被作装点。山、水、植物乃是风景园林的构景要素，但中国古典园林绝非一般地利用或简单地模仿这些构景要素的原始状态，而是有意识地加以改造、调整、加工、剪裁，从而表现一个精练概括的典型化的自然唯其如此，像颐和园那样的大型天然山水园才能够把具有典型特点的江南湖山景观在北方的大地上复现出来。这就是中国古典园林的一个最主要的特点——本于自然而又高于自然。这个特点在人工山水园的筑山、理水、植物配植方面表现得尤为突出。

（二）建筑美与自然美的融糅

古典建筑斗拱梭柱，飞檐起翘，具有庄严雄伟、舒展大方的特色它不只以形体美为游人所欣赏，还与山水林木相融合，共同形成古典园林风格以楼台亭阁、轩馆斋榭为空间主景，以廊架为联系，进行园林空间的分隔和联系，经过建筑师巧妙的构思，运用设计手法和技术处理，把功能、结构、艺术统一于一体，成为古朴典雅的建筑艺术品－它的魅力，来自体量、外形、色彩、质感等因素，加之室内布置陈设的古色古香、外部环境的和谐统一，更加强了建筑美的艺术效果、美的建筑、美的陈设、美的环境，彼此依托而构成佳景－在总体布局上，通过对应、呼应、映衬、虚实等一系列艺术手法，造成充满节奏和韵律的园林空间，居中可观景，观之能入画。

（三）诗画的情趣

文学是时间的艺术，绘画是空间的艺术。园林的景物既需“静观”，也要“动观”，即在游动、行进中领略观赏，故园林是时空综合的艺术：中国古典园林的创作，能充分地把握这一特性，运用各个艺术门类之间的触类旁通，熔铸诗画艺术于园林艺术，使得园林从总体到局部都包含着浓郁的诗画情趣，在园林中不仅是把前人诗文的某些境界、场景在园林中以具体的形象复现出来，或者运用景名、匾额、楹联等文学手段对园景作直接或间接的点题，而且还借鉴文学艺术的章法、手法使得规划设计颇具类似文学艺术的结构。

（四）意境的含蕴

意境是中国园林艺术创作和欣赏的一个重要美学范畴，也就是说把主观的感情、理念熔铸于客观生活、景物之中，从而引发鉴赏者的感情共鸣和理念联想游人获得园林意境带来的快感，不仅通过视觉官能的感受或者借助于文字、古人的文学创作、神话传说、历史典故等的感受，而且还通过听觉、嗅觉的感受，诸如丹桂飘香、雨打芭蕉、流水叮咚，乃至柳浪松涛之天籁清音，都能引发意境的遐思拙政园的见山楼有陶渊明的名句：“采菊东篱下，悠然见南山。”

三、中国古典园林的类型

（一）北方园林

中国北方园林指的是以北京为中心分布的大量皇家园林，其最突出的特点是这些园林充分地表现了皇家气派。主要体现在建筑上，形象稳重、敦实，体量较大，多采用红色、黄色等高纯度的暖色调，显示一种权力的至高无上主要代表作品就是著名的承德避暑山庄和北京的“三山五园”，即香山的静宜园、玉泉山的静明园、万寿山的清漪园（颐和园）以及附近的畅春园、圆明园。

（二）江南园林

江南园林是指分布于长江中下游以南地区的园林以苏州、扬州、无锡、上海、常熟、南京等城市为主，其中以苏州、扬州为最，也最具代表性。江南园林植物种类较多，四季景观丰富；建筑形象玲珑轻盈，气质柔媚，色彩淡雅，体量较小，变化丰富，能够很好和周围环境相协调；置石主要采用太湖石、黄石，如苏州留园中的冠云峰是我国的四大石之一，就是用太湖石堆叠而成总之，江南深厚的文化积淀、高雅的艺术格调和精湛技巧居于三大地方风格之首，达到在有限的空间创造无限意境的高超境界它的代表作为“江南四大名园”：懈园、留园、拙政园、寄畅园。

（三）岭南园林

岭南是指我国南方五岭之南的广大地区，其范围主要涉及广东、福建南部、广西东部及南部岭南园林以宅院为主，多为庭院与宅院的组合，建筑物体量偏大，楼房又较多，故略显壅塞，深邃幽奥有余而开朗之感不足、形象上以装饰、雕塑、细木雕工见长。岭南园林的代表作品有“粤中四大名园”：顺德的清晖园、东莞的可园、番禺的余商山房、佛山的梁园。岭南园林受西洋的影响较多一些，不代表某些局部和细部的做法。

四、世界园林的发展方向

绿化是基础，美化是园林的一种重要功能，而生态化是现代园林进行可持续发展的根本出路，是21世纪社会发展和人类文明进步不可缺少的重要一环。人类渴望自然，城市呼唤绿色，园林绿化发展就应该以人为本，充分认识和确定人的主体地位及人与环境的双向互动关系，强调把关心人、尊重人的宗旨，具体体现为在城市园林的创造中满足人们的休闲、游憩和观赏的需要，使人、城市和自然形成一个相互依存、相互影响的良好生态系统。生态化园林应该体现在以下几个方面：

①城市绿地分布要均匀、合形成一个由绿地、绿廊、绿网构成的综合绿地系统。扩大城市公共绿地的服务半径，特别是城市中心区、旧城区和居民区应该加强绿地建设，让更多的市民都能受益。

②规划设计要做到“因地制宜，突出特色，风格多样，量力而行”，尊重当地原有的地形、地貌、水体和生态群落，尽量采用和保留原有的动植物和微生物，引入植物要

与当地特定的生态条件和景观环境相适应。硬质铺装要少而且要使地面水能充分渗透到地下以加强生态系统的稳定性和自身维护能力，还能节约大量的维护费用。

③植物配置要形成以乔木为主，乔、灌、藤、花、草相结合的复层混交绿化模式。以“林荫型”绿化为主导，加强道路、小区、游园及广场的遮阴效果，增添绿地的色彩，为市民提供距离合适、景观优美、绿化充分、环境宜人的生活和工作环境；变“平面型绿化”为“立体型”绿化，扩展绿化的范围，发展垂直绿化、屋顶绿化、阳台绿化，加强植物新品种的开发、研究和应用，增加城市绿化量，美化城市景观，构造城市空间的多层次绿化格局。

园林的生态化是要使园林植物在城市环境中合理发展、增加积蓄和持续利用，形成城市生态系统的自然调节能力，起到改善城市环境、维护生态平衡、保证城市可持续发展的主导和积极作用。园林、城市、人三者之间只有相互依存、融为一体，才能真正充分满足人类社会生存和发展的需求

第二节　城市园林绿地系统概述

城市绿地的定义是：指以自然和人工植被为主要存在形态的城市用地。它包含两个层次的内容：一是城市建设用地范围内用于绿化的土地；二是城市建设用地以外，对城市生态、景观和居民休闲生活具有积极作用、绿化环境较好的区域。

一、城市园林绿地系统的功能

为做好园林规划设计，科学地评定园林绿地的质量标准，很有必要对园林绿地的功能有一个比较清晰的了解和认识。园林绿地的功能可归纳为以下三方面。

（一）生态效益

1．调节温度

园林绿地对温度的影响主要表现在物体表面温度、气温和太阳辐射温度。园林绿地对物体表面温度及气温的调节特征主要表现为：夏季的绿地表面温度比裸露的土地、铺装路面、建筑物等，气温效应亦然。在冬季其表现则反之。森林的蒸腾作用需要吸收大量热能，1 公顷生长旺盛的森林，每年要蒸腾 8000 吨水，蒸腾这些水要消耗热量 167.5 亿千焦，从而使森林上空的温度降低。草坪也有较好的降温效果。夏季的草坪表面温度比裸露的地表温度低 6℃～7℃，比沥青路面低 8℃～20.5℃；墙面在垂直绿化前后的表面温度温差为 5.5℃～14℃；而冬季的草坪足球场的表面温度较泥土足球场高 4℃。对气温的调节而言，夏季的林地树荫处的气温比无林地的气温低 3℃～5℃，比建筑物区域低 10℃左右。草坪上气温比裸露土地低 2℃左右而冬季的林地气温较无林地区域的

气温高 0.1℃～0.5℃。

2. 调节湿度

绿色植物，尤其是乔木林，具有较强的蒸腾作用，使绿地区域空气的相对湿度和绝对湿度都比未绿化区域大。据测定：1 公顷阔叶林在夏季可蒸腾 2500 吨水，比同等面积的裸露土地蒸发量高 20 倍。1 公顷的油松林日蒸腾水量为 40 ～ 56 吨，1 公顷加拿大白杨每日蒸腾量为 57 吨。夏季园林绿地的相对湿度较非绿地的高 10% ～ 20%。因此绿地是大自然中最理想的“空调器”。

3. 调节气流

绿化植树对降低风速的作用是明显的，且随着风速的增大效果更好气流穿过绿地时，树木的阻截、摩擦和过筛作用将气流分成许多小涡流，这些小涡流方向不一，彼此摩擦，消耗了气流的能量，因此绿地中的树木能使强风变成中等风速，中等风速变成微风。据测定，夏秋季能降低风速 50% ～ 80%，而且绿地里平静无风的时间比无绿地的要长；冬季能降低风速 20%. 减少了暴风的吹袭。

绿化降低风速的作用，还表现在它所影响的范围，可影响到其高度的 10 ～ 20 倍。在林带高度 1 倍处，可降低风速 60%，10 倍处降低 20% ～ 30%，20 倍处可降低 10%。

4. 吸收二氧化碳，放出氧气

城市由于燃料的燃烧和人的呼吸作用，城市空气中二氧化碳的浓度一般大于郊区，对人体健康不利。当空气中二氧化碳浓度达到 0.05% 时，人的呼吸就感不适；达到 0.2% ～ 0.6% 时，对人体就有害了；超过 10% 时，就可导致人窒息而亡。

绿色植物通过光合作用，能从空气中吸收二氧化碳，放出氧气，据测定，1 公顷公园绿地每天能吸收 900 千克的二氧化碳并生产 600 千克氧气；1 公顷阔叶树林在生长季节每天可吸 1000 千克的二氧化碳和生产 750 千克氧气，可供 1000 人一天呼吸所用，因此，增加城市中的园林绿地面积可有效解决城市中二氧化碳过量和氧气不足等问题

5. 吸收有害气体

城市绿化植物对许多有毒气体具有吸收净化作用，几乎所有的植物都能吸收一定量的有毒气体城市空气中有毒气体种类很多，量最大的是二氧化硫和烟尘，其他主要有氟化氢、氮氧化物、氯、一氧化碳、臭氧以及汞、铅等气体利用绿地防止或减轻有毒气体的危害多是城市环境保护的一项重要措施。实验数据表明：松林每天可从 1 立方米空气中吸收 20 毫克的二氧化硫；1 公顷柳杉每天能吸收 60 千克的二氧化硫上海园林局的研究表明，臭椿和夹竹桃，不仅抗二氧化硫的能力强，并且吸收能力也强臭椿在二氧化硫污染情况下，叶中含硫量可达正常含硫量的 29.8 倍，夹竹桃可达 8 倍。

6. 吸滞尘埃

城市空气中含有大量的粉尘、烟尘等尘埃，给人们健康带来了不利影响城市绿化植物对灰尘有阻滞、过滤和吸附作用。不同的绿色植物对灰尘的阻滞吸附能力差异很大。

这与叶片形态结构、叶面粗糙程度、叶片着生角度以及树冠大小、疏密度、生长季节等因素有关。

7. 杀菌作用

空气中有大量的细菌、病原菌等微生物，不少是对人体有害的病菌，时刻侵袭着人体，直接影响人们的身体健康，而绿地植物能有效地吸附尘埃，进而减少空气中细菌的传播。其中一个重要的原因是许多植物的芽、叶、花粉能分泌出具有杀死细菌、真菌和原生动物的挥发物质，即杀菌素：因此，增加园林绿地可减少空气中的细菌含量。城市中绿化区域与没有绿化的街道相比，每立方米空气中的含菌量要减少 85% 以上。

8. 降低噪声

噪声是一种声波，也是一种特殊的环境污染，当强度超过 70 分贝时，就会使人产生头昏、头痛等病症，严重影响人们的生活和休息一城市噪声污染主要来源于交通运输、工业机器和社会生活噪声，而城市绿化植被对声波有散射、吸收作用。

9. 净化水体

城市水体污染源，主要有工业废水、生活污水、降水径流等工业废水和生活污水在城市中多通过管道排出，较易集中处理和净化而大气降水形成地表径流，冲刷和带走了大量地表污物，其成分和水的流向难以控制，许多则渗入土壤，继续污染地下水。研究表明，园林树木可以吸收水中的溶解质，减少水中含菌数量。30 ～ 40 米宽林带树根可将 1 升水中的含菌量减少 50% 许多水生植物和沼生植物对净化城市污水有明显作用。

10. 净化土壤

植物的地下根系能吸收大量有害物质，因而具有净化土壤的能力。有植物根系分布的土壤，好气性细菌比没有根系分布的土壤多几百倍至几千倍，故能促使土壤中的有机物迅速无机化因此，既净化了土壤，又增加了肥力草坪是城市土壤净化的重要地被物，城市中一切裸露的土地种植草坪后，不仅可以改善地上的环境卫生，也能改善地下的土壤卫生条件。

（二）社会效益

城市园林绿化是全社会的一项建设工程，不仅可以改善整个城市的生态环境，还可以美化城市、陶冶市民情操、提高市民文化素质、促进社会主义精神文明建设，具有明显的社会效益。

1. 创造城市景观

城市园林绿化具有独特的自然属性和文化属性，能够满足人们的文化和艺术享受，许多风景优美的城市，大多具有优美的自然地貌、轮廓挺直的建筑群体和风格独特的园林绿化，其中，园林绿化对城市面貌起决定作用。园林绿化为软质景观，与硬质景观建筑配合，能丰富城市建筑体的轮廓线，形成美丽的街景、园林广场和滨河绿带等城市轮廓骨架。

2. 提供游憩场所

城市中的公共绿地是环境美的重要地段，是人们节假日和工作之余休息、娱乐、游憩放松的良好场所：公园一般分为动、静两类游戏活动区。青少年多喜欢动的游乐活动，老年人则偏爱静的游憩活动。在城市郊区的森林、水域或山地，利用风景优美的地段，来安排为居民服务的休疗养地，或从区域规划的角度，充分利用某些特有的自然条件。

3. 文化科普园地

城市园林绿地，特别是公园、小游园和一些公共设施专用绿地，是一个城市或单位的宣传橱窗，可开展多种方式的活动，提高市民的文化艺术修养水平。公园中常设各种展览馆、陈列馆、纪念馆等，还有专类公园。

4. 社会交往空间

园林绿地中常设琴、棋、书、画、武术、电子工艺、体育活动项目及儿童和少年娱乐设施等，人们可以自由选择有益于自己身心健康的活动项目，在紧张工作之余可以到这里放松、享受大自然美景，以及进行社会交往。人们在集体活动中可以加强接触和交流，增进友谊，既可减少老年人的孤独，也可使成年人消除疲劳、振奋精神，提高工作效率，培养青少年的勇敢精神，有益健康成长。

5. 安全防护

城市园林绿化具有防灾避难、保护城市人民生命财产安全的作用。树木中含有大量的水分，使空气湿度增大。特别是有些树木有防火功能，这些树木所含水分多，不易燃烧，含树脂少，着火时不产生火焰，能有效阻挡火势蔓延，城市绿地也能有效减轻地震灾害、水土流失和台风带来的破坏。公园绿地为居民提供了避震的临时生活环境，是城市居民地震避难的良好场所。

（三）经济效益

一个城市的园林绿化经济效益，是指它为城市提供的公益能的数量和质量。经济效益又有直接经济效益和间接经济效益之分。直接经济效益是指园林绿化部门所获得的绿化林副产品、门票、服务等的直接收入，主要指公共绿地直接产出值，随着人们工作效率的提高，休闲时间越来越多，娱乐休闲已成为人们必不可少的生活需求，休闲经济因此也将成为社会的主导经济，传统的农业与园林园艺相结合建设而成的现代农业观光园就是在这一背景下产生的，间接经济效益是指园林绿化所形成的良性生态效益和社会效益，主要包括森林、绿化植被、涵养水源、保持水土、吸收二氧化碳和有毒气体、释放氧气、防止水土流失、鸟类保护、旅游保健、拉动其他产业的发展等方面的价值。

二、城市园林绿地的分类及特征

（一）公园绿地

综合公园：内容丰富，有相应设施，适合于公众开展各类户外活动的规模较大的绿地、一般综合公园规模较大，内容、设施较为完备，质量较好，园内功能分区明确，多有风景优美的自然条件、丰富的植物种类、开阔的草坪与浓郁的林地，四季景观丰富。

社区公园：为一定居住用地范围内的居民服务，具有一定活动内容和设施的集中绿地。除改善社区居民的环境卫生和小气候、美化环境外，还为居民日常游憩活动创造了良好的条件，是社区居民使用频率很高的绿地。

专类公园：具有特定内容或形式，有一定游憩设施的绿地。其位置、内容、形式依据专类园的功能而异。

带状公园：沿城市道路、城墙、水滨等一定游憩设施的狭长形绿地。有相当的宽度，供城市居民游憩之用。其中有小型游憩设施，还有简单的服务设施。

街旁绿地：位于城市道路用地以外，相对独立成片的绿地，包括街道广场绿地、小型沿街绿化用地等。对改善城市卫生条件、美化市容、组织交通起到积极作用，并有利于延长路面的使用寿命。

（二）生产绿地

为城市绿化提供苗木、花草、种子的苗圃、花圃、草圃等圃地。有的花圃布置成园林式，可供人们游憩之用。

（三）防护绿地

城市中具有卫生、隔离和安全防护功能的绿地，包括卫生隔离带、道路防护绿带、城市走廊绿带、防风带、城市组团隔离带等。防护绿地的主要功能是改善城市的自然条件和卫生条件。

（四）附属绿地

包括居住用地、公共设施用地、工业用地、仓储用地、对外交通用地、道路广场用地、市政设施用地和特殊用地中的绿地。其绿化形式、植物选择等主要决定于附属绿地的功能及类别。

（五）其他绿地

对城市生态环境质量、居民休闲生活、城市景观和生物多样性保护有直接影响的绿地。这些自然保护区的部分地区经整理后，可供人们有组织地游览参观。

三、城市园林绿地评价指标

（一）城镇园林绿地指标

我国衡量城市绿化水平的指标主要有人均公园绿地面积、人均绿地面积和绿地率三项指标。

人均公园绿地面积是指城市中居民平均每人占有公园绿地的数量，是衡量城市绿化水平的主要指标。城市中工业和人口高度集中，城市化所带来的城市生态环境的破坏也日趋严重，从卫生学上保护环境的需要和防灾防震的需求来看，考虑到大气中氧气与二氧化碳的平衡城市居民需要的人均绿地面积应在 30 ~ 40 平方米；疗养学上认为舒适的休养环境其绿地面积要在 50% 以上，联合国生物圈生态环境组要求城市绿化达到人均 60 平方米。城市绿地率是衡量城市规划的重要指标，是指城市中各类园林绿化用地总面积占城市总用地面积的百分比，表示了全市绿地总面积的大小。

城市绿化覆盖率是指城市中种植的乔木、灌木、草坪地被等所有植被的垂直投影面积占城市总面积的百分比，它随着时间的推移、树冠的大小而变化绿化覆盖面积包括各类绿地的实际绿化种植覆盖面积、街道绿化覆盖面积、屋顶绿化覆盖面积以及零散树木的覆盖面积，须注意乔木下的灌木投影面积、草坪面积不得计入在内，以免重复。

（二）影响城镇园林绿地指标的主要因素

1. 国民经济发展水平

随着国民经济的发展，人民的物质文化生活水平得到改善与提高，对于环境绿地的要求也会不断提高，这就促使我国城市绿地在数量和质量上要向更高的水平发展。

2. 城市性质

不同性质的城市对园林绿地要求不同，如以风景游览、休养、疗养性质为主的城市，由于游览、美化的功能要求，则指标要高些。一些重工业城市，如钢铁、化工及交通枢纽城市。由于环境保护的需要，指标也要高些。

3. 城市规模

从理论上讲，大中城市由于市区人口密集，建筑密度高，应在市区内有较多的绿地，指标应比小城市高大城市的绿地系统比小城市复杂，绿地种类可以较多。在特大城市中，往往设置专门的动、植物园，在生活居住区的范围内，还可以设立区域性公园、小游园等。一般小城市有一个中心综合公园，或在近郊开辟一些绿地即可。

4. 城镇自然条件

南方城市气候温暖，土壤肥沃，水源充足，树种丰富，绿地面积也较大一些。而北方城市气候寒冷，干旱多风，树种较少，绿地面积在总体上要比南方小些。应根据我国建筑气候分区及各地具体情况，再来确定不同的园林绿地指标。

四、城市园林绿地系统布局

（一）城市绿地的布局形式

世界各国绿地发展可总结为八种基本模式：点状、环状、网状、楔状、放射状、带状、指状、综合式。我国的城市园林绿地系统，从形式上可归纳为下列几种。

1. 块状绿地布局

这种布局多数出现在旧城改造中。我国多数城市的绿地属块状布局。在城市规划总图上，公园、花园、广场绿地呈块状、方形、不等边多边形，均匀分布于城市中其优点是可以做到均衡分布，方便居民使用，但因分散独立、不成一体，对综合改善城市小气候作用不显著。

2. 带状绿地布局

这种绿地布局多数由于利用河湖水系、城市道路、旧城墙等因素，形成纵横向绿带、放射状绿带与环状绿带交织的绿地网。

3. 楔形绿地布局

凡城市中由郊区伸入市中心的由宽到狭的绿地，称为楔形绿地。一般都是利用河流、起伏地形、放射干道等结合市郊农田防护林来布置－优点是能使城市通风条件好，也有利于城市面貌的体现。

4. 混合式绿地布局

混合式绿地布局是前三种形式的综合应用，可以做到城市绿地点、线、面结合，组成较完整的体系：其优点是：可以使生活居住区获得最大的绿地接触面，方便居民游憩，有利于小气候的改善，有助于城市环境卫生条件的改善，有利于丰富城市总体与各部分的艺术面貌，北京的绿地系统规划布局即按此种形式来发展

（二）城市绿地的布局手法

城市中有各种类型的绿地，每种绿地所发挥的功能作用有所不同，但在绿地布局中只有采用点、线、面结合的方式，将城市绿地形成一个完整的统一体，才能充分发挥其群体的环境效益、社会效益和经济效益。

1. 城市园林绿地的“点”

主要指城市绿地中的公园布局，其面积不大，而绿化质量要求较高，是市民游览休息、开展各种游乐活动的主要场所。区级公园在城市中要均匀分布于城市的各个区域，服务半径以居民步行 15 ~ 20 分钟到达为宜。儿童公园应安排在居住区附近动物园要稍微远离城市，以免污染城市和传播疾病在街道两旁、湖滨河岸，可适当多布置一些小花园，供人们就近休息。

2. 城市园林绿地的“线”

主要指城市街道绿化、游憩林荫带、滨河绿带、工厂及城市防护林带等的布局将这些带状绿地相互联系，组成纵横交错的绿带网，起到保护路面、防风、防尘、降噪、促进空气流通等作用。

3. 城市园林绿地的“面”

主要指城市中广大的附属绿地，它是由小块绿地组成的分布最广、总面积最大的绿地类型，对城市环境影响很大。

综上所述，只有各种功能不同的绿地连成系统之后，通过点、线、面相结合，集中与分散相结合，重点与一般相结合等手法的运用，才能合理地规划好城市的绿地，使其真正起到改善城市环境和小气候的作用。

第三节　园林规划设计的形式与特点

古今中外的园林，虽然表现方法不一、风格各异，但其形式主要有三种：规则式、自然式、混合式。一般情况下，多结合地形，在原地形平坦处，根据总体规划需要安排规则式的布局。在原地形条件较复杂，具备起伏不平的丘陵、山谷、洼地等情况下，结合地形规划成自然式。类似上述两种不同形式规划的组合即为混合式园林。在实际中绝对的自然式或规则式是少见的。一般在园林的主要入口、广场和主要建筑物前，多采用规则式，在较大面积的供游览、休息的部分采用自然式。这样可以集两种形式的长处而避免其缺点。

混合式手法是园林规划布局主要手法之一，它的运用同空间环境地形及功能性质要求有密切关系。园林内地势平坦、面积不大、无甚种植基础、功能性较强的区域常采用规则式布置，若原有地形起伏不平，丘陵水面较多，树木生长茂密，以游赏、休息为主的区域，则可结合自然条件进行不规则式布置，以求得曲折变化，有利于形成幽静安谧的环境气氛。

一、规则式（又称整形式、几何式）

规则式的布局方式强调整齐、对称和均衡其最为明显的特点就是有明显的轴线，园林要素的应用以轴线为基础依次展开，追求几何图案美。

人工的几何图案美，给人以庄严、雄伟、整齐之感这种形式一般见于宫苑、纪念性园林或有对称轴的建筑庭院中，其园林要素的特点有如下几个方面

（一）地形地貌

在平原地区，由不同标高的水平面及缓倾斜的平面组成；在山地及丘陵地，由阶梯式的大小不同的水平台地、倾斜平面及石级组成。

（二）水体设计

外形轮廓均为几何形：多采用整齐式驳岸，园林水景的类型以及整形水池、壁泉、整形瀑布及运河等为主，其中常以喷泉作为水景的主题。

（三）建筑布局

园林不仅个体建筑采用中轴对称均衡的设计，以至建筑群和大规模建筑组群的布局，也采取中轴对称均衡的手法，以主要建筑群和次要建筑群形式的主轴和副轴控制全园。

（四）道路广场

园林中的空旷地和广场外形轮廓均为几何形。封闭性的草坪、广场空间，以对称建筑群或规则式林带、树墙包围。道路均为直线、曲线或几何曲线组成，构成方格形或环状放射形，中轴对称或不对称的几何布局。

（五）种植设计

园内花卉布置用以图案为主题的模纹花坛和花境为主，有时布置成大规模的花坛群，树木配置以行列式和对称式为主，并运用大量的绿篱、绿墙以区划和组织空间。树木整形修剪以模拟建筑体形和动物形态为主，如绿柱、绿塔、绿门、绿亭和用常绿树修剪而成的鸟兽等。

（六）园林其它景物

除建筑、花坛群、规则式水景和大量喷泉为主景以外，其余常采用盆树、盆花、瓶饰、雕像为主要景物。雕像的基座为规则式，雕像位置多配置于轴线的起点、终点或交点上。

规则式园林给人的感觉是雄伟、整齐、庄严。

二、自然式

自然式园林发展：自然式园林也叫风景式园林，这种园林风格始于中国，早在公元前11世纪的周朝，文王就建造了方圆70里的御园“灵台、灵诏”。用来养花、种果树和饲养禽兽，同时使皇家的住宅园林化。从汉代开始，人们受老庄学说“菲薄人为，返求自然”的影响，注重仿效自然景色创造人工的山水树石风景，以“回复自然”和“创造自然”。隋唐时期，园林和盆景都很简练、以少胜多，突出树石丘池的自然美。唐代以后，在园林中加进了亭台楼阁等建筑物，民间也广建私家园林。明清两代，园林和盆景艺术达到鼎盛时期，皇族与官商富贾都热衷于造园，认为只有园林和盆景艺术才能创造最美的境界。清代，我国建成了世界上绝无仅有的“万园之园”圆明三园，它是世界上最美的花园。在不断实践和总结经验的基础上，我国古代出现了一些造园理论的著作或记录，如南北朝时的《世说新语》，隋朝的《东都图记》，唐朝的《艺文类聚》（居处部），宋朝的《都城记胜》和《洛阳名园记》，明朝的《园冶》、《一家言》，清朝的《红楼梦》等等。这些著作对于我国和外国的造园实践，都产生了深远的影响。早在汉、唐时期，中国的园林和盆景艺术深刻地影响了日本和东南亚国家，又通过丝绸之路，由马可波罗及其他欧洲人的介绍，中国的园林风格又传遍了欧洲，英、法、德等国都修建了不少中国式园林。其特点是：

（一）地形地貌

平原地带，地形为自然起伏的和缓地形与人工推置的若干自然起伏的土丘相结合，其断面为和缓的曲线。在山地和丘陵地，则利用自然地形地貌，除建筑和广场基地以外不作人工阶梯形的地形改造工作，原有破碎割切的地形地貌也加以人工整理，使其自然。

（二）水体

其轮廓为自然的曲线，岸为各种自然曲线的倾斜坡度，如有驳岸也是自然山石驳岸，园林水景的类型以溪涧、河流、自然式瀑布、池沼、湖泊等为主。常以瀑布为水景主题。

（三）建筑

园林内个体建筑为对称或不对称均衡的布局，其建筑群和大规模建筑组群，多采取不对称均衡的布局。全园不以轴线控制，而以主要导游线构成的连续构图控制全园。

（四）道路广场

园林中的空旷地和广场的轮廓为自然形的封闭性的空旷草地和广场，以不对称的建筑群、土山、自然式的树丛和林带包围。道路平面和剖面为自然起伏曲折的平面线和竖曲线组成。

（五）种植设计

园林内种植不成行列式，以反映自然界植物群落自然之美，花卉布置以花丛、花群为主，不用模纹花坛。树木配植以孤立树、树丛、树林为主，不用规侧修剪的绿篱，以自然的树丛、树群、树带来区划和组织园林空间。树木整形不作建筑鸟兽等体形模拟，而以模拟自然界苍老的大树为主。

（六）园林其它景物

除建筑、自然山水、植物群落为主景以外其余尚采用山石、假石、桩景、盆景、雕刻为主要景物，其中雕像的基座为自然式，雕像多配置于透视线集中的焦点。

三、混合式

混合式园林是在公元19世纪60年代以后形成的。它是在一个园中，同时采用规则式和自然式两种园林艺术手法来设计建造的。这种类型的园林现已被世界各国广为采用。“回复自然”、“创造自然”是中国园林设计的指导思想。中国园林追求对大自然的理解与感受，以唤起人们对原始自然的联想。中国园林是对大自然景观的模拟，它与文学、绘画有着内在的联系，它们之间互相影响，往往表现出一些共同的意境和情怀；中国园林经常追求文学或绘画中所描写的境界，将诗情画意变成具体的现实场景。苏州的拙政园、西园，上海的御园，北京故宫的皇家御花园等都具有代表性。混合式园林是综合规则与自然两种类型的特点，把它们有机结合在一起，这种形式于现代园林中，既可发挥自然式园林布局设计的传统手法，又能吸收规则式布局的优点。创造出的园林景观既有整齐明朗、色彩鲜艳的规则部分，又有丰富多彩、变化无穷的自然式部分其手法是：在较大的现代园林建筑周围或构图中心，采用规则式布局；在远离主要建筑物的部分，采用自然式布局。混合式的住宅，在在不同形式的过渡衔接上要处理得顺理成章。有时可用“园中园”手法或集锦式方法把不同的形式风格布置在一个整体园林中，具有开朗、变化丰富的特点。一般来讲，居民区、体育场等建筑物以混合式为宜，既包含了建筑的形式威仪，又让园林以自然的形态融汇其中，内外兼修。

园林和建筑都是直接服务于人类生活的东西，不止于日常器用层面，而延伸出来更丰富的精神趣味。所以说，一个开发商想要打造什么样的房子，从其中的园林就可以看出来，园林中的事物按照一定的艺术规则有机地组织起来，最后为居者创造一个和谐完美的整体。

布局时采取何种艺术形式，要随建园意图和基地环境而定，同时要符合城市的风格审美。为此，万科翡翠华章，提取传统对称结构精华、九宫格局、西方十字形布局与黄金分割点进行融合，并与城市非凡者的生活审美取向融合，以合理化错落建筑规划方法论，权衡极其舒适的社区尺度感。

第四节　园林的空间、赏景与造景

一、园林的空间艺术

（一）空间的概念与类型

1. 空间的概念与特性

园林景观的艺术表现和园林使用功能的发挥都是通过空间进行的，空间是园林设计的核心所以，确立空间概念、了解空间特性是非常必要的。

所谓空间，是通过实体物质的存在而存在的，它本身无形无色，却又能变化万千。老子在《道德经》中写道：“埏埴以为器，当其无，有器之用；凿户牖以为室，当其无，有室之用。故有之为利，无之以为用。”借以说明空间与实体是相互共存的。其中的“有”是指物质实体，“无”即是空间实体形态决定空间的形状，对空间有限定性限定空间的实体越强，空间的有限性就越强；实体越大空间的有限性就越弱。广泛地说，实体的强包括它的高低、大小、形状和质地，相应地也规定了空间的大小容量、形状和空间质量。

人对空间的感知主要是视觉，其次是听觉、嗅觉、触觉和意念。通过这些感知，人不但了解空间的形状、体量、色彩，还了解到它的温度、湿度、光影、质地等空间质量并形成理念。仅从视觉空间的感知讲，可分为生理感知和心理感知。生理感知是以限定空间的实体形态来分辨的，易于掌握，而心理上的意念空间是以人的日常生活经验为基础的。

2. 空间的类型

由于空间所具有的可限性、质量性、多变性、方向性和使用性等特征，从不同角度区分，可分有很多名目类别。

（二）园林空间的组织

园林多位于人群集中的城郊，为人工营造，以目的空间为主，又因风景区中的天然景观也为人们观赏包括了自然空间的成分，在目的空间中，建筑的个体设计多注意建筑物内部空间与和建筑物有关的室外空间处理而园林空间则多注意景物所能构成的外部空间的组织和室内外空间的渗透过渡，园林空间的整体是外部空间可控空间是按规划设计意图，利用实体如建筑、墙垣、山石、树木、水面等组成的有限空间范围这种空间是内向的，游人可在内游览、休息、活动。不可控空间是游人视线所能达到的。

1. 视景空间的基本类型

组织风景视线，观赏景物的空间为视景空间，基本类型如下：

（1）静态空间与静态风景、动态空间与动态风景

游人观赏景物有动静之分，园林观赏的艺术感受单元为固定视点的静观构图。这种固定视点观赏静态风景所需的空间为静态空间，人们所见到的景物是相对静止的。但因游人是运动的，固定视点是简时的，人动景也动，静态性的风景网面开始序列性地展开，形成步移景异：游人从一个空间逐步进入到另一个空间，出现了连续的动态观赏与动态空间组织布局因此，在：园林规划设计中，常常将全园分为既有联系又能独立的、自成体系的局部空间。

（2）开敞空间与开朗风景、闭合空间与闭锁风景

人的视平线高于四周景物时，所处的空间是开敞的空间，空间的开敞程度与视点景物之间的距离成正比。与视平线高于景物的高差成正比在开敞空间中所呈现的风景是开朗风景一开敞空间中，视线可平视很远，视觉不易疲劳；开朗风景使人心胸开朗、视觉轻松、豪情满怀。

（3）纵深空间与集聚风景、垂直空间与垂直风景

在狭长的空间中，形成条形的纵向空间所呈现的（多层次）定向景观为集聚风景，其具有强烈的方向性

2. 园林空间的分隔与联系

园林空间构图的分隔，有虚分与实分两种手法。虚分是通过道路、水面、栏杆、空廊、疏林等分隔空间；虽然分隔，却不遮挡视线或很少遮挡，被分隔开的两个空间可相互渗透、互相依存。在园林空间的分隔中，除少数因景观布局需要采用闭合式实分空间外，大部分是以虚分和部分实分的形式来组织空间的，依据空间与空间的转换需求，决定分隔程度。

二、园林赏景与造景

（一）赏景

景的观赏有动静之分，同时在人们游赏的过程中由于人的观赏视角或观赏视距的不同，对景物的感受也不同。

1. 动态观赏与静态观赏

景的观赏，动就是游，静就是息。一般园林绿地的规划，应从动与静两方面的要求来考虑。动态观赏，如同看风景电影，成为一种动态的连续构图静态观赏，如同看一幅风景画。动态观赏一般多为进行中的观赏，可采用步行或乘车乘船的方式进行静态观赏则多在亭廊台榭中进行，游人在园林中赏景既需要动态观景，又需要静态观景，设计者应在游览线上系统地组织景物及赏景设施，以满足游人赏景的需要。

2. 观赏点与观赏视距

无论动态、静态的观赏，游人所在位置称为观赏点或视点观赏点与被观赏景物间的距离称为观赏视距，观赏视距适当与否与观赏的艺术效果关系很大最适视距，如主景为雕像、建筑、树丛、艳丽的花木等，最好能在垂直视角为30°、水平视角为45°的范围内。

在平视静观的情况下，水平视角不超过45°，垂直视角不超过30°，则有较好的观赏效果。关于对纪念碑的观赏，垂直视角如分别按18°、27°、45°进行设计，则18°视距为纪念碑高的3倍，27°的为2倍，45°的为1倍，如能分别留出空间，当以18°的仰角观赏时，碑身及周围的景物能同时观赏到，27°时主要能观察碑的整个体形，45°时则只能观察碑的局部和细部了。

3. 俯视、仰视、平视的观赏

观赏点与被观赏的景物之间的位置有高有低：高视点多设于山顶或楼上，这样可以产生鸟瞰或俯瞰效果，登高望远，高瞻远瞩，纵览园内和园外景色，并可获得较宽幅度的整体景观感觉；低视点多设于山脚或水边，水边的亭、榭、旱船，或山洞底部、飞檐挑梁、假山洞、悬崖，能产生高耸、险峻的景观；观赏点与景物之间高差不大，将产生平视效果，使人感觉平静、舒适。

（二）园林规划设计的方法和程序

1. 造景方法

在园林绿地中，因借自然、模仿自然组织创造供人游览观赏的景色谓之造景一人工造景要根据园林绿地的性质、规模因地制宜、因时制宜。现从主景与配景、景的层次、借景、空间组织、前景、点景等方面加以说明。

（1）主景与配景

“牡丹虽好，还需绿叶扶持。”景无论大小均宜有主景、配景之分。主景是重点，是核心，是空间构图中心，能体现园林绿地的功能与主题，富有艺术上的感染力，是观赏视线集中的焦点配景起着陪衬主景的作用，二者相得益彰又形成艺术整体不同性质、规模、地形环境条件的园林绿地中，主景、配景的布置是有所不同的如杭州花港观鱼公园以金鱼池及牡丹园为主景，周围配置大量的花木（如海棠、樱花、玉兰、梅花、紫薇、碧桃、山茶、紫藤等）以烘托主景。北京北海公园的主景是琼华岛和团城，其北面隔水相对的五龙亭、静心斋、画舫斋等是其配景。

为了突出主景，园林设计中常常采取一些措施，常用的手法一般有以下几种

①主体升高

为了使构图的主题鲜明，常常把集中反映主题的主景，在空间高度上加以突出，使主景主体升高升高的主景，由于背景是明朗简洁的蓝天，使主景的造型、轮廓、体量鲜明地衬托出来，而不受或少受其他环境因素的影响但是升高的主景。在色彩上和明暗上，一般和明朗的蓝天取得对比如颐和园的佛香阁、北海的白塔、南京中山陵的中山灵宝、广州越秀公园的五羊雕塑等，都是运用了主体升高的手法来强调主景。

②运用轴线和风景视线的焦点

轴线是园林风景或建筑群发展、延伸的主要方向，一般常把主景布置在中轴线的终点此外，主景常布置在园林纵横轴线的相交点，或放在轴线的焦点或风景透视线的焦点上。

③对比与调和

对比是突出主景的重要技法之一。园林中，作为配景的局部，对主景要起对比作用。配景与主景在线条、体形、体量、色彩、明暗、动势、性格、空间的开朗与封闭、布局的规则与自然上，都可以用对比的手法来强调。

首先，应该从规划上来考虑，如主要局部与次要局部的对比关系。其次，考虑局部设计的配体与主体的对比关系，如昆明湖开朗的湖面为颐和同水景中的主景，有了闭锁的苏州河及谐趣园水景作为对比，就显得格外开阔。

在局部设计上，白色的大理石雕像应以暗绿色的常绿树为背景；暗绿色的青铜像，则应以明朗的蓝天为背景：秋天的红枫应以青绿色的油松为背景；春天红色的花坛应以绿色的草地为背景。

单纯运用对比，能把主景强调和突出，但是突出主景仅是构图的一方面的要求，构图尚有另一方面的要求，即配景和主景的调和与统一国此，对比与调和常是渗透起来综合运用，使配景与主景达到对立统一的最佳效果。

④动势向心

一般四面环抱的空间，如水面、广场、庭院等。其周围次要的景物往往具有动势，趋向于视线集中的焦点上，主景最宜布置在这个焦点上为了不使构图呆板，主景不一定正对空间的几何中心而偏于一侧如西湖四周景物，由于视线易达湖中，形成沿湖风景的向心动势，因此，西湖中的孤山便成了“众望所归”的焦点，格外突出。

⑤渐变

在色彩中，色彩由不饱和的浅级到饱和的深级或由饱和的深级到不饱和的浅级，由暗色调到明色调或由明色调到暗色调所引起的艺术上的感染，称为渐变感园林景物由配景到主景，在艺术处理上级级提高，步步引人入胜，也是渐变的处理手法。

⑥空间构图的重心

为了强调和突出主景，常常把主景布置在整个构图的中心处，来突出主景：规则式园林构图中，主景常居于构图的几何中心，如天安门广场中央的人民英雄纪念碑，居于天安门广场的几何中心，突出了其主体地位。自然式园林构图，主景常布置在构图的自然重心上，如中国传统的假山。但主峰切忌居中，即主峰不设置在构图的几何中心，而有所偏移，但必须布置在自然空间的重心上，并且四周景物要与其配合。

⑦抑扬

中国园林艺术的传统，反对一览无余的景色，主张“山重水复疑无路，柳暗花明又一村”的先藏后露的构图中国园林的主要构图和高潮，并不是一进园就展现眼前，而是采用欲“扬”先“抑”的手法，来提高主景的艺术效果。

主景是强调的对象，为了达到目的，一般在体量、形状、色彩、质地及位置上都被突出为了对比，一般都用以小衬大、以低衬高的手法突出主景。但有时主景也不一定体量很大、很高，在特殊条件下低在高处、小在大处也能取胜，成为主景，如西湖孤山的“西湖天下景”就是低在高处的主景。

（2）景的层次

景就距离远近、空间层次而言，有前景、中景、背景之分（也叫近景、中景与远景），一般前景、背景都是为了突出中景而言的这样的景，富有层次的感染力，给人以丰富而无单调的感觉。

在种植设计中，也有前景、中景和背景的组织问题，如以常绿的圆柏（或龙柏）丛作为背景，衬托以五角枫、海棠花等形成的中景，再以月季引导作为前景，即可组成一个完整统一的景观如桂林盆景园，以乔木、灌木和花卉构成有上下层次和远近层次的草坪空间。

有时因不同的造景要求，前景、中景、背景不一定全部具备。如在纪念性园林中，需要主景气势宏伟，空间广阔豪放、以低矮的前景、简洁的背景烘托即可另外，在一些大型建筑物的前面，为了突出建筑物，使视线不被遮挡，只做一些低于视平线的水池、花坛、草地作为前景，而背景借助于蓝天、白云。

（3）借景

有意识地把园外的景物“借”到园内可透视、可感受的范围中来，称为借景。借景是中国园林艺术的传统手法一座园林的面积和空间是有限的，为了扩大景物的深度和广度，组织游赏的内容，除了运用多样统一、迂回曲折等造园手法外，造园者还常常运用借景的手法，收无限于有限之中。

（4）对景与分景

为了满足不同性质的园林绿地的功能要求，达到各种不同景观的欣赏效果，创造不同的景观气氛，园林中常利用各种景观材料来进行空间组织，并在各种空间之间创造相互呼应的景观对景和分景就是两种常用的手法。

（5）框景、夹景、漏景、添景

园林绿地在景观的前景处理上，还有框景、夹景、漏景和添景等。

①框景

利用门框、窗框、树框、山洞等有选择地摄取另一空间的优美景色，恰似一幅嵌于境框中的立体风景画的取景方法，称为框景。《园冶》中谓“借以粉壁为纸，以石为绘也。理者相石皴纹，仿古人笔意，植黄山松柏、古梅、美竹，收之圆窗，宛然镜游也。”李渔于自己室内创设“尺幅窗”（又名“无心画”）讲的也是框景。

②夹景

为了突出优美的景色，常将左右两侧贫乏景观之处以树丛、树列、土山或建筑物等加以屏障，形成左右较封闭的狭长空间，这种左右两侧的景观叫夹景。夹景是运用透视线、轴线突出对景的方法之一，还可以起到障丑显美的作用，增加园景的深远感，同时也是吸引游人注意的有效方法。

③漏景

漏景由框景发展而来，框景景色全现，漏景景色则若隐若现，有“犹抱琵琶半遮面”的感觉，含蓄雅致，是空间渗透的一种主要方法。漏景不仅限于漏窗看景，还有漏花墙、漏屏风等除建筑装修构件外，疏林树干也是好材料，但植物不宜色彩华丽，树干宜空透阴暗，排列宜与景并列，所对景物则要色彩鲜艳，亮度较大为宜。

④添景

当风景点与远方对景之间没有其他中景、近景过渡时，为求对景有丰富的层次感，加强远景“景深”的感染力，常作添景处理。添景可用建筑的一角或树木花卉等用树木作添景时，树木体形宜高大，姿态宜优美。如在湖边看远景，常有几丝垂柳枝条作为近景的装饰就很生动。

（6）景题

我国园林善于抓住每一景观特点，根据它的性质、用途，结合空间环境的景象和历史高度概括，常做出形象化、诗意浓、意境深的园林题咏。其形式多样，有匾额、对联、石碑、石刻等。

题咏的对象更是丰富多彩，无论是景象、亭台楼阁还是一门一桥、一山一水，甚至名木古树，都可以给以题名、题咏，如万寿山、知春亭、爱晚亭、南天一柱、迎客松、兰亭、花港观鱼、纵览云飞、碑林等。它不但丰富了景的欣赏内容，增加了诗情画意，点出了景的主题，给人以艺术联想，还有宣传装饰和导游的作用。各种园林题咏的内容和形式是造景不可分割的组成部分，人们把创作设计园林题咏称为点景手法，它是诗词、书法、雕刻、建筑艺术等的高度综合。

第二章　城市园林规划设计的方法

第一节　园林艺术与美学

一、园林艺术基础知识

园林艺术是指在园林创作中，通过审美创造活动再现自然和表达情感的一种艺术形式。是园林学研究的主要内容，是美学、艺术、文学、绘画等多种艺术学科理论的综合应用，其中美学的应用尤为重要。

（一）园林美学概述

1. 古典美学

美学是研究审美规律的科学。从汉字“美”字的结构上看，“羊大为美”，说明美与满足人们的感观愉悦和美味享受有直接关系，因此，凡是能够使人得到审美愉悦的欣赏对象称为“美”。

2. 现代美学

从古典美学来看，美学是依附于哲学的，后来美学逐渐从哲学中分离出来，形成一门独立的学科。现代美学发展的趋向是各门社会科学（如心理学、伦理学、人类学等）和各门自然科学（如控制论、信息论、系统论等）的综合应用。

3. 园林美学

园林美源于自然，又高于自然，是自然景观的典型概括，是自然美的再现。它随着我国文学绘画艺术发展而发展，是自然景观和人文景观的高度统一。园林美是园林师对生活、自然的审美意识（感情、趣味、理想等）和优美的园林形式的有机统一，是自然美、艺术美和社会美的高度融合。

园林属于五维空间的艺术范畴，一般有两种提法：一是长、宽、高、时间空间和联想空间（意境）；二是线条、时间空间、平面空间、静态立体空间、动态流动空间和心理思维空间。两者都说明园林是物质与精神空间的总和。

园林美具有多元性，表现在构成园林的多元素和各元素的不同组合形式之中。园林美也有多样性，主要表现在历史、民族、地域、时代性的多样统一之中。

（二）形式美的基本法则

1. 形式美的表现形态

形式美是人类在长期社会生产实践中发现和积累起来的，但是人类社会的生产实践和意识形态在不断改变着，并且还存在着民族、地域性及阶层意识的差别。因此，形式美又带有变化性、相对性和差异性。但是，形式美发展的总趋势是不断提炼与升华的，表现出人类拥有健康、向上、创新和进步的愿望。形式美的表现形态可概括为线条美、图形美、体形美、光影色彩美、朦胧美等方面。

2. 形式美法则与应用

（1）多样统一法则

多样统一是形式美的最高准则，与其他法则有着密切的关系，起着“统帅”作用。各类艺术都要求统一，在统一中求变化。统一用在园林中所指的方面很多，例如形式与风格，造园材料、色彩、线条等。统一可产生整齐、协调、庄严肃穆的感觉，但过分统一则会产生呆板、单调的感觉，所以常在统一之上加上一个“多样”，就是要求在艺术形式的多样变化中，有其内在的和谐统一关系。风景园林是多种要素组成的空间艺术，要创造多样统一的艺术效果，可以通过多种途径来达到。

（2）对比与调和

对比是事物对立的因素占主导地位，使个性更加突出。形体、色彩、质感等构成要素之间的差异和反差是设计个性表达的基础，能产生鲜明强烈的形态情感，视觉效果更加活跃。相反，在不同事物中，强调共同因素以达到协调的效果，称为调和。同质部分成分多，调和关系占主导，异质部分成分多，对比关系占主导。调和关系占主导时，形体、色彩、质感等方面产生的微小差异称为微差，当微差积累到一定程度时，调和关系便转化为对比关系。对比关系主要是通过视觉形象色调的明暗、冷暖，色彩的饱和与不饱和，色相的迥异，形状的大小、粗细、长短、曲直、高矮、凹凸、宽窄、厚薄，方向的垂直、水平、倾斜，数量的多少，排列的疏密，位置的上下、左右、高低、远近，形态的虚实、黑白、轻重、动静、隐现、软硬、干湿等多方面的对立因素来达到的。它体现了哲学上矛盾统一的世界观。对比法则广泛应用在现代设计当中，具有很强的实用效果。

园林中调和的表现是多方面的，如形体、色彩、线条、比例、虚实、明暗等，都可以作为要求调和的对象。单独的一种颜色、单独的一根线条不能算是调和，几种要素具有基本的共通性和融合性才称为调和。比如一组协调的色块，一些排列有序的近似图形等。调和的组合也保持部分的差异性，但当差异性表现为强烈和显著时，调和的格局就向对比的格局转化。

（3）均衡与稳定

由于园林景物是由一定的体量和不同材料组成的实体，因而常常表现出不同的重量感，探讨均衡与稳定的原则，是为了获得园林布局的完整和安全感。稳定是指园林布局的整体上下轻重的关系而言，而均衡是指园林布局中的部分与部分的相对关系，如左与右、前与后的轻重关系等。

园林布局中要求园林景物的体量关系符合人们在日常生活中形成的平衡安定的概念，所以除少数动势造景外（如悬崖、峭壁等），一般艺术构图都力求均衡。均衡可分为对称均衡和非对称均衡。均衡感是人体平衡感的自然产物，它是指景物群体的各部分之间对立统一的空间关系，一般表现为静态均衡与动态均衡两大类型，创作方法包括构图中心法、杠杆平衡法、惯性心理法等。

园林布局中稳定是针对园林建筑、山石和园林植物等上下、大小所呈现的轻重感的关系而言。在园林布局上，往往在体量上采用下面大、向上逐渐缩小的方法来取得稳定坚固感，如我国古典园林中塔和阁等；另外在园林建筑和山石处理上也常利用材料、质地所给人的不同的重量感来获得稳定感，如在建筑的基部墙面多用粗石和深色的表面来处理，而上层部分采用较光滑或色彩较浅的材料，在土山带石的土丘上，也往往把山石设置在山麓部分而给人以稳定感。

（4）比例与尺度

比例包含两方面的意义：一方面是指园林景物、建筑整体或者它们的某个局部构件本身的长、宽、高之间的大小关系；另一方面是园林景物、建筑物整体与局部、或局部与局部之间空间形体、体量大小的关系。这种关系使人得到美感，这种比例就是恰当的。

园林建筑物的比例问题主要受建筑的工程技术和材料的制约，如由木材、石材、混凝土梁柱式结构的桥梁所形成的柱、栏杆比例就不同。建筑功能要求不同，表现在建筑外形的比例形式也不可能雷同。例如向群众开放的展览室和仅作为休息赏景用的亭子要求的室内空间大小、门窗大小都不同。

尺度是景物、建筑物整体和局部构件与人或人所习见的某些特定标准的大小关系。功能、审美和环境特点决定园林设计的尺度。园林中的一切都是与人发生关系的，都是为人服务的，所以要以人为标准，要处处考虑到人的使用尺度、习惯尺度及与环境的关系。如供给成人使用和供给儿童使用的坐凳，就要有不同的尺度。

园林绿地构图的比例与尺度都要以使用功能和自然景观为依据。

比例与尺度受多种因素影响，承德避暑山庄、颐和园等皇家园林都是面积很大的园林，其中建筑物的规格也很大；苏州古典园林，是明清时期江南私家山水园林，园林各部分造景都是效仿自然山水，把自然山水经提炼后缩小在园林之中，无论在全局上或局部上，它们相互之间以及与环境之间的比例尺度都是很相称的，规模都比较小，建筑、景观常利用比例来突出以小见大的效果。

（5）节奏与韵律

节奏本是指音乐中音响节拍轻重缓急的变化和重复。在音乐或诗词中按一定的规律重复出现相近似的音韵即称为韵律。这原来属于时间艺术，拓展到空间艺术或视觉艺术中，是指以同一视觉要素连续重复或有规律地变化时所产生的运动感，像听音乐一样给人以愉悦的韵律感，而且由时间变为空间不再是瞬息即逝，可保留下来成为凝固的音乐、永恒的诗歌，令人长期体味欣赏。韵律的类型多种多样，在园林中能创造优美的视觉效果。

韵律设计是一种方法，可以把人的眼睛和意志引向一个方向，是把注意力引向景物的主要因素。总的来说，韵律是通过有形的规律性变化，求得无形的韵律感的艺术表现形式。

第二节　景与造景艺术手法

一、景的形成

一般园林绿地均由若干景区组成，而景区又由若干景点组成，因此，景是构成园林绿地的基本单元。

（一）景的含义

景即“风景”“景致”，指在园林绿地中，自然的或经人工创造的、以能引起人的美感为特征的一种供作游憩观赏的空间环境。园林中常有“景”的提法，如著名的西湖十景、燕京八景、圆明园四十景、避暑山庄七十二景等。

（二）景的主题

1. 地形主题

地形是园林的骨架，不同的地形能反映不同的风景主题。平坦地形能够塑造开阔空旷的主题；山体塑造险峻、雄伟的主题；谷地塑造封闭、幽静的主题；溪流塑造活泼、自然的主题。

2. 植物主题

植物是园林的主体，可创造自然美的主题。如以花灌木塑造“春花”主题；以大乔木塑造“夏荫”主题、秋叶秋果塑造“秋实”主题，为季相景观主题；以松竹梅塑造“岁寒三友”主题，为思想内涵主题。

3. 建筑景物

主题建筑在园林中起点缀、点题、控制的作用，利用建筑的风格、布置位置、组合关系可表现园林主题。如木结构攒尖顶覆瓦的正多边形亭可塑造传统风格的主题、钢筋水泥结构平顶的亭可塑造现代风格的主题；位于景区焦点位置的园林建筑，形成景区的主题，作为园门的特色建筑，形成整个园林的主题

4. 小品主题

园林中的小品包括雕塑、水池喷泉、置石等，也常用来表现园林主题。如人物、场景雕塑在现代园林中常用来表现亲切和谐的生活主题，抽象的雕塑常用来表现城市的现代化主题。

5. 人文典故主题

人文典故的运用是塑造园林内涵、园林意境的重要形式，可使景物生动含蓄、韵味深长，使人浮想联翩。

二、景的观赏

游人在游览的过程中对园林景观从直接的感官体验进而得到美的陶冶、产生思想的共鸣。设计师必须掌握游览观赏的基本规律，才能创造出优美的园林环境。

（一）赏景层次观

为赏景的第一层次，主要表现为游人对园林的直观把握。园林以其实在的形式特征，如园林各构成要素的形状、色彩、线条、质地等，向审美主体传递着审美信息。“观”“品”“悟”是对园林赏景的由浅入深、由外在到内在的欣赏过程，而在实际的赏景活动中是三者合一的，即边观。

（二）赏景方式

1. 静态观赏

指游人的视点与景物位置相对不变。整个风景画面是一幅静态构图，主景、配景、背景、前景、空间组织、构图等固定不变。满足此类观赏风景，需要安排游人驻足的观赏点以及在驻足处可观赏的嘉景。

2. 动态观赏

指视点与景物位置发生变化，即随着游人观赏角度的变化，景物在发生变化。满足此类观赏风景，需要在游线上安排不同的风景，使园林“步移而景异”。

在实际的游园赏景中，往往动静结合。在进行园林设计时，既要考虑动态观赏下景观的系列布置，又要注意布置某些景点以供游人驻足进行细致观赏。

3. 识辨视距

正常人的清晰视距为 25 ～ 30cm，能识别景物的距离为 250 ～ 270cm，能看清景物轮廓的视距为 500cm，能发现物体的视距为 1 200 ～ 2 000cm，但已经没有最佳的观赏效果了。

4. 最佳视域

人眼的视域为一不规则的圆锥形。人在观赏前方的景物时的视角范围称为视域，人的正常静观视域，在垂直方向上为 130°，在水平方向上为 160°，超过以上视域则要转动头部进行观察，此范围内看清景物的垂直视角为 26° ～ 30°，水平视角约为 45°。最佳视域可用来控制和分析空间的大小与尺度、确定景物的高度和选择观景点的位置。

三、造景手法

（一）远景、中景、近景与全景

景色就空间距离层次而言有近景、中景、全景与远景。近景是近观范围较小的单独风景；中景是目视所及范围的景致；全景是相应于一定区域范围的总景色；远景是辽阔空间伸向远处的景致，相应于一个较大范围的景色；远景可以作为园林开阔处瞭望的景色，也可以作为登高处鸟瞰全景的背景。一般远景和近景是为了突出中景，这样的景，富有层次的感染力，合理地安排前景、中景与背景，可以加深景的画面，富有层次感，使人获得深远的感受。

（二）主景与配景

园林中景有主景与配景之分。在园林绿地中起到控制作用的景叫“主景”，它是整个园林绿地的核心、重点，往往呈现主要的使用功能或主题，是全园视线控制的焦点。主景包含两个方面的含义：一是指整个园林中的主景，二是园林中被园林要素分割而成的局部空间的主景。

造园必须有主景区和次要景区。堆山有主、次、宾、配，园林建筑要主次分明，植物配植也要主体树种与次要树种搭配，处理好主次关系就起到了提纲挈领的作用。配景对主景起陪衬作用，使主景突出，不能喧宾夺主，在园林中是主景的延伸和补充。

突出主景的方法有主景升高或降低、面阳的朝向、视线交点、动势集中、色彩突出、占据重心、对比与调和等。具体如下。

1. 主体升高或降低

主景升高，相对地使视点降低，看主景要仰视，一般以简洁明朗的蓝天远山为背景，使主体的造型、轮廓鲜明而突出；将主景安排于四面环绕的中心平凹处，也能成为视线焦点。

2. 面阳的朝向

向南的园林景物因阳光的照耀而显得明亮，富有生气，生动活泼。山的南向往往成为布置主景的地方。

3. 运用轴线和风景视线的焦点

规则式园林常把主景布置在中轴线的终点或纵横轴线的交点，主景前方两侧常常进行配置，以强调陪衬主景；而自然式园林的主景则常安排于风景透视线的焦点上。

4. 动势向心

一般四面环抱的空间，如水面、广场、庭院等，四周次要的景色往往具有动势，作为观景点的建筑物均朝向中心，趋向于一个视线的焦点，主景就布置在这个焦点上。

5. 空间构图的重心

主景布置在构图的重心处。规则式园林构图，主景常居于几何重心；而自然式园林构图,主景常位于自然重心上如天安门广场中央的人民英雄纪念碑居于广场的几何中心，主景地位非常鲜明。

6. 对比与调和

配景在线条、体形、体量、色彩、明暗、空间的开敞与封闭等多方面与主景产生对比，从而突出主景。

（三）抑景与扬景

传统造园历来就有欲扬先抑的做法。在入口区段设障景、对景和隔景，引导游人通过封闭、半封闭、开敞相间、明暗交替的空间转折，再通过透景引导，终于豁然开朗，到达开阔园林空间，如苏州留园。也可利用建筑、地形、植物、假山台地在入口区设隔景小空间，经过婉转信道逐渐放开，到达开敞空间。

抑景与扬景的方法如下。

1. 障景

障景是遮掩视线、屏障空间、引导游人的景物。障景的高度要高过人的视线。影壁是传统建筑中常用的材料，山体、树丛等也常在园林中用于障景。障景是我国造园的特色之一，使人的视线因空间局促而受抑制，有“山穷水尽疑无路”的感觉。障景还能隐蔽不美观或不可取的部分，可障远也可障近，而障景本身又可自成一景。

2. 对景

在轴线或风景线端点设置的景物称为对景。对景常设于游览线的前方，为正对景观。给人的感受直接鲜明，可以达到庄严、雄伟、气魄宏大的效果。在风景视线的两端分别设景，为互对，互对不一定有非常严格的轴线，可以正对，也可以有所偏离。如拙政园的远香堂对雪香云蔚亭，中间隔水，遥遥相对。

3. 隔景

隔景是将园林绿地分为不同的景区，造成不同空间效果的景物的方法，隔景的方法和题材很多。

（四）实景与虚景

园林往往通过空间围合状况、视面虚实程度影响人们观赏的感觉，并通过虚实对比、虚实交替、虚实过渡创造丰富的视觉感受。

园林中的虚与实是相辅相成又相互对立的两个方面，虚实之间互相穿插而达到实中有虚、虚中有实的境界，使园林景物变化万千。园林中的实与虚是相对而言的，表现在多个方面。

（五）框景与夹景

将园林建筑的景窗或山石树冠的缝隙作为边框，有选择地将园林景色作为画框中的立体风景画来安排，这种组景方法称为框景。由于画框的作用，游人的视线可集中于由画框框起来的主景上，增强了景物的视觉效果和艺术效果，因此，框景的运用能将园林绿地的自然美、绘画美与建筑美高度统一、高度提炼，最大限度地发挥自然美。在园林中运用框景时，必须设计好入框之景，做到“有景可框”。

（六）前景与背景

任何园林空间都是由多种景观要素组成的，为了突出表现某一景物，常把主景适当集中，并在其背后或周围利用建筑墙面、山石、林丛或者草地、水面、天空等作为背景，用色彩、体量、质地、虚实等因素衬托主景，突出景观效果。在流动的连续空间中表现不同的主景，配以不同的背景，则可以营造明确的景观转换效果。

（七）俯景与仰景

风景园林利用改变地形建筑高低的方法，改变游人视点的位置，必然出现各种仰视或俯视视觉效果。

（八）内景与借景

一组园林空间或园林建筑以内观为主的称内景，作为外部观赏为主的为外景。如园林建筑，既是游人驻足休息处，又是外部观赏点，起到内外景观的双重作用。

根据园林造景的需要，将园内视线所及的园外景色组织到园内来，成为园景的一部分，称为借景。借景能扩大空间、丰富园景、增加变化。

（九）题景与点景

我国园林擅用题景。题景就是景物的题名，是根据园林景观的特点和环境，结合文学艺术的要求，用楹联、匾额、石刻等形式进行艺术提炼和概括，点出景致的精华，渲染出独特的意境。而设计园林题景用以概括景的主题、突出景物的诗情画意的方法称为点景。其形式有匾额、石刻、对联等。园林题景是诗词、书法、雕刻艺术的高度综合。

第三节　园林空间形式及构图

一、园林空间形式

园林空间有容积空间、立体空间以及两者相合的混合空间。容积空间的基本形式是围合，空间为静态的、向心的、内聚的，空间中墙和地的特征较突出。立体空间的基本形式是填充，空间层次丰富，有流动和散漫之感。容纳特性虽然是空间的根本标识，但是，设计空间时不能局限于此，还应充分发挥自己的创造力和想象力。例如草坪中的一片铺装，因其与众不同而产生了分离感。这种建造的空间感不强，只有在这一构成要素暗示着一种领域性的空间。再如一块石碑坐落在有几级台阶的台基上，因其庄严靠立而在环境中产生了向心力。由此可见，分离和向心都形成了某种意义和程度上的空间。实体围合而成的物质空间可以创造，人们亲身经历时产生的感受空间也不难得到不同的感受。

二、园林空间艺术构图

园林空间艺术布局是在园林艺术理论指导下对所有空间进行巧妙、合理、协调、系统安排的艺术，目的在于构成一个既完整又变化的美好境界。单个园林空间以尺度、构成方式、封闭程度，构成要素的特征等方面来决定，是相对静止的园林空间；而步移景异是中国园林传统的造园手法，景物随着游人脚步的移动而时隐时现，多个空间在对比、渗透、变化中产生情趣。因此，园林空间常从静态、动态两方面进行空间艺术布局。

规则式园林与自然式园林的比较如下。

（一）总体布局方法

规则式：一般有明显的中轴线来控制全园布局，主轴线和次要轴线组成轴线系统，或相互垂直，或呈放射状分布，上下左右对称。

自然式：一般采用山水布局手法，模拟自然，将自然景色和人工造园艺术巧妙结合，达到“虽由人作，宛自天开”的效果。

（二）地形地貌

规则式：在平原地区，由不同标高的水平面及缓慢倾斜的平面组成；在山地及丘陵地，由阶梯式的大小不同的水平台地、倾斜平面及石级组成。

自然式：平原地带，地形为自然起伏的和缓地形与人工堆置的若干自然起伏的土丘相结合，其断面为和缓的曲线。在山地和丘陵地，则利用自然地形地貌，除建筑和广场基地以外不作大量的地形改造。

（三）水体设计

规则式：外形轮廓均为几何形；多采用整齐式驳岸，园林水景的类型以整形水池、壁泉、整形瀑布及运河等为主，其中常以喷泉作为水景的主题。

自然式：其轮廓为自然的曲线，岸为各种自然曲线的倾斜坡度，如有驳岸也是自然山石驳岸，园林水景的类型以溪涧、河流、自然式瀑布、池沼、湖泊等为主。

（四）建筑布局

规则式：园林不仅个体建筑采用中轴对称均衡的设计，以致建筑群和大规模建筑组群的布局，也采取中轴对称均衡的手法，以主要建筑群和次要建筑群形式的主轴和副轴控制全园

自然式：园林内个体建筑为对称或不对称均衡的布局，其建筑群和大规模建筑组群，多采取不对称均衡的布局。全园不以轴线控制，而以主要导游线构成的连续构图控制全园。

（五）道路广场

规则式：园林中的空旷地和广场外形轮廓均为几何形。封闭性的草坪、广场空间，以对称建筑群或规则式林带、树墙包围。道路均为直线、折线或几何曲线组成，构成方格形或环状放射形、中轴对称或不对称的几何布局。

自然式：园林中的空旷地和广场的轮廓为自然形的封闭性的空旷草地和广场，以不对称的建筑群、土山、自然式的树丛和林带包围。道路平面和剖面为自然起伏曲折的平面线和竖曲线组成。

（六）种植设计

规则式：园内花卉布置用以图案为主题的模纹花坛为主，有时布置成大规模的花坛群，树木配置以行列式和对称式为主，并运用大量的绿篱、绿墙以区划和组织空间。树木一般整形修剪，常模拟建筑体形和动物形态，如绿柱、绿塔、绿门、绿亭和鸟兽等。

自然式：园林内种植不成行列式，以反映自然界植物群落自然之美，花卉布置以花丛、花群为主，不用模纹花坛。树木配植以孤植树、树丛、树林为主，不用修剪整齐的绿篱，以自然的树丛、树群、树带来区划和组织园林空间。树木整形不作建筑鸟兽等体形模拟，而以模拟自然界苍老的大树为主。

（七）园林其他景物

规则式：除建筑、花坛群、规则式水景和大量喷泉为主景以外，还常采用盆树、盆花、瓶饰、雕像为主要景物。雕像的基座为规则式，雕像位置多配置于轴线的起点、终点或交点上。

自然式：除建筑、自然山水、植物群落为主景以外，还采用山石、假石、桩景、盆景、雕刻为主要景物，其中雕像的基座为自然式，雕像位置多配置于透视线集中的焦点。

1. 静态空间艺术构图

静态空间艺术是指相对固定空间范围内的审美感受。

（1）静态空间的构成因素

“地”“顶”“墙”是构成空间的3大要素，地是空间的起点、基础；墙因地而立，或划分空间、或围合空间；顶是为遮挡而设。顶与墙的空透程度、存在与否决定了空间的构成，地、顶、墙诸要素各自的线、形、色彩、质感、气味和声响等特征综合地决定了空间的质量。外部空间的创造中顶的作用最小，墙的作用最大，因为墙将人的视线控制在一定范围内。

（2）静态空间的类型

按照空间的外在形式，静态空间可分为容积空间、立体空间和混合空间。按照活动内容，可分为生活居住空间、游览观光空间、安静休息空间、体育活动空间等。按照地域特征分为山岳空间、台地空间、谷地空间、平地空间等。按照开敞程度分为开敞空间、半开敞空间和闭锁空间等。按照构成要素分为绿色空间、建筑空间、山石空间、水域空间等。按照空间的大小分为超人空间、自然空间和亲密空间。依其形式分为规则空间、半规则空间和自然空间。根据空间的多少又分为单一空间和复合空间等。

2. 动态空间艺术布局

园林对于游人来说是一个流动空间，一方面表现为自然风景本身的时空转换，另一方面表现在游人步移景异的过程中。不同的空间类型组成有机整体，构成丰富的连续景观，就是园林景观的动态序列。风景视线的联系，要求有戏剧性的安排，音乐般的节奏，既有起景、高潮、结景空间，又有过渡空间，使空间主次分明，开、闭、聚适当，大小尺度相宜。

（1）园林空间的展示程序

园林空间的展示程序应按照游人的赏景特点来安排，常用的方法有一般序列、循环序列和专类序列3种。

（2）风景园林景观序列的创作手法

①风景序列的起结开合作为风景序列的构成，可以是地形起伏，水系环绕，也可以是植物群落或建筑空间，无论是单一的还是复合的，总应有头有尾、有放有收，这也是创造风景序列常用的手法。以水体为例，水之来源为起，水之去脉为结，水面扩大或分支为开，水之细流又为合。这与写文章相似，用来龙去脉表现水体空间之活跃，以收放变换而创造水之情趣。

②风景序列的断续起伏是利用地形地势变化创造风景序列的手法，一般用于风景区或综合性大型公园。在较大范围内，将景区之间拉开距离，在园路的引导下，景序断续发展，游程起伏错落，从而取得引人入胜、渐入佳境的效果。

③风景序列的主调、基调、配调和转调：风景序列是由多种风景要素有机组合、逐步展现出来的，在统一基础上求变化，又在变化之中见统一，这是创造风景序列的重要手法。作为整体背景或底色的树林可谓基调，作为某序列前景和主景的树种为主调，配合主景的植物为配调，处于空间序列转折区段的过渡树种为转调，过渡到新的空间序列区段时，又可能出现新的基调、主调和配调，如此逐渐展开就形成了风景序列的风格变

化，从而产生不断变化的观赏效果。

④园林植物景观序列的季相与色彩布局：园林植物是风景园林景观的主体，然而植物又有独特的生态规律。在不同的立地条件下，利用植物个体与群落在不同季节的外形与色彩变化，再配以山石水景，建筑道路等，必将出现绚丽多姿的景观效果和展示序列。

⑤园林：建筑组群的动态序列布局园林建筑在风景园林中只占有 1% ~ 2% 的面积，但往往居于某景区的构图中心，起到画龙点睛的作用。由于使用功能和建筑艺术的需要，对建筑群体组合的本身以及对整个园林中的建筑布置，均应有动态序列的安排。对一个建筑群组而言，应该有入口、门庭、过道、次要建筑、主体建筑的序列安排。对整个风景园林而言，从大门入口到次要景区，最后到主景区，都有必要将不同功能的景区，有计划地排列在景区序列线上，形成一个既有统一展示层次，又有多样变化的组合形式，以达到应用与造景之间的完美统一。

第四节　园林色彩艺术构图

一、色彩的基础知识

（一）色彩的基本概念，如表 2-1。

表 2-1　色彩的基本概念

色彩的基本概念	解释
色相	是指一种颜色区别于另一种颜色的相貌特征，即颜色的名称
三原色	三原色指红黄蓝 3 种颜色
色度	是指色彩的纯度。如果某一色相的光没有被其他色相的光中和，也没有被物体吸收，即为纯色
色调	是指色相的明度。某一饱和色相的色光，被其他物体吸收或被其他补色中和时，就呈现出不饱和的色调。同一色相包括明色调、暗色调和灰色调
光度	是指色彩的亮度

（二）色彩的感觉

长时间以来，由于人们对色彩的认识和应用，使色彩在人的生理和心理方面产生出不同的反应。园林设计师常运用色彩的感觉创造赏心悦目的视觉感受和心理感受。如表2-2。

表 2-2　色彩的感觉及其在园林中的应用

色彩的感觉	说明	园林应用
温度感	又称冷暖感，通常称之为色性，这是一种最重要的色彩感觉。从科学上讲，色彩也有一定的物理依据，不过，色性的产生主要还在于人的心理因素，积累的生活经验，而人们看到红、黄、橙色时，在心理上就会联想到给人温暖的火光以及阳光的色彩，因此给红、黄、橙色以及这三色的邻近色以暖色的概念。可当人们看到蓝、青色时，在心理上会联想到大海、冰川的寒意，给这几种颜色以冷色的概念。暖色系的色彩波长较长，可见度高，色彩感觉比较跳跃，是一般园林设计中比较常用的色彩。绿是冷暖的中性色，其温度感居于暖色与冷色之间，温度感适中	暖色在心理上有升高温度的作用，因此宜于在寒冷地区应用。冷色在心理上有降低温度的感觉，在炎热的夏季和气温较高的南方，采用冷色会给人凉爽的感觉。从季节安排上，春秋宜多用暖色花卉，严寒地带更宜多用，而夏季宜多用冷色花卉，炎热地带用多了，还能引起退暑的凉爽联想。在公园举行游园晚会时，春秋可多用暖色照明，而夏季的游园晚会照明宜多用冷色
胀缩感	红、橙、黄色不仅使人感到特别明亮清晰，同时有膨胀感，绿、紫、蓝色使人感到比较幽暗模糊，有收缩感。因此，它们之间形成了巨大的色彩空间，增强了生动的情趣和深远的意境。光度的不同也是形成色彩胀缩感的主要原因，同一色相在光度增强时显得膨胀，光度减弱时显得收缩	冷色背景前的物体显得较大，暖色背景前的物体则显得较小，园林中的一些纪念性构筑物、雕像等常以青绿、蓝绿色的树群为背景，以突出其形象
距离感	由于空气透视的关系，暖色系的色相在色彩距离上，有向前及接近的感觉：冷色系的色相，有后退及远离的感觉。另外光度较高、纯度较高、色性较暖的色，具有近距离感，反之，则具有远距离感。6种标准色的距离感按由近而远的顺序排列是：黄、橙、红、绿、青、紫	在园林中如实际的园林空间深度感染力不足时，为了加强深远的效果，作背景的树木宜选用灰绿色或灰蓝色树种，如毛白杨、银白杨、桂香柳、雪松等。在一些空间较小的环境边缘，可采用冷色或倾向于冷色的植物，能增加空间的深远感
重量感	不同色相的重量感与色相间亮度的差异有关，亮度强的色相重量感小，亮度弱的色相重量感大。例如，红色、青色较黄色、橙色为厚重，白色的重量感较灰色轻，灰色又较黑色轻。同一色相中，明色调重量感轻，暗色调重量感重：饱和色相比明色调重，比暗色调轻	色彩的重量感对园林建筑的用色影响很大，一般来说，建筑的基础部分宜用暗色调，显得稳重，建筑的基础栽植也宜多选用色彩浓重的种类

面积感	运动感强烈、亮度高、呈散射运动方向的色彩，在我们主观感觉上有扩大面积的错觉，运动感弱、亮度低、呈收缩运动方向的色彩，相对有缩小面积的错觉。橙色系的色相，主观感觉上面积较大，青色系的色相主观感觉面积较中，灰色系的色相面积感觉小。白色系色相的明色调主观感觉面积较大，黑色系色相的暗色调，感觉上面积较小：亮度强的色相，面积感觉较大，亮度弱的色相，面积感觉小：色相饱和度大的面积感觉大，色相饱和度小的面积感觉小：互为补色的两个饱和色相配在一起，双方的面积感更扩大：物体受光面积感觉较大，背光则面积感较小	园林中水面的面积感觉比草地大，草地又比裸露的地面大，受光的水面和草地比不受光的面积感觉大，在面积较小的园林中水面多，白色色相的明色调成分多，也较容易产生扩大面积的感觉。在面积上冷色有收缩感，同等面积的色块，在视觉上冷色比暖色面积感觉要小，在园林设计中，要使冷色与暖色获得面积同大的感觉，就必须使冷色面积略大于暖色
兴奋感	色彩的兴奋感，与其色性的冷暖基本吻合。暖色为兴奋色，以红橙为最：冷色为沉静色，以青色为最。色彩的兴奋程度也与光度强弱有关，光度最高的白色，兴奋感最强，光度较高的黄、橙、红各色，均为兴奋色。光度最低的黑色，感觉最沉静，光度较低的青、紫各色，都是沉静色，稍偏黑的灰色，以及绿、紫色，光度适中，兴奋与沉静的感觉也适中，在这个意义上，灰色与绿紫色是中性的	红、黄、橙色在人们心目中象征着热烈、欢快等，在园林设计中多用于一些庆典场面。如广场花坛及主要入口和门厅等环境，给人朝气蓬勃的欢快感。例如，九九昆明世博园的主入口内和迎宾大道上以红色为主构成的主体花柱，结合地面黄、红色组成的曲线图案，给游人以热烈的欢快感，使游客的观赏兴致顿时提高，也象征着欢迎来自远方宾客的含义

（三）色彩的感情

色彩美主要是情感的表现，要领会色彩的美，主要应领会色彩表达的感情。但色彩的感情是一个复杂而又微妙的问题，它不具有绝对的固定不变的因素，往往因人、因地及情绪条件等的不同而有差异，同一色彩可以引起这样的感情，也可引起那样的感情，这对于园林的色彩艺术布局运用有一定的参考价值。

二、园林色彩构图

组成园林构图的各种要素的色彩表现，就是园林色彩构图。园林色彩包括天然山石、土面、水面、天空的色彩，园林建筑构筑物的色彩，道路广场的色彩，植物的色彩。

园林色彩构图内容如下。

（一）天然山石、土面、水面、天空的色彩

①一般作为背景处理，布置主景时，要注意与背景的色彩形成对比与调和。

②山石的色彩大多为暗色调，主景的色彩宜用明色调。

③天空的色彩，晴天以蓝色为主，多云的天气以灰白为主，阴雨天以灰黑色为主，早、晚的天空因有晚霞而色彩丰富，往往成为借景的因素。

④水面的色彩主要反映周围环境和水池底部的色彩。水岸边植物、建筑的色彩可通过水中倒影反映出来。

（二）园林建筑构筑物的色彩

①与周围环境要协调。如水边建筑以淡雅的米黄、灰白、淡绿为主，绿树丛中以红、黄等形成对比的暖色调为主。

②要结合当地的气候条件来使用色。寒冷地带宜用暖色，温暖地带宜用冷色。

③建筑的色彩应能反映建筑的总体风格。如园林中的游憩建筑应能激发人们或愉快活泼或安静雅致的思想情绪。

④建筑的色彩还要考虑当地的传统习惯。

（三）道路广场的色彩

道路广场的色彩不宜设计成明亮、刺目的明色调，而应以温和的和暗淡的为主，显得沉静和稳重，如灰、青灰、黄褐、暗红、暗绿等。

（四）植物的色彩

①统一全局。园林设计中主要靠植物表现出的绿色来统一全局，辅以长期不变的及一年多变的其他色彩。

②观赏植物对比色的应用。对比色主要是指补色的对比，因为补色对比从色相等方面差别很大，对比效果强烈、醒目，在园林设计中使用较多，如红与绿、黄与紫、橙与蓝等。对比色在园林设计中，适宜于广场、游园、主要入口和重大的节日场面，对比色在花卉组合中常见的有：黄色与蓝色的三色堇组成的花坛，橙色郁金香与蓝色的风信子组合图案等都能表现出很好的视觉效果。在由绿树群或开阔绿茵草坪组成的大面积的绿色空间内点缀红色叶小乔木或灌木，形成明快醒目、对比强烈的景观效果。红色树种有长年树叶呈红色的红叶李、红叶碧桃、红枫、红叶小檗、红继木等以及在特定时节红花怒放的花木。

③观赏植物同类色的应用。同类色指的是色相差距不大比较接近的色彩。如红色与橙色、橙色与黄色、黄色与绿色等。同类色也包括同一色相内深浅程度不同的色彩。如深红与粉红、深绿与浅绿等。这种色彩组合在色相、明度、纯度上都比较接近，因此容易取得协调，在植物组合中，能体现其层次感和空间感，在心理上能产生柔和、宁静、高雅的感觉，如不同树种的叶色深浅不一：大叶黄杨为有光泽的绿色，小蜡为暗绿色，悬铃木为黄绿色，银白杨为银灰绿色，桧柏为深暗绿色。进行树群设计时，不同的绿色配置在一起，能形成宁静协调的效果。

④白色花卉的应用。在暗色调的花卉中混入白色花可使整体色调变得明快；对比强烈的花卉配合中加入白色花可以使对比趋于缓和；其他色彩的花卉中混种白色花卉时，色彩的冷暖感不会受到削弱。

⑤夜晚的植物配置。在夜晚使用率较高的花园中，植物应多用亮度强、明度较高的色彩。如白色、淡黄色、淡蓝色的花卉，如白玉兰、白丁香、玉簪、茉莉、瑞香等。

第三章 景观规划设计的原则

第一节 景观规划设计的基本原则

一、科学性原则

（一）科学性依据与分析

景观设计的科学性原则主要体现在对景观基地客观因子的科学性分析上。景观基地分析的科学依据主要来自于设计基地的各类客观自然条件和社会条件，包括该基地的地理条件、水文情况、地方性气候、地质条件、矿物资源、地貌形态、地下水位、生物多样性、土壤状况、花草树木的种植需求和生长规律、区域经济状况、道路交通设施条件等。

多学科的多元性交流，也是景观设计科学性原则的一个重要体现。在景观设计中需要运用到很多交叉学科的知识，包括生态学、建筑学、植物学、人体工程学、环境心理学、市政工程学等。

（二）设计技术规范

景观设计需要严格遵守相关国家标准设计规范，这也是设计方案能最终实施的科学性保障。与园林景观设计相关联的行业规范大致可分为绿地园林类、建筑类、城市规划类、道路交通类、工程设施类、电力照明类、环境保护类、文物保护类。这其中涉及国家标准法律规范、地方级法律规范、行政法规、技术标准与规范等。

二、生态性原则

景观规划应尊重自然，显露生态本色，保护自然景观，注重环境容量的控制，增加生态多样性。自然环境是人类赖以生存和发展的基础，其地形地貌、河流湖泊、绿化植被等要素共同构成了城市的宝贵景观资源。尊重并强化城市的自然生态景观特征，使人工环境与自然生态环境和谐共处，有助于城市特色的创造。

（一）保护、节约自然资源

地球上的自然资源分为可再生资源（如水、森林、动物等）和不可再生资源（如石油、煤等）。要实现人类生存环境的可持续发展，必须对不可再生资源加以保护和节约使用。即使对可再生资源，也要尽可能地节约使用。

在景观规划设计中要尽可能使用可再生原料制成的材料，尽可能将场地上的材料循环使用，最大限度地发挥材料的潜力，减少生产、加工、运输材料而消耗的能源，减少施工中的废弃物，并且保留当地的文化特点。

（二）生物多样性原则

景观设计是与自然相结合的设计，应尊重和维护生物的多样性。它既是城市人们生存与发展的需要，也是维持城市生态系统平衡的重要基础。尊重和维护生物多样性，包括对原有生物生息环境的保护和新的生物生息环境的创造；保护城市中具有地带性特征的植物群落，包括有丰富乡土植物和野生动植物栖息的荒废地、湿地，以及盐碱地、沙地等生态脆弱地带；保护景观斑块、乡土树种及稳定区域性植物群落。

（三）生态位原则

所谓生态位，即物种在生态系统中的功能作用以及时间与空间中的地位。在有限的土地上，根据物种的生态位原理实行乔、灌、藤、草、地被植被及水面相互配置，并且选择各种生活型（针阔叶、常绿落叶、旱生湿生水生等）以及不同高度和颜色、季相变化的植物，充分利用空间资源，建立多层次、多结构、多功能、科学的植物群落，构成一个稳定的长期共存的复层混交立体植物群落。

（四）可持续发展原则

可持续发展是当前低碳社会发展的基本原则，它具体指景观设计能够产生较高的生态效能与社会效用，从而满足城市的健康、协调发展。城镇景观体系在规划和设计过程中要更多地考虑生态城市的标准，以生态效果为中心，以环境保护为导向的城市景观规划才更加符合现代城市可持续发展的要求。

三、美学原则

景观设计中存在三种不同层次的审美价值：表层的形式美、中层的意境美和深层的意蕴美。表层的形式美表现为“格式塔”，是人体感官的直接反映。景观作为客观的存在，在进行主观性审美时，就是通过形式美展现出来的。中层的意境美是统觉、情感和想象的产物，它是通过有限物象来表达无限意象的空间感觉。深层的意蕴美则是人的心灵、情感、经验、体验共同作用的结果。景观作为艺术的终极目的在于意蕴美，其审美机制是景观整体特征与主体心灵图式的同构契合。

四、文化性原则

景观设计要体现其文化内涵，首先要秉承尊重地域文化的原则。人们生活在特定的自然环境中，必然形成与环境相适应的生产生活方式和风俗习惯，这种民俗与当地文化相结合形成了地域文化。厘清历史文脉的脉络，重视景观资源的继承、保护和利用，以自然生态条件和地带性植被为基础，将民俗风情、传统文化、宗教、历史文物等融合在景观环境中，使景观具有明显的地域性和文化性特征，产生可识别性和特色性，是景观设计的核心精神。

在进行景观创作及景观欣赏时，必须分析景观所在地的地域特征、自然环境，结合地区的文化古迹、自然环境、城市格局、建筑风格等，将这些特色因素综合起来考虑，入乡随俗，见人见物，充分尊重当地的民族习俗，尊重当地的礼仪和生活习惯，从中抓主要特点，经过提炼，融入景观作品中，这样才能创作出优秀的、舒适宜人的、具有个性且有一定审美价值的公共景观空间作品，才能被当时当地的人和自然接受、吸纳。

五、以人为本原则

景观设计只有在充分尊重自然、历史、文化和地域的基础上，结合不同阶层人的生理和审美等各类需求，才能体现设计以人为本理念的真正内涵。因此，人性化设计应该是站在人性的角度上把握设计方向，以综合协调景观设计所涉及的深层次问题。

（一）功能性需求

设计过程中的功能性特征是满足受众在长期的生产生活演变过程中所产生的基本性需求的体验。人的行为需要影响并改变着景观环境空间的形式。例如，在一个公园里，我们可以从人们在午间时分享受公园环境的行为上观察出人们对景观和环境的需求和关注点。

“以人为本”的景观设计应当使使用者与景观之间的关系更加融洽，“人为”的景观环境应最大限度地与人的行为方式相协调，体谅人的感情，使人感到舒适愉悦，而不是用空间去限制或强制改变人们喜欢的生活方式和行为模式。

（二）情感需求

“以人为本”的景观设计应满足受众个体的情感需求，这种情感需求不仅要使受众个体体验由景观优质的使用功能带来的愉悦、舒适的体验，景观的个性化也需要满足他们情感的个性需求。景观的个性化是指一定时空领域内，某地域景观作为人们的审美对象，相对于其他地域所体现出的不同审美特征和功能特征。景观的个性化是一个国家、一个民族和一个地区在特定的历史时期的反映，它体现了某地域人们的社会生活、精神生活以及当地习俗与情趣，在其地域风土上的积累。

（三）心理需求

人们对景观的心理感知是一种理性思维的过程。只有通过这一过程，才能做出由视觉观察得到的对景观的评价，因而心理感知是人性化景观感知过程中的重要一环。

对景观的心理感知过程正是人与景观统一的过程。无论是夕阳、清泉、急雨，还是蝉鸣、竹影、花香，都会引起人的思绪变迁。在景观设计中，一方面要让人触景生情，另一方面还要使“情”升为“意”。这时“景”升为“境”，即“境界”，成为感情上的升华，以满足人们得到高层次的文化精神享受的需要。

第二节　景观规划设计理念的形成

一、从客观因子推导景观设计方案

从客观因子推导景观设计方案，是指忠于设计基地的客观现实，对场地自然条件、社会条件、文化背景、建设现状等一系列客观数据进行分析得出结论之后做出客观评价，并据此做出符合基地条件及未来需求的设计。

尊重场地，因地制宜，寻求与场地和周边环境密切联系、形成整体的设计理念，是现代园林景观设计的核心思路。一套成熟合理，与场地契合度高的景观设计方案的形成，首先需要设计师用专业的眼光去观察、去认识场地原有的特性，发现它积极的方面并加以引导。而这其中，发现与认识的过程也是设计的过程。因此说，最好的设计看上去就像没有经过设计一样，其实就是对场地各类景观资源的充分发掘和利用之后达到充分契合的结果。推导景观设计方案的客观因子主要包括自然生态因子和社会人文因子两大方面。

（一）由生态规划法推导景观设计方案

用生态规划法推导景观设计方案是指以生态为侧重点，利用“适宜度模型”的技术手段，对场地自然地理因素（地质、水文、气候、生态因子等）进行详尽的科学分析，从而判断土地开发规划的最佳布局。

任何场地都是历史、物质和生物过程的综合体。它们通过地质、历史、气候、动植物，甚至场地上生存的人类，暗示了人类可利用的机会和限制。因此，场地都存在某种土地利用的固有适宜性。“场地是原因”，这个场地上的一切活动首先应该去解释的原因，也就是通过研究物质和生物的演变去揭示场地的自然特性，然后根据这些特性，找出土地利用的固有特点，从而达到土地的最佳利用。

“千层饼模式”的理论与方法赋予了景观设计以某种程度上的科学性质，景观规划成为可以经历种种客观分析和归纳的，有着清晰界定的一项工作。麦克哈格的研究范畴集中于大尺度的景观与环境规划上，但对于任何尺度的景观建筑实践而言，自然生态因子都意味着一个非常重要的信息。

（二）由社会人文因子推导景观设计方案

城市园林景观设计中出现了很多类似的形态和模式，缺乏特色和辨识度，千篇一律，究其原因就是景观设计缺乏对设计基地社会人文因子的认知和考虑。

首先，人的因素是其他各类因素在景观环境中存在的前提与基础。现代景观在自然进化与人类活动的相互作用中产生，景观设计应当更多地关注人与自然之间存在的关系与感受。在现代景观的设计过程中，并不是一味地对自然进行模仿，而是要充分考虑人对景观环境的需求和适应性。

其次，现代景观设计中要对人文元素的演变、内容，地域、民族的思维方式、审美取向等进行分析。世界观与人生观在思想文化中有着非常重要的地位，起着决定性作用。在设计过程中要避免出现千篇一律的现象，以设计艺术为协调手段实现人文元素在现代景观设计中的融入，实现对历史文脉的延续和保护，从而更好地实现人与自然之间的和谐共处。

二、从主观意向推导景观设计方案

设计师是景观设计方案的主导者。而设计师作为个体存在，本身是具有强烈的主观色彩的。一套景观设计方案的形成，大部分来自于主创人员建立在客观理性判断上的主观引导、构想及意念的渗透。

设计者的主观思想包涵其审美倾向、文化认知、心理情绪等。意念渗透主要指设计者对项目方案的主导构想、风格定位、寓意的表达等。

三、从抽象到具象的设计演变

景观方案构思的过程是一个从无到有的过程，也是一个从抽象逐步具象的过程。在这个过程中，我们会用到一些手段和方法，例如草图构思、模仿、符号演变、联想延展等。

（一）草图构思

在方案概念形成之初，设计师往往会运用草图勾勒最初的雏形和思路，它是表达方案结果最直接的“视觉语言”。在设计创意阶段，草图能直接反映设计师构思时的全过程，它所带来的结果往往是无法预见的，而这种“不可预知性”正是设计原创精神。

概念草图描绘的过程也是一个发现的过程，它是设计师对物质环境进行深度观察和描绘后提升到对一个未来可能发生的景象的想象和形态的落实。我们通过草图所追求的并非是最终的“真实呈现”或“图像”，而是最初的探索和突破，探索新鲜的创意，突破陈旧的模式。

景观设计的概念草图具体可分为结构草图、原理草图和流程草图。结构草图包括平面的布局分区、路网轴线的形态、空间的围合和起伏等，原理草图主要指景观工程原理方面，流程草图包括景观施工流程、植物生长变化过程等。虽然概念草图作为粗略的框架和结构，还有待于进一步论证和调整，但是这种方式在构思的过程中有利于沟通交流、捕捉灵感、自由发挥、不受约束地将想法较明确地表达出来，也非常便于修改。

（二）模仿

模仿法的核心在于通过外在的物质形态或者想法和构思来激发设计灵感。使用模仿法构思设计方案，可以大致分为形态模仿、结构模仿和功能模仿。①形态模仿，一般是指平面或立面上的空间景观外在形态呈现出类似某物质形态的状态。

（三）符号演变

符号是一种特定的媒介物，人们能正常、有效地进行交流，得益于符号的建立和应用。景观符号是一个重要的元素，其基本意义在于传递景观的特定文化意义及相关信息，同时还能够表现出装饰的社会意义及审美意义。

从设计的角度来讲，许多设计方案都来自于对某抽象符号的演变与延伸。首先，直接感受到符号在景观设计的表象方面的意义。最典型的方式就是利用平面或立体的方式，将景观之中应用的符号进行物化，让人们在景观之中有非常直观的视觉感受。

将符号引入景观规划与设计时，切忌将符号缺乏创意地拼凑和嫁接，忽略它背后的文化价值和寓意。一定要在对其文化背景和理念深层了解的基础上，将其元素以符合现代审美的形象与所表达的主题相结合，否则会有生搬硬套的肤浅感。还要注意设计中建筑、景观与环境的协调关系。

（四）联想延展

要用联想法进行方案构思，设计师必须具备丰富的实践经验、较广的见识、较好的知识基础及较丰富的想象力。因为联想法是依靠创新设计者从某一事物联想到另一事物的心理现象来产生创意的。

按照进行联想时的思维自由程度、联想对象及其在时间、空间、逻辑上所受到的限制的不同，把联想思维进一步具体化为各种不同的、具有可操作性的具体技法，以指导创新设计者的创新设计活动。

1. 非结构化自由联想

非结构化自由联想是在人们的思维活动过程中，对思考的时间、空间、逻辑方向等方面不加任何限制的联想方法。这种联想方法在解决疑难问题时，新颖独特的解决方法往往出其不意地翩然而至，是长期思考所累积的知识受到触媒的引燃之后，产生灵感所致的。

2. 相似联想

相似联想循着事物之间在原理、结构、形状等方面的相似性进行想象，期望从现有的事物中寻找创新的灵感。

3. 接近联想

接近联想是指创新者以现有事物为思考依据，对与其在时间上、空间上较为接近的物进行联想来激发创意。

4. 对比联想

对比联想是根据现有事物在不同方面已经具有的特性，向着与之相反的方向进行联想，以此来改善原有的事物，或创造出新事物。运用对比联想法时，最好先弄清现有事物在某方面的属性，而后再向着相反的方向进行联想。

第三节 景观物质空间营造方法与风格

一、中国古典园林造园手法

中国古典园林造园技法精湛，以模拟自然山水为精髓，追求人与自然的境界。它是东方园林的典型代表，在世界园林史上占有重要的地位。

运用现代空间构图理论对中国古典园林造园术做系统深入的分析，可以将中国古典造园原则归纳为因地制宜、顺应自然、以山水为主、双重结构、有法无式、重在对比、借景对景、延伸空间。具体的营造模式表现为主从与重点、对比与协调、藏与露、引导与示意、疏与密、层次与起伏、实与虚等。

（一）主从与重点

主从原则在中国古典大、中、少园林中都有着广泛的运用。特大型皇家苑囿由于具有一定体量的规模，对制高点的控制力要求很高；大型园林，一般多在组成全园的众多空间中选择一处作为主要景区：对于中等大小的园林来讲，为使主题和重点得到足够的突出，则必须把要强调的中心范围缩小一点，要让某些部分成为重点之中的重点。由此可见，由于规模、地形的区别，不同园区主从原则的具体处理方法不尽相同，主要有以下几种：

1. 轴线处理

轴线处理的方法，是将主体和重点置于中轴线上，利用中轴线对于人视线的引导作用，来达到突出主体景物的目的。最典型的是北海的画舫斋。

2. 几何中心

利用园林区域的几何中心在中小型园林中较为常见，这些园林面积较小且形状较为规则，利用几何中心可以很好地达到突出主体的作用，如作为全园重心的北海的琼华岛。

3. 主景抬高

对于特大型的皇家园林，主体景区必须有足够的体量和气势，增加主景区的高度是常用的方法。

4. 循序渐进

中国古典文化有欲扬先抑的思想，即通过抑来达到感情的升华。相对而言，配景多采取降低、小化、侧置等方式进行配置，纳入到统一的构图之中，形成主从有序的对比与和谐，从而烘托出主景。

（二）对比与协调

在古典园林中，空间对比的手法运用得最普遍，形式多样，颇有成效，主要通过主与次、小中见大、欲扬先抑等手法来组织空间序列。以大小悬殊的空间对比，求得小中见大的效果；以入口曲折狭窄与园内主要空间开阔的对比，体现欲扬先抑的效果；入口封闭，突出主要空间的阔大；不同形状的空间产生对比，突出院内主要景区等。

拙政园在入口处就明显地运用了这种手法。拙政园的入口做得比较隐蔽，有意隔绝院内与市井的生活。入口位于中园的南面，首先通过一段极为狭窄的走廊之后，到达腰门处，空间上暂时得到放宽，出现一个相对较宽阔的空间，形成一个小的庭园。

（三）藏与露

所谓“藏”，就是遮挡。“藏景”即是指在园林建造、景物布局中讲究含蓄，通过种种手法，将景园重点藏于幽处，经曲折变化之后，方得佳境。

藏景包括两种方法：一是正面遮挡，另一种是遮挡两翼或次要部分而显露其主要部分。后一种较常见，一般多是穿过山石的峡谷、沟壑去看某一对象或是藏建筑于茂密的花木丛中。

所谓“露”，就是表达与呈现。景观的表露也分两种：一种是率直地、无保留地和盘托出；另一种是用含蓄、隐晦的方法使其引而不发，显而不露。传统的造园艺术往往认为露则浅而藏则深，为忌浅露而求得意境之深邃，则每每采用欲显而隐或欲露而藏的手法，把某些精彩的景观或藏于偏僻幽深之处，或隐于山石、树梢之间。

藏与露是相辅相成的，只有巧妙处理好两者关系，才能获得良好的效果。藏少露多谓浅藏，可增加空间层次感；藏多露少谓深藏，可以给人极其幽深莫测的感受。但即使是后者，也必须使被藏的“景”得到一定程度的显露，只有这样，才能使人意识到“景”

的存在，并借此产生引人入胜的吸引力。

（四）引导与示意

引导的手法和元素是多种多样的，可以借助于空间的组织与导向性来达到引导与示意的目的。除了常见的游廊以外，还有道路、踏步、桥、铺地、水流、墙垣等，很多含而不露的景往往就是借它们的引导才能于不经意间被发现，而产生一种意想不到的结果。示意的手法包括明示和暗示。明示是指采用文字说明的形式。

（五）疏与密

为求得气韵生动，不致太过均匀，在布局上必须有疏有密，而不可平均对待。传统园林的布局恪守这一构图原则，使人领略到一种忽张忽弛、忽开忽合的韵律节奏感。“疏与密”的节奏感主要表现在建筑物的布局以及山石、水面和花木的配置等四个方面。其中尤以建筑布局最为明显，例如苏州拙政园，它的建筑的分布很不均匀，疏密对比极其强烈。

拙政园南部以树林小院为中心，建筑高度集中，屋宇鳞次栉比，内部空间交织穿插，景观内容繁多，步移景异，应接不暇。节奏变化快速，游人的心理和情绪必将随之兴奋而紧张。而偏北部区域的建筑则稀疏平淡，空间也显得空旷和缺少变化，处在这样的环境中，心情自然恬静而松弛。

（六）层次与起伏

园林空间由于组合上的自由灵活、常可使其外轮廓线具有丰富的层次和起伏变化，借这种变化，可以极大地加强整体园林立面的韵律节奏感。

景观的空间层次模式可分为三层，即前景、中景与背景，也叫近景、中景与远景。前景与背景或近景与远景都是有助于突出中景的。中景的位置一般安放主景，背景是用来衬托主景的，而前景是用来装饰画面的。不论近景与远景或前景与背景都能起到增加空间层次和深度感的作用，能使景色深远，丰富而不单调。

起伏主要通过高低错落来体现。比较典型的例子是苏州畅园，它本处于平地，但为了求得高低错落的变化，就在园区的西南一角以人工方法堆筑山石，并在其上建一六角亭，再用既曲折又有起伏变化的游廊与其他建筑相连，唯其地势最高，故题名为“待月亭”。

（七）实与虚

实与虚在景观设计中的运用可以起到丰富景观层次、增强空间审美、营造意境的作用。它可使人们的视觉及景观园林中的“实”，顾名思义，是在空间范畴内真实存在的景观界面，是一个实际存在的实体。古典园林中的山水、花木、建筑、桥廊等都是所谓的实景。“虚”可以理解成“实”景以外的景观，即视觉形态与其真实存在不一致的一面，它一般没有固定的形态，也可能不存在真实的物体，一般通过视觉、触觉、听觉、嗅觉等去感知，例如光影、花香、水雾等。

（八）空间序列

园林空间序列具有多空间、多视点、连续性变化的特点。传统园林多半会规定出入口和路线、明确的空间分隔和构图中心，主次分明。一般简单的序列有两段式和三段式，其间还有很多次转折，由普通发展至高潮，接着又经过转折、分散、收缩到结束。

直接影响空间序列的最根本因素就是观赏路线的组织。园林路线的组织方式大致可归纳如下。

1. 以闭合、环形循环的路线组织空间序列

常用于小型园区。其特点为：建筑物沿周边布置，从而形成一个较大、较集中的单一空间；主入口多偏于一角，设置较封闭的空间以压缩视野，使游人进入园内获得豁然开朗之感；园内由曲廊作为主要的引导，带游人进入园区高潮空间，一览园区全貌，最后由另一侧返回入口，气氛松弛，接近入口时再有小幅度起伏，进而回到起点。

2. 以贯穿形式的路线组织空间序列

空间院落沿着一条轴线依次展开。与宫殿、寺院多呈严格对称的轴线布局不同，园林建筑常突破机械的对称而力求富有自然情趣和变化。

3. 以辐射形式的路线组织空间序列

以某个空间或院落为中心，其他各空间院落环绕着它的四周布置，人们自园的入口经过适当的引导首先来到中心院落，然后再由这里分别到达其他各景区。

（九）园林理水

园林理水从布局上看大体可分为集中与分散两种处理形式，从情态上看则有静有动。中小园林由于面积有限，多采用集中用水的手法，水池是园区的中心，沿水池周围环列建筑，从而形成一种向心、内聚的格局；大面积积水多见于皇家苑囿；少数园林采用化整为零的分散式手法把水面分隔成若干相互联通的小块，各空间环境既自成一体，又相互连通，从而具有一种水陆潆洄、岛屿间列和小桥凌波而过的水乡气氛，可产生隐约迷离和来去无源的深邃感。

具体的理水手法包括掩、隔和破。①掩：以建筑和绿化将曲折的池岸加以掩映，用以打破岸边的视线局限；或临水布蒲苇岸、杂木迷离，造成池水无边的视觉印象。②隔：或筑堤横断于水面，或隔水净廊可渡，或架曲折的石板小桥，或涉水点以步石，如此则可增加景深和空间层次，使水面有幽深之感。③破：水面很小时。

（十）对景与借景

所谓对景之“对”，就是相对之意。我把你作为景，你也把我作为景。在园林中，从甲观赏点观赏乙观赏点，从乙观赏点观赏甲观赏点的构景方法叫作对景。它多用于园林局部空间的焦点部位，一般指位于园林轴线及风景视线端点的景物。多用园林建筑、雕塑、山石、水景、花坛等景物作为对景元素，然后按照疏密相间、左右参差、高低错落、远近掩映的原则布局。

对景按照形式可分为正对和互对。正对是指在道路、广场的中轴线端部布置的景点或以轴线作为对称轴布置的景点；互对是指在轴线或风景视线的两端设景，两景相对，互为对景。对景一般需要配合平面和空间布局的轴线来设置。按照轴线布局的形式，对景可分为单线对景、伞状对景、放射状对景和环形对景。

1. 单线对景

单线对景是观赏者站在观赏地点，前方视线中有且只有一处景观，此时构成一条对景视线。单线对景中，观赏点可以在两处景观任意一端的端点，也可以位于两处景观之间。例如拙政园西南方向，是人流相对较为稀疏的地方，塔影亭成功地打破了冷落的气氛，并且距离相对较远，形成纵深感，与留听阁形成一条南北走向的轴线，是非常成功的单线对景处理。

2. 伞状对景

伞状对景是站在观景点向前方看去，在平面展开 180° 的视野范围内可观赏到两处和两处以上的景观，所以从观景点向前方多个景观点做连线。

伞状对景使得观景者在一点静止不动就可以观赏园内多处景观，所以伞状对景手法比单线对景手法更容易把园内景观充分地联系起来，形成“一点可观多景”的趣味性。

3. 放射状对景

放射状对景是以观景点为中心向东、南、西、北 4 个方向皆有景可对，观景点处可全方位地观景，通常在园林中心位置或者地势绝佳处可以做出放射状对景的景观形式。形成放射状对景的观景点会以离心形式向四周延伸观赏视线。放射式对景的运用以及对地形要求很高，一般用于大型园林。

4. 环形对景

借景是中国园林艺术的传统手法。有意识地把园外的景物“借”到园内可透视、感受的范围中来，称为借景。它与对景的区别是它的视廊是单向的，只借景不对景。《园治》云：园林巧于因借……极目所至，俗则屏之，嘉则收之。这句话讲的是周围环境中有好的景观，要开辟透视线把它借进来；如果是有碍观瞻的东西，则要将它屏蔽掉。一座园林的面积和空间是有限的，为了丰富游赏的内容，扩大景物的深度和广度，除了运用多样统一、迂回曲折等造园手法外，造园者还常常运用借景的手法，收无限于有限之中。

借景手法的运用重点是设计视线、把控视距。借景有远借、邻借、仰借、俯借、应时而借之分。借远景之山，叫远借；借邻近的景色叫邻借；借空中的飞鸟，叫仰借；借登高俯视所见园外景物，叫俯借；借四季的花或其他自然景象，叫应时而借。

（十一）框景与隔景

框景，顾名思义，就是将景框在“镜框”中，如同一幅画。利用园林中的建筑之门、窗、洞，廊柱或乔木树枝围合而成的景框，往往把远处的山水美景或人文景观包含其中，四周出现明确界线，产生画面的感觉，这便是框景。有趣的是，这些画面不是人工绘制的，而是自然的，而且画面会随着观赏者脚步的移动和视角的改变而变换。

隔景是将园林绿地分隔为不同空间、不同景区的景物。“俗则屏之，嘉则收之”，其意为将乱差的地方用树木、墙体遮挡起来，将好的景致收入景观中。

隔景的材料有各种形式的围墙、建筑、植物、堤岛、水面等。隔景的方式有实隔与虚隔之分。实隔：游人视线基本上不能从一个空间看到另一个空间，以建筑、山石、密林分隔，造景上便于独创一格。虚隔：游人视线可以从一个空间透入另一个空间，以水面、疏林、廊、花架相隔，可以增加联系及风景层次的深远感。虚实相隔，游人视线有断有续地从一个空间透入另一个空间。以堤、岛、桥相隔或实墙开漏窗相隔，形成虚实相隔。

二、现代景观设计方法

近千年东西方造园的理念及方式方法为现代景观设计提供了深厚的基础和借鉴。较之过去，现代景观设计加入了更多的社会因素、技术因素等，是一个多项工程相互协调的具有一定复杂性的综合型设计。就具体的景观空间营造而言，运用好各种景观设计元素，安排好项目中每一地块的用途，设计出符合土地使用性质、满足客户需要、比较适用的方案需要从以下几个方面考虑：

（一）构思与构图

构思是景观设计最重要的部分，也可以说是景观设计的最初阶段。构思首先考虑的是满足其使用功能，充分为地块的使用者创造、规划出满意的空间场所，同时不破坏当地的生态环境，尽量减少项目对周围生态环境的干扰；然后，采用构图及各种手法进行具体的方案设计。构思是一套景观方案的主导。首先，构思包涵了设计者想赋予该设计地块的文化寓意、美学意念和构建蓝图；其次，它是后期方案设计构架的框架结构；最后，构思是一个需要经过客观论证和主观推敲的过程，由此它也成为方案最终能落实的基本保障。

构图是要以构思为基础的，构图始终要围绕着满足构思的所有功能来进行。景观设计的构图既包括二维平面构图，也涵盖三维立体构图。简言之，构图是对景观空间的平面和立体空间的整体结构按照构成原理进行梳理，从而形成一定的规律和脉络，也是空间形式美的一种具体表现。

（二）渗透与延伸

在景观设计中，景区之间并没有十分明显的界限，而是你中有我，我中有你，渐而变之。渗透和延伸经常采用草坪、铺地等，起到连接空间的作用，给人在不知不觉中景物已发生变化的感觉，在心理感受上不会“戛然而止”，给人以良好的空间体验。

空间的延伸对于有限的园林空间获得更为丰富的层次感具有重要的作用，空间的延伸意味着在空间序列的设计上突破场地的物质边界，它有效地丰富了场地与周边环境之间的空间关系。不管是古典造园还是现代景观设计，我们都不能将设计思维局限于单向的、内敛的空间格局，内部空间与外部空间之间必要的相互联系、相互作用都是设计中必须考虑的重要问题，它不仅仅只是简单的平面布置，更会关系到整体环境的质量，即便是一座仅仅被当作日常生活衬托的小型私家花园也应当同周围的环境形成统一的整体。

（三）尺度与比例

景观空间的尺度与比例主要体现在景观空间的组织、植物配置、道路铺装等方面，具体包括景点的大小与分布、构筑物之间的视廊关系、景观天际轮廓线的起伏、景观设施中的人体工程学尺度等。此外，人观景时的尺度－感受也是重点。尺度的主要依据在于人们在建筑外部空间的行为。以人的活动为目的，确定尺度和比例才能让人感到舒适、亲切。

1. 空间组织中的尺度与比例

空间是设计的主要表现方面，也是游人的主要感受场所。能否营造一个合理、舒适的空间尺度，决定设计的成败。

（1）空间的平面布局

园林景观空间的平面规划在功能目的及以人为本设计思想的前提下，体现出一定的视觉形式审美特点。平面中的尺度控制是设计的基本，在设计时要充分了解各种场地、设施、小品等的尺寸控制标准及舒适度。不仅要求平面形式优美可观，更要具有科学性和实用性。

（2）空间的立体造型

园林景观空间中的立体造型是空间的主体内容，也是空间中的视觉焦点。其造型多样化从视觉审美及艺术性角度而言，首先要与周围环境的风格相吻合统一，其次要具备自身强烈的视觉冲击力，使其在视觉流程上与周围景观产生先后次序，在比例、形式等构成方面要具有独特的艺术性。空间的不同尺度传达不同的空间体验感。小尺度适合舒适宜人的亲密空间，大尺度空间则气势壮阔、感染力强，令人肃然起敬。

2. 植物配置中的尺度与比例

（1）植物配置中的尺度

植物配置中的尺度，应从配置方式上体现园林中的植物组合方式，体现出植物造景的视觉艺术性。根据植物自身的观赏特征，采用多样化的组合方式，体现出整体的节奏与韵律感。

（2）园林中利用植物而构成的基本空间类型

①半开敞空间——少量较大尺度植物形成适当空间。它的空间一面或多面受到较高植物的封闭，限制了视线的穿透。其方向性指向封闭较差的开敞面。

②开敞空间——用小尺度植物形成大尺度空间。仅以低矮灌木及地被植物作为空间的限制因素。

③完全封闭空间——高密度植物形成封闭空间。此类空间的四周均被植物所封闭，具有极强的隐秘性和隔离感，比如配电室、采光井等周围被植物遮蔽，增加隐蔽性和安全性等。

④覆盖空间——高密度植物形成限定空间。利用具有浓密树冠的遮阴树，构成顶部覆盖而四周开敞的空间。利用覆盖空间的高度，形成垂直尺度的强烈感觉。

3. 铺装设计中的尺度概念

铺装的尺度包括铺装图案尺寸和铺装材料尺寸两个方面，两者都能对外部空间产生一定的影响，产生不同的尺度感。

铺装图案尺寸是通过铺装材料尺寸反映的，铺装材料尺寸是重点。室外空间常用的材料有鹅卵石、混凝土、石材、木材等。混凝土、石材等大空间的材料易于创造宽广、壮观的景象，而鹅卵石、青砖等易于体现小空间的材料则易形成肌理效果或拼缝图案的形式趣味。

铺装材料粗糙的质感产生前进感，使空间显得比实际小；铺装材料细腻的质感则产生后退感，使空间显得比实际大。人对空间透视的基本感受是近大远小，因此在设计中把质感粗糙的铺装材料作为前景，把质感细腻的铺装材料作为背景，相当于夸大了透视效果，产生视觉错觉，从而扩大空间尺度感。

（四）质感与肌理

质感是材料本身的结构与组织，属材料的自然属性，质感也是材质被视觉神经和触觉神经感受后经人脑综合处理产生的一种对材料表现特性的感觉和印象，其内容包括材料的形态、色彩、质地等几个方面。肌理是指材料本身的肌体形态和表面纹理，是质感的形式要素，反映材料表面的形态特征，使材料的质感体现更具体，形态和色彩更容易被感知，因此说肌理是质感的形式要素。

（五）节奏与韵律

节奏这个具有时间感的用语，在景观设计上是指以同一视觉要素连续重复时所产生的运动感。韵律原指音乐、诗歌的声韵和节奏。景观空间营造时由单纯的单元组合重复，由有规则变化的形象或色群间以数比、等比处理排列，使之产生音乐、诗歌的旋律感，称为韵律。有韵律的设计构成具有积极的活力，有加强魅力的能量。

韵律与节奏是在园林景观中产生形式美不可忽视的一种艺术手法，一切艺术都与韵律和节奏有关。韵律与节奏是同一个意思，是一种波浪起伏的律动，当形、线、色、块整齐而有条理地重复出现，或富有变化地重复排列时，就可获得韵律感。韵律感主要体现在疏密、高低、曲直、方圆、大小、错落等对比关系的配合上。

景观设计中韵律呈现的表达形式也是多样的，可以分为连续韵律、间隔韵律、交替韵律、渐变韵律等。

1. 连续韵律

连续韵律一般是以一种或几种要素连续重复排列，各要素之间保持恒定的关系与距离，可以无休止地连绵延长，往往可以给人以规整整齐的强烈印象。一般在构图中呈点、线、面并列排列，犹如音乐中的旋律，对比较轻，往往在内容上表现同一物象，并且以相同的规律重复出现。如用同一种花朵，或相同大小的同一色块的连续使用和重复出现。

花坛、花台、花柱、篱垣、盆花设计中应用较多，相同形状的花坛，种植相同花卉或相同花色的花卉连续排列，形成整齐规整的效果。

2. 间隔韵律

间隔韵律在构图上表现为有节奏的组合中突然出现一组相反或相对抗的节奏。对比性的节奏可以打破原有节奏的流畅，形成间断，就像音乐旋律中忽然加入一级强音符，从而形成强烈的对比节奏。在花坛、花台、花径、花柱、篱垣、花墙、盆花等装饰应用中运用较多，避免呆板。

3. 交替韵律

交替韵律与间隔韵律相似，它是运用各种造型因素做有规律的纵横交错、相互穿插等手法，形成丰富的韵律感。运用形状、大小、线条、色调等多种因素交替变化，产生韵律形式美，规律而又多样。

4. 渐变韵律

渐变韵律是各要素在体量大小、高矮宽窄、色彩深浅、方向、形状等方面做有规律的增或减，形成逐渐变化的统一而和谐的韵律感。有规律地增加或减少间隔距离、弯曲弧度、线条长度等，可以形成一种动态变化。这种具有动式的旋律作品的构图，有强烈的动态节奏感。

第四章 城市园林景观组景规划设计手法

第一节 园林景观组景手法综述

中国传统园林、庭园的总体设计，首先重视利用天然环境、现状环境，不仅为了节省工料，重要的是得到富有自然景色的庭园总体空间。具体设计时概括为以下三点。

（一）选择适合构园的自然环境，在保护自然景色的前提下去构园

构园之所以把山林地、江湖地、郊野地、村庄地等列为佳胜，是体现中国自然式庭园始终提倡的“自成天然之趣，不烦人事之工”的重要设计思想。这种设计思想对于资金建设力量雄厚、到处充斥着人工建筑的今日园林景观环境有很现实的借鉴意义。

（二）利用自然环境，进行人工构园的方法

相地合宜和构园得体，两者关系非常紧密。或者说构园得体，大部分源于相地合宜。但构园创作的程度，从来不是单一直线的，而是综合交错的。建筑师、造园师的头脑里常常储存着大量的，并经过典型化了的自然山水景观形象，同时还掌握许多诗人、画家的词意和画谱。因此，他们相地的时候，除了因势成章、随意得景之外，还要借鉴名景和画谱，以达到构园得体。

（三）人工环境占主体时的构园途径和方法

在城市中心尚中层建筑密集区、建筑广场、中层住宅街坊、小区和建筑庭院街道上

构园是最困难的，但它们也是最渴望得到绿地庭园的地方。在建筑空间中构园或平地构园应注意运用以下人工造园的方法。

1. 建筑空间与园林空间互为陪衬的手法

可以绿树为主，也可以建筑群为主。前者种植乔木，后者可为草坪。根据功能和城市景观效果确定。

2. 用人工工程仿效自然景观的构园方法

凿池筑山是常法（北京圆明园、承德避暑山庄都是挖池堆山，取得自然山水效果），但要节工惜材，山池景物宜自然幽雅，不可矫揉造作。做假山时要注意山体尺度，山小者易工，避免以人工气魄取胜。

3. 划分空间与互为因借的方法

平地条件和封闭的建筑空间内构园，要做出舒展、深奥的空间效果，需多借助划分空间和互为因借的手法，并注意建筑形式、尺度以及庭园小筑的作用，如窗景、门景、对景的组景等。

二、园林景观结构与布局

园林景观的使用性质、使用功能、内容组成，以及自然环境基础等，都要表现到总体结构和布局方案上。由于性质、功能、组成、自然环境条件的不同，结构布局也各具特点，并分为各种类型，但它的总体空间构园理论是有共性的。

（一）总体结构的类型

有自然风景园林和建筑园林。建筑园林、庭园中又可分为以山为主体，以水面为主体，山水建筑混合，以草坪、种植为主体的生态园林景观。

1. 自然风景园林布局的特征

如自然环境中的远山峰峦起伏呈现出节奏感的轮廓线，由地形变化所带来的人的仰、俯、平视构成的空间变化，开阔的水面或蛇曲所带来的水体空间和曲折多变的岸际线，以及自然树群所形成的平缓延续的绿色树冠线等。巧于运用这些自然景观因素，再随地势高下，体形之端正，比例尺度的匀称等人工景物布置，是构成自然风景园林结构的基础，并体现出景物性状的特点。

2. 建筑园林景观布局的特征

中国城市型或成建筑功能为主的庭园，常以厅堂建筑为主划分院宇，延续虎廊，随势起伏；路则曲径通幽；低处凿池，面水筑榭；高处堆山，居高建亭；小院植树叠石，高阜因势建阁，再铺以时花种竹。

（二）总体空间布局

1. 景区空间的划分与组合

把单一空间划分为复合空间，或把一个大空间划分为若干个不同的空间，其目的是在总体结构上，为庭园展开功能布局、艺术布局打下基础。划分空间的手段离不开庭园组成物质要素，在中国庭园中的屋宇、廊、墙、假山、叠石、树木、桥台、石雕、小筑等，都是划分空间所涉及的实体构件。景区空间一般可划分为主景区、次景区。每一景区内都应有各自的主题景物，空间布局上要研究每一空间的形式，大小、开合、高低、明暗的变化，还要注意空间之间的对比。如采取“欲扬先抑”，是收敛视觉尺度感的手法，先曲折、狭窄、幽暗，然后过渡到较大和开朗的空间，这样可以达到丰富园景，扩大空间感的效果。

2. 景区空间的序列与景深

人们沿着观赏路线和园路行进时（动态），或接触园内某一体型环境空间时（静态），客观上它是存在空间程序的。若想获得某种功能或园林艺术效果，必须使人的视觉、心理和行进速度、停留的空间，按节奏、功能、艺术的规律性去排列程序，简称空间序列。中国传统景园组景手法之一，步移景异，通过观赏路线使园景逐步展开。如登高—下降4过桥4越涧—开朗—封闭—远眺—俯瞰—室内—室外使景物成序列曲折展开，将园内景区空间一环扣一环连续展开。如小径迂回曲折，既延长其长度，又增加景深。景深要依靠空间展开的层次，如一组组景要有近、中、远和左、中、右三个层次构成，只有一个层次的对景是不会产生层次感和景深的。

3. 观赏点和观赏路线

观赏点一般包括入口广场、园内的各种功能建筑、场地，如厅堂、馆轩、亭、榭、台、山巅、水际、眺望点等。观赏路线依园景类型，分为一般园路、湖岸环路、山上游路、连续进深的庭院线路、林间小径等。总之，是以人的动、静和相对停留空间为条件来有效地展开视野和布置各种主题景物的。小的庭园可有1～2个点和线；大、中园林交错复杂，网点线路常常构成全园结构的骨架，甚至从网点线路的形式特征可以分为自然式、几何式、混合式园。观赏路线同园内景区、景点除了保持功能上另便和组织景物外，对全园用地又起着划分作用。一般应注意下列几点：

①路网与园内面积在密度和形式上应保持分布均衡，防止奇疏奇密。

②线路网点的宽度和面积、出入口数目应符合园内的容量，以及疏散方便、安全的要求。

③园入口的设置，对外应考虑位置明显、顺合人流流向，对内要结合导游路线。

④每条线路总长和导游时间应适应游人的体力和心理要求。

（三）运用轴线布局和组景的方法

人们在一块大面积或体型环境复杂的空间内设计园林时，初学者常感到不知从何入手。历史传统为我们提供两种方法，一是依环境、功能做自由式分区和环状布局；二是依环境、功能做轴线式分区和点线状布局。轴线式布局或依轴线方法布局有三个特点：以轴线明确功能联系，两点空间距离最短，并可用主次轴线明确不同功能的联系和分布；依轴线施工定位，简单、准确、方便；沿轴线伸延方向，利用轴线两侧、轴线结点、轴线端点、轴线转点等组织街道、广场、尽端等主题景物，地位明显、效果突出。

三、园林景观造景艺术手法

中国造园艺术的特点之一是创意与工程技艺的融合以及造景技艺的丰富多彩。归纳起来包括主景与配（次）景、抑景与扬景、对景与障景、夹景与框景、前景与背景、俯景与仰景、实景与虚景、内景与借景、季相造景等。

（一）主景与配景（次景）

造园必须有主景区和配（次）景区。堆山有主、次、宾、配，园林景观建筑要主次分明，植物配植也要主体树和次要树种搭配，处理好主次关系就起到了提纲挈领的作用。突出主景的方法有主景升高或降低，主景体量加大或增多，视线交点、动势集中、轴线对应、色彩突出、占据重心等。配景对主景起陪衬作用，不能喧宾夺主，在园林景观中是主景的延伸和补充。

（二）抑景与扬景

传统造园历来就有欲扬先抑的做法。在入口区段设障景、对景和隔景，引导游人通过封闭、半封闭、开敞相间、明暗交替的空间转折，再通过透景引导，终于豁然开朗，到达开阔景园空间。也可利用建筑、地形、植物、假山台地在入口区设隔景小空间，经过婉转通道逐渐放开，到达开敞空间。

（三）实景与虚景

园林景观或建筑景观往往通过空间围合状况、视面虚实程度形成人们在观赏视觉上具有清晰与模糊，并通过虚实对比、虚实交替、虚实过渡创造丰富的视觉感受。如无门窗的建筑和围墙为实，门窗较多或开敞的亭廊为虚；植物群落密集为实，疏林草地为虚；山崖为实，流水为虚；喷泉中水柱为实，喷雾为虚；园中山峦为实，林木为虚；青天观景为实，烟雾中观景为虚，即朦胧美、烟景美，所以虚实乃相对而言。

（四）夹景与框景

在人的观景视线前，设障碍左右夹峙为夹景，四方围框为框景。常利用山石峡谷、林木树干、门窗洞口等限定视景点和赏景范围，从而达到深远层次的美感，也是在大环境中摘取局部景点加以观赏的手法。

（五）前景与背景

任何园林景观空间都是由多种景观要素组成的，为了突出表现某种景物，常把主景适当集中，并在其背后或周围利用建筑墙面、山石、林丛或者草地、水面、天空等作为背景，用色彩、体量、质地、虚实等因素衬托主景、突出景观效果。在流动的连续空间中表现不同的主景，配以不同的背景，则可以产生明确的景观转换效果。

（六）俯景与仰景

园林景观利用改变地形建筑高低的方法，改变游人视点的位置，必然出现各种仰视或俯视效果。如创造峡谷迫使游人仰视山崖而得到高耸感，创造制高点给人的俯视机会则产生凌空感，从而达到小中见大和大中见小的视觉效果。

（七）内景与借景

园林景观空间或建筑以内部观赏为主的称内景，作为外部观赏为主的为外景。如亭桥跨水，既是游人驻足休有、处，又是外部观赏点，起到内、外景观的双重作用。

园林景观具有一定范围，造景必有一定限度。造园家充分意识到景观之不足，于是创造条件，有意识地把游人的目光引向外界去猎取景观信息，借外景来丰富赏景内容。如北京颐和园西借玉、泉山，山光塔影尽收眼底；无锡寄畅园远借龙光塔，塔身倒影收入园地故借景法可取得事半功倍的景观效果。

（八）季相造景

利用四季变化创造四时景观，在园林景观设计中被广泛应用。用花表现季相变化的有春桃、夏荷、秋菊、冬梅；树有春柳、夏槐、秋枫、冬柏；山石有春用石笋、夏用湖石、秋用黄石、冬用宣石（英石）。

四、园林景观空间艺术布局

园林景观空间艺术布局是在景园艺术理论指导下对所有空间进行巧妙、合理、协调、系统安排的艺术，目的在于构成一个既完整、又变化的美好境界，常从静态、动态两方面进行空间艺术布局（构图）。

（一）静态空间艺术构图

静态空间艺术是指相对固定空间范围内的审美感受，按照活动内容，分为生活居住空间、游览观光空间、安静休息空间、体育活动空间等；按照地域特征，分为山岳空间、台地空间、谷地空间、平地空间等；按照开朗程度，分为开朗空间、半开朗空间和闭锁空间等；按照构成要素，分为绿色空间、建筑空间、山石空间、水域空间等；按照空间的大小，分为超人空间、自然空间和亲密空间；依其形式，分为规则空间、半规则空间和自然空间；根据空间的多少，又分为单一空间和复合空间等。在一个相对独立的环境中，有意识地进行构图处理就会产生丰富多彩的艺术效果。

1. 风景界面与空间感

局部空间与大环境的交接面就是风景界面。风景界面是由天地及四周景物构成的。以平地（或水面）和天空构成的空间，有旷达感，所谓心旷神怡；以峭壁或高树夹持，其高宽比大约6：1～8：1的空间有峡谷或夹景感；由六面山石围合的空间，则有洞府感；以树丛和草坪构成的大于或等于 1 ：3 空间，有明亮亲切感；以大片高乔木和矮地被组成的空间，给人以荫浓景深的感觉。一个山环水绕，泉瀑直下的围合空间则给人清凉世界之感；一组山环树抱、庙宇林立的复合空间，给人以人间仙境的神秘感；一处四面环山、中部低凹的山林空间，给人以深奥幽静感：以烟云水域为主体的洲岛空间，给人以仙山琼阁的联想。还有，中国古典景园的咫尺山林，给人以小中见大的空间感。大环境中的园中园，给人以大中见小（巧）的感受。

由此可见，巧妙地利用不同的风景界面组成关系，进行园林景观空间造景，将给人们带来静态空间的多种艺术魅力。

2. 静态空间的视觉规律

利用人的视觉规律，可以创造出预想的艺术效果。

（1）最宜视距

正常人的清晰视距为 25 ～ 30m，明确看到景物细部的视野为 30 ～ 50m，能识别景物类型的视距为 150 ～ 270m，能辨认景物轮廓的视距为 500m，能明确发现物体的视距为 1200-2000m，但这时已经没有最佳的观赏效果。至于远观山峦、俯瞰大地、仰望太空等，则是畅观与联想的综合感受了。

（2）最佳视域

人的正常静观视场，垂直视角为 130° ，水平视角为 160° 。但按照人的视网膜鉴别率，最佳垂直视角小于 30° 、水平视角小于 45° ，即人们静观景物的最佳视距为景物高度的 2 倍或宽度的 1.2 倍，以此定位设景则景观效果最佳。但是即使在静态空间内，也要允许游人在不同部位赏景。建筑师认为，对景物观赏的最佳视点有三个位置，即垂直视角为 18° （景物高的 3 倍距离）、27° （景物高的 2 倍距离）、45° （景物高的 1 倍距离）。如果是纪念雕塑，则可以在上述三个视点距离位置为游人创造较开阔平坦的休息欣赏场地。

（3）远视景

除了正常的静物对视外，还要为游人创造更丰富的视景条件，以满足游赏需要借鉴画论三远法，即仰视高远、俯视深远、中视平远，可以取得一定的效果。

仰视高远。一般认为视景仰角分别大于 45° 、60° 、90° 时，由于视线的不同消失程度可以产生高大感、宏伟感、崇高感和威严感。若小于 90° ，则产生下压的危机感。俯视深远。居高临下，俯瞰大地，为人们的一大乐趣景园中也常利用地形或人工造景，创造制高点以供人俯视。绘画中称之为鸟瞰俯视也有远视、中视和近视的不同效果。一般俯视角小于 45° 、30° 、10° 时，则分别产生深远、深渊、凌空感。当小于 0° 时，则产生欲坠危机感。登泰山而一览众山小，居天都而有升仙神游之感，也产生人定胜天感。

中视平远。以视平线为中心的 30° 夹角视场，可向远方平视。利用创造平视观景的机会，将给人以广阔宁静的感受，坦荡开朗的胸怀。因此，园林中常要创造宽阔的水面、平缓的草坪、开敞的视野和远望的条件，这就把天边的水色云光、远方的山廓塔影借来身边，一饱眼福。

远视景都能产生良好的借景效果，根据“佳则收之，俗则屏之”的原则，对远景的观赏应有选择，但这往往没有近景那么严格，因为远景给人的是抽象概括的朦胧美，而近景才给人以形象细微的质地美。

（二）动态序列的艺术布局及创作手法

园林景观对于游人来说是一个流动空间，一方面表现为自然风景的时空转换；另一方面表现在游人步移景异的过程中。不同的空间类型组成有机整体，并对游人构成丰富的连续景观，就是园林景观的动态序列。

景观序列的形成要运用各种艺术手法，如风景景观序列的主调、基调、配调和转调。风景序列是由多种风景要素有机组合，逐步展现出来的，在统一基础上求变化，又在变化之中见统一，这是创造风景序列的重要手法。以植物景观要素为例，作为整体背景或底色的树林可为基调，作为某序列前景和主景的树种为主调，配合主景的植物为配调，处于空间序列转折区段的过渡树种为转调；过渡到新的空间序列区段时，又可能出现新的基调、主调和配调，如此逐渐展开就形成了风景序列的调子变化，从而产生不断变化的观赏效果。

1. 风景序列的起结开合

作为风景序列的构成，可以是地形起伏，水系。如：某公园入口区绿化基调、主调、环绕，也可以是植物群落或建筑空间，配调、转调示意无论是单一的还是复合的，总应有头、有尾，有放、有收，这也是创造风景序列常用的手法。以水体为例，水之来源为起，水之去脉为结，水面扩大或分支为开，水之溪流又为合。这和写文章相似，用来龙去脉表现水体空间之活跃，以收、放变换而创造水之情趣。

2. 风景序列的断续起伏

这是利用地形地势变化而创造风景序列的手法之一，多用于风景区或郊野公园。一般风景区山水起伏，游程较远，我们将多种景区、景点拉开距离，分区段设置，在游步道的引导下，景序继续发展游程起伏高下，从而取得引人入胜、渐入佳境的效果。

3. 园林景观植物景观序列的季相与色彩布局

园林景观植物是景观的主体，然而植物又有其独特的生态规律。在不同的土地条件下，利用植物个体与群落在不同季节的外形与色彩变化，再配以山石水景、建筑道路等，必将出现绚丽多姿的景观效果和展示序列。

4. 园林景观建筑群组的动态序列布局

园林景观建筑在景园中只占有1% ~ 2% 的面积，但往往它是某景区的构图中心，起到画龙点睛的作用。由于使用功能和建筑艺术的需要，对建筑群体组合的本身，以及对整个园林景观中的建筑布置，均应有动态序列的安排。

对一个建筑群组而言，应该有人口、门庭、过道、次要建筑、主体建筑的序列安排。对整个园林景观而言，从大门入口区到次要景区，最后到主景区，都有必要将不同功能的景区，有计划地排列在景区序列轴线上，形成一个既有统一展示层次，又有多样变化的组合形式，以达到应用与造景之间的完美统一。

第二节　传统山石组景手法

一、山石组景渊源及分类

据史载，唐懿宗时期（公元 860 ~ 874 年），曾造庭园，取石造山，并取终南山草木植之，20 世纪 50 年代末期于西安市西郊土门地区出土的唐三彩庭园假山水陶土模型，说明了唐长安城内庭园假山水已很流行，但由于历代战争及年久失修，这种庭园假山水景物已荡然无存，但市区旧园中却留下来大量的南山庭石。

唐长安时期选南山石布石之法，多做横纹立砌以示瀑布溪流，平卧水中以呈多年水冲浪涮古石之景，两者均呈流势动态景观，加之石形浑圆，皴纹清秀，布局疏密谐调，景致清新高雅，达到互相媲美，壁山石选蓝田青石为之。

假山即以造景游赏为主要目的，以土石等为材料，以自然山水为蓝本，加以艺术的提炼和夸张，充分结合其它多方面的功能作用，人工再造的山水景物的通称。作为中国自然山水园的组成部分，假山置石几乎在所有中国园林中都有存在，这并非偶然现象。中国园林要求达到“虽由人做，宛自天开”的高超艺术境界，园主为了满足游览运动的需要，必然要建造一些体现人工美的园林建筑，但就园林的总体要求而言，在景物外貌的处理上要求人工美从过于自然美，并把人工美融合到体现自然美的园林环境中去，假山之所以得到广泛的应用，原因在于假山可以满足这种要求。

依其石形、石性及皴纹走势，借鉴中国山水画及山石结构原理，将石分类为以下几类。

（一）峰石

轮廓浑圆，山石嶙峋变化丰富。

（二）峭壁石

又称悬壁石，有穷崖绝壑之势，且有水流之皴纹理路。

（三）石盘

平卧似板，有承接滴水之峰洞。

（四）蹲石

浑圆柱，即蹲石，可立于水中。

（五）流水石

石形如舟，有强烈的流水皴纹，卧于水中，可示水流动向，再辅以散点及步石等。

选用上述各类山石，以山水画理论及笔意，概括组合成山，依不对称均衡的构图原理，主山呈峰峦参差错落，主峰嶙峋峻峭，中有悬崖峭壁，瀑布溪流，下有承落水之石盘，滴水叮咚，山水相互成景；次峰及散点山石，构成壁山，群体主次分明，轮廓参差错落，富有节奏变化，加之石面质感光润、皴纹的多变，壁山壮丽、风格古朴，再于洞中植萝兰垂吊，景观格外宜人。

二、山石组景基本手法

山水园是中国传统园林景观和东方体系园林景观主要特征之一。自然式园林景观常常离不开自然山石与自然水面，即所说的“石令人古，水令人远”。

（一）布石

布石组景又称点石成景，根据地方山石的石性、皴纹并按形体分类，用一定数量的各种不同形体的山石与植物配合，布置成构图完美的各种组景。

1. 岸石

岸石参差错落，要注意平面交错，保持钝角原则；注意立面参差，保持平、卧、立，有不同标高的变化；注意主题和节奏感。

2. 阜冈、坡脚布石

运用多变的不对称的匀衡手法布石，以得到自然效果。“石必一丛数块，大石间小石，须相互联络，大小顾盼，石下宜平，或在水中，或从土出，要有着落。”中国画画石强调布石与画石、组石的关系，池畔大石间小石的组合，“石分三面，分则全在皴擦勾勒。画石在于不圆、不扁、不长、不方之间。倘一成形，即失画石之意。”说明要自然石形，而不要图案石形。

3. 石性与皴法有关，又与布石有关

“画石则大小磊叠，山则络脉分支，然后皴之”。中国山水画技法构图与庭园布石构图有密切联系，如唐长安时期的庭园布石多用终南山石、北山石。石性呈横纹理、浑圆形，姿质秀丽，宜作立石、卧石；宜土载石，宜石树组景，而不宜磊叠，不宜堆砌高山。唐长安时期有作盆景假山，是采取了横纹立砌手法，得到成功。

（二）假山

中国园林景观自古就流传有造山之法，清代李渔在书中写道：“至于垒石为山之法，大小皆无成局。然而欲垒巨石者将如何而可，曰不难，用以土代石之法，既减人工又省物力，具有天然委曲之妙。混假山于真山之中，使人不能辨者，其法莫妙于此。垒高广之山全用碎石，则如百衲僧衣求无缝处而不可得，此其所以不耐观也。以土间之则可泯焉无迹，且便于种树。树根盘固与土石比坚，且树大叶繁混然一色，不辨其为谁石谁土。此法不论土多石少，亦不必定求土石间半。土多则土山带石，石多则石山带土。土石二物不相离。石山离土则草木不生是童山耳。小山亦可无土。但以石作主而土附之。土不胜石者，以石壁立而土易崩。必仗石为藩离故也。外石内土此从来不易之法……石纹石色取其相同，如粗纹与粗纹当拼在一起，细纹与细纹宜在一方。紫碧青红各以类聚是也。至于石性则不可不依，拂其性而用之，非止不耐观且难持久。石性维何，斜正纵横之理路是也”。假山的结构发展至今日，仍以这四大类为主。

①土山。

②土多石少的山。沿山脚包砌石块，再于盈纡曲折的磴道两侧，垒石如堤以固土，或土石相间略成台状。

③石多土少的山。三种构造方法，即山的四周与内部洞窟用石；山顶与山背的土层转厚；四周与山顶全部用石，成为整个的石包土。

④石山。全部用石垒起，其体形较小。

以上各种构造方法，均要因地制宜，注意经济，注意安全（如干土的侧压力为1时，遇水浸透后湿土的侧压力则为3 ~ 4，所以泥土易崩塌），一般仍以土石相间法为好。

三、假山置石在园林中的功能与作用

①作为自然山水园的主景和地形骨架，在以山为主景或以山石为驳岸水池做主景的园林中，假山处在主景位置，整个园子的地形骨架起伏曲折，皆以此为基础来变化，这种设计手法在北方园林中显得大气蓬勃，而在南方园林中则显得隽秀而灵动。

②作为园林划分空间和组织空间的手段，假山在园林空间的划分和组织中，在障景、对景、背景、框景、夹景等景观设计手法的应用中起着重要的作用。对于大型园林空间来讲，为避免空旷、单调，多借山石把单一的空间分隔成几个较小空间，相较于建筑墙垣来分隔空间，其更符合全园气氛，更加符合中国传统园林对于诗情画意的表达。

由于山石有划分空间的作用，在园林中常采用将山石当作院墙的处理方法，如依山建筑的园林，可部分运用建筑围墙，部分运用较为陡峻的山坡或峭壁共同围合庭院空间，即使无天然地形何为利用，也可以以人工堆砌的山石作为界面而与建筑相配合共同形成庭院空间。北海的濠溪间，其主要庭院空间位于建筑之北，除南面很短的一段以建筑作为屏障外，其余均以人工堆筑的山石为界面而形成不规则平面的庭院空间，自然情趣极为浓郁。

③运用山石小品作为点缀园林空间的陪衬建筑随着现代园林的发展，园林小品的样式、种类、材质方面都有了广泛的选择余地，但运用山石作为园林小品这一手法却始终保留着。

山坡散石也是山石点缀园景的一种，这种布置方法要求有主次呼应，像在山野中露出的自然石一样，给人们一种逗真的艺术感觉。佛山梁园群石就是运用这种布局手法，平缓起伏的地势散布石组和灌丛，配合较大型的石峰为组景，相顾盼的次峰作陪衬，达到组织空间、美化庭院的作用。

④用山石作驳岸、挡土墙、护坡和花台等追求自然曲折是我国古典园林的基本特征之一，几乎贯穿于古园建造手法的一切方面，传统园林中的水池一设都采取不规则的形

状，不仅如此，连池岩处理也苛求曲线而忌平直，为此多以山石做成驳岸，这样可以使园林中的山与水结合得更加和谐自然。

⑤作为室内外自然式的家具和器设在中国传统园林之中，石制的装饰并非都是中看不中用的。有专为造型所用的，如狮子林的众多狮子；但有些却有它们的实际作用，如山坡上摆设的石桌、石椅、石栏、石榻，院落放置的假山障景，这些既不怕风吹日晒，也不怕风霜雨雪，可以长期保持其观赏效果。

利用山石可以起到类以影壁般阻挡视线的作用，这样的山石称之为石屏风。中国人多求含蓄幽深的表达方式，这种石屏风处处可见。

假山与置石的功能都是和造景密切结合的，它们可以因高就低，随时赋形。山石与园林中其它组成因素诸如建筑、园路、广场、植物等组成各式名样的园景，使人工建筑物和构筑物自然化，减少建筑物某些平板、生硬的线条，增加自然生动的气氛，通过假山和山石的过渡使自然山水园的环境更加和谐。

第三节　传统园林景观植物组景手法

一、植物组景基本原则

（一）植物种植的生态要求

植物姿态长势自然优美，需有良好的水土，充足的日照、通风条件以及宽敞的生长空间。

（二）植物配置的艺术要求

在严格遵守植物生态要求条件下，运用构图艺术原理，可以配置出多种组景。中国园林景观喜欢自然式布局，在构图上提倡“多变的，不对称的均衡”的手法。中国也用对称式布局，四合院或院落组群的对称布局的庭院，植物配置多趋于对称。但中国景园建筑传统，在庄严规整庭院条件下也避免绝对对称（如故宫轴线上太和殿院内的小品建筑布置，东侧为日晷，西侧则为嘉量）。植物配置注意比例尺度，要以树木成年后的尺度、形态为标准。在历史名园中的植物品种，配置也是构成各个景园特色的主要因素之一。如凤翔东湖是柳、杨，张良庙北花园是古柏、凌霄，轩辕陵园是侧柏，颐和园的油松，拙政园的枫杨，网师园的古柏，沧浪亭的若竹，小雁塔园的国槐等等，都自成特色，具有地方风格。

二、植物配置的方式

我国古代造园著作中有不少论述，其中清代杭州陈昊子所著《园林雅课》中，关于花木的“种植的位置法”一篇，有以下几种方式：“如园中地广多植果木松篁，地隘只宜花草菜苗。设若左有茂林，右必留旷野以疏之。前有方塘，须筑台榭以实之。外有曲径，内当垒奇石以遮之。花之喜阳者，引东旭而纳西晖。花之喜阴者，植北隅而领南熏。其中色相配合之巧，又不可不论也。”陈昊子的“种植位置法”从生态谈到布局，从运用对比谈到色彩配合，是他在造园实际中的科学总结。中国山水画中对植物形态的表现也充分体现了传统园林景观植物组景的手法。现代植物配置总结为，香色姿，大小高低，常绿落叶，明暗疏密，花木与树群，花木与房屋，花木与山池等的多种因素的组合。常用的配置方式有以下几种。

（一）孤植（独立树）

具有色、香、姿特点，作对景、主题景物、视线上的对景，如屋、桥、路旁、水池等转点处。

（二）同一树种的群植

有自然丛生风格，如柿子林、黄柠林等。

（三）多种树种的群植

错落有致，大小搭配，常绿与落叶配合，高低配合，前后左右、近中远层次配置得当。

（四）小空间内配置

近距离以观赏为主，色香姿较好的花木，如竹、天竹、蜡梅、山茶、海棠、海桐等，或配置成树石组景，空间尺度要合适。

（五）大空间内配置

可用乔木划分空间，注意最佳视距和视域，D=3H ～ 3.5H，并与房屋配合成组景。

（六）窗景配置

绿意满窗，沟通内外扩大空间，配置成各种主题景物，如小枝横生、一叶芭蕉、几竿修竹。

（七）房屋周围的花木配置

根据房屋的使用功能要求，兼顾植物本身的生态要求来决定花木配置的方式。处理好树与房屋基础、管沟之间的界限；处理好日照、采光、通风的关系。栽植乔木时，夏日能遮阴，冬天不影响室内日照。主要的房间窗口和露台前要有观景的良好的视距及扩散角度。在处理房屋立面与植物配景关系时，要注意房屋和庭园是个统一整体，花木配置不能只看成是个配景。

（八）山池的花木配置

假山与花木配置，要尺度合适。低山与乔木在比例上不是山，而是阜阪、岗丘。假山上只适合栽植体量小的花木或垂萝，以显示山的尺度。不少历史名园中，由于对花木的成年体量估计不足，到后来大都失去良好比例。岸边的花木与池形、池的水面大小有关；岸边花木多与池滨环路结合，属于游人欣赏的近景。它的布局与效果最引人注意，需要做到株距参差，岸形曲折变化。以石砌岸时，花木亦随之错落相间而有致。池中倒影是构成优美生动画面的一景，所以在山崖、桥侧、亭榭等临水建筑的附近，不宜植过多的荷花，以免妨碍水面清澈晶莹的特征。如北京颐和园的谐趣园，由于荷花过多，加之高出水面而失去谐趣的景致。睡莲的花叶娟秀，超出水面不高，适于较小的水景，如北京故宫内御花园小池浮莲的效果。

第四节　传统建筑、小品、水面组景

一、水面组景

因藉自然水面成景是上乘之法，它可以借得自然气势的水景。如中国太湖之滨的无锡蠡园、渔庄等，具有开朗明静的湖泊风光。但多数园林水面是经过人工设计的。中国古代山水园多用凿池筑山的手法，一举两得，既有了水又有了山。中国山水园的哲学观点更加重视石令人古、水令人远的景观心理效应。园中无水不活，水有动态、静态，得景随意。所以，园中水面和池形设计有举足轻重的地位，特别在自然式风格园林景观中的水面与池形讲究很多。

（一）水面及池型设计

唐以前的水面，多属简单方形、圆形、长方形、椭圆形。太液池发展为稍似复合型水面空间（类似今日北海公园的琼岛居中）划分水面的形式。到北宋凤翔东湖时期的水面，逐渐向复合型发展，水面中间设岛并有长堤相连，空间日益变化曲折。到南宋时期的苏州园林，水面空间划分手法更加丰富，类型也随之增多。水面与池型应依据园的性质、规模和景观意境的要求，加以推敲。水面常与山石、树木，建筑等共同组合成景，一般应注意以下几点。

①庭园空间较小的水面，应以聚为主，池型可为方池、矩形池、椭圆池等。

②庭园空间稍大或园中的一角，设计水池时，应以聚为主而以分为辅。

③园林景观中以水为主题的景观，可以湖面手法，聚积水面辽阔，使人心旷神怡。

④园林景观中以山水建筑、花木综合景观为主题时，可以像苏州拙政园的手法，即水面有聚有分；空间有大有小、有近有远、有直有曲；景物随空间序列，依次展开，组

成极为丰富的以水面为主题或衬托的景物。如拙政园西部水面漂涸缭绕，构成空间幽静，景深延续、景色引人入胜的效果。

⑤中国自然山水园，多数水面设计为不规则的形状，与西方几何式池型相区别。水面及岸边与建筑相联系的部分，也多运用整形、几何手法。

（二）池岸岸型设计

宜循钝角原则，去凸出凹入，岸际线宜曲折有致，切忌锐角。岸边形式和结构，宜交替变化，岩石叠砌、沙洲浅渚、石矶泊岸。或将水面分成不同标高，构成梯台叠水，增加动与静景观。池岸与水面标高相近，水与阶平。忌将堤岸砌成工程挡土墙，人为手法过重，失去景物的自然特征。

二、建筑与小品组景

中国园林景观中院落组合的传统，在功能、艺术上是高度结合的。以院为单元可创造出多空间并具有封闭幽静的环境，结合院落空间可以布置成序列的景物。

（一）庭院

布置花坛、树木、山石、盆景、草坪、铺面、小池等，可构成独立的空间。

（二）小院

多布置在房屋与曲廊的侧方，形成一个套院。它能使连续过多的房屋得到通风采光的余地，给回廊曲槛创造曲折的空间。院内可种植丁香、天竹、蜡梅等，加上光影效果，小院别有景致。

（三）廊院

四周以廊围起的空间组合方式，其结构布局，属内外空透，相互穿插增加景物的深度和层次的变化。这种空间可以水面为主题，也可以花木假山为主题景物，进行组景。成功的实例很多，如苏州沧浪亭的复廊院空间效果；北京静心斋廊院、谐趣园；西安的九龙汤等。

（四）民居庭院

分城市型与乡村型；分大院与很小的院。随各地气候不同、生活习惯不同，庭院空间布局也多种多样。

随民居类型又分为有前庭、中庭及侧庭（又称跨院）、后庭等。民居庭院组景多与居住功能、建筑节能相结合，如“春华夏荫覆”（唐长安韩愈宅中庭）。北方四合院不主张植高树，因北方喜阳，不需太多遮阳，所见庭内多植海棠、木瓜、枣树、石榴、丁香之类的灌木，也有做花池，花台与铺面结合组景的。在北方庭院内水池少用，因冰冻季节长且易损坏。近现代庭园宜继承古代的优良传统，如节能、节地（指咫尺园林景观处理手法）优秀的组景技艺等，扬弃不必要的亭阁建筑、假山，而代之以简洁明朗的铺面、草坪，花、色、香、姿的灌木，间少数布石、水池的布置方式，可得到现实效果。

（五）亭

亭是游人止步、休息，眺望为目的的小建筑之一，成为中国景园中的主要点景物。可设在山巅、林荫、花丛、水际、岛上，以及游园道路的两侧。亭本身作为点景物建筑，所以类型愈来愈多，有半亭（古代采用多，与廊构成一体）、独立亭。亭的平面、立面形式更加多样，如正方亭、五角、六角、八角、圆形、扇形。单檐方亭通常为4柱或12柱，六角亭为6柱，八角亭为8柱，重檐方亭可多至12柱，六角及八角亭的柱数则按单檐柱数加倍，其外观有四阿、歇山及攒尖等盖顶形式。双亭（又称鸳鸯亭）的形式也很多，北宋凤翔东湖中的双亭是最简朴形式，它用六柱构出双亭，在国内稀有。其他如清代北京桂春园中的双方形交接的双亭也是最精美的一例。

（六）榭与舫

系傍水建筑物，又称水榭。其结构形式是凌空作架或傍水筑台，形态随环境而定。舫是仿舟楫之形，筑于水中的建筑物，形似旱船。它前后分三段，前舱较高，中舱略低，尾舱建两层楼以远眺。

（七）楼阁轩斋

楼多为两层，面阔3～5间，进深多至6架，屋顶作硬山或歇山式，体形宜精巧。阁与楼相似，重檐四面开窗，其造型较楼为轻快。小室称轩，书房称斋。

（八）廊

在园林景观中有遮阳避雨的功能。它是园内的导游路线，又是各建筑物之间的连接体，同时也起划分景区空间的作用。其体形宜曲宜长，可随形而弯，依势而曲，或盘山腰，或穷水际。它的类型很多，有直廊、曲廊、波形廊、阶梯廊（北京静心斋与华山玉泉院有此类型）、复廊（沧浪亭）。按廊的位置分，有沿墙走廊、爬山走廊、水廊、空廊、回廊等。沿墙走廊时离时合，在墙廊小空间内栽花布石，丰富景观。

（九）桥

直桥（平桥）结构用整块石板或木板架设，低近水面给游人以凌波而渡的感觉。曲桥的结构有三曲、九曲等形式，是一种有意识地给游人造成迂回盘绕的路线，以增加欣赏水面的时间。桥上栏杆有以低矮石板构成，风格质朴。还有在浅水面上“点其步石”，形成自然野趣（也称汀步）。

（十）墙垣

主要用于分隔空间，对局部的景物起着衬托和遮蔽的作用。墙垣分平墙、梯形墙（沿山坡向上）、波形墙（云墙）；从构造材料上划分为白粉墙、磨砖墙、版筑墙、乱石墙、篱墙，近代用板及铁栏杆墙等。中国园林中喜欢做月洞门，各种折、曲线装修门，都是利用墙所做的框景，墙面上空透花格也是通视内外空间，有增加景深的作用，也是一种借景手法。在小园内又有良好的通风采光效果。

（十一）铺地

园路、庭院铺面是中国园林景观的一大特点，广传于西方。远在唐代就有花砖铺地，《园冶》中云：“大凡砌地铺街，小至花园住宅。惟厅厦中一概磨砖，如路径盘蹊，长砌多般乱石，中庭或宜叠胜（指斜方连叠的花纹），近砌亦可回纹。八角嵌方，选鹅子铺成蜀锦；层楼出步（阳台、平台）……”苏州园林和北京故宫御花园，中南海园中多有以上做法。西安地区可采泾河卵石铺地。

（十二）内外装修与组景

装修又称装饰，即柱与柱间，按通风采光功能，做可启闭的木造间隔花板，分室内、外用两种。园林建筑细部构件设计，要求配合景园环境及景色，要求精巧秀丽，生动有趣，避免呆板。装修又要求轻便灵活可隔可折。近代西方建筑提倡流通空间，中国最早就有此理论。装修构件运用得宜，可增加建筑体形与细部构件的整体感。如门窗扇、挂落、格扇、窗格等构图，装饰纹样和精细雕刻，以及饰面等，可构成玲珑秀丽，雅洁多姿的外观，增加园林景观组景的变化。现代材料及工业化生产方法，亦可继承其特点，做到简洁质朴美观的装修效果。这需要有创作的思想和努力，把中国传统园林景观这一文化遗产传之后代。

（十三）器具和陈设

这是园林景观中的综合艺术表现的部分。各民族文化的特点各异，综合艺术的器具、陈设品类也有不同特点。中国园林景观中这种陈设器具，可以说是艺术精华的展览，从苏州私家园到皇家圆明园都有此特点。器具、小筑陈设在庭园室外空间的导游路线上或庭园四角处，或建筑出入口两侧，有时设在游览路线的转折点处为对景观的处理等。如石刻包括石桌、石椅、石凳、石墩、磁鼓、石座、日晷、石水盆、石灯笼、石雕等，在庭园中常与花木、水池组景；池景点缀包括石池壁、石蚋吐水口、石盆水景、石水槽、石涵洞等；盆景点缀包括花盆座、花台、花池、树池、鱼缸、盆景池座等。又如花格架、藤萝架、照壁砖雕、窗格等；室内书画、壁画、匾额、对联、各种木器家具陈设等，同园林景观融为一个整体，作为综合艺术共同来展现出中国园林景观的艺术和风格。

第五章　城市景观植物的配置与造景

第一节　植物造景原则与手法

植物景观设计同样遵循着绘画艺术和造园艺术的基本原则。即统一、调和、均衡和韵律节奏四大原则。

一、统一的原则

也称变化与统一或多样与统一的原则。植物景观设计时，树形、色彩、线条、质地及比例都要有一定的差异和变化，显示多样性，但又要使它们之间保持一定相似性，起到统一性。这样既生动活泼，又和谐统一。变化太多，整体就会显得杂乱无章，甚至一些局部使人感到支离破碎，失去美感。过于繁杂的色彩会引起心烦意乱、无所适从。但平铺直叙，没有变化，又会单调呆板。因此要掌握在统一中求变化、在变化中求统一的原则。

运用重复的方法最能体现植物景观的统一感。如街道绿带中行道树绿带，用等距离配置同种、同龄乔木树种，或在乔木下配置同种、同龄花灌木，这种精确的重复最具统一感。一座城市中树种规划时，分基调树种、骨干树种和一般树种。基调树种种类少，但数量大，形成该城市的基调及特色，起到统一作用；而一般树种，则种类多，每种量少，五彩缤纷，起到变化的作用。长江以南，盛产各种竹类，在竹园的景观设计中，众多的竹种均统一在相似的竹叶及竹竿的形状及线条中，但是丛生竹与散生竹有聚有散；高大的毛竹、钓鱼慈竹或麻竹等与低矮的箸竹配置则高低错落；龟甲竹、人面竹、方竹、佛肚竹则节间形状各异；粉单竹、白杆竹、紫竹、黄金间碧玉竹、碧玉间黄金竹、金竹、黄槽竹、菲白竹等则色彩多变。这些竹种经巧妙配置，很能说明统一中求变化的原则。

裸子植物区或俗称松柏园的景观保持冬天常绿的景观是统一的一面。松属植物都是松针、球果，但黑松针叶质地粗硬、浓绿，而华山松、乔松针叶质地细柔、淡绿。油松、黑松树皮褐色粗糙；华山松树皮灰绿细腻；白皮松树皮白色、斑驳，富有变化；美人松树皮棕红若美人皮肤。柏科中都具鳞叶、刺叶或钻叶，但尖峭的台湾桧、塔柏、蜀桧、铅笔柏；圆锥形的花柏、凤尾柏；球形、倒卵形的球桧、千头柏；低矮而匍匐的匍地柏、砂地柏、鹿角桧体现出不同种的姿态万千。

二、调和的原则

即协调和对比的原则。植物景观设计时要注意相互联系与配合，体现调和的原则，使人具有柔和、平静、舒适和愉悦的美感。找出近似性和一致性，配植在一起才能产生协调感。相反地，用差异和变化可产生对比的效果，具有强烈的刺激感，形成兴奋、热烈和奔放的感受。因此，在植物景观设计中常用对比的手法来突出主题或引人注目。

当植物与建筑物配植时要注意体量、重量等比例的协调。如广州中山纪念堂主建筑两旁各用一棵冠径达 25m 的庞大的白兰花与之相协调；南京中山陵两侧用高大的雪松与雄伟庄严的陵墓相协调；英国勃莱汉姆公园大桥两端各用由九棵椴树和九棵欧洲七叶树组成似一棵完整大树与之相协调，高大的主建筑前用九棵大柏树紧密地丛植在一起，成为外观犹如一棵巨大的柏树与之相协调。一些粗糙质地的建筑墙面可用粗壮的紫藤等植物来美化，但对于质地细腻的瓷砖、马赛克及较精细的耐火砖墙，则应选择纤细的攀缘植物来美化。南方一些与建筑廊柱相邻的小庭院中，宜栽植竹类，竹竿与廊柱在线条上极为协调。一些小比例的岩石园及空间中的植物配置则要选用矮小植物或低矮的园艺变种。反之，庞大的立交桥附近的植物景观宜采用大片色彩鲜艳的花灌木或花卉组成大色块，方能与之在气魄上相协调。

色彩构图中红、黄、蓝三原色中任何一原色同其他两原色混合成的间色组成互补色，从而产生一明一暗、一冷一热的对比色。它们并列时相互排斥，对比强烈，呈现跳跃新鲜的效果。用得好，可以突出主题，烘托气氛。如红色与绿色为互补色，黄色与紫色为互补色，蓝色和橙色为互补色。我国造园艺术中常用万绿丛中一点红来进行强调就是一例。英国谢菲尔德公园，路旁草地深处一株红枫，鲜红的色彩把游人吸引过去欣赏，改变了游人的欣赏路线，成为主题。梓树金黄的秋色叶与浓绿的栲树，在色彩上形成了鲜明的一明一暗的对比。而远处玉龙雪山尖峭的山峰与近处侧柏的树形非常协调。这种处理手法在北欧及美国也常采用。上海西郊公园大草坪上一株榉树与一株银杏相配植。秋季榉树叶色紫红，枝条细柔斜出，而银杏秋叶金黄，枝条粗壮斜上，二者对比鲜明。浙江自然风景林中常以阔叶常绿树为骨架，其中很多是格属中叶片质地硬且具光泽的彩叶树种，与红、紫、黄三色均有的枫香、乌柏配植在一起具有强烈的对比感，致使秋色极为突出。公园的入口及主要景点常采用色彩对比进行强调。恰到好处地运用色彩的感染作用，可使景色增色不少：黄色最为明亮，象征太阳的光源。幽深浓密的风景林，使人产生神秘和胆怯感，不敢深入。如配植一株或一丛秋色或春色为黄色的乔木或灌木，诸如桦木、无患子、银杏、黄刺玫、棣棠或金丝桃等，将其植于林中空地或林缘，即可使林中顿时明亮起来，而且在空间感中能起到小中见大的作用。红色是热烈、喜庆、奔放，为火和血的颜色。刺激性强，为好动的年轻人所偏爱。园林植物中如火的石榴、映红天的火焰花、开花似一片红云的凤凰木都可应用。蓝色是天空和海洋的颜色，有深远、清凉、宁静的感觉。紫色使人具有庄严和高贵的感受。园林中除常用紫藤、紫丁香、蓝紫丁香、紫花泡桐、草绣球等外，很多高山具有蓝色的野生花卉亟待开发利用。

三、均衡的原则

这是植物配置时的一种布局方法。将体量、质地各异的植物种类按均衡的原则配置，景观就显得稳定、顺眼。如色彩浓重、体量庞大、数量繁多、质地粗厚、枝叶茂密的植物种类，给人以重的感觉；相反，色彩素淡、体量小巧、数量简少、质地细柔、枝叶疏朗的植物种类，则给人以轻盈的感觉；根据周围环境，在配置时有规则式均衡（对称式）和自然式均衡（不对称式）。规则式均衡常用于规则式建筑及庄严的陵园或雄伟的皇家园林中。

四、韵律节奏的原则

配置中有规律的变化，就会产生韵律感。杭州白堤上间棵桃树间棵柳树就是一例。云栖竹径，两旁为参天的毛竹林，如相隔 50m 或 100m 就配置一棵高大的枫香，则沿途游赏时就不会感到单调，而有韵律感的变化。

第二节　园林植物的景观特性

现代城市园林景观的规划设计要以城市生态环境的保护为基础，利用园林内一切可以利用的空间，提高城市绿化面积，以此改善城市生态坏境，提高人们居住的舒适度，陶冶城市居民的情操，这就要求现代城市园林景观设计人员要以综合城市基础信息与园林基本情况，以本土植物为重点，注重美观实用！城市园林绿地是完善城市生存环境和维持自然生态平衡的关键因素，是城市居民生存质量的重要标志，城市环境质量在很大程度上取决于园林绿化，而园林绿化的质量又取决于对林堡地的科学布局。

园林植物通常指人工栽培的，可应用于室内外环境布置和装饰的，具有观赏、组景、分隔空间、装饰、庇荫、防护和覆盖地面等用途的植物总称。园林植物与山石、地形、建筑、水体、道路、广场等其他园林构成元素之间相互配合，相辅相成，共同完善和深化园林总体设计。园林植物景观在满足观赏特性的同时，与建筑、园林小品等硬质景观存在本质的区别。

当今现代园林景观特点可以既括为多样性、可持续性和技术化。以下是对这三个特点的简要说明：

①多样性：现代园林景观设计注重多样性，希望通过不同的设计元素和植物来创造出独特的空间体验。这样的设计可以为人们提供更加多元化的感官刺激，同时也可以反映出现代社会的多元化和包容性。

②可持续性：现代园林景观设计注重可持续性，希望通过科学的设计来减少对环境的负担。这样的设计可以采用自然材料、节水灌溉系统和可再生能源等技术，从而降低对自然资源的消耗，减少对环境的污染。

③技术化：现代园林景观设计越来越倾向于运用技术手段来提高效率和创造更好的空间体验。例如，可以利用虚拟现实技术来预览设计效果，或者使用智能灌溉系统来管理植物的生长。这些技术手段可以提高设计的猜度和可操作性，同时也可以为用户提供更加便利和舒适的使用体验。

园林植物是有生命的活物质，在自然界已形成了固有的生态习性。在景观表现上有很强的自然规律性和“静中有动”的时空变化特点。“静”是指园林植物的固定生长位置和相对稳定的静态形象所构成的相对稳定的物境景观。所谓“动”包括两方面：一是当植物受到风、雨外力影响时，它的枝叶、花香也随之摇摆和飘散。这种自然动态与自然气候给人以统一的同步感受。二是植物体在固定位置上随着时间的延续而生长、变化、由发叶到落叶、从开花到结果、由小到大的生命活动。园林植物姿态各异。常见的木本、乔灌木的树形有柱形、塔形、圆锥形、伞形、圆球形、半圆形、卵形、倒卵形、匍匐形等。特殊的有垂枝形、曲枝形、拱枝形、棕榈形、芭蕉形等。不同姿态的树种给人以不同的感觉：高耸入云或波涛起伏，平和悠然或苍虬飞舞。与不同地形、建筑、溪石相配植，则景色万千。之所以形成不同姿态，与植物本身的分枝习性及年龄有关。

单轴式分枝：顶芽发达，主干明显而粗壮。侧枝从属于主干。如主干连续生长大于侧枝生长时，则形成柱形、塔形的树冠。如箭杆杨、新疆杨、钻天杨、台湾桧、意大利丝柏、柱状欧洲紫杉等。如果侧枝的延长生长与主干的高生长接近时，则形成圆锥形的树冠。如雪松、冷杉、云杉等。

假二叉分枝：枝端顶芽自然枯死或被抑制，造成了侧枝的优势，主干不明显，因此形成网状的分枝形式。如果高生长稍强于侧向的横生长，树冠成椭圆形，相接近时则成圆形。如丁香、馒头柳、千头椿、罗幌伞、冻绿等。横向生长强于高生长时，则成扁圆形，如板栗、青皮槭等。

合轴式分枝：枝端无顶芽，由最高位的侧芽代替顶芽作延续的高生长，主干仍较明显，但多弯曲。由于代替主干的侧枝开张角度的不同，较直立的就接近于单轴式的树冠，较开展的就接近于假二叉式的树冠。因此合轴式的树种，树冠形状变化较大，多数成伞形或不规则树形。如悬铃木、柳、柿等。

分枝习性中枝条的角度和长短也会影响树形。大多数树种的发枝角度以直立和斜出者为多，但有些树种分枝平展，如曲枝柏。有的枝条纤长柔软而下垂，如垂柳。有的枝条贴地平展生长，如匍地柏等。

乔灌木枝干也具重要的观赏特性，可以成为冬园的主要观赏树种。如酒瓶椰树干如酒瓶，佛肚竹、佛肚树，干如佛肚。白桦、白桂、粉枝柳、二色莓、考氏悬钩子等枝干发白。红瑞木、沙株、青藏悬钩子、紫竹等枝干红紫。棣棠、竹、梧桐、青榨槭及树龄不大的青杨、河北杨、毛白杨枝干呈绿色或灰绿色。山桃、华中樱、稠李的枝干呈古铜色。黄金间碧玉竹、金镶玉竹、金竹的竿呈黄色。干皮斑驳呈杂色的有白皮松、榔榆、斑皮柚水树、豺皮樟、天目木姜子、悬铃木、天目紫茎、木瓜等。

花为最重要的观赏特性。暖温带及亚热带的树种，多集中于春季开花，因此夏、秋、冬季及四季开花的树种极为珍贵。在景观设计时，可配植成色彩园、芳香园、季节园等。在不同的地区或气候带，植物季相表现的时间不同，如北方的春色季相一般比南方来得迟，而秋色季相比南方出现得早。所以，可以人工掌控某些季相变化，如引种驯化、花期的促进或延迟等，将不同观赏时期的植物合理配置，可以人为地延长甚至控制植物景观的观赏期。

植物自身的年生长周期决定植物景观具有很强的自然规律性和“静中有动”的季相变化，不同的植物在不同的时期具有不同的景观特色。一年四季的生长过程中，叶、花、果的形状和色彩随季节而变化，表现出植物特有的艺术效果。如春季山花烂漫，夏季荷花映日，秋季硕果满园，冬季腊梅飘香等。很多植物的叶片颇具特色。巨大的叶片如桄榔，可长达 8m，宽 4m，直上云霄，非常壮观。其他如董棕、鱼尾葵、巴西棕、高山蒲葵、油棕等都具巨叶。浮在水面巨大的王莲叶犹如一大圆盘，可承载幼童，吸引众多游客。奇特的叶片如轴桐、山杨、羊蹄甲、马褂木、蜂腰洒金榕、旅人蕉、含羞草等。彩叶树种更是不计其数，如紫叶李、红叶桃、紫叶小柴、变叶榕：红桑、红背桂、金叶桧、浓红朱蕉、菲白竹、红枫、新疆杨、银白杨等。此外，还有众多的彩叶园艺栽培变种。

园林植物的果实也极富观赏价值。奇特的如象耳豆、眼睛豆、秤锤树、腊肠树、神秘果等。巨大的果实如木菠萝、柚、番木瓜等。很多果实色彩鲜艳，如紫色的紫珠、葡萄；红色的天目琼花、欧洲荚迷、平枝栒子、小果冬青、南天竹等；蓝色的白檀、十大功劳等；白色的珠兰、红瑞木、玉果南天竹、毛核木等。

园林植物的特点决定了其在园林景观设计中的重要地位，合理选择和搭配不同特点的植物，能更多创造出各具特色的园林景观。

第三节　景观植物的意境

中国历史悠久，文化灿烂。很多古代诗词及民众习俗中都留下了赋予植物人格化的优美篇章。从欣赏植物景观形态美到意境美是欣赏水平的升华。园林是一种生活方式，是中国人长期以来梦寐以求的理想生活环境。它来自伊甸园，来自昆仑仙境，来自人们一直想象中的桃花源、乌托邦。一句话，它是人们对生活的一种追求。

传统的松、竹、梅配植形式，谓之“岁寒三友”，人们将这三种植物视作具有共同的品格。松苍劲古雅，不畏霜雪风寒的恶劣环境，能在严寒中挺立于高山之巅，具有坚贞不屈、高风亮节的品格。

竹是中国文人最喜爱的植物。“未曾出土先有节，纵凌云处也虚心”“群居不乱独立自峙，振风发屋不为之倾，大旱干物不为之瘁，坚可以配松柏，劲可以凌霜雪，密可以泊晴烟，疏可以漏霄月，婵娟可玩，劲挺不回因此竹被视作最有气节的君子。难怪苏东坡“宁可食无肉，不可居无竹”。园林景点中如“竹径通幽”最为常用。松竹绕屋更是古代文人喜爱之处。

松柏多为常绿植物，被人们赋予了不畏严寒的坚毅品格。《礼记礼器》赞叹松柏：“贯四时不改柯易叶”，《庄子》中称：“天寒既至，霜雪既降，吾知松柏之茂。”等。除此之外，“风入寒松声自古”，魏晋南北朝时期的陶弘景酷爱听松风，认为松风传递雅韵。陆游在《松下纵笔》中称“陶公秒决吾曾受，但听松风自得仙”，因此听松风也成为文人热衷的风雅之举。

垂柳枝条柔软随风飘摇有若离别时分的“依依不舍”，此外“柳”与“留”的谐音，使柳也成为了寄托离别时的不舍和留恋的象征。“折柳”还寄托了身处异地的游子对故乡、故人的思念之情。柳还具有治疗疾病、驱除鬼魅、净化人心的寓意，佛教中观音菩萨左手持净瓶，右手举柳枝，向人间遍洒甘露。

梅更是广大中国人民喜爱的植物。元·杨维桢赞其“万花敢向雪中出，一树独先天下春”。陆游词中“无意苦争春，一任群芳妒”，赞赏梅花不畏强暴的素质及虚心奉献的精神。陆游词中的“零落成泥碾作尘，只有香如故”表示其自尊自爱、高洁清雅的情操。陈毅诗中“隆冬到来时，百花迹已绝，红梅不屈服，树立风雪”，象征其坚贞不屈的品格。成片的梅花林具有香雪海的景观，以梅命名的景点极多，有梅花山、梅岭、梅岗、梅坞、香雪云蔚亭等。北宋林和靖诗中“疏影横斜水清浅，暗香浮动月黄昏”是最雅致的配植方式之一。

梅兰竹菊四君子中，兰被认为最雅。“清香而色不艳二明张羽诗中“能白更兼黄，无人亦自芳，寸心原不大，容得许多香”。清郑燮诗曰：“兰草已成行，山中意味长。

坚贞还自抱，何事斗群芳？”。陈毅诗曰“幽兰在山谷，本自无人识，不为馨香重，求者遍山隅”。兰被认为绿叶幽茂，柔条独秀，无矫柔之态，无媚俗之意；香味纯正，幽香清远，馥郁袭衣，堪称清香淡雅。

菊花耐寒霜，晚秋独吐幽芳。我国有数千菊花品种，除用于盆栽欣赏外，已发展成大立菊、悬崖菊、切花菊、地被菊，应用广泛。宋陆游诗曰：“菊花如端人，独立凌冰霜……高情守幽贞，大节凛介刚”，可谓“幽贞高雅”。东晋陶渊明诗曰“芳菊开林耀，青松冠岩列。怀此贞秀姿，卓为霜下杰。”陈毅诗曰“秋菊能傲霜，风霜重重恶，本性能耐寒，风霜奈其何”。都赞赏菊花不畏风霜恶劣环境的君子品格。荷花被视作“出污泥而不染，濯清莲而不妖”。

荷花亭亭玉立的姿态，碧绿如盖的荷叶，中通外直的荷柄，象征美丽、高洁。《群芳谱·荷花》中记载：“凡物先华而后实，独此华实齐生，百节疏通，万窍玲珑，亭亭物表，出淤泥而不染，花中之君子也。”李渔在《闲情偶寄》中称赞荷花不事张扬的个性“有五谷之实，而不有其名：兼百花之长，而各去其短”。荷花也是圣洁之物，淤泥象征现实世界中的烦恼以荷花象征清净，荷花本身也成为佛祖的“莲花座”。

桂花在李清照心目中更为高雅，“暗淡轻黄体性柔，情疏迹远只香留，何须浅碧轻红色，自是花中第一流。梅定妒，菊应羞，画阑开处冠中秋，骚人可煞无情思，何事当年不见收”。连千古高雅绝冠的梅花也为之生妒，隐逸高姿的菊花也为它含羞，可见桂花有多高贵。

桃花在民间象征幸福、交好运；翠柳依依，表示惜别及报春；桑和梓表示家乡；皇家园林中常用玉兰、海棠、迎春、牡丹、芍药、桂花象征“玉堂春富贵”；蕉“扶疏似树，质则非木，高舒垂荫”，芭蕉不知承载着多少中国文化和风雅，叶如巨扇，叶片嫩绿惹人爱，盛夏能遮天蔽日，给人以清凉之感，若园内植上几丛芭蕉，绿荫浓密，蕉窗夜雨，一派诗情画意。古人种芭蕉未必全在窗前，大约因为房舍较为低矮，临窗观景方便，雨滴芭蕉，听来格外真切。诗句中，雨与芭蕉似乎是绝配，但是芭蕉并不完全能够诠释忧愁，在《南乡子》中：“水上游人沙上女，回顾，笑指芭蕉林里住”，就让人心神向往。

府海棠“初如胭脂点点然，及开则渐成缬晕明霞，落则有若宿妆淡粉”，到了秋日，鲜红的果实如同一个个小灯笼悬挂枝头，兼之味道酸甜可口，可以鲜食。海棠在我国栽培历史也有2000年，在秦汉以前，关于其在园林中的应用在造园文献中并没有专门描述，从汉代开始海棠作为一种观赏树种应用在园林中。时郊野别墅园平泉庄之稽山就以海棠等为主要景色。“海棠”一词在宋代首次出现。而宋代文人普遍喜以海棠为题材，或诗，或文，宋代帝王也十分重视海棠，真宗皇帝御制后葩杂花十题，以海棠为首章，赐近臣唱和。到了明清时期海棠不仅用于皇家园林、私家园林，还应用于寺庙园林，如清代法华寺有海棠院，诗云“悯忠寺前花千树，只有游人看海棠”。清时公共园林如杜甫草堂，少数民族园林如西藏的庄园园林也广泛运用海棠。

琼花4、5月开花，花大如盘，洁白似玉。作为扬州市花，昆山三宝之一，自古便有”维扬一株花四海无同类”的美誉。琼花是中国特有的名花，文献中记载在唐朝已有栽培，以其淡雅风姿以及种种富有浪漫色彩的传说闻名天下。待到草木调零之际，绿叶红果，分外迷人。

木香是由仙鹤所衔来的一粒种子长成，开花时流光溢彩，每隔一个时辰就会变换一种颜色。隋炀帝知晓后，执意开凿运河只为一睹琼花风采，然琼花羞耻于见昏君，随即凋零。

南天竹枝叶扶舒，秋冬季叶色转红，而且红果累累，经久不落，为优良的观花、观果花木。在古典园林中，常种植在山石旁、庭院屋前或墙角，也可盆栽或制作盆景。南天竹是古典插花的好材料，它的果枝常与盛开的腊梅、松枝一同瓶插，寓意松竹梅岁寒三友。等等。凡此种种，不胜枚举，为我国植物景观留下了宝贵的文化遗产，也可以说独具特色。

植物是园林景观中有生命的主要题材，它以多样的姿态组成完整的主体轮廓，用不同的色彩构成瑰丽多彩的景观。山、水、建筑因为植物的融入而显得生机和灵动。它不但以其本身的色、香、形态作为园林造景的主体，同时还可以陪衬其它造景题材产生生机盎然的画面。

第四节　园林植物造景

一、园林植物配置原则

园林植物是园林工程建设中最重要的材料植物配置的优劣直接影响到园林工程的质量及园林功能的发挥。园林植物配置不仅要遵循科学性，而且要讲究艺术性，力求科学合理的配置，创造出优美的景观效果，从而使生态、经济、社会三者效益并举。

植物配置要遵循以下原则。

（一）适地适树、合理搭配

各种园林植物在生长发育过程中对温度、光照、水分、空气等环境因子都有不同的要求。在植物配置时首先要满足植物的生态要求，使之正常生长，并保持一定的稳定性。适地适树，即根据立地条件选择合适树种，或者通过引种驯化，或者改变立地条件达到适地适树的目的。

在平面上要有合理的种植密度，使植物有足够的营养和生长空间，从而形成较多稳定的群体结构。在立面上也要考虑植物的生物学特性，注意将喜光与耐阴、速生与慢生、深根性与浅根性等不同类型植物合理搭配，在满足生长条件的情况下创造稳定的植物景观。

（二）因地制宜，经济适用

植物的配置应考虑到绿地的功能，不同的绿地有不同的功能要求。不同的绿地、景点、建筑物性质不同、功能不同，在植物配置时要体现不同的风格。公园、风景区要求四季美观、繁花似锦、活泼明快、树种多样、色彩丰富。居民小区花木搭配应简洁明快，树种选择应按三季有花、四季常青来设计，北方地区常绿树种应不少于2/5，北方冬春风大，夏季烈日炎炎，绿化设计应以乔、灌、草复层混交为基本形式，不宜以开阔的草坪为主。而轻快的廊、亭、榭、轩，则宜点缀姿态优美、绚丽多彩的花木，使景色明丽动人。

（三）因材制宜，自然美观

园林绿地不仅有实用功能而且能形成不同的景观，给人以视觉、嗅觉、听觉上的美感，属于艺术美的范畴，在植物配置上也要符合艺术美规律，合理搭配，以最大限度地发挥园林植物“美”的魅力。

园林绿化观赏效果和艺术水平的高低，在很大程度上取决于园林植物的选择和配置，如果花色、花期、叶色、树型搭配不当或者随意栽上几株，则会显得杂乱无章，使风景大为逊色。另外，园林植物花色丰富，有的花卉品种在一年中仅一次特别有观赏价值，或者是花期或者是结果期。

在园林植物的配置过程中，叶色多变的植物（如红叶李、红枫、槭树类、银杏）和观花植物组合可延长观赏期。同样，不同花期的种类分层配置，可使观赏期延长。

草本花卉可弥补木本花卉的不足。在园林植物的色泽、花型、树冠形态和高度，植物寿命和长势方面相互协调的同时，调整每个组合内部植物的构成比例及各组合间的关系可达到尽可能理想的艺术效果。如枇杷树前美人蕉，樱花树下万寿菊，可达到三季有花、四季常青的效果。

随着时间的推移，植物形态不断发生变化，并随季节改变而引起园林景观的改变。因此，在植物配置时，既要保持景观的相对稳定性，又要利用其季相变化的特点，创造四季有景可赏的园林景观。在树种的选择上要充分考虑其今后可能形成的景观效果，利用植物的观赏特性，创造园林意境，是我国古典园林中常用的传统手法。园林植物观赏特性千差万别，给人感受亦有区别。配置时可利用植物的姿态、色彩、芳香、声响方面的观赏特性，根据功能需求，合理布置，构成观形、赏色、闻香、听声的景观。

二、园林树木的配置

（一）规则式配置

1. 对植

将乔木或灌木以相互呼应之势种植于构图中轴线两侧，以主体景物中轴线为基线，取得景观的均衡关系，这种种植方式称为对植，有对称和非对称之分。

对称对植：一般指中轴线两侧种植的树木在数量、品种规格上要求对称一致。常用在房屋和建筑物前及广场入口处，街道上的行道树是这种栽植方式的延续和发展。

非对称对植：只强调一种均衡的协调关系，当采用同一树种时，其规格、树形反而要求不一致；与中轴线的垂直距离为规格大的要近些，规格小的要远些。这种对植方式也可采用株数不同，一侧为一株大树，另一侧为同一树种的两株小树，也可以两侧是相似而不同种的植株或树丛。

2. 行植

植物按一定的株距成行种植，甚至是多行排列，这种方式称为行植或列植。多用于行道树、林带、河边与绿篱的栽植。

一行的行植，一般要求树种单一。长度太长可用不同的树种分段栽植。两行以上行植，行距可以相等，也可以不相等，可以成纵列，也可以成梅花状、品字形。当行植的线形由直线变为圆时可称之为环植，环植可以是单环植也可多环植。

株行距应视树木种类和所需遮阳的郁闭程度而定，一般大乔木行距为 5 ～ 8m，中、小乔木为 3 ～ 5m；大灌木为 2 ～ 3m，小灌木为 1 ～ 2m，成行的绿篱株距一般为 30 ～ 50cm。

（二）自然式配置

自然式的植物配置方法，多选树形或树体其他部分美观或奇特的品种，或有生产、经济价值，或有其他功能的树种以不规则的株行距进行配置。

1. 孤植

在一个开旷的空间，如一片草地，一个水面附近，远离其他景物，种植一株姿态优美的乔木或灌木称为孤植。孤植树应具备优美的姿态树形。

2. 丛植（树丛）

三株以上同种或几种树木组合在一起的种植方法称为丛植，多布置于庭园绿地中的路边，草坪上或建筑物前的某个中心。

一种植物成丛栽植要求姿态各异，相互趋承；几种植物组合丛植则需要多种搭配。

3. 群植（树群）

以一两种乔木为主体，和数种乔木灌木相搭配，组成较大的树木群体，称为群植或树群。群植在功能上能防止强风的吹袭，供夏季游人纳凉、歇荫、遮蔽园中不美观的部分。

4. 片植（纯林或混交林）

单一树种或两个以上树种大量成片种植，前者为纯林，后者为混交林。多用于自然风景区或大中型公园及绿地中。

（三）花卉的配置

艳丽多姿的露地花卉，可使园林和街景更加丰富多彩。其独特的艳丽色彩、婀娜多姿的形态可供人们欣赏；群体栽植还可组成变换无穷的图案和多种艺术造型。群体栽植的形式可分为花坛、花境、花丛、花池、花台等。

1. 花坛

花坛是在植床内对观赏花卉作规则式种植的植物配置方式及其花卉群体的总称。花坛内种植的花卉一般都有两种以上，具有浓厚的人工风味，属于另一种艺术风格，在园林绿地中往往起到画龙点睛的作用，应用十分普遍。花坛大多布置在道路交叉点、广场、庭园、大门前的重点地区。花坛以其植床的形态可分为：圆形、方形、多边形。以其种植花卉所要表现的主体可分为：单色花坛、模纹花坛、标题式花坛等。通常按其在园林绿地中的重要性来区分。

①独立花坛：一般处于绿地的中心地位，是作为园林绿地的局部构图而设置的：它的平面形态是对称的几何图形，可以是圆形、方形或多边形。

②组群花坛：由多个花坛组成一个统一整体布局的花坛群称为组群花坛。其布局是规则对称的，中心部分可以是独立花坛、水池、喷泉、纪念碑、雕塑，但其基底平面形态总是对称的。组群花坛适宜于大面积广场的中央、大型公共建筑前的场地之中或是规则式园林构图的中心部位。

③带状花坛：长度为宽度3倍以上的长形花坛称为带状花坛。常设置于人行道两侧、建筑墙垣、广场边界、草地边缘，既用来装饰，又用以限定边界区域。

④连续花坛：由许多个各自分设的圆形、正方形、长方形、菱形、多边形花坛成直线或规则弧线排列成一段，有规则的整体时就称为连续花坛。连续花坛除在林荫道和广场周边或草地边缘布置外，还设置在两侧有台阶的斜坡中央，其各个花坛可以是斜面的，也可以是各自株高不等的阶梯状。

2. 花境、花丛

①花境：花境是园林绿地中一种较特殊的种植形式，花境布置一般以树丛、绿篱、矮墙或建筑物等作为背景，根据组景的不同特点形成宽窄不一的曲线或直线花带花境内的植物配置为自然式，主要欣赏其本身特有的自然美以及植物组合的群体美。

②花丛：花丛是园林绿地中花卉的自然式种植形式，是园林绿地中花卉种植的最小单元或组合。每丛花卉由三至十几株组成，按自然式分布组合。

花丛可以布置在一切自然式园林绿地或混合式园林布置的适宜地点，也起点缀的作用。花丛一般种植于自然式园林之中，不能多加修饰和精心管理，因此常用多年生花卉或能自行繁衍的花卉。

3. 花池、花台

花池，指边缘用砖石围护起来的种植床内，灵活自然地种上花卉或灌木、乔木，往往还配置有山石配景，以供观赏，这一花木配置方式与其植床通称花池。当花池高度达40cm，甚至脱离地面为其他物体所支撑就称为花台。花池和花台是两种中国式庭园中常见的栽植形式。一般设于门旁、墙前、墙角，其本身也可成为欣赏的景物。

（四）草坪的配置

在园林绿化布局中有一个很重要的原则就是要有开有合，即在园林环境中既要有封闭的空间，又要有一定的开阔空间。获取开阔风景的主要因素就是草坪。

依据草坪的功能将草坪分为：游憩草坪、体育场草坪、飞机场草坪、观赏草坪、放牧草坪；依据生物因子区分为：纯种草坪（由一种草本植物组成）、混合草坪（混交草地草坪）、缀花草地；依据草坪与树木的关系分为：空旷草坪（草地）、稀树草地（草坪）、疏林草地（草坪）、林下草地（草坪）；依据园林布局和立意区分：自然式草地（草坪）、规则式草地（草坪）、闭锁草地（草坪）、开阔草地（草坪）。

常用的草坪植物分冷地型草种和暖地型草种。冷地型草种又叫寒季型或冬绿型草坪植物，耐寒冷，喜湿润冷凉气候，抗热性差，春秋两季生长旺盛，夏季生长缓慢，呈半休眠状态。主要有匍茎剪股颖、草地早熟禾、小羊胡子草。暖地型草坪又称夏绿型草种，生长最适温度 26 ~ 32℃，早春开始返青复苏，入夏后生长旺盛，性喜温暖湿润的气候，耐寒能力差。主要有结缕草、马尼拉草、天鹅绒草、野牛草、狗牙根。

草坪植物应选择易繁殖、生长快，能迅速形成草皮并布满地面，耐践踏、耐修剪、绿色期长、适应性强的品种，因地制宜并注意在园林绿化上草坪植物的配置，应掌握以下基本原则：

1. 注意草坪植物各种功能的有机配合

草坪植物属多功能性植物，在考虑环境保护功能的同时，还要兼顾其供人欣赏、休息、满足儿童游戏活动，开展各种球类比赛、固土护坡、水土保持等功能。只有充分发挥在绿地中的各种功能，才能充分发挥它在绿地中所起的作用。

2. 充分发挥草坪植物本身的艺术效果

草坪是园林造景的主要材料之一，不仅具有独特的色彩表现，而且有极丰富的地形起伏、空间划分等不同变化，这些都会给人以不同的艺术感受草坪植物自身具有不同的季节变化，如暖季型草坪初春逐渐由浅黄变为嫩绿，这会让人感到春回大地一夏日夕阳西下，绿毯随风翻波，让人身心愉快。深秋绿草渐黄，平坦的草坪，让人感觉秋高气爽。冬日一片金黄，为冬游提供活动场地。另外，草坪的开朗、宽阔，林缘线的曲折变化，都能产生不同的艺术效果。

3. 根据植物的生长习性合理搭配草坪植物

各种草坪植物均具有不同的生长习性，如有的喜光，有的耐阴，有的耐干旱，有的耐严寒，有的极具再生能力等。因此在选择时，必须根据不同的立地条件，选择生长习性适合的草坪植物，必要时还需做到草种的合理混合搭配。如需四季常绿供人欣赏的，就必须对冷季型草种进行合理搭配，使各种草的生长特性互补，必要时还必须混合一些暖季型草种。

4. 注意与山石、树木等其他材料的协调关系

在草坪上配置其他植物和山石等物，不仅能增添和影响整个草坪的空间变化，而且能丰富草坪景观内容。如不少的庭院绿化，都能较好地利用地形和石块等变化来丰富草坪景观，使草坪的空间出现较多的变化，大大提高了绿地的艺术效果。

在草坪上配置孤植树和树丛时，树木的叶色变化，如红枫的红叶、紫叶李的紫色、金丝柳的金色等，都能给草坪锦上添花。在一些街头绿地，设计者常喜欢在草坪边缘配

置各种绿篱、草花类、球根类等作为草坪的镶边植物，或用石块、鹅卵石来装饰草坪，增加草坪的色泽，提高草坪的装饰性。

（五）攀缘植物的配置

攀缘植物能遮蔽景观不佳的建筑物，既是一种装饰，还具有防日晒、降低气温、吸附尘埃、增加绿视率等作用。它占地少，能充分利用空间，在人口众多、建筑密度大、绿化用地不足的城市中尤显其优越性。

1. 攀缘植物的应用形式

①垂挂式：格用凌霄、中华常春藤、地锦等垂挂于景点入口、高架立交桥、人行天桥、楼顶（或平台）边缘等处，形成独特的垂直绿化景观。

②立柱式：常用凌霄、金银花、五叶地锦等，栽植于专设的支柱或墙柱旁，攀缘植物靠卷须沿立柱上的牵引铁丝生长，形成立体绿化景观。

③蔓靠式（凭栏式）：常用蔷薇等，靠近围墙、栅栏、角隅栽植，这些带钩刺的攀缘植物便靠着围墙、栅栏生长，多用于围墙的建造上。

④附壁式：以爬山虎、中华常春藤、地锦等附着建筑物或陡坡，形成绿墙、绿坡。

⑤凉廊式：以紫藤、凌霄、葡萄、木香、藤本月季等攀缘植物覆盖廊顶，形成绿廊与花廊，增加绿色景观。

⑥篱垣式：在篱架、矮墙、铁丝网旁栽植，常用攀缘植物有牵牛花、金银花、五叶地锦、茑萝松等。

2. 垂直绿化的基本方法

选择攀缘植物的依据主要有三个方面：一是生态要求，要考虑立地条件；二是功能要求，根据不同形式正确选用植物；三是注意与建筑物色彩、风格相协调，如红砖墙不宜选用秋叶变红的攀缘植物，而灰色、白色墙面，则可选用秋叶红艳的攀缘植物。

①庭院垂直绿化：一般与棚架、网架、廊、山石配置，栽植花色丰富的爬蔓月季、紫藤等，以及有经济效益的葡萄等，创造幽静而美丽的小环境。

②墙面垂直绿化：包括楼房、平房和围墙，选用具有吸盘或吸附根容易攀附的植物，如中华常春藤、爬山虎、蔷薇等，注意与门窗的位置和间距。

③住宅垂直绿化：包括阳台、天井、晒台、墙面，选用牵牛花、常春藤等。或设支架，或使攀缘植物沿栅栏生长。

三、园林植物其他配置

园林植物的应用，不仅涉及园林植物的栽植、养护与管理，不同用途园林植物的选择及养护：管理这些基本的必要内容，更涉及园林植物与景观要素的关系。园林中的景观因素一般有水体、山石、道路、园林小品及园内建筑，园林植物与其他园林要素的配置也相当重要。

（一）水体的园林植物配置

1. 园林植物与水体的景观关系

园林水体给人以明净、清澈、近人、开怀的感受。古人称水为园林中的“血液”“灵魂”，古今中外的园林，对于水体的运用是非常重视的。宋朝的郭熙在《山泉高致·山水训》中有这样一段对水的描写：“水，活物也，其形欲深静，欲柔滑，欲汪洋，欲回环，欲肥腻，欲喷薄，欲激射，欲多泉，欲远流，欲瀑布插天，欲溅扑入池，欲渔钓怡怡，欲草木欣欣，欲挟烟而秀媚，欲照溪谷而光辉，此水之活体也。”堪称对水体绝妙的刻画。

2. 园林中各类水体的植物配置

综观园林水体，不外乎湖、池等静态水景及河、溪、涧、瀑、泉等动态水景。

（1）湖

湖是园林中最常见的水体景观。如杭州西湖、武汉东湖、北京颐和园昆明湖、南宁的南湖、济南大明湖，还有广州华南植物园、越秀公园、流花湖公园等都有大小不等的面积。

（2）池

在较小的园林中，水体的形式常以池为主。为了获得“小中见大”的效果，植物配置常突出个体姿态或利用植物分割水面空间、增加层次，同时也可创造活泼和宁静的景观。无锡寄畅园的绵汇池，面积 1667m2。池中部的石矶上两株枫杨斜探水面，将水面空间划分成南北有收有放的两大层次，似隔非隔，有透有漏，使连绵的流水似有不尽之意。

杭州植物园百草园中的水池四周，植以高大乔木，如麻栎、水杉、枫香。岸边的鱼腥草、蝴蝶花、石菖蒲、鸢尾、萱草等作为地被。在面积仅 168m2 的水面上布满树木的倒影，因此水面空间的意境非常幽静。

（3）溪涧与峡

《画论》中曰：“峪中水日溪，山夹水日涧。”由此可见溪涧与峡谷最能体现山林野趣。自然界这种景观非常丰富。如北京百花山的“三叉城”，就是三条溪涧。溪涧流水琤琮，山石高低形成不同落差，并冲出深浅、大小各异的水池，造成各种水声。溪涧石隙旁长着野生的华北楼斗菜、升麻、落新妇、独活、草乌以及各种禾草。溪涧上方或有东陵八仙花的花枝下垂，或有天目琼花、北京丁香遮挡。最为迷人的是山葡萄在溪涧两旁架起天然的葡萄棚，串串紫色的葡萄似水晶般地垂下。

（4）泉

由于泉水喷吐跳跃，吸引了人们的视线，可作为景点的主题。再配置合适的植物加以烘托、陪衬，效果更佳。以泉城著称的济南，更是家家泉水，户户垂柳。蹲突泉、珍珠泉等各名泉的水底摇曳着晶莹碧绿的各种水草，更显泉水清澈。广州矿泉别墅以泉为题，以水为景，种植榕树一株，辅以棕竹、蕨类植物，高低参差配植，构成颇具岭南风光的“榕荫甘泉”庭园。

（5）河

在园林中，直接运用河的形式不常见颐和园的后湖实为六收六放的河流。两岸种植高大乔木，形成“两岸夹青山，一江流碧玉”的意境：在全长1000余米的河道上，以夹峙两岸的峡口、石矶，形成高低起伏的岸路，同时也把河道障隔、收放成六个段落，在收窄的河边植上庞大的槲树，分隔的效果尤为显著，沿岸的柳树、白蜡；山坡上的油松、栾树、元宝枫、侧柏，加之散植的榆树、刺槐，形成一条绿色长廊，山桃、山杏点缀其间，益显明媚。行舟慢游，最得山重水复、柳暗花明之趣匚站在后湖桥凭栏而望，两岸古树参天，清新秀丽，一带河水映倒影，正是“两岸青山夹碧水”的写照。

3. 堤、岛的植物配置

水体中设置堤、岛是划分水面空间的主要手段。而堤、岛上的植物配置，不仅增添了水面空间的层次，而且丰富了水面空间的色彩，倒影成为主要的景观。

（1）堤

堤在园林中虽不多见，但杭州的苏堤、白堤，北京颐和园的西堤，广州流花湖公园及南宁南湖公园都有长度不同的堤。堤常与桥相连，故也是重要的游览路线之一。苏堤、白堤除桃红柳绿、碧草的景色外，各桥头配植不同植物。苏堤上还设置有花坛。北京颐和园西堤以杨、柳为主，玉带桥以浓郁的树林为背景，更衬出桥身洁白。广州流花湖公园湖堤两旁，各植二排蒲葵，由于水中反射光强，蒲葵的趋光性，导致朝向水面倾斜生长颇具动势。远处望去，游客往往疑为椰林。南湖公园堤上各处架桥，最佳的植物配置是在桥的二端很简洁地种植数株假槟榔，潇洒秀丽。水中三孔桥与假槟榔的倒影清晰可见。

（2）岛

岛的类型众多，大小各异。有可游的半岛及湖中岛，也有仅供远眺、观赏的湖中岛。前者在植物配置时还要考虑导游路线，不能有碍交通，后者不考虑导游，植物配置密度较大，要求四面皆有景可赏。

公园中不乏小岛屿，组成园中景观。北京什刹海的小岛上遍植柳树。长江以南各公园或动物园中的水禽湖、天鹅湖中，岛上常植以池柏，林下遍种较耐阴的二月蓝、玉簪，岛边配置十姐妹等开花藤灌，探向水面，浅水中种植黄花鸢尾等。既供游客赏景，也是水禽良好的栖息地。

4. 水边的植物配置

（1）水边植物配置的艺术构图

①色彩构图

淡绿透明的水色，是调和各种园林景物色彩的底色，如水边碧草、绿叶，水中蓝天、白云。但对绚丽的开花乔灌木及草本花卉，或秋色却具衬托的作用。南京白鹭洲公园水池旁种植的落羽杉和蔷薇。春季落羽杉嫩绿色的枝叶像一片绿色屏障衬托出粉红色的十姐妹，绿水与其倒影的色彩非常调和；秋季棕褐色的秋色叶丰富了水中色彩。上海动物园天鹅湖畔及杭州植物园山水园湖边的香樟春色叶色彩丰富，有的呈红棕色，也有嫩绿、黄绿等不同的绿色，丰富了水中春季色彩，并可以维持数周效果。如再植以乌桕、苦楝等耐水湿树种，则秋季水中倒影又可增添红、黄、紫等色彩。

②线条构图

平直的水面通过配置具有各种树形及线条的植物，可丰富线条构图。我国园林中自古水边也主张植以垂柳，造成柔条拂水、湖上新春的景色。此外，在水边种植落羽杉、池杉、水杉及具有下垂气根的小叶榕均能起到线条构图的作用。另外，水边植物栽植的方式，探向水面的枝条，或平伸，或斜展，或拱曲，在水面上都可形成优美的线条。

③透景与借景

水边植物配置切忌等距种植及整形式修剪，以免失去画意。栽植片林时，留出透景线，利用树干、树冠框以对岸景点。如颐和园昆明湖边利用侧柏林的透景线，框万寿山佛香阁这组景观。一些姿态优美的树种，其倾向水面的枝、干可被用作框架，以远处的景色为画，构成一幅自然的画面。如南宁南湖公园水边植有很多枝、干斜向水面、弯曲有致的台湾相思，透过其枝、干，正好框住远处的多孔桥，画面优美而自然。

探向水面的枝、干，尤其似倒未倒的水边大乔木，在构图上可起到增加水面层次的作用，并且富颇野趣。如三潭印月倒向水面的大叶柳。

园内外互为借景也常通过植物配置来完成。颐和园借西山峰峦和玉泉塔为景，是通过在昆明湖西堤种植柳树和丛生的芦苇，形成一堵封闭的绿墙，遮挡了西部的园墙，使园内外界线无形中消失了。西堤上六座亭桥起到空间的通透作用，使园林空间有扩大感。当游人站在东岸，越过西堤，从柳树组成的树冠线望去——玉泉塔，在西山群峰背景下，成为园内的景点。

（2）驳岸的植物配置

岸边植物配置很重要，既能使山和水融成一体，又对水面空间的景观起着主导的作用。驳岸有土岸、石岸、混凝土岸等，分为自然式或规则式。自然式的土驳岸常在岸边打入树桩加固。我国园林中采用石驳岸及混凝土驳岸居多。

①土岸

自然式土岸边的植物配置最忌等距离，用同一树种、同样大小，甚至整形式修剪，绕岸栽植一圈。应结合地形、道路、岸线配置，有近有远，有疏有密，有断有续，曲曲弯弯，自然有趣。我国青海湖边、新疆哈纳斯湖边的五花草甸。为引导游人临水观倒影，则在岸边植以大量花灌木、树丛及姿态优美的孤立树。尤其是变色叶树种，一年四季具有色彩。土岸常少许高出最高水面，站在岸边伸手可及水面，便于游人亲水、嬉水。

②石岸

规则式的石岸线条生硬、枯燥。柔软多变的植物枝条可补其拙。自然式的石岸线条丰富，优美的植物线条及色彩可增添景色与趣味。苏州拙政园规则式的石岸边种植垂柳和南迎春，细长柔和的柳枝下垂至水面，圆拱形的南迎春枝条沿着笔直的石岸壁下垂至水面，遮挡了石岸的丑陋。一些大水面规则式石岸很难被全部遮挡，只能用些花灌木和藤本植物。

自然式石岸的岸石，有美，有丑。植物配置时要露美，遮丑。

（3）水边绿化树种选择

水边绿化树种首先要具备一定耐水性的能力，另外还要符合设计意图中美化的要求。我国从南到北常见应用的树种有：水松、蒲桃、小叶榕、高山榕、水翁、水石梓、紫花羊蹄甲、木麻黄、椰子、蒲葵、落羽杉、池杉、水杉、大叶柳、垂柳、旱柳、水冬瓜、乌桕、苦楝、悬铃木、枫香、枫杨、三角枫、重阳木、柿、榔榆、桑、柘、梨属、白蜡属、柽柳、海棠、香樟、棕榈、无患子、蔷薇、紫藤、南迎春、连翘、棣棠、夹竹桃、桧柏、丝棉木等。

5. 水面植物配置

水面景观低于人的视线，与水边景观呼应，加上水中倒影，最宜游人观赏。

杭州植物园裸子植物区旁的湖中、可见水面上有控制地种植了一片萍蓬，金黄色的花朵挺立水面，与水中水杉倒影相映，犹如一幅优美的水面画。在岸边若有亭、台、楼、阁、榭、塔等园林建筑，或种植有优美树姿、色彩艳丽的观花、观叶树种，则水中的植物配置切忌拥塞，必须予以控制，留出足够空旷的水面来展示倒影。对待一些污染严重，具有臭味的水面，则宜配置抗污染能力强的凤眼蓝以及浮萍等，布满水面，隔臭防污，使水面犹如一片绿毯或花地。

（二）山石的园林植物配置

假山一般以表现石的形态、质地为主，不宜过多地配置植物。有时可在石旁配置一二株小乔木或灌木。在需要遮掩时，可种攀缘植物半埋于地面的石块旁，则常常以树带草或低矮花卉相配。溪涧旁石块，常植以各类水草，以助自然之趣。

1. 土山

土山土层浓厚，面积较大，适宜种植落叶树种，既可单种成片，又可杂树混种。

2. 石山

假山全部用石，体形较小，既可下洞上亭，亦可下洞上台，或如屏如峰置于庭院内，走廊旁，或依墙而建，兼作登楼蹬道。由于山无土，植物配于山脚显示了山之峭拔，树木既要少又要形体低矮，姿态虬曲的松、朴和紫薇等是较合适的树种。

（三）建筑的园林植物配置

应用园林建筑是园林中景观明显、位置和体形固定的主要要素。园林植物与建筑的配置是自然美与人工美的结合。园林植物使园林主体显得更加突出，在丰富建筑艺术构图的同时，协调建筑周围的环境，赋予建筑物以时间和空间的季相感。随着社会的发展，人们对园林植物的美化功能的认识已经发展到了室内装饰和屋顶绿化。

1. 古建筑园林植物配置

首先要符合建筑物的性质和所要表现的主题。再次，要加强建筑物的基础种植，墙基种花草或灌木，使建筑物与地面之间有一个过渡空间，或起稳定基础的作用。屋角点缀一株花木，可克服建筑物外形单调的感觉。墙面可配置攀缘植物，雕像旁宜密植有适当高度的常绿树作背景。座椅旁宜种庇荫的、有香味的花木等。

2. 屋顶园林植物配置

随着建筑及人口密度的不断增长，而城内绿地面积有限，屋顶花园就会在可能的范围内相继蓬勃发展，这将使建筑与植物更紧密地融成一体，丰富了建筑的美感，也便于居民就地游憩，减少市内大公园的压力。当然屋顶花园对建筑的结构在解决承重、漏水方面提出了要求，在江南一带气候温暖、空气湿度较大，所以浅根性，树姿轻盈、秀美，花、叶美丽的植物种类都很适宜配置于屋顶花园中。尤其在屋顶铺以草皮，其上再植以花卉和花灌木，效果更佳，在北方营造屋顶花园困难较多，冬天严寒，屋顶薄薄的土层很易冻透，而早春的旱风在冻土层解冻前易将植物吹干，故宜选用抗旱、耐寒的草种、宿根、球根花卉以及乡土花灌木，也可采用盆栽、桶栽，冬天便于移至室内过冬。但有些做法并不高明，如花架上爬着用塑料做的假丝瓜，用有色水泥做成的假树干，舍真取假并不可取。

3. 室内园植物景观配置

室内植物景观设计首先要服从室内空间的性质、用途，再根据其尺度、形状、色泽、质地，充分利用墙面、天多板、地面来选择植物材料，加以构思与设计，达到组织空间、改善和渲染空间气氛的目的。

（1）组织空间

大小不同空间通过植物配置，达到突出该空间的主题，并能用植物对空间进行分隔、限定与疏导。

①分隔与限定

某些有私密性要求的环境，为了交谈、看书、独乐等，都可用植物来分隔和限定空间，形成一种局部的小环境。某些商业街内部，甚至动物园鸣禽馆中也有用植物进行分隔的。

分隔：可运用花墙、花池、桶栽、盆栽等方法来划定界线，分隔成有一定透漏，又略有隐蔽的小空间。要达到似隔非隔、相互交融的效果。但布置时一定要考虑到人行走及坐下时的视觉高度。

限定：花台、树木、水池、叠石等均可成为局部空间中的核心，形成相对独立的空间，供人们休息、停留、欣赏。

②提示与导向

在一些建筑空间灵活而复杂的公共娱乐场所，通过植物的景观设计可起到组织路线、疏导的作用。主要出入口的导向可以用观赏性强的或体量较大的植物引起人们的注意，也可用植物做屏障来阻止错误的导向，使其不自觉地随着植物布置的路线行走。

（2）改善空间感

室内植物景观设计主要是创造优美的视觉形象，也可通过人们的嗅觉、听觉及触觉等生理及心理反应，使其感觉到空间的完美。

①连接与渗透

建筑物入口及门厅的植物景观可以起到人们从外部空间进入建筑内部空间的一种自然过渡和延伸的作用，有室内、外动态的不间断感。这样就达到了连接的效果。室内的餐厅、客厅等大空间也常透过落地玻璃窗，使外部的植物景观渗透进来，作为室内的借鉴，并扩大了室内的空间感，给枯燥的室内空间带来一派生机。

植物景观不仅能使室内、外空间互相渗透，也有助于其相互连接，融为一体。如上海龙柏饭店用一泓池水将室内外三个空间连成一体。前边门厅部分池水仅仅露出很小部分，大部为中间有自然光的水体，池中布置自然山石砌成的栽植池，栽植南迎春、菖蒲、水生鸢尾等观赏植物，后边很大部分水体是在室外。一个水体连接三个空间，而中间一个空间又为两堵玻璃墙分隔，因此渗透和连接的效果均佳。

②丰富与点缀

室内的视觉中心也是最具有观赏价值的焦点，通常以植物为主体，以其绚丽的色彩和优美的姿态吸引游人的视线。除植物外，也可用大型的鲜切花或干花的插花作品。有时用多种植物布置成一组植物群体，或花台，或花池。也有更大的视觉中心，用植物、水、石，再借光影效果加强变化，组成有声有色的景观。墙面也常被利用布置成视觉中心，最简单的方式是在墙前放置大型优美的盆栽植物或盆景，也有在墙前辟栽植池，栽上观赏植物，或将山墙有意凹入呈壁龛状，前面配置粉单竹、黄金间碧玉竹或其他植物，犹如一幅壁画。也有在墙上贴挂山石盆景、盆栽植物等。

③衬托与对比

室内植物景观无论在色彩、体量上都要与家具陈设有所联系，有协调，也要有衬托及对比。苏州园林常以窗格框以室外植物为景，在室内观赏，为了增添情趣，在室内窗框两边挂上两幅画面，或山水，或植物，与窗外活植物的画面对比，相映成趣。北方隆冬天气，室外白雪皑皑，室内暖气洋洋，再用观赏植物布置在窗台、角隅、桌面、家具顶部，显得室内春意盎然，对比强烈。一些微型盆栽植物。

④遮挡、控制视线

室内某些有碍观瞻的局部，如家具侧面，夏日闲置不用的暖气管道、壁炉、角隅等都可用植物来遮挡。

（3）渲染气氛

不同室内空间的用途不一，植物景观的合理设计可给人以不同的感受。

（四）园路的园林植物配置

园林道路是园林的骨架和脉络，不仅起导游的作用，而且人行道中产生的动态连续构图，配以适当的园林植物则可达到“曲径通幽”的效果。园路分主路、径路和小路。植物各有相应的配置方法，要注意创造不同的园路景观，株行距应与路旁景物结合，留出透景线，为“步移景异”创造条件。路口可种植色彩鲜明的孤植树或树丛，或作对景，或作标志，起导游作用。在次要园路或小路路面，可镶嵌草皮，丰富园路景观。规则式的园路，亦宜有二至三种乔木或灌木相间搭配，形成起伏节奏感。

1. 主路

指以园林入口通往全园各景区的中心、各主要广场建筑、主要景点及管理区的路。因园林功能及景观需要，道路两旁应充分绿化，形成树木交冠的庇荫效果，对平坦笔直的路常采用规则式配置便于设置对景，构成一点透视。对曲折的路则宜自然式配置，使之疏密有致，利用道路的曲折、树干的姿态、树冠的高度将远景拉至道路上来。单个树种配置要按某一树种的特性营造具有个性的园林绿化风格，表现某一季节的特色。两个树种的配置，利用在形态色彩等方面变化的差异，或高大低矮错落，或针叶阔叶对比，产生丰富生动、相映成趣的艺术效果。多个树种的配置则不同路段配以不同树种，使之丰富变化，但不宜过杂，要在丰富多彩中保持统一和谐。

2. 径路

是指主路的辅助道路。可运用丰富多彩的植物产生不同趣味的园林意境。常用的径路有山道、竹径、花径。在人流稀少幽静的自然环境中，园路配树姿自然、体形高大的树种；山道在林间穿过，宁静幽深，极富山林之趣；花径是在一定的道路空间里，全部以花的姿色营造气氛，鲜花簇拥，艳丽强烈。

3. 小路

小路主要供散步、休憩、引人深入。在人造的山石园林中常有石级坡道，饰以灌木等低矮植物，增加趣味。对园路的主要部位能起到界定范围、标志园路的重要作用。

（五）园林小品与园林植物的配置

园林小品主要有亭、廊、榭、舫、石桌、石凳、花架、秋千等，园林植物与其搭配可增添不少情趣和景观效果。在多种不同园林绿地中，园林小品与园林植物的合理配置应用，会使园林成为一个有机的组合。

1. 花架与园林植物配置

花架对藤本植物的生长起到支撑作用，是将植物与建筑进行有机结合的造景素材。花架可以设置在亭、门、廊处供休息之用，还可以对空间进行划分。同时也可以给攀缘植物提供生长条件，通过植物的枝叶将自然生态之美展现给人们。花架是立体绿化生态形式，如果能够合理地配置植物，这就会成为人们夏季庇荫的场所。可以在花架上生长的植物有很多，但是它们的生长方式不同，所以在对其进行配置时，要综合考虑花架的具体形态、光照环境、花架大小、土壤质量等因素。

2. 园林中的凳、椅与园林植物配置

园林设计中一定不能缺少园凳与园椅，它们可以为游人提供休息的场所，同时还可以对风景进行点缀，在对植物进行配置时应保证夏天能够遮挡阳光，冬天能够使阳光直射，不会撞击大树，又不践踏根部土，因此可以将园椅和园凳设置成多边形或圆形的，有机地将植物、座椅与花架进行结合，体现出生态优美的景观特点。

3. 园墙、漏窗与园林植物配置

园墙的主要功能就是分隔空间，将丰富的景观有层次地展现在游客面前，指引游客进行游览。园墙和植物进行配置时，就是将墙面用攀缘植物进行搭配，植物攀缘或是垂挂在墙面上，不但可以将生硬的墙面遮挡住，还可以向人们展现植物的生态美感，增添自然气氛。在园墙设置过程中经常应用到的攀缘与垂挂的植物有木香、金银花、迎春等。墙面的另一种绿化形式是还可以在前墙种植树木，使树木的光影投在墙上，这样植物就可以以墙为背景映衬出形态各异的景观图。

4. 园林雕塑与园林植物配置

园林雕塑小品不但具有较强的观赏价值，还具有深刻的寓意，其题材种类不限，体形大小均可，形象抽象、具体都可以，可以表达自然的主题，也可以表达浪漫的主题，其艺术感染力非常的强，有助于在园林艺术设计时体现园林主题，精美的雕塑小品在一定程度上又是园林局部环境的中心。其中在对园林雕塑小品与植物进行配置时，必须重视渲染环境气氛和背景的处理，经常采用的处理方法有：浅色雕塑应用浓绿植物做背景，针对每种雕塑主题采取相应的种植方法。

第六章　园林规划与设计中的技术应用

第一节　GIS 在园林规划与设计中的应用

对于现阶段的园林规划设计工作而言，已越来越注重新型规划理论与规划技术的应用。GIS 在该行业的应用，以其强大的空间分析功能为园林规划工作提供了强有力的科学依据，使很多感性的规划认识逐渐向层细化、量化方向发展，使园林规划更能科学准确地掌握自然景观状态。

一、GIS 技术概述

（一）GIS 技术

地理信息系统简称为 GIS，是一种十分重要的空间信息系统。在计算机系统支持下，它对整个或局部地球表面空间的有关地理数据进行采集、储存、管理、运算、分析、显示和描述的技术系统。它所处理的对象是地理空间实体数据及其关系，包括空间定位、图形、遥感图像、属性等数据，用于分析和处理在一定地理空间区域内分布的各种现象和过程，解决极其复杂的规划、决策和管理问题。GIS 具有如下四个特点：一是需要计算机以及相互关联的子系统：二是 GIS 的作业对象是空间数据，既点、线、面、体这类有三维要素的地理实体；三是 GIS 技术在于它的数据综合，模拟与分析评价强大优势，可以得到以常规方法或普通信息系统难以得到并如实重构的重要信息，全过程实现地理空间演化的模拟和预测：四是 GIS 与测绘学和地理学有着紧密的关系。

（二）GIS 的构成

GIS 系统主要由四个完整部分构成，既硬件系统、软件系统、地理空间数据和系统管理操作人，核心部分是软硬件系统，空间数据库包含了 GIS 的地理内容，而管理人员和用户则决定并实现系统的工作方式和信息表示方式。

1. 数据导入

将外部的原始数据传输给系统内部，并将这些数据从外部格式转快速换为便于系统处理的内部格式过程。常用的形式有三种：一是手扶跟踪模拟数字化仪的矢量跟踪实现完全数字化：二是通过扫描数字化的光栅实现数字化：三是传统的键盘输入。

2. 存储数据与日常管理

数据存储和数据库管理包括地理信息元素的位置，连接关系及构成属性数据如何构造和组织等方面。

3. 数据分析及处理

是对单幅或多幅图件及其属性数据进行分析运算和进而实现指标化量测。

4. 输出数据和模块表示

输出与表示是将系统内的原始地理信息数据或经过系统量化分析、转换、解码、重新组织的数据以某种用户可以理解的特定方式交给用户。

5. 用户专用接口模块

该模块用于接收特定用户的指令、程序或数据，是特定用户和系统交互的工具。

二、基于 GIS 的绿地系统规划

（一）估算城市绿地数量

在城市绿地系统规划中，相对于传统的评价体系，GIS 技术的作用比较有优势。评价一座城市绿地系统的方式很多，如绿化面积、城市绿地率等指标均可作为其评价因素。虽然这些数据也能准确地反映出绿地面积及数量，但是不能以三维指标的形式呈现出绿地的三维立体状况。因城市绿地内部结构域空间分布重要性的存在，需引入 GIS 技术来测算绿地系统的三维指标。与二位指标相比，通过 GIS 所得到的三维指标更能准确反映出不同绿化形式在空间结构方面的差异性。同时，GIS 信息技术的引入能通过彩红外航拍来测定并判读绿化树种、绿化结构数据等信息，并利用实测所获取的植物数据，得出相应的回归模型，进而准确计算出绿化数量。

（二）绿地综合效益定量评价

由于城市绿地涉及方面太广，影响因素也很多，空间结构关系非常复杂，数据类型复杂多样，传统的手工作业数据统计方法很难高效开展工作。而 GIS 技术具有采集、分析、管理多种地理信息数据的能力，能同时对多种要素进行综合考虑分析。同时，该技术具有庞大的数据处理功能，能对所获取信息进行深层次处理加工，从而高效完成人工所难以完成的任务。对于现阶段的园林规划工作而言，GIS 技术的应用能对绿地系统规划进行定量评价，并对绿地景观格局进行系统分析。

三、GIS 技术在园林规划中的应用

对于现阶段的园林规划工作而言，利用 GIS 技术来进行工作的开展是十分理想的。在过去，多使用传统的 CD 方法进行园林规划。然而，随着经济社会的不断发展，人们对生活环境有了更高层次的要求。面对人与环境协调发展的高要求，对环境因素进行高精度、多角度的分析显得越来越重要，而设计师可充分利用 GIS 技术来加以实现。使用 GIS 技术来进行园林规划，首先应对规划区域的社会资料、环境资料等进行调查，了解规划区域的地形图、绿化植被、水系、园林小品的分布格局等。在完成资料收集工作后，对图纸进行扫描，并利用 MapGIS 软件对扫描的图纸进行信息处理，以获取矢量化的数据。在获取这些矢量化的数据之后，可对规划区域的地貌进行高程、坡度等参数的分析处理，并利用分析所获得的结果来辅助园林规划决策工作。同时，与 RS 技术充分结合，还能实现多角度的三维观察，这能对园林规划工作的开展提供强大支持。

四、基于 GIS 技术基础智之上的园林信息化管理

在园林规划过程中，借助 GIS 技术来建立一个高效的信息系统，能有效降低园林规划难度，实现对资源的高效利用，切实满足园林信息化科学管理的要求。

（一）借助 GIS 技术建立园林规划系统数据库

园林规划信息化系统形式多样，这里以基础要素数据库系统与专题要素数据库系统的建立进行介绍。在基础要素数据库建立过程中，首先应提出园林规划区域的居民、道路、水系等要素，并将这些数据转化为 shape 格式的数据保存起来。该种形式的数据是一种无拓扑关系的矢量数据，是由 ARCVIEW 开发的。同时，shape 的属性数据多以 mdb、dbase 等形式存放。在专题要素数据库建立过程中，利用计算机获取正射影像上的土地相关信息，并对各种图斑的性质及方案进行设计，并将其分图层叠放在矢量化地图上，借助电子地图，数据库便能得以建立。

（二）园林规划 GIS 数据处理

对于现阶段园林规划 GIS 数据管理工作而言，主要包括对地形图要素、风景区信息、地下管线以及地形图要素等信息的管理，具体的数据管理工作包括以下几个方面：

1. 语法分析模块的管理

该模块能编辑园林规划 GIS 数据的属性，通过这些属性能实现定位。

2. 数据编辑模块的管理

该模块能直观地编辑园林的 GIS 数据，对数据的编辑、修改十分方便。

3. 数据库管理模块的管理

该模块能提供直观的数据库管理功能。

4. 索引与检索模块的管理

该模块是一个以数据库为基础的搜索引擎，并能提供形式多样的索引模式，对特点属性、内容元素以及框架结构等进行索引。

五、GIS 技术在园林规划行业的应用前景

传统的风景园林、建筑和规划在白纸和空的电脑屏幕上进行设计。基于 GIS 的风景园林设计将应对所有复杂的环境，因为在数据库中有基址的资料，这将有助于环境敏感设计（Context Sensitive Design）。环境理论（Context Theory）是一个探讨新的环境设计和规划发展如何与它所处的环境相联系起来的理论。规划设计的结论基于对土地规划、区域规划和环境评价的基础之上，这一系列的现有环境特点关系到最终规划决定的产生。

GIS 可以协助检验影响项目发展的自然、社会和美学方面的环境背景，它能够提供协调环境评价和土地规划使用系统数据。如果在园林设计之初可以使用 GIS 来评价现有环境和区域特征，设计师就不必将西方设计“符号语言”生搬硬套在园林土地上，同时可以将整个园林设计得更加能够满足本地人的需要。当一个城市没有根据其环境理论而进行规划设计时，城市将会失去了其场所精神，以及应有的文化和艺术内涵。如果 GIS 可以将城市的环境背景以数据的形式存储，以绘图的形式表达，将非常有助于风景园林设计师实现环境敏感设计，做出符合场所精神的作品。

GIS 可以实现园林设计中可持续特征的计算，能够算出一个设计项目中可持续城市排水系统的特征与场地现有排水系统的相互作用。可持续城市排水系统将通过 GIS 来定位，在风景园林师进行设计时，可以通过 GIS 处理数据，确定排水系统的位置，以设计出切实可用的排水系统。

GIS 技术与 RS 技术联合起来，通过利用地理模型分析方法对多种空间及动态地理信息进行分析处理，并针对园林规划过程中存在的问题进行认真剖析，以制定出有针对性的解决方案。通过对这两种现代化测绘技术的应用能提升数据模拟、分析及评价能力，并能得到用普通信息系统所难以得到的关键信息，对整个地理空间过程演化的模拟与预测发挥着非常重要的作用。

无论是从资料信息的获取、统计与分析，还是园林规划信息数据库的建立与管理信息系统的开发，GIS 技术与 RS 技术都能贯穿于整个过程，在园林规划工作开展过程中所发挥的作用是不可替代的。

第二节 VR技术在园林规划与设计中的应用

一、VR技术概述

（一）VR技术

1. VR技术概念

虚拟现实是一种计算机领域的最新技术。这种技术的特点在于以模拟的方式为用户创造一种虚拟的环境，通过视、听、触等感知行为使得用户产生一种沉浸于虚拟环境中的感觉，并能与虚拟环境相互作用，从而引起虚拟环境的实时变化。

虚拟现实是一种可以创建和体验虚拟世界的计算机系统。虚拟世界是全体虚拟环境或给定仿真对象的全体。虚拟环境是由计算机生成的，通过视、听、触觉等作用于用户，使其产生身临其境的感觉的交互式视景仿真。

虚拟现实技术是一系列高新技术的汇集，这些技术包括计算机图形技术、多媒体技术、人工接口技术、实时计算技术、人类行为学研究等多项关键技术。它突破了人、机之间信息交互作用的单纯数字化方式，创造了身临其境的人机和谐的信息环境。一个身临其境的虚拟环境系统是由包括计算机图形学、图象处理与模式识别、智能接口技术、人工智能技术、多传感器技术、语音处理与音像技术、网络技术、并行处理技术和高性能计算机系统等不同功能、不同层次的具有相当规模的子系统所构成的大型综合集成环境，所以虚拟现实技术是综合性极强的高新信息技术。

2. VR技术特性

虚拟现实技术是具有3D特性的虚拟现实实现方法的通称。虚拟现实系统的3个基本特征包括：沉浸、交互和构想。

（二）VR技术在风景园林规划与设计中的意义

虚拟现实技术对风景园林的规划与设计产生重要的影响，这主要是基于虚拟现实技术的特色实现的。虚拟现实技术的主要特色如下：

虚拟现实技术可以在运动中感受园林空间，进行多种运动方式模拟，在特定角度观察园林作品；特别是根据人的头部运动特征和人眼的成像特征来进行步行、车行等逼真漫游方式，以“真人”视角漫游其中，随意观察任意人眼能够观察到的角落。这种表现方式比三维漫游动画表现更加自由、真实。

虚拟现实技术可以和地理信息系统相结合，对地理信息系统辅助风景园林规划进行进一步改进。同时，通过地理信息系统的地图可以清晰地得知“游人”在园林中的具体位置。

虚拟现实技术可以应用于网络，跨越时间和空间的障碍，在互联网上实现风景园林规划与设计的公众参与和联合作图。

虚拟现实技术还可以用于风景园林规划与设计专业的教学、公共绿地的防灾、风景园林时效性的动态演示和风景园林的综合信息集成等。

（三）VR 技术实现方法

虚拟现实技术的实现方法主要有以下 3 大类：第一类，通过直接编程实现，第二类，基于 OpenGL 图形库编写程序建模，同时添加实时性和交互性功能模块实现；第三类，直接通过建模软件和虚拟现实软件共同实现。

VR 技术广泛应用于城市规划、小区建设领域，并正逐步向其他领域拓展，如园林设计、电力系统设计、油田地面与地下工程、天然气地下管网等。

（四）VR 技术实现方法的应用分析评价

VR 技术实现方法的应用分析评价分为两个步骤：其一，确定虚拟现实应用的准则和评价指标；其二，选出进行评价的虚拟实现方法。

1. 评价准则和技术评价指标的确定

（1）从 VR 特性对园林的影响确定评价准则和技术评价指标

是否具备交互性是风景园林虚拟现实场景和风景园林三维漫游动画的主要区别之一，交互性对风景园林规划与设计创作意义重大。交互性的技术基础是“实时渲染”，实时渲染速度和渲染场景的准确性是决定虚拟现实场景具有实用价值最重要的因素，实时快速、准确地表达设计师的意图以及场景的氛围是决定风景园林规划与设计成果的关键。故将交互度作为评价准则是合理的，同时可以将快速、准确作为交互度准则下的评价指标。

风景园林虚拟场景的沉浸性建立在交互性基础上，同时要求有更高的视觉质量、声学质量和光学质量。在模拟园林要素方面，从视觉质量上来说，所生成园林要素的逼真效果是最重要的。实时渲染虚拟现实图像要求具有较高的胶片解析精度。图像中园林要素的精度过低即使交互性再好、交互度再高也没用。从声学质量上来说，在虚拟现实场景中，物体具有较真实的声学属性，不同的事件具有相应的伴聋（如水声、风声等），为用户在虚拟现实场景中的浸入增强真实性。从光学质量上看，虚拟现实系统通过全局照明模型来反映复杂的内部结构。在虚拟现实场景中园林要素的光学表现不是单调不变的，它与所选时段的太阳位置、景物的朝向、园林建筑玻璃幕墙的状况、建筑内部光源的位置设置、运动状态等各种复杂因素密切相关。故将真实度作为评价准则，视觉质量、光学质量和声学质量作为其中的评价指标。

（2）从计算机辅助园林设计的发展现状确立评价准则和评价指标

计算机辅助园林设计的发展经历了 CAD 辅助园林设计、PS 等图片处理软件和 3DS

Max 等建模软件辅助园林设计、3S 辅助风景园林规划与设计的历程。

对于年轻一代的风景园林师而言，已经基本掌握了上述计算机软件工具，事实证明，在此基础上，基于 3DS Max 建模为基础的虚拟现实方法，对风景园林师来说更容易掌握。另外，各种虚拟现实技术软件插件的开放程度（指软件后续开发的能力和利用其他软件资源的能力）是不同的，有些方法可支持多种格式的输出，输出的文件可在其他操作环境中无损地打开，加上软件或插件的更新换代日益加快，故具有开放的接口、实时的更新能力也是软件所必需具备的评价指标之一。

每种虚拟现实技术拥有的制成模型的丰度和制作虚拟现实场景的快慢速度有所不同。使用度处于评价准则层次，而每种方法掌握难易程度、开放程度和制作虚拟现实场景的快慢是其评价指标。

虚拟现实技术应用于风景园林规划与设计领域已日趋成熟，虚拟现实技术和 GIS 相结合共同辅助规划与设计已经成为园林设计的一个方向。在互联网迅速发展的今天，虚拟现实技术和互联网技术相结合，在用于规划设计的公众参与和联机操作中显得尤为重要。故将虚拟现实技术与地理信息系统扩展及和国际互联网的扩展情况作为一个评价准则——扩展。

二、VR 技术的应用基础

（一）VR 基础

1. VRML 和 Web3D

（1）VRML 技术标准的确立

网络技术与图形技术在开始结合时只包含二维图像，而万维网技术开创了以图形界面方式访问的方法。自 20 年代投入应用后，万维网迅速发展成为今天最有活力的商业热点，在此期间 VRML 技术应运而生。

（2）从 VRML 至 X3D

VRML 规范支持纹理映射、全景背景、雾、视频、音频、对象运动和碰撞检测等一切用于建立虚拟世界的东西。但是 VRML 在当时并没有得到预期的推广运用，因为 20 年代的网络传输速率普遍受到 14.4k 的限制。VRML 是几乎没有得到压缩的脚本代码，加上庞大的纹理贴图等数据，要在当时的互联网上传输很困难。

在 VRML 技术发展的同时，其局限性也开始暴露。VRML97 发布后，互联网上的 3D 图形几乎都使用了 VRML。许多制作 Web3D 图形的软件公司的产品，并没有完全遵循 VRML97 标准，而是使用了专用的文件格式和浏览器插件。这些软件比 VRML 先进，在渲染速度、图像质量、造型技术、交互性以及数据的压缩与优化上，都比 VRML 完善。

X3D 标准的发布，为 Web3D 图形提供了广阔的发展前景。交互式 Web3D 技术将主要应用在电子商务、联机娱乐休闲与游戏、可视化的科技与工程、虚拟教育（包括远程教育）、远程医疗诊断、医学医疗培训、可视化的 GIS 数据、多用户虚拟社区等方面。

（二）VRML 特点

虚拟现实三维立体网络程序设计语言具有如下四大特点：

① VRML 具有强大的网络功能，可以通过运行 VRML 程序直接接入 Internet。可以创建立体网页和网站。

②具有多媒体功能，能够实现多媒体制作，合成声音、图像，以达到影视效果。

③创建三维立体造型和场景，实现更好的立体交互界面。

④具有人工智能功能，主要体现在 VRML 具有感知功能上。可以利用感知传感器节点来感受用户及造型之间的动态交互感觉。

（三）VRML 相关术语

VRML 涉及到一些基本概念和名词，它们和其他高级程序设计语言中的概念一样，是进行 VRML 程序设计的基础。

1. 节点

节点是 VRML 文件最基本的组成要素，是 VRML 文件基本组成部分。节点是对客观世界中各个事物、对象、概念的抽象描述。VRML 文件就是由许多节点并列或层层嵌套构成的。

2. 事件

每一个节点都有两种事件，即一个“入事件”和一个“出事件”。在多数情况下，事件只是一个要改变域值的请求：“入事件”请求改变自己某个域的值，而“出事件”则是请求别的节点改变它的某个域值。

3. 原型

原型是用户建立的一种新的节点类型，而不是一种“节点”。进行原型定义就相当于扩充了 VRML 的标准节点类型集。节点的原型是节点对其中的域、入事件和出事件的声明，可以通过原型扩充 VRML 节点类型集。原型的定义可以包含在使用该原型的文件中，也可以在外部定义；原型可以根据其他的 VRML 节点来定义，或者利用特定浏览器的扩展机制来定义。

4. 物体造型

物体造型就是场景图，由描述对象及其属性的节点组成。在场景图中，一类是有节点构成的层次体系组成；另一类则由节点事件和路由构成。

5. 路由

路由是产生事件和接受事件的节点之间的连接通道。路由不是节点，路由说明是为了确定被指定的域的事件之间的路径而人为设定的框架。路由说明可以在 VRML 文件的顶部，也可以在文件节点的某一个域中。在 VRML 文件中，路由说明与路径无关，既可以在源节点之前，也可以在目标节点之后，在一个节点中进行说明，与该节点没有任何联系。路由的作用是将各个不同的节点联系在一起，使虚拟空间具有更好的交互性、立体感、动感性和灵活性。

（四）VRML 编辑器

VRML 源文件是一种 ASCII 码的描述语言，可以使用计算机中的文本编辑器编写 VRML 源程序，也可以使用 VRML 的专用编辑器来编写源程序。

1. 用记事本编写 VRML 源程序

在 Windows 操作系统中，在记事本编辑状态下，创建一个新文件，开始编写 VRML 源文件。但要注意所编写的 VRML 源文件程序的文件名，因为 VRML 文件要求文件的扩展名必须是以 .wrl 或 .wrz 结尾，否则 VRML 的浏览器将无法识别。

2. 用 URML 的专用编辑器编写源程序

Vrm 1 Pad 编辑器是由 Parallel Graphics 公司开发的 VRML 开发工具。此外，VRML 开发工具还有 cosmo World，Internet3D Space Builder 等。VRMLPad 编辑器和其它高级可视化程序设计语言一样，工作环境由标题栏、菜单栏、工具菜单栏、功能窗口和编辑窗口等组成。

（五）VRML 的 Java 支持和 ASP 混合编程

1. Java 对 VRML 的支持

（1）Java 简介

Java 是由 Sun Microsystems 公司推出的、伴随着 Internet 发展而出现的一种网络编程语言。Sun 公司将 Java 描述为一种具有简单性、面向对象性、动态性、分布性、可移植性、多进程、平台无关性、高性能、健壮性和安全性的语言。由于其具有这些特点，使得它成为跨平台应用软件开发的一种规范，在世界范内广泛流行。由于 Java 程序是运行在 Java 虚拟环境中的，它不依赖于特定操作系统，所以编程人员只需一次性开发一个“通用”的最终软件即可在多个平台环境中使用，这将大大加快软件产品的开发速度。利用 Java 语言可以在网页上加载各式各样的特效，比如放映动画，建立让名字在页面上不停旋转的看板。正因为如此，有人认为 Java 将取代第四代语言而成为编程人员的首选编程语言。

（2）Java Applet（应用小程序）

Java Applet 是用 Java 语言编写的一种特殊类型的程序，称之为应用小程序。它最大的特点就是可以嵌入到 Web 页面中，并随同 Web 页面一起下载到客户端的浏览器中运行。对于所有支持 Java Applet 的主流浏览器，可以利用 Java Applet 实现全面的交互式操作。由于 Java 本身是一种安全的网络语言，因此可以实现对系统的安全访问，既不会对服务器系统造成损害，也不会影响客户机的正常运行。此外，Sun 公司在最新的 Java 版本中实现了对数字签名技术的支持，从而使网页中的 Applet 程序突破沙箱模式的限制，拥有在可信任状态下访问客户端本地资源的权限，地扩大了 Java Applet 的应用范围。

（3）Java Application（独立应用程序）

Java Application 是一种几乎类似于用 C++ 语言开发的应用程序。设计者需要一个程序编辑环境来编写程序，并储存为特定扩展名的文件，需要一个调试工具来提高编程效率，当然也需要编译程序将源程序编译成可执行的机器码。它依赖特定的启动程序在服务器中运行。Java Application 和一般的独立执行的应用程序无区别，用户可以直接执行，一般用来开发较大型和复杂的应用程序。

（4）Java 对 VRML 的扩展

数据处理能力不强的 VRML 在获得了 Java 的支持后，面貌焕然一新。在 VRML 中，有两种方法可以决定事件的产生：静态行为和动态行为。静态行为并不是通常意义上的静止，而是指不通过程序语言控制，完全依靠定义的新节点和场景中运动的执行模式相结合来产生事件。

2. ASP 混合编程

当数据库不允许直接访问时，VRML 需要通过中间数据通道与数据库进行连接。这个中间数据通道应能够将数据记录在内存变量中，并且可以将用户输入的更新数据存储在内存变量中，送到 VRML 空间中即时显示，还可将数据库中相应的数据更新。比较成熟的创建数据通道的方法就是利用 ASP 技术。

（1）ASP 技术简介

ASP 拥有六种内建对象，以此来完成对远程数据的全部操作。Session 对象，用于存储特定的用户将要使用的对象或各种标识数据结构的中间变量。它不允许存储 ASP 内建对象。Response 对象，代表当前的 ASP 所得到的服务端响应。它可以存储服务端程序对具体某个用户发出的访问申请所作出的响应信息。

（2）VRML 与 ASP 混合编程实现数据库连接的方法

ASP 首先与数据库连接并提取数据，将数据转换为 Java Script 语言规范支持的数据规格并存储。VRML 再利用内嵌在 script 节点 url 域中的 Java Script 语句将数据封装为接口的标准格式并送到输出接口域传递到其他节点中。

三、VR 技术对园林规划与设计的影响

（一）VR 技术特性对园林规划与设计发展的影响

1. VR 技术的交互性、沉浸性对园林规划与设计表现的影响

（1）VR 技术与 CAD 的区别

和 CAD 相比，VR 技术在视觉建模中还包括运动建模、物理建模以及 CAD 不可替代的听觉建模。因此，VR 技术比 CAD 建模更加真实，沉浸性更强；而 CAD 系统很难具备沉浸性，人们只能从外部去观察建模结果。基于现场的虚拟现实建模有广泛的应用前景，尤其适用于那些难以用 CAD 去建立真实感模型的自然环境。

（2）VR 技术与传统模型的区别

观看传统模型就像在飞机上看地面的园林一样，无法给人正常视角的感受。由于传统方案工作模型经过大比例缩小，因此只能获得鸟瞰形象，无法以正常人的视角来感受园林空间，无法获得在未来园林中人的真实感受。同时，比较细致真实的模型做完后，一般只剩下展示功能，利用它来推敲、修改方案往往是不现实的。因此，设计师必须靠自己的空间想象力和设计原则进行工作，这是采用工作模型方法的局限性。VR 以全比例模型为描绘对象，在 VR 系统中，观察者获得的是与正常物理世界相同的感受。与传统模型相比，虚拟园林在以下几个方面具有更加真实的表现，从而具备无与伦比的沉浸性。

①运动属性

运动属性具有两层含义：其一，可以用正常人的视角，包括老年人、儿童和残疾人（具体为盲和肢残）的视角来进行运动和步行、车行各种方式来进行运动，可以更好的对方案进行比较和推敲。其二，虚拟环境中的物体分为静态和动态两类。在园林内部，地面、墙壁、天花板等是静态物体；门、窗、家具等为动态物体。动态物体具有与真实世界相同的运动属性。门窗可开关，家具的位置可以根据用户需要进行改变，再现了物理世界的真实感。

②声学属性

在虚拟现实场景中，物体具有真实的声学属性，不同的事件具有相应的伴音，如水声、风声等，为用户在虚拟现实场景中的浸入增强真实性。

③光学属性

虚拟现实系统通过全局照明模型来反映复杂内部结构。在虚拟现实中园林的光学表现不是单调不变的，它与所选时段的太阳位置、园林物的朝向、玻璃幕墙的状况、内部光源的位置设置、运动状态等各种复杂因素密切相关。

（3）VR 技术与 3D 动画的区别

3D 动画与虚拟现实在表面上都具有动态的表现效果，但究其根本，二者仍然存在以下几个方面的本质区别：

①虚拟现实技术支持实时渲染，从而具备交互性；3D 动画是已经渲染好的作品，不支持实时渲染，不能在漫游路线中实时变换观察角度。

②在虚拟现实场景中，观察者可以实时感受到场景的变化，并可修改场景，从而更加有益于方案的创作和优化；而动画改动时需要重新生成，耗时、耗力，成本高。

2. 基于 VR 技术的虚拟现实场景特色

①运动中感受园林空间、多种运动方式模拟、特定角度园林观察。特别是根据人的头部运动特征和人眼的成像特征，可进行步行、车行等逼真漫游方式，随意观察任意一个人眼能够观察到的角落，这是“主题漫游”辅助设计理论的基础。

②沉浸于其中的“游人”，可以感受到园林空间的“起承转合”和园林“意境”氛围。

③可以和地理信息系统相结合，通过地理信息系统的地图，可以清晰地得知“游人”在园林中所处的具体位置。

④可以应用于网络，跨越时间和空间的鸿沟，进行虚拟漫游。

（二）VR 技术特性对园林规划与设计创作的影响

根据资料显示，二维的平面设计存在一些缺陷。虚拟现实技术使得根据人的视高、人的头部运动特征、人眼的视野特征和运动中人眼的成像特点模拟真实的人在虚拟风景园林基址环境、半建成环境和建成环境中漫游成为可能，在这样的漫游过程中，沿着路径前行，得到近似于“亲临现场”的效果，在“现场”中，直接应用安全性原则、交往便利性原则、快捷和舒适性原则、层次性原则、生态性原则、美学原则等诸多园林设计理念进行推敲和漫游，效果比二维想象好许多。

虚拟现实技术应用于风景园林规划与设计创作中，使地理信息系统和国际互联网相结合，可以用于风景园林的规划和实现风景园林规划与设计的公众参与。

虚拟现实技术还可以用于风景园林规划与设计专业的教学、公共绿地的防灾和风景园林的综合信息集成。总之，虚拟现实技术将对辅助园林设计产生新的意义和影响。

四、VR 技术在园林规划与设计中的应用

（一）VR 技术在园林规划设计阶段中的应用

VR 技术能够从“‘真人'视角漫游”的视角沉浸到基址和临时建设好的风景园林场景中，能够对自然要素如地形、光和风进行充分模拟以及可和 GIS 完美结合，是虚拟现实技术辅助风景园林规划与设计的优势，这些优势是单纯的“二维”创作规划与设计很难做到的。VR 优势具体表现如下：

①根据设计任务书、地形图和比较明确的限定条件，利用已有的电子地图与虚拟城市地块模拟系统，建立虚拟基地环境。

②使用 VRGIS 对基地的自然条件进行模拟，分析基地范围内的道路、树木、河流等的情况，对基地坡度和地形走势进行多角度、多方位的观察研究，以便清楚知道基地可以作为不同用途的限制条件。

③通过环境中的日照和风向的虚拟研究，为绿地空间营造分区提供依据。

环境与基地限定中理想的园林形态，在基地环境中漫游，进行多方案比较，是我们在方案构思初始阶段可采用的方法。具体实施步骤如下：

1. 景、人、路

在有景的地段，通过借景和“‘真人’视角漫游”中不同运动特点，可以辅助确定园路的路径。

（1）场地借景要素和辅助确定园林路径的注意事项

根据场地的景观现状，通过实际“‘真人’视角漫游”，寻找做到良好的、真正的“因借”效果的路径。园林道路景观的借景要素可分为地形、地貌、水体、气象和气候植被等几个方面。

（2）根据人的动态特性确定园林道路的事项

作为主体的人会以各种方式（漫步、骑自行车、乘坐交通工具和亲自驾驶交通工具）不断的沿线形方向变换自己的视点，这决定了"'真人'视角漫游"的状况，从而决定了进一步确定园路的情况。

风景园林中的道路按活动主体划分，主要有人车混杂型道路和步行道路两种类型。不同类型道路因使用方式与使用对象之间的差异，在景观设计上的侧重与手法的运用上各不相同。风景园林中，人车混杂型道路可分为交通性为主的道路与休闲性为主的道路。

①交通性为主的道路

交通性为主的人车混杂型道路，首先要考虑其安全性，将机动车与自行车隔离，由于考虑通行速度，多采用直线，在道路线型上不宜产生特色。其景观设计主要是通过对道路空间、尺度的把握，推敲景物高度与道路宽度比例，提升其形象。

②休闲性为主的道路

步行道路主要为休闲性道路，步行道路的出现给园林带来了很多生机，其景观特性为安全性、方便性、舒适性、可识别性、可适应性、可观赏性、公平性、可读性、可管理性等。其景观设计在考虑上述几种情况之外，还应强调个性化、人性化、趣味、亲切性的特征，要充分注重自然环境、历史文化、人与环境各方面的要求。

（3）虚拟真实漫游系统中最优路径漫游的实现

①视点动画交互技术

为了让访问者能在虚拟真实漫游系统中实现最优路径漫游，首先涉及到视点动画交互技术，一般采用两种方法来实现。其一，是线性插值法，即利用 VRML 的插值器创建一条有导游漫游的游览路线，通过单击路标或按钮，使用户在预定义好的路径上漫游世界；另一种方法是视点实时跟踪法，即视点跟随用户的行为（如鼠标的位置）而产生动画效果。

②最优路径漫游的实现

按照已经确定风景园林路径，在现有景观的基础上，在"人眼视野"的范围内，创造出可以长时间被人观察到的景观。如果有必要，可以借助截图工具如"中华神捕"等进行截图，进行进一步的讨论和分析。人的视线相关的内容（建筑和外部景观的关系）、和人的尺度相关的内容（尺度舒适性）以及便于应用人的实际心理推测的内容（便利性、可及性、滞留性）便于应用虚拟现实技术主题漫游；其余理念大都可以在平面二维设计推敲中较好地完成。

（二）VR 技术在园林局部详细设计阶段中的应用

高校校园绿地规划与设计理念中包含安全性原则、功能适宜性原则、美学原则和弹性原则四大原则。其中功能适宜性原则又包括交往便利性原则、易达性和舒适性原则、层次性原则和生态性原则四个原则。涉及到视线视野的内容（视野的开阔性）、由于尺度和细节使想象容易和现实产生偏差的场景（藏匿空间的有无）、涉及到人体工程学尺度的内容（人体的不同状况）、涉及到光线的内容（白天和夜晚的比较）适合应用虚拟现实技术；剩余内容均可通过二维平面推敲较好完成。适用于人的心理的内容（动态性、滞留性）便于应用于虚拟现实主题漫游；其余内容通过查阅资料和二维平面设计可以较好地完成。

（三）VR 技术在风景园林规划与设计公众参与中的应用

1. 公众参与的应用范围

园林设计讲求“以人为本”的设计理念，所以设计一定要有公众的参与，设计才会更完善、合理、科学、客观。实践证明，再好的设计师如果仅凭自己的力量是很难设计出好的作品，推行“公众参与性设计”的主要目的就是赋予同建设项目相关人士以更多的参与权和决策权，即让这些人参与到建设的全过程中来，并在其中起到一定作用。这样既能避免设计师陷入形式的自我陶醉之中，还能促进公众的参与意识和对城市景观的建设与维护，增加“公众”与“设计者”之间的沟通、合作，进而推动风景园林事业的蓬勃发展。面对我国公众参与风景园林规划与设计的现状，在风景园林规划与设计过程中，VR 技术可以逐步应用于公众参与中。根据我国风景园林规划与设计体系的特点，VR 技术可以应用于以下确定发展目标阶段和设计方案优选阶段。

2. 广泛征求公众意向

在西方风景园林规划与设计工作程序中，有一个风景园林价值评估和风景园林发展目标确定的阶段。在这个阶段中，市民是最主要的参与者，市民的意向也是决策的主要依据。因此，风景园林规划与设计师们设计了多种公众参与的方法，来促进这一阶段市民的民主参与。公众参与技术的应用研究也主要在这个阶段开展。在我国，问卷调查、座谈会等参与形式大致属于这一阶段，但这些方法层次较低，效果也不明显。VR 技术的引入大大改善了这一状况。

3. 公示制度的实施

设计公示是我国公众参与的一个重要组成部分，在某些城市已经被确立为一项制度。这一点可看作风景园林规划与设计民主化进程的一大进展。向公众展示的主要是最终的设计成果，这种参与的层次是较低的。而在设计方案优选阶段应更多地采用设计公示制度，让公众辅助决策设计方案。选择更有效的交流方式与工具，将自己的设计方案展示给公众，成为风景园林规划与设计师努力的方向。传统的设计图纸和文字说明专业性仍然较强，而虚拟现实方法作为一种可视化方法能够促进设计的“非神秘化”。

4. 公众参与网页发布

VR 技术中的 VRML 语言可将风景园林空间引入互联网，通过和谐的人机交互环境，使最大范围的公众在开放环境中进行交互性和沉浸性体验并评价方案。实现公众参与修改意见的提出，使之能够较为迅速地理解设计师的意图，并通过个体经验差异，对同一方案进行不同目的、不同重点的查看，最终将信息反馈给设计师，从而使其作品最大程度地满足公众的要求。在虚拟现实世界，广泛征询公众的反应，就可以改进设计，使之功能更加切合用户的需求。

（四）VR 技术在园林规划与设计教学中的应用

1. 在园林设计课程教学中的应用

根据人的头部运动特征和人眼的成像特征，模拟进入风景园林基址，“带领”学生进行“现场分析”，再应用园林设计的理念，进行设计，同时增强对平面图的认识。总之园林设计教学应向立体化、数字化、精确化方向改进。

2. 在园林建筑课程教学中的应用

和园林设计相同，进入设计场所，根据任务书，完成各个功能空间的设计，同时切实感受空间的内容。从建筑空间类型讲，静态空间与动态空间是指空间的形状有无流动的倾向，用视觉心理学解释就是空间力的图。园林中呈水平空间的平台，开阔的草坪，水面都属静态空间特征。长廊、夹道、爬山廊、曲径都具动态空间的特征。可以通过虚拟现实场景对不同的空间进行对比，理解空间给人的感受。

3. 在园林工程课程教学中的应用

（1）竖向设计

利用虚拟现实场景进行地形的分析与设计的教学，更具有直观性，如方案中地形的变化可通过模型对比直观地表现地形的变化。还可通过相应软件的辅助使用如 GIS，演示在地形挖方或填方前后的变化，如挖方或填方的位置、计算出挖填方体积的平衡情况，用于平方平衡设计和土方平衡教学。

（2）喷泉设计

运用三维喷泉模型可以模拟喷泉的不同水姿的组合及其效果，同时配合灯光可以得到夜景效果，从而更有效地表达设计意图。同时，对三维的管线布局的视频，也更直观明了地展示典型喷泉管线基本构成，方便教学讲解。

4. 在园林史课程教学中的应用

对历史上存在而现实中消失的园林，如独乐园、影园等进行虚拟现实模拟和漫游，使学生对古典园林有更直观、更深刻地认识。

5. 在景观生态学课程教学中的应用

虚拟现实技术可以直观、方便、准确地模拟生态环境的发展趋势，可以模拟若干年后植物群落的生长状况，从而使学生对景观生态学的理论有更深层次的理解。

6. 在 3S 课程教学中的应用

3S 技术是对地理信息系统（GIS）、遥感技术（RS）和全球定位系统（GPS）三种技术的总称，是园林从业者学习的重要内容之一。如利用 GIS 的数字地形模型（DigitalTerrainModel）可以进行地表的三维模拟与显示，并能进行不同视点（或景点）的可视性分析，为景点的选址和最佳游览线的选择提供视觉分析依据。例如，在结合水库设计的风景区规划中，因水坝的拦截造成对上游山地、村庄、农田、森林的淹没情况，可以很方便地用 GIS 技术结合 CAD 技术进行景观预测与评价，并可以进行水位升降的动态模拟及水库面积和贮水量的计算，为下一步的居民搬迁、景点选址、道路选址、水面活动的组织等提供科学、直观的依据。可见从数据中得到的虚拟现实场景对于景观设计是有重要意义的。

第三节　计算机辅助园林规划与设计

一、计算机辅助设计的发展

传统常规的设计方法是经过历史的沉淀不断积累、完善而成为一个经典的系统。进入到设计领域必然从最基础的设计方法论、专业设计理论以及艺术修养等方面逐步开始设计创作。一个被认可的正确学习设计方法的过程，这个过程虽然也会涉及到计算机辅助设计课程，但是往往没有与基本的设计过程一样，成为设计中重要的一环，忽视了其在改变设计过程方法上的潜力。

（一）编程与参数化

设计领域逐渐熟知和正在被广泛应用的参数化，给设计过程带来了无限的创造力并提升了设计的效率。但是编程才是参数化的根本，最为常用的参数化平台 Grasshopper 节点可视化编程以及纯粹语言编程 Python，VB 都是建立参数化模型的基础。对于 Digital Project（来自于 catia）等尺寸驱动，使用传统对话框的操作模式的参数化平台，因为对话框式的操作模式，淹没了设计本应该具有的创造性，如果已经具有了设计模型，在向施工设计方向转化时可以考虑使用 Digital Project 更加精准合理的构建。对于开始设计概念、方案设计甚至细部设计都应考虑使用编程的方法，Grasshopper 与 Python 组合程度让设计的过程更加自由。

参数化也仅仅是编程的一部分应用，是建立参数控制互相联动的有机体。虽然 Grasshopper 最初以参数化的方式渗入到设计的领域，但是本质是程序语言，而编程可以带来更多对设计处理的方法。在平台开始逐渐成熟，其所带来的改变已经深入到更加广泛的领域，因此仅仅用参数化来表述 Grasshopper 的应用已不合时宜。例如 Python 语言可以实现参数化构建，但是 Python 语言被应用于 Web 程序，GUI 开发，操作系统等众多的领域，这个过程重要的是编程，以编程的思维方式来创造设计的过程，创造未知领域的形态。因此，每个人都应该学会编程，因为编程会教会你如何去思考。

（二）计算机辅助设计与风景园林规划专业

风景园林与建筑、城市规划乃至环境科学、计算机、生态学、经济、法律、艺术等学科长期相互交流使得风景园林规划设计涉及的范围小到花园，大至城市广场、公园、城市开放空间系统、土地利用与开发、自然资源的保护等一系列重要项目设计与研究中，这对风景园林规划设计在寻求计算机辅助设计上提出了不同的要求。模型构建是从具体的三维实体模型出发，结合BIM和参数化设计的方法，拓展三维模型构建的信息存储能力和形态变化能力，同时可以协同结构设计、动力学设计等内容，并可以为GIS、生态辅助设计提供基本的实体模型，互相穿插融合，共同从计算机技术平台角度促进风景园林专业与相关领域的融合和发展。以计算机辅助作为学科之间联系的纽带，使一些专业学科知识例如流体力学、热湿环境、地理信息系统更有效地为风景园林规划设计服务。

二、计算机辅助设计策略

（一）模型构建与风景园林规划设计

基于AutoCAD的平面制图、SketchUP的三维推敲，3D MAX及建筑可视化软件Lumion的后期表现构成了被误认为的风景园林“计算机辅助设计体系”，更应该称之为计算机辅助制图。国内大部分高校本科阶段所开设的课程就是这些内容，混淆了计算机辅助设计与辅助制图的概念关系，计算机辅助制图仅是计算机辅助设计的部分内容。实际上由于计算机技术的发展，模型构建的方式早已发生了根本性的改变。

模型构建的参数化方法与传统的设计模式是不可割裂的，但是较之又有所差异，其在设计的本质上就发生了改变，因此进入到参数化设计领域需要面临两个方面的问题，一个是使用参数化方法从事设计工作必须首先掌握参数化基本技术层面的操作；二是设计本身思维方式的转变，由传统直观的模型推敲方式转变为使用参数化从数据管理角度一协助设计的方法。模型构建方式的转变已经不是纯粹几何形体构建方式的改变，这个过程影响到了设计思维的方法，因此在某种程度上，参数化设计事实上已经不是一门技术的问题，更应该看作是一门学科。

（二）生态辅助设计技术与风景园林规划设计

计算机生态辅助设计技术已经可以囊括影响设计的主要几个方面因素：热环境、风环境、水环境以及日照和光环境。这个构架形成了对于场地前期分析、过程分析和设计后比较分析的主要生态分析内容，以用于指导设计，使其向更合理的方向发展。同时，较之传统设计，因为设计师本身就可以完成以前必须依靠专业人员才能够进行的各项生态分析内容，从而能够更直接、更有效的协同设计。在计算机生态辅助设计技术日渐成熟的条件下，可以将热、风、水及日照和光环境的分析整合起来，形成跟进设计过程的生态环境分析技术报告，有效地根据设计环境的气候特点、现状条件特征达到可持续性设计的目的。

三、计算机辅助设计途径

（一）概念设计与虚拟构建的技术支撑方式

1. 逻辑构建过程

逻辑构建强调的是几何构建逻辑，即形式间的推衍关系，但是并不仅如此，任何基于分析设计过程的思考逻辑只要能通过语言编程方式表达的都可以归为逻辑构建过程。逻辑构建本身就是设计创作活动，在没有计算机之前，只是使用纸笔来完成整个过程，"现在计算机为我们打开了大门，它赋予我们前所未有的自由去探索，其结果是令人迷惑并改变思维，且万物皆可"。计算机将这个过程变得更加强大，可以拓展到更多的形式领域的逻辑过程构建，并实时的反馈逻辑构建过程每一步所产生的形式结果。并且在计算机强大计算能力的帮助下，将更多的数学知识与逻辑纳入到了设计创作的过程中。

2. 逻辑构建过程的根本数据

编写的过程就是逻辑构建的过程，逻辑构建的根本是数据处理，如果说程序语言实现的逻辑构建过程本身就是一种设计方法，那么对于数据的关注就是实现这种设计方法的核心。数据的概念是在逻辑构建的过程中体现出来的，所实现的设计结果体现了这种逻辑构建关系和所包含的数据处理过程。不能够仅将这个设计结果视为单纯的形式表达，以及某种功能与生态的体现，透过表面所看到的应该是实现这种结果已经蕴含的逻辑关系和数据处理，这仍然是将设计作为过程的设计方法的体现。所有节点中随机选择九个点中一个的节点式程序方法能够清晰的看到前后数据的变化，这个过程可以使用节点可视化编程语言也可以使用纯粹编程语言。

（二）从虚拟构建到实际建造

1. 逻辑构建的可控因素

参数化就是可以自由调控形式的有机整体，影响形式的因素则由逻辑构建过程来控制。这个调控的过程仅是对参数的调整，并实时的反馈所有形态的变化，同一构建逻辑下形式的变化，并拓展形式的多样性。不同结果都是在同一逻辑构建下产生的不同结果，也可以对逻辑结构适当调整获得逻辑构建方法类似而功能使用不同的形式结果。逻辑构建的方法可以延伸设计师未曾涉及形式的存在，其根本就是对设计过程的逻辑构建以此扩展无数可能的形式。这是数理逻辑的具体表现，完全不同于一般计算机辅助模型的建立。长条桌凳桌部分与凳部分是使用了同一个逻辑构建关系，只是尺度上和随机数组的种子值进行了调整。这种同一构建逻辑形式的变化也更加适合传统古建筑的构建，在各类尺度以斗口尺寸为参考，各构件间紧密的建构关系，都突出显示了以参数构建的可行性。设计的过程在某种条件下就是逻辑构建的过程，寻求某种形式的潜在构建规律，并反馈回来推动最初形式的演变，获得更进一步的形式推敲，并再次调整逻辑构建关系不断往复的过程。在某些时候对这个逻辑构建关系所产生的形式并不满意时，就需要重新构思，可能不得不抛弃之前的逻辑构建，毕竟追求设计的完美才是设计的本质。

2. 数据控制下的建造技术

三维数控技术是实现复杂形体建造的最佳途径，基于智能化的设计策略方法，虽然完全可以更加方便的构建传统的设计形式，但是设计新形式的探索欲望更是无意识的将设计做的很"复杂"，这种"复杂"是相对于传统施工工艺来说的。智能化的设计方式与施工工艺的智能机械化必然是未来发展的趋势，两者之间的配合也会更加的默契。但是在设计智能化超越施工工艺时，这种设计就会变得很“复杂”，尤其在二线城市，如果实现某一个特别的创意，需要找到不一样的处理方法。最初构思的材料选择为合成木材，但是整体加工的方式加大了成片的费用，选择磨具浇注混凝土的方式也许是不错的选择。这就需要对每一个单元建造模具，最容易的加工方式是二维的，即裁切平面化的金属或者木材搭建模具。

3. 建造技术的优化

逻辑构建过程的根本是数据，因此看起来任何设计过程中遇到的问题都可以在对数据基本处理的模式下得以很好的解决。获得一个计算程序在数据处理、逻辑构建的设计方法上，会轻而易举的得以解决。首先找到外接平面的矩形，对展平的单元平面旋转会获得外接矩形不同的变化，计算外接矩形的面积，使用进化计算的方法找到面积为最小时的外接矩形，从而将问题化解。

四、复合的计算机辅助设计策略

（一）复合的计算机辅助设计策略概述

GIS、生态辅助设计技术和模型构建 3 个方面相互依存辅助风景园林规划设计，根据不同设计项目的要求采取不同的计算机辅助设计策略。风景园林规划设计学科的发展、多学科交叉的进一步融揉促使计算机辅助设计技术能够有力地在学科间构建联系。

（二）复合的计算机辅助设计策略的提出

在整个规划设计流程里根据规划分析设计的内容，三个方面在不同阶段互相跳跃，但是基本涵盖了从开始场地分析到具体设计的全部内容，因此在具体计算机辅助设计的过程中，不存在确定的应用方面。

因为计算机辅助设计的方法需要根据具体项目来确定采用哪些适合的辅助手段和进行哪些方面的分析，因此归纳出计算机辅助设计的主要内容，用以确定具体项目的选择。

根据具体项目情况从列表中选择计算机辅助设计的手段，其中数据地理信息化与参数模型构建过程将贯穿于规划设计的整个过程，各类小规则根据需要解决的设计问题分布于不同的阶段。在规划设计过程中由于项目自身的特点会出现没有在列表中新的设计问题，一般首先确定是否可以借助于这三个方面的计算机辅助设计策略进行解决。

（三）建筑的参数化设计策略

参数化设计的方法可以扩展到区域的层面，在区域的计算机辅助设计的方法中更多的采取地理信息、技术手段，从地理信息数据管理分析的层面辅助生境的改善。在地块设计层面则较多的采取参数化的方法辅助建筑设计并结合生态分析确定建筑的朝向和分析不同材料对室内热环境的影响以及开窗比例的优化。

（四）调整与恢复中的湿地设计

设计本身就是一个过程，只有到施工完成时才算完成设计的基本流程。在施工过程中会碰到设计之初未曾预料的很多事情。在寒冷的东北，冬季在冰层上放样也不容易，放线处理是采用 GPS 定位的方式，在设计区域定位，用铁钎子绑住带有颜色的旗子，然后使用推土机沿旗子的方向铲出设计的控制等高线，等高线的控制主要为常水位线和芦苇生长控制线，减小施工的难度并控制水生植物生长的环境。

第七章　城市园林设计的原则与布局

第一节　园林设计基本原则

一、园林设计的美学原则

美是人类共同的追求。虽然对于美的认识在世界各民族、社会发展的不同时期及人的不同年龄阶段有所差异。但是，无论何种形式的美都是人们对于客观事物的心理认识。衡量一座园林建筑设计是否优秀，美是重要标准之一。

（一）园林美的内容

园林美是指在特写的环境中，由部分自然美、社会美和艺术美相互渗透所构成的一种整体美。它通过山水、植物、建筑等客观物质实体的线条、色彩、体量、质感等属性表现出一种动态特征，直接作用于人的感官，给人以美的感受。园林美源于自然，又高于自然，是大自然造化的典型概括，是自然美的再现。从内容上讲，园林美包括：园林的自然美、社会美、艺术美共3个方面。

1. 园林的自然美

园林的自然美在整体美中，具有线条、色彩、体形、体量、比例、对称、均衡等能体现园林自然美的必备条件。园林的自然美有两种情况：一种是经过人的加工、改造或再塑造的风景，它们“虽由人作，宛自天开”，仍然保持自然特征，使人从中获得自然界美的信息，如中国传统山水园林。另一种是未经过人的直接加工改造，但这种大自然风景通过人的选择，提炼和重新组织，如中国的风景区、美国的国家公园等。

2. 园林的社会美

园林的社会美是指园林的内涵美。这种内涵美源于社会生活，将社会生活中的道德标准和高尚情操融入园林景物中，使人触景生情，这是园林特有的、直观的效应并且在人的感觉中发生作用

3. 园林的艺术美

园林的艺术美指园林的一种时空综合美。在体现时间艺术美方面，它具有诗与音乐般的节奏与旋律，能通过想象与联想，使人将一系列的感受转化为艺术形象；在体现空间艺术美方面，它具有比一般造型艺术更为完备的三维空间，既能使人感觉与触摸，又能使人深入其内，身临其境，观赏和体验到它的序列、层次、高低、大小、宽窄、深浅。中国传统园林，是以山水画的艺术构图为形式，以山水诗的艺术意境为内涵的、典型的时空综合艺术，其艺术美是融诗画为一体的内容与形式谐调统一的美。

（二）园林美的形态

园林因具体条件和环境不同而有各种不同的表现形态，如旷、奥、雄、秀、奇、幽、险、畅等。这些形态特征，既通过自然的人化反映出来，又通过人化的自然创造出来。所谓自然的人化，即人们对特定的大自然空间、山岳、水体、动植物等，产生某种感受，赋予某种想象与联想，使人在自然物上，看到更多人的本质，运用比、兴等手法形成自然物的人格化；所谓人化的自然，是人们从认识、发掘和把握自然美中，运用造园艺术理论、手法和技巧，“外师造化，内得心源”，再现自然之形状与神态。

1. 雄伟

用于形容风景园林的美学特征，多指体积厚重而高峻、肌理粗壮、气势磅礴的景观。自然界一些由花岗岩构成的，主峰端庄、群峰簇拥、拔地通天的山岳，即具备此特征。但人们对风景园林的审美，绝非只侧重于审美对象的外部形态，中国传统审美观同时重视景物的内涵。此外，历史文化的渊源以及环境的衬托，也是加强雄伟感的因素。

2. 秀丽

“秀”本指禾本类植物的花，用于风景园林的形态特征时，指线条柔美，绵延曲折的山脉，堆苍积翠的植被，喷珠漱玉的泉瀑等。西湖、富春江、桂林、阳朔、武夷山都属于具有秀丽优美形态的风景区，人称西湖娇秀，富春江锦绣，桂林和阳朔奇秀，武夷山青秀。中国画论中有“得烟云而秀媚”，这些都属于清秀美丽的共性中的个性。上述风景区，都与水有关，水是植物生长的基本条件，所以有山清水秀之谓。有山、有水，就有树木花卉，二者配合有致，则秀气生焉，此外，水性主柔，山性主刚，二者通过植物使之和谐统一，就符合于秀丽优美之特质。秀丽、优美在中国被称为“阴柔之美”。中国传统园林的“诗情画意”具有情景交融的境界，体现了内容与形式的和谐统一，使

人感到优美，尤其是幽雅、精致的江南园林，显得特别秀丽。

3. 幽雅

“幽雅”作为风景园林美的形态特征，与“雄伟”是相对应的，幽雅即幽静雅致。大自然中的幽静环境，常处于丛林邃谷之中，这里生趣盎然，有远离尘世之感。人为环境中的幽静，是通过曲折和深邃的空间布局求得的，所谓“曲径通幽”，曲则能深，深则幽静。运用得体的美化加工和艺术处理，使幽静中美而不俗，便达到了幽雅的境界。

4. 奇特

大千世界，千奇百怪，天下之奇不一定都美，然而，新奇而有特色的风景园林，却能引起人们浓烈的兴趣，最富有吸引力、感染力与生命力，这与人类长期的创造性活动有关。人类文化是在不断地创造中延续和发展的，创造意味着新奇而有特色的成果产生。

5. 惊险

作为一种审美享受，常常出现于现实生活中，如听故事、读小说、观杂技、看电影等总要为惊险情节所吸引，而这种吸引却是被动式的、观赏式的享受，用自身的行为去领略与体验惊险，并从中获得美感，则是一种参与式的享受，能给人以更大的快乐。

（三）中国古典园林的自然美

中国古典园林又称自然式、风景式、不规则式、山水派园林。

中国自然式园林的主要有以下特征：

1. 地形

自然式园林的创作讲究“相地合宜，构园得体。”主要处理地形的手法是“高方欲就亭台，低凹可开池沼”的“得景随形”。自然式园林最主要的地形特征是“自成天然之趣”，所以，在园林中，要求再现自然界的山峰、山巅、崖、岗、岭、峡、岬、谷、坞、坪、洞、穴等地貌景观。在平原，要求自然起伏、和缓的微地形。地形的剖面为自然曲线。

2. 水体

讲究“疏源之去由，察水之来历”，园林水景的主要类型有湖、池、潭、沼、汀、溪、涧、洲、渚、港、湾、瀑布、跌水等。总之，水体要再现自然界水景。水体的轮廓为自然曲折，水岸为自然曲线的倾斜坡度，驳岸主要用自然山石驳岸、石矶等形式。在建筑附近或根据造景需要也部分用条石砌成直线或折线驳岸。

3. 种植

自然式园林种植要求反映自然界植物群落之美，不成行成排栽植。树木不修剪，配植以孤植、丛植、群植、密林为主要形式。花卉的布置以花丛、花群为主要形式。院内也有花台的应用。

4. 建筑

单体建筑多为对称或不对称的均衡布局；建筑群或大规模建筑组群，多采用不对称均衡的布局。全园不以轴线控制，但局部仍有轴线处理。中国自然式园林中的建筑类型有亭、廊、榭、舫、楼、阁、轩、馆、台、塔、厅、堂、桥等。

5. 广场与道路

除建筑前广场为规则式外，园林中的空旷地和广场的外形轮廓为自然式的。道路的走向、排列多随地形，道路的平面和剖面多为自然的起伏曲折的平曲线和竖曲线组成。

6. 园林小品

假山、石品、盆景、石刻、石雕、木刻等。

（四）西方园林的美学

西方园林又称规则式园林，与中国园林相比具有“对称美”、“规则美”、“几何美”等特点。埃及不仅是人类文明的摇篮，它的造园艺术也是独树一帜。从埃及、巴比伦、希腊、罗马到18世纪英国风景园林产生之前，西方园林主要是以规则式为主，这类规则式园林有以下特点：

1. 中轴线

全园在平面规划上有明显的中轴线，并大抵依中轴线的左右前后对称或拟对称布置，园地的划分大多成为几何形体。

2. 地形

在开阔较平坦地段，由不同高程的水平面及稍倾斜的平面组成；在山地及丘陵地段，由阶梯式的大小不同水平台地倾斜平面及石级组成，其剖面均为直线所组成。

3. 水体及外形轮廓均为几何形

主要是圆形和长方形，水体的驳岸多整形、垂直，有时加以雕塑；水景的类型有整形水池、整型瀑布、喷泉、壁泉及水渠运河等。

4. 广场与道路

广场多呈规则对称的几何形，主轴和副轴线上的广场形成主次分明的系统；道路均为直线形，折线形或几何曲线形。广场与道路构成方格形式、环状放射形、中轴对称或不对称的几何布局。

5. 建筑

主体建筑组群和单体建筑多采用中轴对称均衡设计，多以主体建筑群和次要建筑群形成与广场、道路相组合的主轴、副轴系统，形成控制全园的总格局。

6. 种植规划

配合中轴对称的总格局，全园树木配植以等距离行列式、对称式为主，树木修剪整形多模拟建筑形体、动物造型，绿篱、绿墙、绿门、绿柱为规则式园林较突出的特点。园内常运用大量的绿篱、绿墙和丛林划分和组织空间，花卉布置常为以图案为主要内容的花坛和花带，有时布置成大规模的花坛群。

7. 园林小品

园林雕塑、瓶饰、园灯、栏杆等装饰、点缀了园景。西方园林的雕塑主要以人物雕像布置于室外，并且雕像多配置于轴线的起点、交点和终点。雕塑常与喷泉、水池构成水体的主景。

规则式园林的规划手法，从另一角度探索，园林轴线多视为是主体建筑室内中轴线向室外的延伸。一般情况下，主体建筑主轴线和室外园林轴线是一致的。

（五）园林艺术构图法则

与其他艺术门类一样，园林艺术作品的形式（园林景象）总是按照美的规律创造出来的。形式美的规律，即所谓的法则（原则），概括起来有以下几种：多样统一规律、比例和尺度、对称与均衡、对比与协调、节奏与韵律等。

1. 多样统一规律

多样统一规律是形式美的基本法则，其主要意义是要求在艺术形式的多样变化中，要有其内在的和谐与统一关系，既显示形式美的独特性，又具有艺术的整体性。多样而不统一必然杂乱无章；统一而无变化，则呆板单调。所以既多样又统一才会使人感到优美而自然，而“自然”则是构图的最终要求。风景园林是由建筑、植物、山石、道路等多种要素组成的空间艺术，山水地形变化万千，建筑的形态、风格各样、植物千姿百态、五彩缤纷，要想在同一个空间里达到和谐统一，必须要注意多样统一规律的应用。多样统一所产生的美感效果是和谐，体现了自然界中对立统一的规律。事物本身的形具有大小、方圆、高低、长短、曲直、正斜；质地具有刚柔、粗细、强弱、润燥、轻重；势具有动静、聚散、抑扬、进退、升沉等，这些对立的因素统一在具体事物上面，形成了和谐。过于统一易使整体单调无味，缺乏内涵，变化过多则易使整体杂乱无章序，无法把握。在许多形式因素中有一个中心，各种形式因素都围绕这个中心组织安排，形成一种秩序，组织轴线，安排位置，分清主次。

多样统一使人感到既丰富，又单纯；既活泼，又有秩序。要创造多样统一的艺术效果，可通过各种途径达到。

①形体的变化与统一：形体可分为单一形体与多种形体。

②风格和流派的变化与统一：园林的风格是演变的，并受着民族性格、历史时代、地理条件以及科学、文化和艺术的发展状况所支配，而这些因素都有其独特的作用和协同的作用，并彼此相互影响。

③图形线条的变化与统一：指各图形本身总的线条图案与局部线条图案的变化与统一。

④动势动态的变化与统一：多指景物本身之间或本身与周围环境之间在动势倾向变化中求得统一。

⑤形式与内容的变化统一：某些建筑造型与其功能内涵在长期的配合中，形成了相应的规律性，尽管其变化多端，但万变不离其宗，尤其是体量不大的风景建筑，更应有其外形与内涵的变化与统一。

⑥材料与质地的变化与统一：一座假山，一堵墙面，一组建筑，无论是单个或是群体，它们在选材方面既要有变化，又要保持整体的一致性，这样才能显示景物的本质特征。

⑦线型纹理的变化与统一：岸边假山的竖向石壁与临水的横向步道，虽然线型的方向有变化，但与环境是统一的；长廊砖砌柱墩的横向纹理与竖向柱墩方向不一，但与横向长廊是统一协调的。

⑧尺度比例的变化与统一：少儿游戏设施和成年娱乐设施的比例尺度自然不同，一般的民居与商场、体育馆的应用尺度也有很大差异，所以尺度比例是随着应用功能或艺术功能的不同而变化和统一的。

⑨局部与整体的变化与统一：在同一园林中，景区与景点各具特色，但就全园总体而言，其风格造型，色彩变化均应保持与全园整体的基本协调，在变化中求完整。应先明确园林的主题和格调，然后决定符合主题的局部形式，选择对这种表现主题最直接、最有效的素材。

2. 对称与均衡

（1）对称

对称具有规整、庄严、宁静与单纯等特点，但过分强调对称会产生呆板、压抑、牵强与造作的感觉。对称一般用于建筑入口两边或规则式构图或起强调作用的地方。

（2）均衡

指景物群体的各部分之间对立统一的空间关系，一般表现为两种类型，即对称均衡和不对称均衡。均衡感是人体平衡感的自然产物。

3. 对比与协调

（1）对比

对比是比较心理的产物，对风景或艺术品之间存在的差异和矛盾加以组合利用，取得相互比较，相辅相成的呼应关系。形体、色彩、质感等构成要素之间的差异是设计个性表达的基础，能产生强烈的形态感情，主要表现在量（多少、大小、长短、宽窄、厚薄）、方向（纵横、高低、左右）、形（曲直、钝锐、线、面体）、材料（光滑、粗糙、软硬、轻重、疏密）、色彩（黑白、明暗、冷暖）等方面。在园林造景艺术中，往往通过形式和内容的对比关系而更加突出主体，更能表现景物的本质特征，产生强烈的艺术感染力。

（2）协调（谐调、和谐）

在形式美的概念中，协调是指各景物之间形成了矛盾的统一体，也就是在事物的差异中强调了统一的一面，使人们在柔和宁静的氛围中获得审美享受。如红与橙、橙与黄的调和可取得和谐、朴素、宁静的效果。

4. 节奏与韵律

节奏产生于人本身的生理活动，如心跳、呼吸、步行等，在建筑和风景园林中，节奏就是景物简单地反复连续出现，通过时间的运动而产生美感，如灯杆、花坛、行道树、水的波纹、植物的叶序以及河边上的卵石等；而韵律则是节奏的深化，是有规律但又自由地抑扬起伏变化，从而产生富于感情色彩的律动感，如自然山峰的起伏线，人工植物群落的林冠线等。在园林设计中，可由点、线、面、体、色彩、质感等许多要素形成一个共同的韵律。利用韵律手法易于看到作品的全貌，易于理解，通过韵律的使用，使作品的诸要素得到调和，表现出一定的情趣，赋予作品以生气活泼感，使作品产生回味。

5. 比例和尺度

（1）比例

指一件事物整体与局部以及局部与局部之间的关系。比例一般只反映景物及各组成部分之间的相对数比关系，而不涉及具体的尺寸。如建筑的一切比例都要合乎一定的技术规范，建筑尺寸的大小，各种构件的安排，只要遵循一定的技术规则，就可获得形式美。

（2）尺度

是指园林景物、建筑物整体和局部构件与人或人所习见的某些特定标准之间的大小关系。

二、园林设计的功能性原则

现代园林是功能体系的一种特殊形式，或是本身带有某种功能性质，这就要求把相关的功能因素放在优先位置考虑，不能因为追求某种预定的纯艺术形式而与功能抵触。园林要提倡有机性，它与功能之间也应该是有机的关系。除了附属的功能之外，园林本身也有功能义务，除了悦目以外，园林的场所必须让人感到舒适，至少要提供最起码的树荫、坐椅、散步等功能因素，还要根据自身的性质，进一步提供如慢跑径、水池及游泳池、运动场地和设施等内容。

除了实现某种实用意义外，功能的原则还能为艺术形式本身提供重要的价值观保障。在传统的园林中有很强的享乐意味，对这种一味过分的追求只能使艺术走向庸俗。在功能范畴内追求豪华和华丽是无可厚非的，但如果为此附加许多与功能无关的内容，它的艺术性就会遭到破坏。因为园林本身和园林的各种元素都已经具有了很强的装饰意味，功能性必须格外强调才能引起关注，没有必要再刻意添加非功能因素。

功能原则可以为园林设计提供一些矫饰。然而，由园林的一些特殊性质决定，对空间进行装饰本身就是园林的一种功能责任，当然这不是摆摆鲜花之类的纯装饰行为。更主要的一点在于，与建筑这种功能实体同时也是一种艺术类型或一件艺术品一样，园林本身也是一种独立的艺术形式，每处园林也都应该成为艺术品。这就要求它尽情表现其艺术魅力，能否成功，就要看园林设计中对自身的形式和风格把握得如何了。

作为一种空间场所的园林，首先要在物质意义上完善空间的构造，要建立起有效的边界体系，与外界其他空间建立适宜的关系。同时自己的空间要进行完善，就要用内部边界和内部实体来细化、美化，充实这一空间，使它成为一件名副其实的艺术品。这是一个设计过程，在其中完全可以利用绘画、雕塑等其他艺术类型的形式进行设计，最终得到自己的形式。形式已经空前的丰富，园林质料也空前的丰富，所以园林设计也是多种多样的。

现代设计已使许多功能设施超越了功能本身成为概念、意义和内容的载体，而且设计意念的发展越来越丰富、越来越明确。可以说，现代设计把作品部分的构素与材料都直接转换成表达现代设计观念、现代美学观点的语言符号。功能设施在某种程度上成了表现我们美学思想的载体。

三、园林设计的经济学原则

由于园林是社会生产力发展到一定水平的产物，也可以说是由经济基础决定的上层建筑。因此，进行园林设计时必须有经济学理念。在正确选址的前提下，因地制宜，巧于因借，用较少的投入取得最大的效果，做到“事半功倍”。因为，同样是一处园林，甚至是同一设计方案，采用不同的建筑材料，不同规格的苗木，不同的施工标准，其工程造价是完全不同的。所以，作为园林设计师，在考虑园林美学、功能性的前提下，设计出最佳的方案，采用最佳的施工方案及材料，以获得最佳化的效果，是最明智的选择。一切不切实际的贪大求洋均是不可取的，尤其是在当前的形势下更应注意这一问题。

总之，“经济、适用、美观”是园林设计必须遵循的原则。三者之间的关系是辩证的统一，相互依存，不可分割。

第二节 园林设计中的立意

园林设计与文学、绘画的创作一样在动笔之前，必须先立意。立意即园林设计的主题思想，是园林艺术设计构思前，对自然和造园的具体条件进行仔细观察、体验，然后在自己头脑中形成主题思想和各种景观的艺术形象，让所建园林达到预想的艺术境界。

我国园林艺术设计的源泉，主要是来于自然。园林艺术的创作，就是把自然山水概括和提炼，再现于园林空间，让园林比大自然更典型、更集中，更富有意境。在日常生活中，人们常用风景如画来形容秀丽的风景或园林中美好的景点。这说明园林艺术应达到如画的境界，达到“虽为人作，宛自天开”的艺术效果，方为上品，否则就是一般的工程技术了。

一、意在笔先，神仪在心

晋代顾恺之在《论画》中说：“巧密于精思，神仪在心。”即绘画、造园首先要认真考虑立意，“意在笔先”。明代恽向也在《宝迂斋书画录》中谈道：“诗文以意为主，而气附之，惟画亦云。无论大小尺幅，皆有一意，故论诗者以意逆志，而看画者以意寻意。”

南齐时期的著名画家谢赫在《古画品录》中提出的六法，对我国园林艺术创作中的立意都有较大的影响。他的六法其一是气韵生动。所谓气韵生动，就是要求一幅绘画作品有真实的感人的艺术魅力。其二是骨法用笔。所谓“骨法用笔”，是指绘画造型技巧，“骨法”，一般指事物的形象特征，“用笔”指技法。用墨“分其阴阳”更好地表现大自然的光感明暗、远近疏密、朝暮阴晴，以及山石的体积感、质量感等。下笔之前，要充分“立意”，作到“意在笔先”，下笔后“不滞于手，不凝于心”，一气呵成。做到“画尽意在”。其三是应物象形，“应物象形”是指物所占有的空间、形象、颜色等。其四是“随类赋彩”，画家用不同的色彩来表现不同的对象。我国古代画家把用色得当和表现出的美好境界，称为“浑化”，在画面上看不到人为色彩的涂痕。其五是经营位置。即考虑整个结构和布局，使结构恰当，主次分明，远近得体，变化中求得统一。我国历代绘画理论中谈及的构图规律，疏密、参差、藏露、虚实、呼应、简繁、明暗、曲直、层次以及宾主关系等，既是画论，又是造园的理论根据。如画家画远树无叶，远舟见帆而不见船身，这种简繁的方法，既是画理，也是造园之理。其六是传移摹写，即向传统学习。

南北朝时期，文人墨客厌世，对城市繁华生活厌倦。陶醉于大自然，想超脱尘世，追求清淡隐逸，于是对山水、园林发生了浓厚的兴趣。如陶渊明的《桃花源记》：“……缘溪行忘路之远近，忽逢桃花林，夹岸数百步，芳草鲜美，落英缤纷……欲穷其林，林尽水源，使得一山，山有小口，仿佛若有光……初极狭，豁然开朗……”，诗中所立的意境，成为设计者创造“山重水复疑无路，柳暗花明又一村”园林艺术空间意境的依据。

二、神韵和意趣

造园的关键在于造景，而造景的目的在于作者对造园目的与任务的认识和激发的思想感情。所谓“诗情画意”入园林，即造园不仅要做到景美如画，同时还要求达到情境交融，意趣昂然。我国古典园林艺术的创作，由于受到文学、绘画的影响，因此寄寓着诗情画意，包含着“神韵”和“意趣”。造园者在布置园林山水、花木时，要把握住山水性情，让山有环抱起伏之状，水有潆洄之势，树木栽植要有比拟联想。“廊边窗外花树一角，或翠竹一丛，山间古树簇聚或散植，都要力求有枯木竹石图之意”。即要是一草一木，或含笑、或开、或谢，都应具有画工之意。不仅要追求自然的形似，而且要把自然中气韵反映出来，要把内在的本质、意义表现出来。在“多方胜景，咫尺山林”中，要能达到“片石生情”的意趣，就要求造园者须有高度的艺术修养和“匠心独运”的精湛技巧，有丰富的生活体验，掌握种种名山巨川的神态、特征。只有这样，才能在 0.067 ~ 0.134 km^2 或者其数十倍面积的空间中，不论是叠山、理水、置亭安榭，或是筑径架桥、植树栽花等，做到艺术的概括，做到“寓形于神”，耐人寻味。

如苏州环秀山庄石壁山洞，在仅 0.067 km^2 的有限面积之内，以质朴、自然、幽静的山水，来体现委婉含蓄的诗情，通过合理安排山石、树木、水体，体现深远与层次多变的画意。它的创作方法是以假山为主，辅以池水。池东为主山，使人有在一畴平川之内，忽地一峰突起，耸峙于原野之上的感觉。山虽不高，却如巨石磅礴，很有气派。池北为次山，主山分前、后两部分，其间有幽谷，前山全用叠石构成，外形峭壁峰峦，内构为洞。后山临池水部分为湖石石壁，在前后山之间留有仅 1 m 左右的距离内，构成洞谷。谷高 5 m 左右，一山二峰，巍然矗立，其形给人有悬崖峭壁之感。其间植以花草树木，倍觉幽深自然。山脚止于池边，犹如高山山麓断谷截溪，气势雄奇峭拔。山石苔藓幽草，妙趣横生；水中倒影，情趣盎然。于水池边石凳稍憩，饱览这山峦秀色，静心玩赏，可一洗尘虑，别有一番情趣。山贵有脉，有水方活。构置于西南部的主山峰，有几个低峰衬托，左右峡谷架以石梁。站在石梁仰望，如见峭壁悬崖，俯首但见一泓溪水就在脚下边，形成活泼生动的园林艺术空间效果。主山之西北为问泉亭，由池西问泉亭开始，过曲桥，沿临池水道，旁依峭壁，下临池水，假山内构有洞室，在洞室可坐息眺望。由于石洞下通水面，在这里可观赏到映入洞中的天光水色。环秀山庄凿池引水富有情趣，使得山有脉，水有源，山分水，又以水分山，水绕山转，山因水活，使得咫尺园景富有生机。在 0.067 km^2 左右的有限空间，山体仅占 0.033 km^2。却构出了谷溪、石梁、危崖、绝壁、洞室、幽径，建有补秋舫、问泉亭等园林建筑，没有造园者的精心规划、刻意经营、美好的立意，要把自然界中峰峦洞谷的形象集中缩写于咫尺一地是不可能的。这正如王维在《山水论》中所说："凡画山水，意在笔"先园林艺术创作同样如此，不先立意谈不上园林创作。立意不是凭空乱想，随心所欲，而是根据审美趣味，自然条件，使用功能等进行构思，并通过园林空间景观艺术形象的组织，典型环境的利用，叠山理水，经营建筑绿化，依山取山景，而得山林意境，傍水得水景，而得看水意境，意因境存，境因意活，相辅相成，方能创造出美好的园林艺术形象。

园林艺术设计也常从诗词与山水画中寻找素材。苏州著名园林之一的狮子林，以假山著称，东南部诸峰罗列，长廊回绕；西北多水，绿水清盈；西部有岩石峭壁，倚山斜立，更有飞瀑和流水潺潺，人工为之，极富天然之趣，在苏州众名园中别具一格。据苏州府志记载，当初建园时天如禅师曾邀请元代园林艺人倪云林等共同设计，倪云林曾著有《狮于林图卷》而传世。

以画立意，而又胜于绘画的例子，莫过于曹雪芹笔下的大观园了。大观园风景如画，而又高于绘画。《红楼梦》第四十回，刘姥姥说："今儿进这园里一瞧，竟比那画儿还强十倍。"园林风景如画，又胜似画，也是诗人画家仿写的对象。我国的园林艺术，不仅与文学、绘画等有着共同的特点，而且常与文学、绘画相结合，用匾额、对联、题咏、碑刻等形式，来立意，给人以美的享受，成为园林艺术的重要组成部分。

第三节　园林布局

园林布局是园林设计总体规划的一个重要步骤，是根据计划确定所建园林的性质、主题、内容，结合选定园址的具体情况，进行总体的立意构思，对构成园林的各种重要因素进行综合的全面安排，确定它们的位置和相互之间的关系。

一、园林布局的基本原则

（一）构园有法，法无定式

1. 主景与配景

各种艺术创作中，要先确定主题、副题，重点、一般，主角、配角，主景、配景等关系。所以，园林布局，要先确定主题思想的前提下，考虑主要的艺术形象，也就是考虑园林主景。主要景物能通过次要景物的配景、陪衬、烘托得到加强。

为了表现主题，在园林和建筑艺术中主景突出通常采用下列手法：

（1）中轴对称

在布局中，先确定某方向一轴线，轴线上方通常安排主要景物，在主景前方两侧，常常配置一对或若干对的次要景物，以陪衬主景。

（2）主景升高

主景升高犹如“鹤立鸡群”，这是普通、常用的艺术手段。主景升高往往与中轴对称方法同步采用。

（3）环拱水平视觉四合空间的交汇点

园林中，环拱四合空间主要出现在宽阔的水平面景观或四周由群山环抱的盆地类型园林空间。

（4）构图重心位能

三角形、圆形图案等重心为几何构图中心，往往是处理主景突出的最佳位置，起到最好的信能效应。自然山水园林的视觉重心忌居正中。

（5）渐变法

渐变法即园林景物面局，采用渐变的方法，从低到高，逐步升级，由次要景物到主景，级级引入，通过园林景观的序列布置，引人入胜，引出主景。

2. 统一与变化

园林布局的统一变化，具体表现在对比与调和、韵律、主从与重点、联系与分隔等方面。

（1）对比与调和

对比、调和是艺术构图的一个重要手法，它是运用布局中的某一因素（如体量、色彩等）中，两种程度不同的差异，取得不同艺术效果的表现形式，或者说是利用人的错觉来互相衬托的表现手法，差异程度显著的表现称对比，能彼此对照，互相衬托，更加鲜明地突出各自的特点；差异程度较小的表现称为调和，使彼此和谐，互相联系，产生完整的效果。园林景色要在对比中求调和，在调和中求对比，使景观既丰富多彩、生动活泼，又突出主题，风格协调。

对比的手法：形象的对比、体量的对比、方向的对比、开闭的对比、明暗的对比、虚实的对比、色彩的对比、质感的对比。

（2）韵律节奏

韵律节奏就是艺术表现中某一因素作有规律的重复，有组织的变化。重复是获得韵律的必要条件，只有简单的重复而缺乏有规律的变化，就令人感到单调、枯燥，所以韵律节奏是园林艺术布局多样统一的重要手法之一。

园林绿地布局的韵律节奏方法很多，常见的有：简单韵律、交替的韵律、渐变的韵律、起伏曲折韵律、拟态韵律、交错韵律。

（3）主从与重点

①主与从：园林布局中的主要部分或主体与从属体，一般都是由功能使用要求决定的，从平面布局上看，主要部分常成为全园的主要布局中心，次要部分成次要的布局中心，次要布局中心既有相对独立性，又要从属主要布局中心，要能互相联系，互相呼应。

②重点与一般：重点处理常用于园林景物的主体和主要部分，以使其更加突出。重点处理不能过多，以免流于繁琐，反而不能突出重点。

（4）联系与分隔

园林绿地都是由若干功能使用要求不同的空间或者局部组成，它们之间都存在必要的联系与分隔，一个园林建筑的室内与庭院之间也存在联系与分隔的问题。园林布局中的联系与分隔组织不同材料、局部、体形、空间，使它们成为一个完美的整体的手段，也是园林布局中取得统一与变化的手段之一。

3. 均衡与稳定

由于园林景物是由一定的体量和不同材料组成的实体，因而常常表现出不同的重量感，探讨均衡与稳定的原则，是为了获得园林布局的完整和安全感。稳定是指园林布局的整体上下轻重的关系而言，而均衡是指园林布局中各部分之间的相对关系。

（1）均衡

园林布局中要求园林景物的体量关系符合人们在日常生活中形成的平衡安定的概念，所以除少数动势造景外（如悬崖、峭壁等），一般艺术构图都力求均衡。均衡可分为对称均衡和非对称均衡。

（2）稳定

园林布局中稳定是指园林建筑、山石和园林植物等上下、大小所呈现的轻重感的关系而言。在园林布局上，往往在体量上采用下面大，向上逐渐缩小的方法来取得稳定坚固感。

4. 比拟联想

园林艺术不能直接描写或者刻画生活中的人物与事件的具体形象，运用比拟联想的手法显得更为重要。园林构图中运用比拟联想的方法有如下几种：

①概括名山大川的气质，摹拟自然山水风景，创造“咫尺山林”的意境，使人有“真山真水”的感受，联想到名山大川，天然胜地，若处理得当，使人面对着园林的小山小水产生“一峰则太华千寻，一勺则江湖万里”的联想，这是以人力巧夺天工的“弄假成真。

②运用植物的姿态、特征，给人以不同的感染，产生比拟联想。如“松、竹、梅”

有“岁寒三友”之称，“梅、兰、竹、菊”有“四君子”之称，在园林绿地中适当运用，增加意境。

③运用园林建筑、雕塑造型产生的比拟联想。如蘑菇亭、月洞门、水帘洞等。

④遗址访古产生的联想。

⑤风景题名题咏对联匾额、摩崖石刻所产生的比拟联想。题名、题咏、题诗能丰富人们的联想，提高风景游览的艺术效果。

5. 空间组织

空间组织与园林绿地构图关系密切，空间有室内、室外之分，建筑设计多注意室内空间的组织，建筑群与园林绿地规划设计，则多注意室外空间的渗透过渡。

园林绿地空间组织的目的是在满足使用功能的基础上，运用各种艺术构图的规律去创造既突出主题，又富于变化的园林风景，其次是根据人的视觉特性创造良好的景物观赏条件，使一定的景物在一定的空间里获得良好的观赏效果，适当处理观赏点与景物的关系。

（二）组景有方，简约有序

古人总结组景有18种方法，即对景、借景、夹景、框景、隔景、障景、泄景、引景、分景、藏景、露景、影景、朦景、色景、香景、眼景、题景、天景。由于篇幅，在此不一一分析，只就其中的对景、借景、框景等几种手法作一些分析。

1. 对景

所谓“对”，就是相对之意。我把你作为景，你也把我作为景。这种景在园林中很多，但要做好这种景也不易。景贵自然，这里的自然是多义的，自然也与距离有关，在某种距离上，景观似会觉得不自在。景如人，若是两个相互不认识的人，距离不到2 m相对而立，就会觉得很别扭。景也一样，若一个小院两边相对观之，也有这种不愉快的感觉，这就叫“硬对景”。

2. 借景

有意识地把园外的景物“借”到园内视景范围中来。借景是中国园林艺术的传统手法。一座园林的面积和空间是有限的，为了扩大景物的深度和广度，丰富游赏的内容，除了运用多样统一、迂回曲折等造园手法外，造园者还常常运用借景的手法，收无限于有限之中。

3. 框景

顾名思义，框景就是将景框在“镜框”中，如同一幅画。拙政园内园有个扇亭，坐在亭内向东北方向的框门外望去，见到外面的拜文揖沈之斋和水廊，在林木掩映之下，形成一幅美丽的画。北京颐和园中的“湖山春意”，向西望去，可见到远处的玉泉山和山上的宝塔，近处有西堤和昆明湖，更远处还有山峦，层层叠叠，景色如画。

4. 引景

其实，漏窗也起到引景的作用，引景手法较多，有的用弧墙（有较强的导向性）引景，如杭州虎跑。自“虎跑泉”照壁，沿弧墙前行，便至叠翠轩，桂花厅等处。也有的用文字来指引，起到引景的作用，如上海豫园，自三穗堂向东，有一条廊向北，有“渐入佳境”四字，很起引景作用。廊边墙上又有四字“峰回路转”，显然是转弯，里面果然美景不少。总之，无论是漏花墙、廊、台阶、弧墙乃至文字，都能起到引景的作用；但须得当，不能喧宾夺主，这些东西只是起引景的作用，不是主景。

组景十八法，只是古人对组景方法的总结，不能生搬硬套，墨守成规，须处理恰当。另外这种手法也要融会贯通，用到新的城市绿地景观设计中去，还须有新意。

（三）因地制宜，以境造景

造景是通过人工手段，利用环境条件和构成园林的各种要素造作所需要的景观。

“景”即境域的风光，也称风景。是由物质的形象、体量、姿态、声音、光线、色彩以至香味等组成的。景是园林的主体，欣赏的对象。自然造化的天然景（野景）是没有经过人力加工的。大地上的江河、湖沼、海洋、瀑布林泉、高山悬崖、洞壑深渊、古木奇树、斜阳残月、花鸟虫鱼、雾雪霜露等，都是天然景，园林造景时要充分加以利用。

“因地制宜”的原则，是造园景重要的原则之一。同样是帝王宫苑，由于不同地形状况，而采用不同的造园手法，创造出迥然不同，各具风格的园林。

中国自南北朝以来，发展了自然山水园林。园林造景，常以模山范水为基础，“得景随形”，“借景有因”，“有自然之理，得自然之趣”，“虽由人作，宛自天开”。造景方法主要有：

①挖湖堆山，塑造地形，布置江河湖沼，辟径筑路，造山水景。

②构筑楼、台、亭、阁、堂、馆、轩、榭、廊、桥、舫、照壁、墙垣、梯级、磴道、景门等建筑设施，造建筑景。

③用石块砌叠假山、奇峰、洞壑、危崖，造假山景。

④布置山谷、溪涧、乱石、湍流，造溪涧景。

⑤堆砌巨石断崖，引水倾泻而下，造瀑布景。

⑥按地形设浅水小池，筑石山喷泉，放养观赏鱼类，栽植荷莲、芦荻、花草，造水石景。

⑦用不同的组合方式，布置群落以体现林际线和季相变化或突出孤立树的姿态，或者修剪树木，使之具有各种形态，造花木景。

⑧在园林中布置各种雕塑或与地形水域结合，或单独竖立，成为构图中心，以雕塑为主体，塑造景观。

园林雕塑配合园林构图，多数位于室外，题材广泛。园林雕塑通过艺术形象可反映一定的社会时代精神，表现一定的思想内容，既可点缀园景，又可成为园林某一局部甚至全园的构图中心。

（四）掇山理水，理及精微

明代将元代太液池的旧址改为西苑，西苑的水面由北海、中海、南海三海组成，由琼华岛、团城、南台构成新的“一池三山”形象。人们往往用“挖湖堆山”来概括中国园林创作的特征。

1. 理水

理水首先要沟通水系，即“疏水之去由，察源之来历”，切忌水出无源，或死水一潭。

水景的类型可分为静态水景与动态水景。静态水景又可分为：规则式和自然式、混合式等类型。规则式静态水景，如方形（北海静心斋），长形（南京煦园），自然式静态水景，如若方形（苏州网师园等），若三角形（颐和园的谐趣园等），若长方形、狭形、复合形等。

2. 掇山

在造园的过程中，挖了“湖”，就要“堆山”。园林中堆山又可称之为“掇山”、“筑山”。人工掇山可以分为：土山、石山、土石相间的山等不同类型。在掇山过程中，应根据土、石方工程的技术要求，设计者酌情而定。

土山在园林设计中，按造景的功能，分为主山、客山；土山还可以作围合空间、屏障、阜障、土丘、缓坡、微地形处理等。园林建设中，堆山较高的实例，如上海长风公园的铁臂山，高约 30 m；上海植物园的松柏山，高约 9 m；组织空间的土山，1.5 ~ 3.0 m；组织游览的阜障、土丘，约高 1.0 m；缓坡的坡度为 1 ：（4 ~ 10）。

（五）建筑经营，时景为精

中国园林中的建筑具有使用和观赏的双重作用，要求园林建筑达到可居、可游、可观。中国传统的园林建筑类型，常见的有厅、堂、楼、阁、塔、台、轩、馆、亭、榭、斋、舫、廊等。《园冶》云：“凡园圃之基，定厅堂为主。先乎取景，妙在朝南。”“楼阁之基依次序定在厅堂之后”，“花间隐榭，水际安亭”，廊则“蹑山腰，落水面，任高低曲折，自然断续蜿蜒。这些说明，由于建筑使用的目的、功能不同，建筑的位置选择也各异。

园林中建筑的平面类型多种多样，屋顶的类型也形形色色，建筑的基址也千变万化。以园林中的亭子为例，亭子可以是三角形、四方形、五角形、六角形、八角形或其他多边形。亭子的平面还有不等边形、曲边形、半亭、双亭、组亭及组合亭、不规则平面等。亭子顶部，有攒尖、歇山、虎殿、盂顶、十字顶、悬山顶、藏式金顶、重檐顶等类型。亭子的造型千姿百态，亭子的基址，因地制宜，亭子与周边环境协调统一，各具其妙。

（六）道路系统，顺势通畅

园林道路的设计，首先要考虑系统性。要从全园的总体着眼，确定主路系统。主路是全园的框架，要求成循环系统。一般园林中，入园后，道路不是直线延伸到底（除纪念性园林外），而是入园后两翼分展，或三路并进。分叉路的设计，主要起到“循游”和“回流”的作用。道路的循环系统将形成多环、套环的游线，产生园界有限而游线无数的效果。路的转折、衔接通顺，符合游人行为规律。

道路的平面造型有直线、曲线、折线等几种类型，具体形式的应用，因园而异，因景而别。

道路设计往往与建筑、广场两因素不可分开。从某种意义讲，广场就是道路的扩大部分。公园的出入口广场，它的形成和设计依据，可以理解为多股人流，即进出人流的交汇、集散、逗留、等候、服务等功能要求的客观需要。建筑与道路之间，也根据建筑的性质、体量、用途而确定建筑前的广场或地坪的形状、大小、类型、文化娱乐型建筑。

除了建筑前广场和公园出入口广场外，园林设计中作为游人共享空间的游憩、观赏型广场，是十分重要的内容。作为园路，主要目的是疏导游人，组织游赏。而作为游园的重要目的不单在游线园路上观赏，还要停下来，一是室内观赏，二是室外观赏。而观赏广场，共享空间就是要满足游人的赏景要求。这类广场的设计，一般由园林建筑物，园林构筑物。

道路、广场设计要考虑游人的安全，尤其注意雪天、雨天等气候条件下，保证游人安全的问题。一般主路纵坡上限为12%；小路纵坡宜小于18%，主路考虑方便通车等因素，不宜设置台阶、陡坡。

园桥可称之为“跨水之路”。它既起到全园交通连接的功能，又兼备赏景、造景的作用。犹其是以水体为主的水景园，古典园林中圆明园；现代公园中天津的水上公园；南京的玄武湖，都是多堤桥的园林类型。

园桥由于交通连接与造景功能的双重性，在全园规划时，务必首先将园桥所处的环境和所起的作用作为确定园桥的设计依据。如拱桥、亭桥、廊桥、折桥，多以造景为主，平桥以联系交通为主。当然任何一座园桥，都要考虑其交通和景观的因素。一般在园林中架桥，多选择两岸较狭窄处，或湖岸与湖岛之间。或两岛之间。另有旱桥、天桥等类型。同时，园桥的造型、体量、材料、色彩，桥拱是否要通船、设闸等因素都要予以考虑。

园桥的主要形式有拱桥、折桥、板桥、亭桥、廊桥、索桥、浮桥、吊桥、假山桥、风雨桥、闸桥、独木桥等。

（七）植物造景，四时烂漫

植物造景。园林种植设计是园林设计全过程中十分重要的组成部分之一。

我国园林善于应用植物题材，表达造园意境，或以花木作为造景主题，创造风景点，或建设主题花园。古典园林中，以植物为主景观赏的实例很多，如圆明园中：杏花春馆、柳浪闻莺、曲院风荷、碧桐书屋、汇芳书院、菱荷香、万花阵等风景点。承德避暑山庄中：万壑松风、松鹤清樾、青枫绿屿、梨花伴月、曲水荷香、金莲映日等景点。苏州古典园林中的拙政园，有枇杷园（金果园）、远香堂、玉兰堂、海棠春坞、听雨轩、柳荫路曲、梧竹幽居等以枇杷、荷花、玉兰、海棠、柳树、竹子、梧桐等植物为素材，创造植物景观。

中国现代公园规划，也沿袭古典园林中传统手法，创造植物主题景点。北京紫竹院公园的新景点：竹院春早、绿茵细浪、曲院秋深、艺苑、新篁初绽、饮紫榭、风荷夏晚、紫竹院等。上海长风公园的植物景观参观点，荷花池、百花亭、百花洲、木香亭、睡莲池、青枫绿屿、松竹梅园等。

混合式园林融东、西方园林于一体，中西合璧。园林种植设计强调传统的艺术手法与现代精神相结合，创造出符合植物生态要求，环境优美，景色迷人，健康卫生的植物空间，满足游人的游赏要求。

第八章 城市园林风景布局规律

第一节 园林风景的规划布局结构

尽管园林绿地类型繁多，千变万化，但与任何事物一样，都有其一定的组织结构，就像一篇文章一样，不管其内容如何，也不管作者运用了哪些创作手法，其总是有一定的组织结构的。园林绿地的布局结构是规划设计中首先要解决的问题。

一、园林绿地性质与功能是影响规划布局结构的决定因素

“园以景胜，景因园异”。园林绿地的最大差异是性质与功能的差异，如北京颐和园是清宫花苑园林，杭州“花港观鱼”是新中国成立后新扩建的游憩公园，成都杜甫草堂是历史名人纪念园林，广州砂泉别墅是旅馆庭园……因为性质不同，所以园林绿地的性质与功能是影响布局结构的决定因素。因此，在研究一个园林绿地的规划结构前，必须调查了解该园林在整个城市园林绿地系统中的地位和作用，明确其性质和服务对象。

二、组织景区（景域）景点

在园林绿地的规划布局上应该先组织和划分景区，目的是在满足使用功能和观赏功效的基础上，运用各造景艺术手法创造既突出主景（主题），又富于变化的园林景观，

使一定的景物在一定的空间里获得良好的观赏功效和使用功能。凡是在景区中观赏价值较高的区域叫景点，它是构成园林绿地的基本单元。一般园林绿地均由若干个景点组成一个景区，再由若干个景区组成整个园林，这是我国传统手法中的“园中有园”规划结构思想的运用。景区、景点有大有小，大的如杭州西湖园林中的西湖十景的景区（景域），小的如庭园角隅一树一石头的配置。

组织景区结构要符合节奏规律，有起点，有连续，有转折，有高潮，还要有结尾。景区的变化有开敞、闭合、纵深等类型，还有室内、室外和半室内的不同区别，要主次分明，开闭聚合适当，大小尺度相宜。如杭州“虎跑”园林，首先山门“虎跑”二字给人以起点的启示，入门沿谷溪旁的游步道两旁，山林葱郁，空谷低回的溪流声引人寻泉之源，这是序幕的起景，经 350 m 纵深景区，抵达二山门形成聚景，进门的风华厅是个封闭景区，转而仰见“虎跑泉”三字照壁，登上 48 级踏步，沿曲墙，见钟楼，是半聚景的纵深景区，此后，从一个庭院接一个庭院的连续景区导向开敞的“虎跑泉”，滴翠崖下赏泉源，庭深廊引探虎纵，这便是整个虎跑园林风景区的高潮景区，这个游程中的各景区，有忽开忽闭，有忽室内忽室外，有忽高忽低等节奏的变化，最后休息起坐，赏览南部、西部半封闭的松林、竹林，成为尾声结景。

组织景区之间的转折过渡，采用游人欲进而不能的矛盾心理，逗人产生特殊游兴，是我国古典园林特有的艺术手法之一。如杭州“三潭印月”，游人至洁白粉墙“曲径通幽”的月洞门前，“花窗飞禽修竹衬，月洞门里出景深”，可是墙前侧方“花木亭台曲桥渡，疑人恍入画中游”的另一番情趣，使你有欲进洞门玩不能，前进曲桥又不可的感觉。园林中采用组织这类手法的景区是特别有趣味的。

三、导游路线和风景视线

导游路线也可称游览观赏线，使游人能充分观赏各个景区和景点。一篇文章有段落起承转合，一场戏有序幕转折、高潮和尾声的处理，园林中的导游路线也是以这种程序设计的，固然倒过来游览也并无不可，但规划设计还是应该注意以上的布局程序，使游览路线中突出主题（主景），先经序幕再渐开展，然后高潮，最后尾声。好像是观看一场具有吸引性的戏剧和阅读一篇富有诗情画意感的游记。

我国古典园林对导游路线十分讲究，可步移景异，层次深远；可水可陆，爬山涉水，高低错落，抑扬进退，开合敞闭，使身临不同境界而循序渐进，达到以小见大和虽由人作宛如天工的艺术功效。

面积较小的园林一、二条导游路线即可解决问题，而面积较大的园林，则需要设置几条导游路线，联合和串联各景区，也可有捷径小路布置，方便游人往返，但捷径宜隐藏。

有了美丽的景区和良好的导游路线，还要组织良好的风景视线，才能发挥园林景观的最大感染力。风景视线的布置原则主要在隐与显二字上，要隐显并用。显的风景视线就是开门见山。半隐半显也就是忽隐忽现，如苏州虎丘塔，在远处看到时启示人们该处有景可观，起提示作用，但到虎丘塔时，塔又消失在其他景物之后，才进入山门，塔又显示在树丛山石之中。隐就是深藏不露，风景视线在探索前进中，景区、景点深藏在山峦树丛中，造成峰回路转、深谷藏幽、柳暗花明、豁然开朗的境界，使游人感到变幻莫测。在导游路线中，应该是组织以上视线的变化，使游人感到变化多端、深奥莫测、游兴未尽。

四、规划布局结构的一般原则

（一）园有特征、景有风格

园林特征和风格系指反映一定时代、一定国家民族习惯的园林艺术形象的特征，它与园林布局形式既有联系，又有区别。同样是我国的自然式园林，北方园林、江南园林和岭南园林的风格特征各有异趣。

风格特征主要反映以下三个特点：

1. 时代特点

不同的社会制度，不同的时代，有不同的风格。我国早期北方多帝皇宫苑园林，多雄伟严整而富丽堂皇。江南多巨商、士大夫私家园林，讲究轻巧活泼素雅。

2. 地方特点

我国地域辽阔，自然条件、造园材料、生活习惯各有不同。建造的园林也各具地方风格，北方以稳重雄伟著称，南方以明丽典雅见长。

3. 国家民族习惯特点

各国情况不同，风格也不同，即使一个国家也由于各民族与地区的生活习惯不同，园林绿地的风格也随之不同。如，新疆维吾尔族习惯于毛毯上进餐，园林中必设置草坪；广东人喜欢傍晚乘凉，多设置夜花园，多种夜晚间的香花和装置照明设备；南京、南昌、武汉、重庆（传统上的四大火炉）夏季炎热，园林应该布置水面、林荫及游泳池等。北方园林中设有溜冰场。上海、广州、杭州、扬州、成都等地居民喜爱盆景花卉，也会影响这些地方的园林风格。

在园林绿化的风格创作上，切忌千篇一律，要继承和发扬民族形式的风格，有计划地吸收和继承优秀遗产，并借鉴国外的好经验。不单纯在形式上做文章，要从精神实质上去吸收学习，既要有我国的传统特色，又要符合我们这个时代所要求的革新风格。总而言之，园林是艺术，要给人以精神享受，使人见景生情，寓情于景。诗情画意是我国园林的传统特点之一，有画有意才称之为景，无画无意则格调不高，有意无画味同说教。

（二）因地因时制宜

对园林绿地的规划布局，首先要按照性质、功能和规模的要求，调查研究地区自然条件、植物生长条件、工程技术条件以及传统风格、生活习惯等，然后根据用地的具体情况，考虑四季朝夕，因地制宜，因时制宜，方能布局得体，风格相宜，少烦人事之工，多得建园效益。

“相地立基”是园林绿地规划的首要问题。相地是选点，立基是布局。若选点不佳，动物园中无水源，植物园中有“三废”威胁，安静的休息区有噪声干扰，那就难以收到规划布局的预期效果了。

园林绿地的选点常与起伏地形、山水树木、名胜古迹相联系。真山真水，气势幽深，不烦人工，即能引人入胜。但真山真水不能俯拾皆是，即便真山真水有时也须整理改造，使人巧与天工相结合，满足规划要求。城市中心地带，如自然山水难得，则首先选水，其次选山。水面宁静开阔，碧波荡漾，上下天光，能扩大景观。山有起伏气势，轮廓丰富，登高望远，开阔胸襟。如太湖、西湖、瘦西湖、昆明湖、玄武湖、东湖、大明湖等，不但都有广阔的水面，而且大多数还兼有起伏的山峦，为园林绿地和城市增色不少。

园林绿地的布局，应该充分掌握原有自然风貌的特点，或作适当改造，组织剪裁，进行建筑、道路、场地、泥沼、山石、植物的安排，务必扬其所长，隐其所短，发挥其最好的作用。

山林地造园，力求清旷古朴，保持林木葱郁、溪涧送响的自然景色。盘曲山道可接以房廊，使建筑与自然环境相互渗透，交融为一体。

城市造园，宜闹中求静，功能分区各得其所。尽量保留树木湖池，山不必求高求深，精在片山多致，寸石生情。力求意境清丽幽雅。

小面积的平地造园，面积虽小，但可把视景空间扩展到园外去。水面可多，聚而成池，有浮空泛影、小中见大、扩展空间的作用。

江湖滨海造园，云山烟水、鸥鸟游鱼、舟帆往返、平远开阔，应该注意结合水乡风光。在深柳疏芦之际，略增小筑，即有景可观，如在帆石建高阁、水上筑楼台，衬以碧波千顷，就更有气势了。

高阜宜墙，低处宜挖，顺应自然，土石方工程量少而高低倍增。

在建筑布置上，山麓基址，如山势陡峭，可独立山外，紧邻山麓，借植物绿化与山势取得联系。如峭壁处的地质条件允许，可将建筑附着在峭壁上，更富于表现力。如山势较缓，则建筑可依山盘放，分层而上，组成壮丽的建筑组群。山腰或峰峦的基址，或横向发展，或纵向发展，顺应山脉气势，高低错落，突出天际线，组成雄伟的景观，或掩映在丛林中，使有幽深的感觉。溪涧山谷中的基址，则先隐后露，采取“疑无路、又一村”的手法，使建筑突然展现在游人眼前，而成“别有洞天”的境界。

总之，要结合地形地貌，巧于因借，景到随机。得景随形，洼地开湖，土岗堆山，俗则屏之，嘉则收入，既经济又自然。

（三）充分估计工程技术上和经济上的可靠性

园林绿地规划布局中，工程技术设计原则上要就地取材，因材设计，有的还要就地移料，因料设计，这样不仅能节约投资，而且还能保持地方风格。

1. 植物材料

植物材料应该从地方气候、栽植条件出发，多选用地方树种和经引种驯化可推广的外地树种。种苗方面，近期以当地现有苗圃及附近野生可供苗木为设计依据，远期可根据当地可以实现的更为理想的树种作为苗木规划。大面积绿化以栽植、繁殖、移植容易又符合园林观赏要求的植物为主，重点地区可采用较名贵的花木。

2. 园林建筑

园林建筑在园林中有画龙点睛之效，但不必追求高级材料和华丽装饰，要因地制宜分别对待。一般以明朗、轻快、素雅、大方为宜，并结合地形地貌、平面布局、景区组合、适用功能等深入研究。特别是布局位置的选择，古人诗有“谁家亭子碧山巅”之说，碧山巅有了亭子，给碧山增添了寻景需要，提高了园林艺术价值，碧山与亭子是相得益彰的。

第二节　地形地貌的利用和改造

一、园林地形地貌及其利用

（一）园林地形地貌的概念

在测量学中，对于表面呈现着的各种起伏状态叫地貌，如山地、丘陵、高原、平原、盆地等；在地面上分布的所有物体叫地物，如江河、森林、道路、居民点等。地貌和地物统称为地形。在园林绿地设计中习惯称为“地形”者，实系指测量学中地形的一部分——地貌，我们通常按习惯称为地形地貌，既包括山地、丘陵、平原，也包括河流、湖泊，并且把山石和一些水景也归并到一起。

（二）园林地形地貌的作用

进行园林绿地建设的范围内，原来的地形往往多种多样，有的平坦，有的起伏，有的是山岗，有的是沼泽，所以无论造屋、铺路、挖池、堆山、排水、开河、栽植树木花草等都需要利用或改造地形。因此，地形地貌的处理是园林绿地建设的基本工作之一，它们在园林中有如下作用：

1. 满足园林功能要求

园林中各种活动内容很多，景色也要求丰富多彩，地形成当满足各方面的要求。如游人集中的地方、体育活动的场所要平坦，登高望远则要求有山岗高地，划船、游泳、养鱼、栽藕需要有河湖等。为了不同性质的空间彼此不受干扰，可利用地形来分隔。地形起伏，景色就有层次；轮廓线有高低，变化就丰富。此外，还可利用地形遮蔽不美观的景物，并且阻挡狂风、大雪、飞沙等不良气候带来的危害等。

2. 改善种植和建筑物条件

利用地形起伏改善小气候，有利于植物生长。地面标高过低或土质不良都不适宜植物生长。地面标高过低，平时地下水位高，暴雨后就容易积水，会影响植物正常生长。但如果需要种植喜水植物是可以留出部分低地的。建筑物和道路、桥梁、驳岸、护坡等不论在工程上和艺术构图上也都对地形有一定要求，所以要利用和改造地形，创造有利于植物生长和进行建筑的条件。

3. 解决排水问题

园林中可利用地形排除雨水和各种人为的污水、淤积水等，使其中的广场、道路及游览地区，在雨后短时间恢复正常交通及使用。利用地面排水能节约地下排水设施。地面排水坡度的大小，应该根据地表情况及不同土壤结构性能来决定。

二、园林地形设计的原则和步骤

（一）园林地形利用和改造的原则

园林地形利用和改造应该全面贯彻“适用、经济、在可能条件下美观”这一城市建设的总原则。根据园林地形的特殊性，还应该贯彻如下原则。

1. 利用为主，改造为辅

在进行园林地形设计时，常遇到原有地形并不理想的情况，这就应该从现状出发，结合园林绿地功能、工程投资和景观要求等条件综合考虑设计方案。这就是在原有基础上坚持利用为主、改造为辅的原则。

城市园林绿地与郊区园林绿地对原有地形的利用，随园林性质、功能要求以及面积大小等有很大差异。如天然风景区、森林公园、植物园、休疗养区等，要求在很大程度上利用原有地形；而公园、花园、小游园、动物园等除利用原有地形外，还必须改造原地形；而体育公园对原来的自然地形利用就很困难。中国传统的自然山水园就可以较多地利用原有的自然地形。

因地制宜利用地形，要就低挖池，就高堆山。面积较小时，挖池堆山不要占用较多的地面，否则会使游人活动的区域太少。此外，地形改造还要与周围的环境相协调，如闹市高层建筑区就不宜堆较高的土山。

2. 节约

改造地形在我国现有技术条件下是造园开支较大的项目，尤其是大规模的挖湖堆山所用人力物力很大。俗话说：“土方工程不可轻动”，所以必须根据需要和可能，全面分析，多做方案，进行比较，使土方工程量达到最小限度。充分利用原有地形包含了节约的原则，要尽量保持原有地面的种植表土，为植物生长创造良好条件。要尽可能地就地取材，充分利用原地的山石、土方，堆山、挖湖也要结合进行，使土方平衡，缩短运输距离，节省经费。

3. 符合自然规律与艺术要求

符合自然规律，如土壤的物理特性，山的高度与土坡倾斜面的关系，水岸坡度是否合理稳定等，不能只要求艺术效果，而不顾客观实际情况。要使工程既合理又稳定，以免发生崩塌现象。同时要使园林的地形地貌符合自然山水规律，但又不能只追求形式，卖弄技巧，要使园中的峰壑峡谷、平岗小草、飞瀑涌泉和湖池溪流等山水诸景达到“虽由人作，宛若天开”的境界。

（二）园林地形设计的步骤

1. 准备工作

①园林用地及附近的地形图的测量或补测。地形设计的质量在很大程度上取决于地形图的正确性。一般城市的市区与郊区都有测量图，但时间一长，图纸与现状出入较大，需要补测，要使图纸和原地形完全一致，并要核实现有地物，注意那些要加以保留和利用的地形、水体、建筑、文物、古迹、植物等，以供进行地形设计的参考和推敲。

②收集城市建设各部门的道路、排水、地上地下管线及附近主要建筑的关系等资料，合理解决地形设计与市政建设其他设施可能发生的矛盾。

③收集园林用地及其附近的水文、地质、土壤、气象等现况和历史有关资料。

④了解当地施工力量，包括人力、物力和机械化程度等。

⑤现场踏勘——根据设计任务书提出的对地形的要求，在掌握上述资料的基础上，设计人员要亲赴现场踏勘，对资料中遗漏之处加以补充。

2. 设计阶段

地形改造是园林总体规划的组成部分，要与总体规划同时进行。要完成以下几项工作：

①施工地区等高线设计图（或用标高点进行设计）：图纸平面比例采用1：200～1：500，设计等高线高差为0.25～1 m。图纸上要求标明各项工程平面位置的详细标高，如建筑物、绿地的角点、园路、广场转折点等的标高，并要标示出该地区的排水方向。

②土方工程施工图：要注明进行土方施工各点的原地形标高与设计标高，作出填方、挖方与土方调配表。

③园路、广场、堆山、挖湖等土方施工项目的施工断面图。

④土方量估算表：可用求体积的公式估算或用方格网法估算。

⑤工程预算表。

⑥说明书。

三、园林地形地貌的设计

园林地形地貌的设计可概括为平地、堆山、理水、叠石四大方面。

（一）平地

平地是指公园内坡度比较平缓的用地，这种地形在新型园林中应用较多。为了组织群众进行文体活动及游览风景，便于接纳和疏散游客，公园都必须设置一定比例的平地。平地过少，就难以满足广大群众的活动要求。

园林中的平地大致有草地、集散广场、交通广场、建筑用地等。

在有山有水的公园中，平地可视为山体和水体相互之间的过渡地带，一般的做法是平地以渐变的坡度和山体山麓连接，而在临水的一面则以较缓的坡度使平地徐徐伸入水中，以造成一种“冲积平原”的景观。在这样的背山临水的平地，不仅是集体活动和演出的好场所，往往也是观景的好地方。在山多平地少的公园，可在坡度不太陡的地段修筑挡土墙，削高填低，改造增地。

平地为了排除地面水，要求具有一定坡度，一般要求 5% ~ 0.5%（建筑用地基础部分除外）。为了防止水土冲刷，应该注意避免做成同一坡度的坡面延续过长，而要有起有伏，对裸露地面可铺种草皮或地被植物。

（二）堆山（又叫掇山、叠山）

我国的园林是以风景为骨干的山水园而著称的，但“山水园”当然不只是山和水，还有树木、花草、亭台楼阁等构成的环境，不过是以山和水为骨干或者说山和水是这个环境的基础。有了山就有了高低起伏的地势，能调节游人的视点，组织空间，造成仰视、平视、俯视的景观，能丰富园林建筑的建筑条件和园林植物的栽培条件，并增加游人的活动面积，丰富园林艺术内容。

堆山应该以原来地形为依据，因势而堆叠，就低开池得土构岗阜，但应该按照园林功能要求与艺术布局规律适当运用，不能随便乱堆。

堆山可以是独山，也可以是群山。独山有独山之形，群山有群山之势。一山一山相连的就称做群山。堆山忌成排比或笔架。苏轼如是描写庐山风景：“横看成岭侧成峰，远近高低各不同。不识庐山真面目，只缘身在此山中。”形象地描绘了自然界山峰的主体变化。

在设计独山或群山时应该注意，凡是东西延长的山，要将大的一面向阳，以利于栽植树木和安排主景，尤其是临水的一面应该是山的阳面。堆土山最忌堆成坟包状，它不仅造型呆板，而且没有分水线和汇水线的自然特征，以致造成地面降水汇流而下，大量土方容易被冲刷。

1. 堆大山

在园林中较高又广的山一般不堆，只有在大面积园林中因特殊功能要求，并有土石来源时才会做，它常成为整个园林构图的中心和主要景物。如上海长风公园的铁臂山，作为登高远眺之用，这种山用土或土山带石（约 30% 石方），即土石相间，以土为主。又高又大的山，工程浩大，全是石头则草木不生，未免荒凉枯寂；全用土，又过于平淡单调。因此，堆大山总是土石相间，在适当的地方堆些岩石，以增添山势的气魄和神秘感，山麓、山腰、山顶要符合自然山景的规律作不同处理，如在山麓不适宜做成矗立的山峰，宜布置一些像自然山石崩落沉坡滚下经土掩埋和冲刷的样子，在堆山的手法上只有“深埋浅露”，才能显出厚重有根，真假难辨。

2. 堆丘陵

丘陵指高度只有 3 ~ 5 m，外形变化较多的成组土丘。丘陵的坡度一般在 20% ~ 12.5%，地面小的可以陡一些，起坡时均应平坦些。在公园中土丘的土方量不太大，但对改变公园面貌的作用却是显著的，因此在公园中广泛运用。

丘陵可以是土山余脉，主峰的配景，也可做平地的外缘、景色的转折点。土丘可起到障景、隔景的作用，也可防止游人穿行绿地。

土丘的设计要求蜿蜒起伏，有断有续，立面高低错落，平面曲折多变，避免单调和千篇一律。在设计丘陵地的园路时，切忌将园路标高固定在同一高程上，应该随地形的起伏而起伏，使园路融汇在整个变化的地形之中，但也不能使道路标高完全与地形图上相同，可略有升高或反而降低，以保持山形的完整。

3. 堆小山

小山指高度只有 2 ~ 3 m 的小土丘。堆叠小山不宜全用土，因土易崩塌，不可能叠成峻峭之势，而尽为馒头山了。若完全用石头，不易堆叠，弄不好效果更差。

小山的堆叠方法有两种：一是外石内土的堆叠方法，既有陡峭之势，又能防止冲刷、保持稳定，这样的山体虽小，还是可取势以布置山形，创造峭壁悬崖、洞穴涧壑，富有山林诗意的。再一种就是土山带石的方法来点缀小山，把小山作为大山的余脉来考虑，没有奇峰峭壁和宛转洞壑，不以玲珑取胜，只就土山之势点缀一些体形浑厚的石头，疏密相间，安顿有致，这种方式较为经济大方，现代园林中已经开始应用。

（三）理水

我国古典园林当中，山水密不可分，叠山，必须顾及理水。有了山还只是静止的景物，山得水而活，有了水能使景物生动起来，能打破空间的闭锁，还能产生倒影。园林中水的作用还不仅这些，在功能上能形成湿润的空气，调节气温、吸收灰尘，有利于游人的健康，还可用于灌溉和消防。另外，水面还可以进行各种水上运动及结合生产养鱼种藕。

园林中人工所造的水景，多是就天然水面略加人工或依地势“就地凿水”而成的。水景按照静动状态可分为动水景（如河流、溪涧、瀑布、喷泉、壁泉等）、静水景（如水池、湖沼等）；按照自然和规则程度可分为自然式水景（如河流、湖泊、池沼、泉源、溪涧、涌泉、瀑布等）和规则式水景（如规则式的水池、喷泉、壁泉等）。

下面就园林中的水景简单介绍一下。

1. 河流

在园林中组织河流时，应该结合地形，不宜过分弯曲，河岸上应该有缓有陡，河床有宽有窄，空间上应该有开朗和闭锁。

造景设计时要注意河流两岸的风景，尤其是当游人泛舟于河流之上时，要有意识地为其安排对景、夹景和借景，留出一定的、好的观察空间。

2. 溪涧

自然界中，泉水通过山体断口夹在两山之间的流水为涧，山间浅流为溪。一般习惯上“溪”、“涧”通用，常以水流平缓者为溪，湍急者为涧。

溪涧之水景，以动水为佳，且宜湍急，上通水源，下达水体。在园林中应该选陡石之地布置溪涧，平面上要求蜿蜒曲折，竖向上要求有缓有陡，形成急流、浅流。如无锡寄畅园中的八音涧，以忽断忽续、忽隐忽现、忽急忽缓、忽聚忽散的手法处理流水，水形多变，水声悦耳，有其独到之处。

3. 湖池

湖池有天然、人工两种。园林中湖池多就天然水域略加修饰或依地势就低凿水而成，沿岸因境设景，自成天然图画。

湖池常作为园林（或一个局部）的构图中心，在我国古典园林中常在较小的水池四周围以建筑，如北京颐和园中的谐趣园，苏州的拙政园、留园，上海的豫园等。这种布置手法最宜组织园内互为对景，产生面面入画之感，有“小中见大”之妙。

湖池水位有最低、最高与正常水位之分，植物一般种在最高水位以上，耐湿树种则可种在正常水位以上。湖池周围种植物时应该注意留出透视线，使湖池的岸边有开有合、有透有漏。

4. 瀑布

从河床横断面陡坡或悬崖处倾泻而下的水流叫瀑布，因其水流遥望如布垂直而下，故谓之瀑布。

大的风景区中常常有天然瀑布可以利用，但在一般园林中就很少有了。所以，只有在经济条件许可又非常必要时，才会结合叠山创造人工瀑布。人工瀑布只有在具有高水位的情况下，或条件允许人工给水时才能运用。瀑布由五部分构成，即上流（水源）、落水口、瀑身、瀑潭、下流。

瀑布下落的方式有直落、阶段落、线落、溅落和左右落等之分。

瀑布附近的绿化，不可阻挡瀑身，因此瀑身 3 ~ 4 倍距离内应该做空旷处理，以便游人有适当距离来欣赏瀑布美景。好的瀑布还可以在适当地点专设观瀑亭。瀑布两侧不宜配置树形高耸和垂直的树木。

5. 喷泉

地下水向地面上涌谓之泉，泉水集中出来，流速大者成涌泉、喷泉。

园林中喷泉往往与水池相联系，布置在建筑物前、广场的中心或闭锁空间内部，作为一个局部的构图中心。尤其在缺水之园林风景焦点上运用喷泉，则能得到较高的艺术效果。喷泉有以下水柱为中心的，也有以雕像为中心的，前者适用于广场以及游人较多之处，后者则多用于宁静地区。喷泉的水池形状大小可变化多样，但要与周围环境相协调。

喷泉的水源有天然的，也有人工的。天然水源即是在高处设贮水池，利用天然水压使水流喷出。人工水源则是利用自来水或水泵推水，处理好喷泉的喷头是形成不同情趣喷泉水景的关键因素。喷泉出水的方式可分为长流式和间歇式。近年来随着光、电、声波和自控装置的发展，随着音乐节奏起舞的喷泉柱群和间歇喷泉越来越多。

喷泉水池的植物种植，应该符合功能及观赏要求，可选择水生鸢尾、睡莲、水葱、千屈菜、荷花等。水池深度随种植类型而异，一般不宜超过 60 cm，亦可用盆栽水生植物直接沉入水底。

6. 壁泉

壁泉构造分壁面、落水口、受水池三部分。壁面附近墙面凹进一些，用石材做成装饰，有浮雕及雕塑。落水口可用六兽形及人物雕像或山石来装饰，如我国旧式园林及寺庙中，就有将壁泉落水口做成龙头式样的。落水形式需要依水量之多少来决定，水多时可设置水幕，使成片落水，水少时成桩状落水，水更少时成淋落、点滴落下。壁泉已经被广泛运用到建筑的内部空间中，增添了室内动景，颇富生气，如广州白云山庄的“三叠泉”。

7. 岛

四面环水的水中陆地称岛。岛可以划分水面空间，打破水面的单调，对视线起抑障作用，避免湖岸秀丽风光一览无余，从岸山望湖，岛又可作为环湖视点集中的焦点；登上岛，游人还可以环顾四周湖中的开旷景色和湖岸上的全景。此外，岛还可以增加水上活动内容，以吸引游客，活跃了湖面气氛，丰富了水面景色。

岛可分为山岛、平岛和池岛。山岛突出水面，有垂直的线条配以适当建筑，常成为全园的主景或眺望点，如北京北海之琼岛。平岛给人舒适方便、平易近人的感觉，形态很多，边缘大部分平缓。池岛的代表作首推杭州西湖的“三潭印月”，被誉为“湖中有岛、岛中有湖”的胜景。运用岛的手法在面积上壮大了声势，在景色上丰富了变化，具有独特的效果。

岛在湖中的位置切忌居中，切忌排比，切忌形状端正，无论水景面积大小和岛的类型如何，大多是居于水面偏侧的。岛的数量以少而精为佳，只要比例恰当，一二个足矣，但要与岸上景物相呼应。岛的形体宁小勿大，小巧之岛便于安置。

8. 水景附近的道路

水景交通要求是既能使游人到达，不致可望不可及，但又不能令人过于疲劳。

（1）沿水道路

沿水体周边一般设有道路，使游人可接近水面，但为使景色有所变化，道路的设置不能完全与水面持平，而应该若即若离，有隐有现，有近有远，以达到“步移景异”的效果。如果道路遇到码头、眺望点及沿岸建筑时，要结合起来作适当处理。

（2）越水通道

常用的越水通道是桥与堤。桥将在下节园林建筑中论述，这里主要讲堤。

筑堤工程量大，要慎重。常见的堤大多是直堤，很少建造曲堤。堤不宜太长，以免使人有枯燥乏味之感。如果觉得水面太大，为使水面与主景有一定比例，可筑堤分隔，使之变化。堤上造桥，可以使堤有所变化。堤的位置不能居中，以使堤分隔水面后有主次之分。堤上种植乔木，还能体现堤划分空间的显著效果。

（四）叠石

1. 选石

石有其天然轮廓造型，质地粗实而纯净，是园林建筑与自然环境空间联系的一种美好中间介质。因此，叠石早已成为我国异常珍贵的园林传统艺术之一，有“无园不石”之说。

叠石不同于建筑、种植等其他园林工程，在自然式园林中所用山石没有统一的规格与造型，设计图上只能绘出平面位置和空间轮廓，设计必须密切联系施工或到现场配合施工，才能达到设计意图。设计或施工应该观察掌握山石的特性，根据不同的地点、不同的石材来叠石。我国选石有六要素需要我们认真考虑。

（1）质地

山石质地因种类而不同，有的坚硬，有的疏松，如果将不同质地的山石混合叠置，不但外形杂乱，且因质地结构不同而承重要求也不同，质地坚硬的承重大，质地松脆的易松碎。

（2）色彩

石有许多颜色，常见的有青、白、灰、红、黑等，叠石必须色调统一，并要与附近环境协调。

（3）纹理

叠石时要注意石与石的纹理是否通顺，脉络是否相连。石表的纹理为评价山石美丽的主要依据。

（4）面向

石有阴阳面向，应该充分利用其美丽的一面。

（5）体型

山石形态、体积很重要，应该考虑山石的体型大小、虚实、轻重，合理配置。

（6）姿态

山石有各种姿态，运用得好，可以妙趣横生。通常以“苍劲”、“古朴”、“秀丽”、“丑怪”、“玲珑”、“浑厚”等描述各种山石姿态，根据环境和艺术要求选用。

2. 理石的方式与手法

我国园林中常利用岩石来构成园林景物，这种方式称为理石，归纳起来可分为以下三类。

（1）点石成景

第一，单点：由于石块本身姿态突出，或玲珑或奇特（即所谓“透”、“漏”、“瘦”、“皱”、“丑”），立之可观，就特意摆在一定的地点作为局部小景或局部的构图中心来处理，这种方式叫单点。单点主要摆在正对大门的广场上和院落中，如上海豫园的玉玲珑。也有布置在园门口或路边的，山石伫立，点头引路，起到点景和导游作用。

第二，聚点：有时在一定情况下，几块石成组摆到一起，作为一个群体来表现，我们称之为“聚点”。聚点切忌排列成行或对称，主要手法是看气势，关键在一个“活”字。要求石块大小不一，疏密相间，错落有致，前后相依，左右呼应，高低不一，镶嵌结合。聚点的应用范围很广，如在建筑物的角隅部分用聚点石块来配饰“抱角”，在山的蹬道旁用不同的石块组成相对而立，叫“蹲配”等。

第三，散点：散点并非零乱地点，而是若断若续、连贯而成的一个整体的表现。也就是说散点的石块要相互联系和呼应成为一个群体。散点的运用也很广，在山脚、山坡、山头、池畔、溪涧、河流，在林下，在路旁径侧都可散点而得到意趣。散点无定式，随势随形。

（2）整体构景

用多块石堆叠成一座立体结构的形体叫整体构景。此种形体常用做局部构图中心或用在屋旁、道边、池畔、墙下、坡上、山顶、树下等适当的地方来构景，主要是完成一定的形象，在技法上要恰到好处，不露斧凿之痕，不显人工之作。

堆叠整体山石时应该做到二宜、四不可、六忌。

二宜：造型宜有朴素自然之趣，不矫揉造作，卖弄技巧；手法宜简洁，不要过于烦琐。

四不可：石不可杂，纹不可乱，块不可匀，缝不可多。

六忌：忌似香炉蜡烛，忌似笔架花瓶，忌似刀山剑树，忌似铜墙铁壁，忌似城郭堡垒，忌似过街鼠穴蚁窝。

堆石形体在施工艺术造型上习惯用的十大手法是挑、飘、透、跨、连、悬、垂、斗、卡、剑。

（3）配合工程设施进行适当的处理

我国园林通常都需要不同的工程设施，在施工中进行适当的处理，以达到一定的艺术效果。如用做亭、台、楼、阁、廊、墙等的基础部分与台阶，山洞小桥、石池曲桥的桥基及其配置于桥身前后等，使它们与周围环境相协调。

3. 山石在园林中的配合应用

（1）山石与植物的结合自成山石小景

无论何种类型的山石都必须与植物相结合。如果假山全用山石建造，石间无土，山上寸草不生，观景效果就不好。山石与竹结合、山上种植枫树等都能创造出生动活泼、自然真实的美丽景观。

选择山石植物，首先要以植物的习性为依据，并结合假山的立地条件，使植物能生长良好，而不与山石互相妨碍，也要根据本地园林的传统习惯和构图要求来进行选择。

（2）山石与水景结合

掇山与理水结合是中国园林的特点之一，如潭、瀑、泉、溪、涧都离不开山石的点缀。水池的驳岸、汀步等更是以山石为材料做成，既有固坡功能，又有艺术效果。

（3）山石与建筑、道路结合

许多园林建筑都可用山石砌基，尤其是阁、楼的山体都是山石结合成一体，并可做步石、台阶、挡土墙。此外，还可做室外家具或器具设施，如石榻、石桌、石几、石凳、石栏、石碑、摩崖石刻、植物标志等，既不怕风吹日晒、雨淋夜露，又可结合造景。

第三节　园林建筑及设施的设计原则

园林建筑是园林绿地的重要组成部分。由于建筑种类很多，有的是使用功能上不可缺少的，像道路、桥梁、驳岸、挡土墙、水电煤气设施等；也有的是为游人服务所必需的，如大门、茶室、小卖部、厕所，露天石桌、石凳、石椅，指路牌、宣传牌、垃圾箱等；还有的是为游人休息观景用的建筑，如亭、廊、水榭、花架等。

园林建筑设计总的要求还是城市建设“适用、经济、在可能条件下美观”的原则，但不同类型的园林绿地，要根据其性质、用途、投资规模，在制订总体规划时要妥善安排各项建筑项目。园林建筑毕竟不同于一般的建筑，在满足各项功能要求的同时，也要考虑园林艺术构图和组织空间游览路线的需要。

一、亭

亭是供人们休息、赏景的地方，又是园中的一景，一般要求四面透空，多数为倾斜屋面。现今，亭已经引申为精巧的小型建筑物，如大门口的售票亭、小卖部的售货亭、食堂前的茶水亭等。这些亭一般均按实际需要来筹划平面、立面，多数屋面是倾斜的。

（一）园亭的位置选择

园亭的位置选择要考虑两个方面的因素：①亭是供人游息的，要能遮阳避雨，要有良好的观赏条件，因此亭子要造在观赏风景的地方。②亭建成后又成为园林风景的重要组成部分，所以亭的设计要和周围的园林环境相协调，并且起到画龙点睛的作用。

以园亭所处的位置的不同，可分为以下几种。

1. 山地设亭

设于山顶、山脊的亭很易形成构图中心，并要留出透视线，眺望周围环境的风景。如果园林处在闹市区，周围实在无景可观赏的时候，山又不大，游人又多，那么亭子可选择设在山腰，以供更多的人休息和观赏。在高大山的中途为休息需要，亭子也往往设在半山腰，但应该选择在凸出处，不致遮掩前景，也是引导游人的标志。

2. 水边设亭

亭与水面结合，若水面较小，最好相互渗透，亭立于池水之中，接近水面，体型宜小。较大水面，常在桥上建造亭子，结合划分空间，以丰富湖岸景色，并可保护桥体结构。桥上建造亭子还有交通作用，要注意与周围环境相衔接。

3. 平地建亭

平地建亭作为视点，要避免平淡、闭塞，要结合周围环境造成一定的观景效果。要开辟风景线，线上要有对景，若有背风向阳清静的地方则更为理想。平地建造亭子不要建在通车的主要干道上，一般多数设在路一侧或路口。此外，园墙之中，廊间重点或尽端转角等处也可用亭来点缀，如北京颐和园长廊每一节段都设一亭，破除长廊的单调成为设亭的重点。另外，围墙之边也可设半亭，还可作为出入口的标志。

（二）亭的设计要求

每个亭都应该有特点，不能千篇一律，观此知彼。一般亭子只是休息、点景用，体量上不论平面、立面都不宜过大过高，而宜小巧玲珑。一般亭子直径3.5-4 m，小的3 m，大的也不宜超过5 m。要根据情况确定结构，装修注意经济和施工效果。按中国传统方法建造亭子，就是结构改用混凝土，造价也比较高，若用钢丝网粉刷就比较经济，而用竹子建造亭则更便宜。

亭子的色彩，要根据风俗、气候与喜好来确定，一般我国南方多用黑褐等较暗的色彩，北方封建帝王建造的亭多用鲜艳夺目的色彩。在建筑物不多的园林中还是以淡雅色调为宜。

（三）亭的平面、立面设计

亭的平面，单体的有三角形、正方形、长方形、五角形、长六角形、正八角形、圆形、扇形、梅花形、十字形等，基本上都是规则几何形体的周边。组合的有双方形、双圆形、双六角形或三座组合、五座组合的，也有与其他建筑连接在一起的半面亭。

平面的布局，一种是终点式的一个入口，一种是穿越式的两个入口。

亭子的立面，可以按柱高和面阔的比例来确定。

方亭的柱高等于面阔的8/10，六角亭等于15/10，八角亭等于16/10或稍低于此数。中国园林亭子常用的屋顶形式以攒尖（四角、六角、八角、圆形）为主，其次多为卷棚歇山式及平顶，并有单檐和重檐之分。

二、廊

（一）廊的作用

廊本来是附于建筑前后、左右的出廊，是室内外过渡的空间，也是连接建筑之间的有顶建筑物，供人在内行走，可起导游作用，也可停留休息赏景。廊同时也是划分空间、组织景区的重要手段，本身也可成为园中之景。

廊在现今园林中的应用，已有所发展创造。由于现今园林服务对象改变，范围扩大，尺度也不同于过去，要用廊单纯作为整个公园的导游、划分景区、联系各组建筑，已不适合了。今天的廊一是作为公园中长形的休息、赏景建筑，二是和亭台楼阁组成建筑群的一部分。在内容上也有所增加，除了休息、赏景、遮阳、避雨、导游、组织划分空间，还常设有宣传、小卖部、摄影等内容。

（二）廊的种类

廊按断面形式分有以下五种：

①双面画廊：有柱无墙。

②单面画廊：一面开敞，一面沿墙设各式漏窗门洞。

③暖廊：北方有此种廊，在廊柱间装饰花格窗扇。

④复廊：廊中设有漏窗墙，两面都可通行。

⑤层廊：常用于地形变化之处，有联系上层建筑的作用，中国古典园林也常以假山通道作上下联系之用。

（三）廊的设计

①从总体上说，开朗的平面布局、活泼多变的体型，易于表达园林建筑的气氛和性格，使人感到新颖、舒畅。

长廊的曲折，可使游览距离延长，对景妙生，包含着化直为曲、化整为零、化大为小的独具匠心。但也要曲之有理，曲而有度，不是为曲折而曲折，叫人走冤枉路。

②廊是长形观景建筑物，游览路线上的动观效果应该成为设计者首先考虑的主要因素，也是设计成败的关键。廊的各种组成，墙、门、洞等是根据廊外的各种自然景观，通过廊内游览、观赏路线来布置安排的，以形成廊的对景、框景、空间的动与静、延伸与穿插，道路的曲折迂回。

③廊从空间上分析，可以看成是“间”的重复，要充分注意这种特点，有规律地重复，有组织地变化，以便形成韵律，产生美感。

④廊从立面上看，突出表现了“虚实”的对比变化，从总体上说是以虚为主的，这主要还是从功能上来考虑的。廊作为休息赏景的建筑，需要开阔的视野。廊又是景色的一部分，需要和自然空间互相延伸，融化于自然环境之中。在细部处理上，也常常用虚实对比的手法，如罩、漏、窗、花架、栏杆等多为空心构件，似隔非隔，隔而不挡，以以丰富整体立面形象。

三、公园出入口

（一）公园出入口的种类

公园出入口常有主要、次要及专用三种。

主要出入口即公园的大门、正门，是多数游人出入的地方，门内外要留有足够的缓冲场地，以便集散人流，表现出大门的面貌。

公园较大时，常常根据游人流向设置次要出入口。当公园有专门对外活动内容时，如游泳、影视剧播放等，也往往设立专用的次要出入口。

专用出入口指公园内部使用的出入口，如为职工运输垃圾、饮料等使用，可选择较偏僻的地方设置。

（二）公园出入口的组成

根据公园大小及活动内容多少的不同，设施也不同，较大公园设施多些，小公园少些。

规模较大、设备齐全的公园出入口可由如下各部分组成：①管理房（包括值班、治安等）；②售票房；③验票房；④人流入口（包括人流集散广场）；⑤车流入口（包括汽车及自行车停车场）；⑥童车出租房；⑦小卖部；⑧电话间；⑨宣传牌；⑩广告牌、留言处等。

（三）公园大门设计

1. 大门是公园的序言，除了要求管理方便，入园合乎顺序外，还要形象明确，特点突出，使人易寻找，给人深刻印象。公园大门的设计应该从功能需要出发，创造出反映使用特点的形象来。

入口广场也不应该是烈日暴晒的铺装地面，而应该像园林中的花砖庭院，数丛翠竹伸向园外，或是绿荫如盖，中间有主体花坛或以喷泉、雕塑美化，甚至可以以水池为园界（在南方地区）。建筑不在于高大，而在于精巧，富于园林特色，要使人身临其境，引人入胜，同时也装扮了城市面貌。

2. 规划大门的手法封闭式或开敞式不可偏爱，入口如康庄大道，在游人量特别大的公园尚可考虑。若公园本来就不大，一入门就一览无余，也就不会引人入胜了。公园范围小，封闭式可在迂回曲折中以小见大，延长游览路线。但也不是绝对的，只要手法得当，哪一种都能用。

四、花架

花架是园林中以绿化材料作顶的廊，可以供人歇足、赏景，在园林布置中如长廊，可以划分、组织空间，又可为攀缘植物创造生长的生物学条件。因此，花架把植物生长和供群众游憩结合在一起，是园林中最接近于自然的建筑物。

如果把花架与亭、廊、榭等建筑结合起来，可以创造出将绿化材料引到室内，把建筑物融化在自然环境的意境当中去。

设计花架，必须对配置的植物有所了解，以便创造适宜植物生长的条件，同时要尽可能根据不同植物的特点来配置花架。

各类花架设计不宜太高，不宜过粗，不宜过繁，不宜过短，要做到轻巧、花纹简单。花架高度也不要太高，从花架顶部到地面，一般 2.5 ~ 2.8 m 即可，太高了就显得空旷而不亲切了。花架开间不能太大，一般在 3 ~ 4 m，太大了构件就显得笨重粗糙。

花架四周不宜闭塞，除少数作对景墙面外，一般的花架均是开畅通透的。

设计花架还应该考虑植物材料爬满花架时好看，在植物没有爬上之前也好看。

花架的类型和设置地点，常见的有：①地形高低前后面起伏错落变化，花架也随之变化；②角隅花架着重于扩大空间感觉；③环绕花坛、水池、湖石为中心的单挑花架；

④花园甬道、花廊；⑤供攀缘用的花瓶、花墙；⑥和亭、廊、大门、展览馆、小卖部等结合使用的花架；⑦水边的花架。

花架常用的材料有竹、木、混凝土等。

五、园桥

园林绿地中的桥梁，不仅可以联系交通、穿越河道、组织导游，而且还能分隔水面。一座造型美观的园桥，也往往自成一景。因此，园桥的选址和造型的好坏，往往直接影响园林布局的艺术效果。

园桥的分类按建筑材料来分，有石桥、木桥、钢筋混凝土桥。按结构来分，有梁式与拱式，单跨与多跨，其中拱桥又有单曲与双曲拱桥。按建筑形式来分，有类似拱桥作用的点式桥（汀步），有贴近水面的平桥、起伏带孔的拱桥、曲折变化的曲桥，在古典园林中还可见到桥架上架尾的亭桥与廊桥等。

园林的桥梁既具有园林道路的特征，又具有园林建筑的特征，贴近水面的平桥、曲桥可以看做是跨水园林道路的转变。带有亭廊的桥，可以看做是架在水面上的园林建筑。桥面较高、可供通行游览的各式拱桥既具有园桥建筑特征，又具有园林道路的特征。

在园桥规划设计中，一定要密切配合周围环境的艺术效果，否则会犯比例失调、装修不当而变成纯通公路桥的样子。在小水面上布置园桥，可采用两种手法：一种是小水宜聚，为使水面不致被水划破，可选贴临水面的平桥，并偏居水面一侧；另一种是为了使水面有不尽之意，增加景色层次，延长游览时间，采用平曲桥跨越两侧，使观赏角度不断有所变化。这种手法是突出道路的导游特征，削弱它的建筑特征所取得的艺术效果。

大水面用桥分隔时，将桥面抬高，增加桥的立面效果，避免水面单调，并便于游艇通过。抬高桥面具有突出建筑的特征，要研究空间轮廓，使建筑风格、比例尺度与周边环境相协调。

另外，还有类似桥作用的点式桥，又称汀步，也是园林中常用的，常做在浅水线上，如溪涧、溪滩等，游人步行平石而过，别有一番情趣。这种汀步应该保证游人安全，石墩不宜过小，距离不宜过大。

六、园路

园路是园林绿地中的一项重要设施，它的质量好坏，对游人的游玩情绪和绿地的清洁维护有很大影响，在设计时应该予以足够的重视。

（一）园路的作用

1. 导游作用

园路把园林中的各组成部分联成一个整体，并通过园路引导，将园中主要景色逐一展现在游人眼前，使人能从较好的位置去欣赏景致，同时也就容纳了大量游人。因此，设计时必须考虑节日的游园活动、人流集散要求等。园路还常为园林分区的界限，尤其是植物园，按道路游览观赏分区很清楚。

2. 欣赏作用

园路本身是园景的组成部分之一，它可以影响到园林的风格和形式。通过园路的平面布置、起伏变化和材料及色彩图纹等来体现园林艺术的奇巧。

3. 为生产管理和交通服务

园路要满足消防、杀虫、运输的需要，以便于生产管理和交通进出，所以，先修路后造园是较为科学的办法。各项建筑材料都需要运输，先修路就方便很多。

（二）设计要求

1. 平面设计

（1）道路的宽度

车行道以车宽计算，人行道以肩宽计算。单行车道路不得小于 3.5 m，双行车道路不得小于 5.5 ～ 6 m，人行道路宽度一般以肩宽 0.75 m 计算，单人行道路可用 0.8 ～ 1 m，双人行道路可用 1.5 m 左右，三人行道路可用 2 ～ 2.5 m。

（2）转弯半径及曲线加宽

由于汽车转弯时，前轮转弯半径比后轮转弯半径要大，因此弯道内侧要加宽。转弯半径越大，行车越舒适安全。一般小车转弯半径至少 6 m，大车最少 9 m。

（3）自然式园林中的园路特殊要求

由于是自然式园林，当中的园路也不能做得太中规中矩了，所以其拐弯曲线就不能每处都做得完全相同，而且要求连续的拐弯不要太多，各道路交叉口不要距离在 20 m 以内，分叉角度也不能太小，要尽量圆满一些，不要太直。

2. 竖向设计

①要求在保证路基稳定的情况下，尽量利用原有地形以减少土方量，园内外道路要有良好衔接，并能排除地面水。

②应该有 3% ～ 8% 的纵坡，1.5% ～ 3.5% 的横坡。

③游步道坡度超过 20%（约 12。水平角）时，为了便于行走，可设计台阶。台阶不宜连续使用过多，如地形允许，经过一二十级有一段平坦道路比较好，使游人恢复疲劳和有喘息的机会。台阶宽度应该与路面相同，每级增高 12 ～ 17 cm，踏步宽 30 ～ 40 cm 为宜。为防止台阶和水结冰，每一踏步应该有 1% ～ 2%，向下方倾斜，以利于排水。为了方便小孩童车或其他非机动车通行，在踏步旁边也可再设计倾斜坡道。

④道路转变时为平衡车辆离心力，须把外侧加高，这就叫道路超高。一般情况下，园路的道路超高应该控制在 4% 以内的坡度。

（三）道路的种类及优缺点

1. 水泥混凝土路面

水泥混凝土路面随温度变化，会热胀冷缩。因此，将水泥混凝土路面分成小块，留下伸缩缝，每 3 ～ 6 m 留一条，缝宽 1.5 ～ 2 cm，内浇灌沥青。水泥混凝土路面做好后不能马上使用，浇水养护期需要 4 周。路面旁边可做泥土路肩铺草皮或预制混凝土平侧面，宽 30 cm，以保护路面。

优点：易于干燥，坚固耐久，使用期长，养护简单，表面平整，不积灰土，排水流畅，施工速度快。

缺点：造价较高，反掘修补不易，没有园林特色，反射阳光刺目。

2. 泥结碎石沥青路面

下面先铺 4 cm 直径的碎石，压实后再浇灌泥浆，上面再浇灌 1 cm 厚的沥青，这样做成的园路可以避免起灰和石子松散，又易反掘修补，故又称这种路面为柔性园路。

优点：铺筑简便，反光量少，造价也低，路有弹性，脚感舒适，修补容易。

缺点：表面粗糙，不易清洁，需要经常养护，夏天沥青易解，也不耐水浸。

3. 石板路面

用天然产的薄石板片铺路，一般厚度 5 ～ 10 cm，形状不规则，表面不平整（也可处理成平整的），连接缝处嵌水泥。

优点：比较自然，并有天然色彩，适用于高低宽窄、弯曲多变的人行道路。

缺点：高低不平，不能在主要道路上使用。

4. 预制水泥板路面

用预制现成的水泥板铺设路面，常用的大规格为板厚 8 cm、50 cm 见方；小规格为板厚 5 cm，20 cm 见方。通常有 9 格和 16 格的两种规格品种的板材，形状变化很多，如长方形、六角形等，为了更加美观还可配成不同的颜色。

此种路面铺设简单，形状变化多，翻拆容易，适于新填的土路或临时用的园路。

5. 卵石路面

老式卵石路面是将卵石侧立排紧，做好后再用灰浆灌实。现在为了施工方便，通常在水泥路上撒嵌卵石，也有用这种方法先预制成现成的卵石水泥板材的，但此种修路的方法也只能用于园中的人行小道，大的路面不适合。

6. 砖铺路面

新建公园中用得较少，但大部分古典园林都是用的砖铺路面。铺筑形式有平铺、侧铺等，可以拼凑成各种图案。还有砖与卵石结合的方法，一般是中间一行砖，两边各铺一行卵石组成的园路。当然，砖铺路也只适用于人行小路，大路也不合适，因为不能适应大型汽车等载重物体的重压。

7. 百搭砂石、双渣、三渣路面

这是低级园路，通常利用废料（各种大小石块、砂石、石灰渣、矿渣、煤渣等），价格便宜，铺时下粗上细。缺点是尘土容易飞扬，且不易保持。一般在临时道路和游人极少的地方，并且在土壤排水良好的情况下才可采用。

七、园林的桌、椅、凳

园桌、园椅、园凳是为游人歇脚、赏景、游乐所用的，经常布置在小路边、池塘边、树荫下、建筑物附近等。要求安放的场所风景要好，可安静休息，夏季能遮阴，冬季能避风。

如座椅围绕大树，既可遮阴，又可保护大树，增添园林景色。又如利用挡土墙压顶做凳面，用栏杆做靠背，在游人拥挤的街头绿地，能起很大作用，又节约了造价。餐厅、茶室前的地坪放些固定桌椅，可增加不少客流量。另外，桌、椅、凳还可以和花台、园灯、雕塑、假山石、泉池等结合设计，既有实用价值，又使环境美化，不失为一种好的方法，也能增添园中一景。

园桌、园椅、园凳的设计要求，概括地说是要坐靠舒适、造型美观、构造简便、使用牢固。

八、园林栏杆

栏杆在绿地中起隔离作用，同时又使绿地边缘整齐，图案也有装饰意义。因此，处理好隔离和美化的关系，是设计成败的关键。

栏杆的设计，要求美观大方、节约材料、牢固易制，能防坐防爬。其中栏杆的图案和用材造价关系密切，是艺术构思和实用、经济的统一。

栏杆在绿地中不宜普遍设置，尤其是小块绿地中要在高度上多加注意，能不设置的地方尽量不设，如浅水池、平桥、小路两侧、山坡等，尤其是堆叠做山后再置栏杆，形同虚设，不美观。能用自然的办法隔离空间时，少用栏杆，如用绿篱、水面、地形变化、山石等隔离就比较好。

铁栏杆应该用防锈漆打底，用调和漆罩面，色彩要和环境相协调，并且要保持清洁。

栏杆设计，应该有栏杆设置地段的总平面图纸，标出栏杆长度、开门的位置。栏杆的立、剖面图应该标明栏杆施工尺寸及用料，同一地段宜使用一种式样的栏杆。

九、园林厕所

在大型绿地和风景名胜区内设置厕所，一般地讲，应该不作特殊风景建筑类型处理。但是，最好在整个园林或风景区里有一个统一的外观特征，易于辨认，在选址上回避建在主要风景线上或轴线、对景等位置，离主要游览路线要有一定的距离，可设置路标以小路连接，要因地制宜地巧借周围环境的自然景物，用石块、树木、竹林或攀缘植物来掩蔽和装饰。既要与环境十分融合，又要藏而有露，方便游人，易于找到。在外观处理上，既不过分讲究，又不过分简陋；使之处于风景环境之中，而又置于景观之外；既不使游人视线停留，引人入胜，又不破坏景观，惹人讨厌。

园林厕所入口处应该有男女厕所的明显标志，外宾招待用厕所要用人头像象征性地明显标示。一般入口外设 1.8 ~ 2 m 的高墙作屏风，以便遮挡视线。

第九章　城市园林绿化系统

第一节　城市园林绿化系统规划原则

我国的城市绿地分布，有的是经过长期规划设计，形成系统而建设；有的则是没有计划的少而乱。中华人民共和国成立后，我国不少城市在进行总体规划的同时，也进行了绿化规划，这对城市合理性的建设具有积极的指导作用。但是，在“文革”期间，由于极左路线的干扰，城市绿地遭受摧残，树木被砍，绿地被占，使发展起来的绿化事业倒退了许多年，损失极大。同时，在思想上造成了很大的混乱，把绿化规划工作降低到了极低的地位，把改善居民生活条件的长远效益放任不管，迁就眼前的利益，造成了不良的后果。

改革开放30年来，随着国民经济的不断发展，城市化日益显得重要，而城市化就必然要求城市的园林绿化工作更上一个新台阶。应该说城市的现代化中，城市园林化是一个非常重要的方面，更应该高度重视城市绿化的规划布局，把城市绿地整顿好，为把我国的所有城市建设成园林化的城市而不懈努力。

一、园林绿化系统规划的基本任务

城市园林绿化系统的规划工作，一般由城市规划部门和园林部门的人员共同协作完成，具体地讲需要做下列工作：

①根据当地条件，确定城市园林绿化系统规划的原则。

②选择和合理布局城市各项园林绿地，确定其位置、性质、范围和面积。

③根据国民经济发展计划、生产和生活水平以及城市发展规模，研究本城市园林绿化建设的发展速度与水平，拟定城市绿化分期达到的各项指标。

④提出城市绿化系统的调整、充实、改造、提高的设想，提出园林绿地分期建设及重要修建项目的实施计划，以及划出需要控制和保留的绿化用地。

⑤编制城市园林绿化系统规划的图纸和文件。

⑥对于重点的公共绿地，还可根据实际工作需要，提出示意图和规划方案，或提出重点绿地的设计任务书，内容包括绿地的性质、位置、周围环境、服务对象，估计游人量，布局的形式，艺术风格，主要设施的项目与规模，建设年限等，作为绿地详细规划的依据。

二、城市园林绿化系统规划的原则

对城市园林绿化的系统规划，应考虑以下几个原则。

（一）城市园林绿化规划应该结合城市其他组成部分的规划来综合考虑，全面安排

比如说，城市规模的大小、性质、人口数量，工矿企业的性质、规模、数量、位置，公共建筑、居住区的位置，道路交通运输条件，城市水系，地上地下管线工程的配合，等等。

我国耕地少，人口多，城市用地紧张，要注意少占良田、好地，尽量利用荒山、山岗、低洼地和不宜建筑的破碎地形等布置绿地，还要合理选择绿化用地。城市绿地的资源和投资都是有限的，因此，一方面要尽量争取较多的绿地面积、较高的质量，以满足多功能的需要；另一方面要“先绿后好”，充分利用原有绿化基础，先搞普遍绿化，然后重点提高，逐步实现到处像公园的理想目标。

绿地在城市中分布很广，规划要与工业区、居住区、公共建筑分布、道路系统等规划密切配合、协作。如工业区和居住区的布局，要考虑卫生防护要求的隔离林带的布置。对河湖水系规划时，需要考虑水源防护林带和城市交通绿化带的设置，如果接近居住区，则可结合开辟滨水公园。对居住区的规划，就要考虑小区式游园的均匀分布，以及宅旁庭园绿化布置的可能性。在公共建筑、住宅群布置时，就要考虑到绿化空间对街景的变化，对景点的作用，把绿地有机地组织到建筑群中去。在道路网规划时，要根据道路的性质、功能、宽度、朝向，地上地下管线位置，建筑距离和层数紧密地配合，统筹安排，在满足交通功能的同时，考虑植物生长的良好条件。

（二）城市园林绿化系统规划必须结合当地特点，因地制宜，从实际出发

1. 因地制宜

我国地域辽阔，地区性强，各地城市自然条件差异很大，同时各地城市现有条件、绿地基础及性质特点各有不同，所以各类绿地的选择、布置方式、面积大小、定额指标的高低，都要从实际出发，切忌生搬硬套，致使事倍功半，甚至事与愿违。选择树种方面也要结合本地原则出发。

2. 从实际出发

如有的城市名胜古迹多，自然山水条件好，绿地面积就要大些；北方城市风沙大，必须设立防护林带，如天津、沈阳、北京、唐山、张家口；有的城市夏季气候炎热，应该考虑通风降温的林带，如南京、武汉、南昌、金华、丽水；植物种类丰富，自然条件好的城市，如广州、南宁、昆明、桂林、北海，绿化质量就要高些；有的旧城市建筑密集，空地少，绿化条件差，就得充分利用边角地、路旁空地，多设置小游园、小绿化带和进行垂直绿化，如上海、天津、香港、澳门、大理；工业化程度高的城市，就要强调设置工业隔离绿化带，做到因害设防，减少环境污染。

（三）城市园林绿地应该均匀分布，比例合理，满足居民休息和游览的要求

多数城市的公园分布，由于历史的原因，很难做到均匀合理。原则上讲，应该根据城区的人口密度来配置相应数量的公共绿地，但往往人口密度大、建筑密集地区的绿地却很少。归纳为三个结合，即点（公园、游园、花园）、线（街道绿地、游憩林荫带、滨水绿带）、面（分布广大的整块绿地）相结合，大、中、小相结合，集中与分散相结合，构成有机整体。

（四）城市园林绿化系统规划既要有远景的目标，又要有近期的安排，做到远近结合

绿化规划要充分研究城市远期发展的规模，包括居民生活水平逐步提高的要求，不能使今天的建设成为明天的障碍。因此，要从长远期着眼，近期着手，分清轻重缓急，要有近远期过渡措施。例如，建筑密集，质量低劣，卫生条件差，居住水平低，则在结合旧城市改造中，新居住区的规划必须留出适当的绿化保留用地。规划中为远期公园的地段，可于近期内辟作苗圃，既能为将来改造成公园创造条件，又可防止被其他用地侵占，起到控制的作用。如哈尔滨动物园就是原苗圃改造成的。又如西安市被荒芜了的大、小雁塔等名胜古迹，在新中国成立初期划出相当用地作苗圃，以后逐步建设成游览风景区就是很好的例子。

我国是有上下五千年历史的文明古国，名胜古迹很多，不仅有较高的文化艺术价值，而且是进行历史唯物主义教育的好教材，在园林绿化规划中要密切结合起来，努力发掘，

积极保护，充分利用，使之为国家城市建设、为劳动人民游憩、为发展旅游事业服务，这是一举多得、行之有效的好方法。如北京市其中 14 个大公园中就有 12 个是在原有名胜古迹的基础上形成的。

（五）城市园林绿地的规划建设、经营管理，要在发挥其综合功能的条件下，注意结合生产，为社会创造物质财富

园林绿地结合生产是我国城市绿地建设的方针之一，必须正确理解，全面贯彻，使园林绿化做到既美观又实惠，为子孙后代造福。

城市园林绿化的主要功能是休息游览、保护环境、美化市容、战备防灾，但要在满足上述功能的同时，尽量因地制宜地栽种经济性花木、果树、药材、木本粮油及芳香类等树种，为国家建设创造尽量多的物质财富。

第二节　城市园林绿地类型

一、城市园林绿地的分类方法及类型

（一）城市园林绿地分类的基本要求

现在我国城市园林绿地还没有一个统一的分类方法，根据不同的目的有许多分类方法，但根据城市规划及园林绿化工作的需要，分类应符合下列基本要求：

①与城市用地分类有相对应的关系，并照顾习惯称法，有利于同总体规划及各类专业规划相配合。

②按绿地的主要功能及使用对象区分，有利于绿地的详细规划与设计工作。

③尽量与绿地建设的管理体制和投资来源相统一，有利于业务部门经营管理。

④避免在统计上与其他城市用地重复，有利于城市绿地计算口径的统一，也可以使城市规划的经济论证上具有可比性。

（二）城市园林绿地的类型

根据城市园林绿地分类方法的基本要求，可以把城市各种用地分成六大类型：①公共绿地；②居住区绿地；③附属绿地；④道路交通绿地；⑤风景游览绿地；⑥生产防护绿地。

以上六类绿地包括了城市中的全部园林绿化用地。关于城市用地的分类现在还没有一个较为统一合理的方法，暂时引用常用的分类方法。

二、城市各类园林绿地的特征及用地选择

（一）公共绿地

公共绿地指公开开放的供全市居民休息游览的公园绿地，包括市、区级综合性公园，儿童公园，动物园，植物园，体育公园，纪念性园林，名胜古迹园林，游憩林荫带，以及花园等几种。

1. 市、区级综合性公园

市、区级综合性公园指市、区范围内供居民进行休息、游览及文化娱乐活动的综合性的大、中型绿地。大城市可设置一个至数个为全市服务的市级公园，每区可设置一至数个区级公园，中小城市可能只有市一级的综合性公园。市级公园面积一般在 10-100 hm^2，居民搭乘公交车 30 分钟可到达。区级公园面积 10 hm^2 左右，步行 20 分钟可到达（即服务半径 1 km 左右），可供居民半天到一天的活动。

这种综合性公园规模较大，内部设施较为完善，质量较好，常设有陈列馆、露天剧场、音乐厅、俱乐部等，也可能有游泳池、溜冰场，一般都有茶室、餐馆。园内有较明确的功能分区，如文化娱乐区、体育活动区、安静休息区、儿童游戏区、动物展览区、园务管理区等。要求园内有风景优美的自然条件，丰富的植物种类，开阔的草地与浓郁的林地，四季景观变化丰富多彩。所谓市级与区级，主要是根据其重要性和服务范围，从经营管理体制来划分的。如北京的中山公园和日坛公园，面积都是 20 hm^2 左右，中山公园比较有名气，处在市中心，为全市服务，就划为市属；日坛公园处在郊区，主要为附近群众服务，就划归区管理。

有的公园虽然不属城建园林部门管辖，但它除供本部门、本行业内部职工使用外，也向广大群众开放，应做综合性公园看待，并统一计在城市公共绿地面积中。如天津二七公园，是铁路部门投资和经营管理的，但它除供铁路系统职工使用外，也向城市居民开放。北京市劳动人民文化宫是工会管理的，以组织职工文化娱乐活动为主，但其绿地面积大，一些游园、演出活动也向广大群众开放。

2. 儿童公园

儿童公园是主要供儿童活动的公园，用地一般在 5 hm^2 左右，其位置更要接近居民区，并避免穿越交通频繁的道路。

独立的儿童公园，其服务对象主要是少年、儿童及带领儿童的成年人。园中一切娱乐设施、运动器械及建筑物等，首先要考虑到少年、儿童活动的安全，并有益于健康；要有适宜的尺度、明亮的色彩、活泼的造型、丰富的装饰；栽植的植物要对儿童无害；还要根据不同年龄儿童的生理特点，分别设立学龄前儿童活动区、学龄儿童活动区和幼儿活动区。

3. 动物园

动物园是集体饲养、展览种类较多的野生动物及品种优良的家禽家畜的城市公园的

一种，主要供参观游览、文化教育、科学教育、科学普及和科学研究之用。在大城市中一般独立设置，中小城市附设在综合性公园中。

动物园的位置应与居民密集地区有一定的距离，以免疫病传染，更应与屠宰场、动物毛皮加工厂、垃圾场、污水处理厂等保持必要的安全距离。

由于动物搜集不易，野生动物饲养要求比较高，动物笼舍造价高，饲养管理费用大，因此办动物园成本就高，各地必须根据经济力量与可能条件量力而行，且要根据国家有关部门的有关方针政策全国统一规划，逐步建设，重点发展。北京、上海、广州、重庆四市的动物园作为全国综合性动物园，展出动物逐步达到700余种；天津、哈尔滨、西安、成都、武汉、杭州六城市的动物园作为地区综合性动物园，展出动物逐步达到400余种；其他省会

城市和经济发达的副省级城市的动物园，主要展出本地区特产的动物，控制在300种左右。其他中小城市的现有动物园应控制发展，有条件的可在综合性公园内附设动物展览区。县城和建制镇不要新设动物园。

4．植物园

植物园是广泛收集和栽培植物品种，并按生物学要求种植布置的一种特殊的城市绿地。它是科研、科普的场所，又可供群众游览休息之用，显然不同于苗圃和农林园艺场所。

植物园用地选择要求高，面积也大，位置常远离居住区，至少也要在近郊，有较方便的交通条件，便于群众使用。不要建在有污染工业的下风口和下游地区，以免妨碍植物的正常生长，要有适宜的土壤水文条件。

城市园林部门的植物园，要根据城市园林绿地的需要，广泛收集植物品种，进行引种驯化、培育新品种和综合利用等方面的科学研究，要开放游览，普及植物学知识。植物园的布局要考虑植物生态和地理特点，符合园林艺术要求。要有园林外貌，要设置一些必要的设施，方便游览，增加城市公共游览绿地。

中国有各类植物园（树木园）二百多座，除拉萨外，几乎所有的省会城市均有植物园。一些大型城市植物园得到完善和提高，部分大城市开始建设第二植物园，如上海辰山植物园、重庆南山植物园也列入当地市政府的重点发展项目。许多城市如太原、廊坊、秦皇岛、大同、东莞、郑州等已经规划建设植物园。各种类型的植物园蓬勃兴起，包括民营植物园和专门类型的植物园。中国植物园从部门上，可以划分为科学院、城市、林业、医药、农业、院校、教育、科技以及民营的植物园。

在我国近二百多个植物园中，较大规模的有30余个。共保存高等植物约2万种，其中属于中国植物区系的种类有1万～1.2万种，有大约40%的已知高等植物可以在植物园里找到。每年全国各植物园接待的总游人数量在1 200万～1 800万人次。在未来10～20年内，将会有更多的植物园出现，预计每年都会有1～5座植物园开工建设。

5．体育公园

体育公园是供进行体育运动比赛和练习的园林绿地，它是一种特殊的公园，既有符合一定技术标准的体育设施，又有较充分的绿化布置，可供运动员及群众作体育锻炼和

游憩之用。

体育公园可以集中布置，因有大量的人流集散，要求与居民区有方便的交通联系，如成都城北体育公园；也可分散布置，比如布置在城市综合公园附近地段，如上海虹口公园旁边的体育场、广州越秀山体育场等。

体育公园用地面积大，一般用地不少于10 hm^2，建设投资也大，大城市也只能设置2 ~ 3个，其投资、建设、经营管理由各级体育部门负责，或与园林部门共同养护管理。绿化水平很高的、称得上“体育公园”的实际上很少，就是近几年才建设好的丽水市体育馆，由于其绿化率不高，也不能算作严格意义上的“体育公园”，只能算作依附在市行政中心边上的综合性公园——处州公园附近的一处体育场馆而已。

6. 名胜古迹园林

名胜古迹园林是指有悠久历史文化的、有较高艺术水平的、有一定保存价值的古典名胜古迹园林绿地，常是各级文物保护单位，并由文物保护单位负责养护管理，主要是供人们游览休息。如北京颐和园、天坛、北海，苏州的拙政园、留园，上海的豫园，南京的瞻园，无锡的寄畅园，承德的避暑山庄，陕西临潼的华清池等。其布局和建筑设施一般不改变原貌，保护文物古迹的风格和结构。

7. 游憩林荫带

游憩林荫带是指城市中有相当宽度的带状公共绿地，供城市居民（主要是附近居民）游览休息之用，可以有小型的游憩设施（如休息亭、廊、座椅、雕塑、水池、喷泉等）及简单的服务设施（如小型餐厅、小卖部、茶馆、摄影部等）。多数游憩林荫带是在城市的河道水域边上，如杭州的湖滨公园、青岛海滨的鲁迅公园、哈尔滨的斯大林公园、上海黄浦江畔的外滩绿地等。

需要注意的是，由于林荫带有城市交通道路通过，所以必须要有专供游览休息的较宽的步行道路。

8. 花园

花园通常是指比区级公园规模次一级的公共绿地，虽然比区级公园要小得多，但能独立存在，不属于某个居住区。花园只有简单设施，可供居民作短时间休息、散步之用，一般面积在5 hm^2左右，附近居民步行10分钟可到达，服务半径不超过800 m，零散均匀地分布在城市各个区域。如北京的月坛公园、东单公园，上海的淮海公园、交通公园等，虽然习惯上也称公园，实际上因面积小、设施简单，应该属于花园范畴。道路旁边的绿地，有一定的设施，可供短时间游憩的，不论位于道路中间或沿道一侧建筑物之前，均可属于“花园”类的公共绿地之中。如上海江西中路绿地，北京二里沟绿地，丽水白云小区后面的人民路绿地等。

（二）居住区绿地

居住区绿地是指居住用地中除居住建筑用地、居住区内部道路用地、中小学及幼托建筑用地、商业服务等公共建筑用地及生活杂务用地外的可供绿化的那部分用地，一般包括：①居住区游园；②小区游园；③宅旁绿地；④居住区公建庭园（包括中小学及幼托的庭园）；⑤居住区道路绿地。

居住区绿地的功能是改善居住区环境卫生和小气候，为居民日常就近休息活动、体育锻炼、儿童游戏等创造一个良好的条件。因设施简单，养护管理不复杂，我国发展这类绿地的潜力很大。这类绿地看起来不起眼，其实它的分布与绿化水平和居住区规划的优劣有很大关系。它还能体现人们的物质生活水平和精神风貌。

（三）附属绿地

附属绿地是指某一部门、某一单位使用和管理的绿地，它不对外单位人员开放，仅供本单位人员游憩之用，是附属于本单位的。附属绿地有以下几种。

1. 工矿企业及仓库绿地

工矿企业及仓库绿地是企业的一个重要组成部分，不仅具有环境保护功能、生态功能，还对企业的建筑、道路、管线有良好的衬托遮挡作用，一般包括厂前区绿地、厂区道路绿地、生产区绿地、仓库绿地、堆料场绿地等。

2. 公用事业绿地

公用事业绿地是指城市中用于公共管理的那部分绿地，如公共交通车辆停车场、污水及污物处理厂等在内的公共管理事业内部绿地。

3. 公共建筑庭园

这里的公共建筑庭园是指居住区级以上的公共建筑附属绿地，如机关、大学、商业服务、医院、展览馆、文化宫、影剧院、体育馆等的内部绿地，不包括开放性的大型体育场馆公共绿地（体育公园）。

（四）道路交通绿地

1. 道路绿地

这里的道路绿地是指居住区级道路以上的道路绿地，包括行道树绿地、交通岛绿地、立体交叉口绿地和桥头绿地等。

（1）行道树绿地

城市道路两侧栽植一到数行乔木、灌木的绿地，包括车行道与人行道之间、人行道与道路红线之间及城市道路旁边的停车场、加油站、公共车辆站台等的绿化地段。行道树与其他绿地组成绿地网络，对改善城市卫生条件和美化市容市貌都起着积极作用，树冠浓荫的行道树夏季有遮阴作用，也有利于延长沥青路面的使用寿命。

（2）交通岛绿地

高出路面的“方向岛”（设在交叉口用以指示行车方向）、“分隔岛”（用以分隔机动车与非机动车）、“中心岛”（作为行人过街时避让车辆之用）。这类绿地除个别外，一般都不能进入。“中心岛”如果面积很大，成为绿化广场，则可供人们进入休息，实际上就成为了公共绿地了，如南京市鼓楼西面的“中心岛”、杭州市的红太阳广场、丽水市的丽阳门广场等。

（3）立体交叉口和桥头绿地

立交桥附近及桥头附近的绿化地段，可以丰富道路桥梁的建筑艺术效果。城市街道的立交或城市道路跨越江河时，大多有一定面积的土地可供绿化，如杭州艮山门铁路公路立交桥、南京长江大桥桥头绿地等。

2. 公路、铁路防护绿地

公路、铁路防护绿地是城市对外交通用地，特别是穿越市区的铁路线两侧，更应该注意沿线设置一定宽度的林带，这对减轻城市噪声和安全都有很大的作用。如天津市绿地规划中提出铁路两侧应该设置宽度不小于 300 m 的护路林带，有条件的地方可在一定距离内设置休息园地，建设必要的服务设施，供旅游的人员逗留歇息。

（五）风景游览绿地

风景游览绿地是指著名的独特景观形成的自然风景，可包括城郊风景名胜区及森林公园、风景林地等。一般是指位于郊区的具有特色的大面积自然风景，经开发修整，可供人们进行一日以上游览的大型绿地。最最著名的有杭州西湖（已经成功申遗）、无锡太湖、桂林漓江、江西庐山、山东泰山、安徽黄山、临潼骊山、舟山普陀山、四川峨嵋山、福建武夷山（简称“一江二湖七山”）等，比较著名的还有陕西华山、河南嵩山、温州雁荡山、辽宁千山、江西三清山、青岛崂山、福建太姥山、四川青城山、云南石林、丽水东西岩等。在国外，有称为森林公园（Forest Park，以原有林地为主）、天然公园（Natural Park）的。

有的风景区还设有休疗养区，但通常不对外开放。

此外，还有称为“自然保护区”的大面积林地（有的国家称为国家公园），是为了保护天然生态条件和珍贵的动物、植物、原始森林等而专门设立的。这些自然绿地有的部分经过整理后也可供游览用，如云南的西双版纳（有“天然植物园”之称）、四川的九寨沟、湖北的神农架、吉林的长白山、黑龙江的五大连池、河南的鸡公山、浙江的凤阳山、广东的丹霞山、广西的大瑶山、海南的五指山、台湾的玉山等。

（六）生产防护绿地

1. 生产绿地

生产绿地包括苗圃、花圃、果园、林场等。苗圃、花圃是城市绿化所需植物材料的生产基地，除各单位自己培育苗木的苗圃外，城市园林部门一般都建设一定数量的苗圃，为城市绿化培育所需的大量树苗、花卉、草皮，也有把花圃的一部分布置成园林外貌（如盆景园），供观赏游览，这样就具有了部分公共绿地的性质，如杭州花圃。

2. 防护绿地

防护绿地的主要功能是改善城市的自然条件、卫生条件，包括卫生防护林、水土保持林、水源保护林等，都是郊区用地的一部分。如某些夏季炎热的城市，应该考虑设置通风绿化带，与夏季盛行风向平行（可结合水系考虑），形成透风绿廊，使季风能吹到城区的内部中来。对于经常有强风（如西北风、台风等）的城市，应该在规划的时候考虑建立与风向垂直的总宽度为 150-200 m 的防风林带，每条林带宽度可达 10 ~ 20 m。

第三节　城市园林绿地定额

一、城市园林绿地定额的计算

反映城市园林绿地水平的指标，除了通常所用的每人公共绿地占有量（m^2/人），还可以有多种表示方法，目的都是能反映绿化的质量与数量，并要求便于统计。所以反映城市园林绿地的指标名称要求与城市规划的其他指标名称是一致的。我国采用的城市园林绿地定额指标主要有下面几种，其中前两种最常用。

①城市园林绿地总面积：

城市园林绿地总面积（hm^2）= 公共绿地面积 + 居住区绿地面积 + 附属绿地面积 + 道路交通绿地面积 + 风景游览绿地面积 + 生产防护绿地面积

②每人公共绿地占有量：

每人公共绿地占有量（m^2/人）= 市区公共绿地面积（hm^2）/ 市区人口（万人）

③市区公共绿地面积率（%）：

市区公共绿地面积率（%）= 市区公共绿地面积 / 市区面积 ×100%

④城市绿化覆盖率（%）：

城市绿化覆盖率（%）= 城市绿化总面积（hm^2）/ 市区面积（hm^2）×100%

城市绿化总面积（hm^2）= 公共绿地面积 + 道路交通绿化覆盖面积 + 居住区绿地面积 + 生产防护绿地面积 + 风景游览绿地面积

因树冠覆盖面积大小与树种、树龄有关，而全国各城市所处地理位置不同，树种差异很大，因此绿化覆盖面积只能是概略的计算，各城市可根据各自的具体情况和特点，最好经典型调查后确定。

城市绿化总面积即城市各类绿地覆盖面积的总和。绿化覆盖面积是指乔木、灌木和多年生草本植物覆盖面积，可以按树冠垂直投影测算，但乔木覆盖下的灌木和草本植物的覆盖面积不再重复计算，这点须特别注意。

公共绿地的绿化覆盖面积可按 100% 计算，风景游览绿地及生产防护绿地都是按占地面积的 100% 计算的。在我国公园中，一般建筑占全园的 1% ~ 7%，道路广场占 3% ~ 5%，由于各类公共绿地及风景游览用地比较复杂，为了简单计算，可按用地 100% 计算绿化覆盖率。居住绿地和附属绿地也按绿地用地的 100% 计算。所以，在城市绿化覆盖率的计算中，城市绿化总面积除道路交通绿地的绿化覆盖面积外，其余五类绿地的绿化覆盖面积均按绿化用地的100%计算，即等于各类绿地面积。

道路交通绿化覆盖面积（km^2）=［行道树平均单株树冠投影面积（m^2/株）× 单位长度平均植株树（株/km）× 已经绿化道路总长km］+ 草地面积（km^2）

⑤苗圃拥有量：

苗圃拥有量（亩/km^2）= 城市苗圃面积（亩）/ 市区（建成区）面积（km^2）

这里的苗圃包括花圃。

⑥每人树木占有量：

每人树木占有量（株/人）= 市区树木总数（株）/ 市区总人口（人）

二、影响城市园林绿地定额的因素

（一）城市的性质

不同性质的城市对园林绿地的要求也不同，如风景游览、休疗养城市或革命历史纪念性质为主的城市，由于开放的需要，冶金、化工、交通枢纽城市，由于环境保护的需要，绿地面积相对就多些。

（二）城市的规模

从理论上讲，小城市中居民离市郊环境比较近，城市环境条件较好，所需绿地类型少，面积也可小些。大中城市居民离市郊自然环境较远，人口密集，城市自然环境条件差些，市区应该有比较多的公共绿地。但我国大陆地区的现实状况是，大城市用地紧张，开辟绿地困难，需要和可能常常是矛盾的。这就给城市建设和管理提出了更高的要求，今后我们的城市建设管理和规划者必须高度重视城市园林工作者所从事的工作，让城市园林工作者自始自终都处在城市建设管理和规划工作的前沿阶段，尽可能地从建设初期解决好这个矛盾，否则到城市大框架形成后再来规划城市园林绿地建设，那将是“巧妇难为无米之炊”。

（三）城市的自然条件

自然条件对绿地面积有很大影响，自然条件不同，对绿地的要求也不同。北方城市气候寒冷，干旱多风，为了改善居民区内的小气候，城市绿地面积应该多些，但水源有困难的，绿地面积要适当控制，逐步发展。南方城市气候温暖，土壤肥沃，水源充足，树种也较多，绿地面积本可多些，但因人多，耕地较少，也不能过多占用农田。因此，应该根据城市地形、地貌、水文、地质、土壤、气候等不同条件，来确定园林绿地的定额。如地形起伏有陡坡冲沟等不宜建筑地可以充分绿化。城市平坦，附近为农业生产用地，绿地应该相应减少。水源丰富并分布平均，用作绿地的可能性就大些。

（四）城市中已形成的建筑物

城市中已经形成的建筑物，限制了绿地的发展，定额只能相应减少，在这方面新兴城市就有显著的优势，“一张白纸，可以画最新、最美的图画”。

（五）园林绿地的现状

有些国家或城市居民的园艺技术水平较高，对园林有传统爱好；有些国家或城市对园林绿化较重视，原来绿地就有较好的基础，绿地定额也就较高。

三、确定城市园林绿地定额的理论依据

确定城市园林绿地定额的理论依据，一是保护环境和维持生态平衡，二是满足城市人民文化休息的需要。保护环境和维持生态平衡中又分为二氧化碳和氧气平衡及改善城市小气候、促进气流交换等两方面。

（一）从二氧化碳和氧气平衡方面考虑

我国城市平均人口密度为 1 万 km^2，按城市园林绿地面积为用地面积的 30% 计算，则每人平均园林绿地面积为 $30km^2$。从二氧化碳和氧气平衡的角度来看，这个指标是不高的。随着城市化率的不断提高，更多的中国人将在城市中生活，为了全体中国人的健康权，提高城市园林绿地定额指标是刻不容缓的。

（二）从改善城市小气候、促进气流交换方面考虑

为了改善城市小气候、促进气流交换，国际上有的专家提出，城市的绿地面积应该占城市用地总面积的 50% 以上。因此，我国提出的城市绿地面积不得低于 25% ~ 30% 这个规划指标也是明显偏低的。

（三）从文化休息方面考虑

游人在公园中要游览、休息得好，必须保证有一定数量的游览面积，通常以平均每人不少于 60 m^2 为标准。如果城市居民在节假日有 10% 的人同时到公共绿地游览休息，要保证每人有 60 m^2 的游览活动面积，则按全市人口计算，平均每人应该有公共绿地面积 $6m^2$。从现在的发展趋势看，随着人民生活水平的提高，城市居民，特别是青少年，节假日及周末到公园游览休息的越来越多。另外，过往的流动人员，也总要到公园去游览观光。从这方面来看，我国提出的城市公共绿地面积近期达到每人 3 ~ 5 m^2，未来达到每人 7 ~ 11 m^2，这个指标也是远远不能满足要求的。

四、我国当前园林绿地定额的探讨

（一）城市绿地总面积

城市绿地总面积应该根据城市对园林绿化功能的要求，结合城市的特点加以分析研究后确定。

（二）公共绿地的定额

公共绿地的定额以城市居民平均每人占若干平方米表示。城市公共绿地面积是根据居民生活所需要的各种类型的公园、街道绿地总面积综合计算而定的。

（三）局部使用园林绿地面积

占城市较大面积的居民区、机关、学校、医院、工厂等局部使用绿地面积，如能做到普遍绿化，对实际生活意义是很大的，可以鼓励群众一起参与绿化。

一个城市的局部使用面积约占城市总面积的50%左右，其中居住小区又占了60%左右，所以我们必须重视城市居住小区的园林绿化工作。另外，工矿企业内部的绿化面积也要求占其总面积的30%左右；特殊要求的单位如医疗、幼托、农林院校等，则要求在70%左右。

（四）防护绿地面积

防护绿地面积应该视城市自然危害程度和工矿企业有害因素对居民区的影响程度而定，其中防护林带可遵照国家住建部和卫生部共同规定的级别与当地实际情况相结合后确定。

（五）特殊用途绿地面积

苗圃、花圃面积以城市绿化在一定阶段内的计划为依据。为了初步掌握这些用地面积，可按每公顷公共绿地以200m2为标准来建设。如果要包括道路、建筑物间的绿地和防护林带，在计算面积时可再加上30%。以上估算方法并不包括大量用苗的局部使用面积内所需要的苗木，这类苗木应该实行专业育苗与群众育苗相结合的方针。果园面积的确定，需要根据该城市自然条件和人民物质生活的增长而制定。

第四节 城市园林绿地建设管理

我国社会经济快速发展，城市化进程不断发展，人们生活得到了很程度提高，但也带来了相应的城市生态问题，发展到目前为止，已经成为制约城市发展的主要因素之一。其实城市化的发展应该是全方位多元化的，通过园林绿地系统改善城市生态现状的主要途径之一，不单单是为了满足城市居民对景观的具体需求，更重要的是能够很大程度提高城市居民的生活质量。既满足了当前居民的具体需求，又满足了城市规模的扩展和城市化进程的需求，最主要的是不会对城市居民的具体需求造成危害。这样的城市园林绿地生态系统才可以称得上是可持续发展的城市园林绿地生态系统。

由于国家大力建设园林化城市的带动，城市园林绿化已经成为一门新兴的环境产业。在国家法律、法规的调控下，城市园林绿化与经济发展形成了相互促进、互为基础的态势，也从中显示着古老园林的崭新魅力。在绿化产业的发展过程中，城市绿地系统的结构组成发生了巨大变化。今后，应注意加强维护城市绿地的可持续发展，调整现代农业生产结构，协调城市园林建设与国家经济建设的关系，使绿化建设、养护管理法制化、规范 城市园林绿化化，依靠园林绿化产生效益必须有专业技术作为保障，政府应该运用相应的产业政策，制定可行的发展规划，引导市场的规范运行，把城市园林绿化的经营管理活动纳入国际法规和国际惯例的轨道之中。

一、营造城市外围生态圈（或生态环）

利用原有围绕城市周边的林带、经济林、森林公园、基本农田保护区等，扩大规模，实现林木连片、连带、连网，使天然林木和人工林地共同形成一个以林木为主的防护体系。同时，还需维护好城市外围的水库、河流、湖泊、沿海等自然水体，建成城市外围湿地体系。此外，需要加快建设滨水绿地和防护林，发展以乔、灌、草结合的多层次滩涂绿地。在城市近郊还可通过划定自然保护区和实行封山育林，形成山体走廊林坡，更好地保护城市生态。

二、影响城市园林绿地建设与可持续发展的影响因素

在城市园林绿地规划建设中经常忽视园林绿地建设，随着我国社会经济的发展，人们生活水平不断提高，已经不再满足衣食住行等方面，对周围居住环境的基础设施提出了更高的要求。园林绿地作为城市建设的主要内容之一，是实现城市可持续发展和绿色生态发展的主要途径，也是改善城市景观布设的重要手段。但是在实际应用过程中园林绿地建设必须遵循园林生态环境的基本规律，园林绿地建设的主要目的是改善生态环境以及城市的生态系统，如果没有遵循相应的生态规律，不但起不到改善城市生态环境的目的，甚至会造成全新的城市压力。

城市园林绿地建设中的草坪的面积设施过大，随着我国城市化进程不断加快，在很多一线城市比如：北京、上海等城市开始流行大面积草坪，本身学习发达国家的城市园林绿地建设和可持续发展的经验，在城市某些位置增设大面积草坪是无可厚非的。

建成区园林绿地的管理问题，各城市建成区原有大型园林绿地一般都是公园，因而公园绿地的管理得当与否，将直接影响到绿地效益的发挥。过去公园绿地是国家投资，随着社会的发展，这种体制正随着经济体制的改革而被打破，大多数公园走上了自负盈亏的道路，这样一来，各公园都采取了一些“自救”措施，从而对公园绿地管理造成许多不利因素。

三、城市绿地系统的建设

利用城市自然地貌特征的原有植被、水体、花卉等，本着保护和恢复原始生态的原则，按照体现不同城市特点的要求，尽可能协调绿地、水体、建筑之间的生态关系，使人群和建筑物依林傍绿。在构建上采用城市绿地系统点、线、面、组团相结合的艺术手法进行规划，以大面积公园、植物园、绿地广场等为专用绿地的“面”，以小型公园、街心花园、各组团、各单位绿地、住宅区绿地、庭院绿化等“斑”或“点”，设置于城市的各个地段和角落，见缝插“绿”，使点状绿地随处可见。在大小道路、街道的两侧

或中间建设带状绿地，形成交通绿化带的“线”。还可利用城区内自然地貌的高差、某些建筑物和古墙等进行“立体绿化”。如此以线连点达面，形成巨大而完整的绿地体系。绿地系统的构造既要符合城市历史、人文、景观的城市生态秩序，又具有人与自然的协调和谐生机益然的时代气息，能够突出表现城市的景观效果。具体构建指标为城市的绿地率达 35% 以上，人均绿地 $30m^2$ 以上，注重植物物种多样性和物种的合理开发。根据城市气候和土壤特征，在进行城市绿地构建时要适地适树，并考虑其观赏价值、功能价值和经济价值，按乔、灌、花、草相结合的原则，最大限度地保持生物多样性。切实保护好当地的植物物种，积极引进别化优良品种，营造丰富的植物景观，增加绿地面积，提高绿地系统的功能，使城市处在一个良好的多样性植物群落之中。

四、城市园林绿地建设的可持续发展

①城市园林绿地建设要以“绿”为中心，自然景观为特色。从可持续发展理论出发，将传统园林的花园、街道、庭院绿化等孤立置景模式，改变为现代城市园林绿地建设格局。

②园林绿地建设应与生态林业、美学等结合，统筹规划，分步实施。在建设中突出“植物造景”，多设软铺装，选择树种、草种应侧重考虑“三季有花，四季常青”的园林特色，并侧重树种的生物学和生态学特性，做到适地适树。

③依据生态园林的特点，绿化应深入实地，彻底转变城市环境建设硬包装的观念，以绿化代硬化，做到“见地绿化，见缝植绿”。

④改善人居环境质量，应重视小区园林绿地建设，并在建设中突出植物种类群聚的特点，尽量减少亭台楼阁、喷泉雕塑、假山水池，以建设自然景观为主，实现人居环境回归自然的建设目的。

⑤城市公共绿地的生态园林建设，应以“小为主，中小结合，普遍分布”为原则，园林绿地建设与空间绿化相配套，进行多层次绿化。以生态学、植物群落学、城市规划学等学科理论为基础，使园林绿地建设向着由乔木、灌木、藤木、草坪及地被植物相渗透的多层次立体混交体系发展，实现大自然景观在城市生态环境中的可持续发展。

如何保护城市生态系统、拯救自然、改善人居环境质量，已经成为全球性的亟待解决的现实问题。世界上有许多城市提出了“城市要与自然关存”、“城市要有更多的绿色空间”、“21 世纪是绿色的世纪”等口号。可见加强城市园林绿地建设，提高人居环境质量是一项光荣任务。

可持续发展作为 21 世纪社会发展的热门话题，以提高资资源利用率和保护生态环境为出发，按照生态学的原理，通过系统科学的方式，自自然环境和人类社会发展环境相互适应，从而达到一个良性循环的过程。在在全球倡导可持续发展的背景下，我们要把实现城市可持续发展作为规划的根本目标，根据不同地区的地理、气候、地质环境和文化传承改善城市生态环境，建设健康、安全、可持续发展的绿色城市。相信随着城市化进展的脚步不断加快，通过一系列切实的努力，北方城市一定会有更加宽广的发展空间。

第十章 景观与园林设计创新发展

第一节 景观与园林设计创新趋势

一、景观园林的设计策略

园林景观的设计策略主要有以下几个方面：空间的秩序性、尺度的适宜性、视觉的艺术性、环境的生态性和场所的包容性。

（一）空间上的秩序性

1. 界定景观轴线

园林景观轴线的界定是必要的。因为轴线的引入可以使景观系统具有方向性、秩序性。但园林景观不同于其他的景观类型，它更要表现景观所创造的意境，所以轴线的形式有时是笔直的，有时可能是曲折的，但界定轴线的目的就是为了确立空间组织的逻辑顺序，以此契合于景观的功能需求，创造景观的场所氛围。苏州私家园林景观的曲折轴线就让我们体会到了景观空间的无穷变化，感知了景观空间带给我们的无限魅力。

2. 梳理空间内涵

如果说轴线是景观系统的中枢，那么景观涵盖的空间内涵就是附属于中枢上与人交流的媒介。每一个目的就是一种需求，每一种需求就意味着一种行为，每一种行为就必然决定着一种空间模式。梳理空间的内涵就是基于整理景观所承载内容的设计原则。只有掌握景观涵盖的内容，我们的设计才会有的放矢。在设计园林景观时必须将景观所要涵盖的内容梳理清楚，进而根据各种内容赋予其最为适宜的空间模式。对有相互交叉的或是可以统一的空间进行编排，从而形成清晰的空间模式的组合关系。

3. 区分空间等级

当我们梳理出空间内涵时会发现这是一个关于景观目的罗列的庞大列表，要想在场地内同时包容如此多的内容有时是不切实际的。由此我们必须理清各种景观需求，明确它们之间的轻重关系，即明确景观空间的等级。这一原则的目的就是使我们在园林景观创造中正确地对诸多的问题进行科学的取舍。明确空间等级的逻辑关系之后，我们才会清晰地利用场地，合理地进行空间的组织，甚至在必要时牺牲某一需求，从而保全景观系统总体的逻辑关系。在确定了空间的等级之后，还要明确空间的模式，将它们合理地归纳为一个个集合单元，然后思考它们之间的关系，经过缜密的推敲，从而论证其是否有交集、并集或是相离的关系。

4. 确定空间序列

确定空间的序列是空间秩序性原则的最后环节，其目的是深化空间的秩序，同时在正确的秩序基础上赋予景观空间形式上的美感，甚至使人们通过对空间的感知引发哲学意义上的思考。景观空间不仅仅需要高潮性的景观轴线与丰富的景观内容，更为重要的是通过对空间序列的处理将子系统景观空间合理地进行布局，就像优秀电影中高超而又巧妙的剪辑过程，使人们体会到景观的时间变化、强度更迭以及情景交织的过程，从而获得心智愉悦的体验。空间序列的处理就是解决空间与空间关系的艺术，空间之间是需要衔接的，而衔接就意味着机会，空间序列的艺术处理必然会增加景观的魅力，使景观在良好的逻辑关系中具有和谐与美丽的情感内涵。

（二）尺度上的适宜性

1. 弱化人为压力

协调园林与人的关系，是创作中必须面对的问题。在实践中，避让与弱化是我们对于园林景观的回应。这种方式也是尊重既有的自然环境，尊重发展的有机秩序。针对过大尺度的压力，我们采用谦逊的态度和顺从、弱化的景观营造手法。适时地协调尺度之间的和谐关系，以谦卑的姿态修正尺度对于园林景观的压力。

2. 遵从场地功能

尺度是数量的度，而空间是需要感知的，更多是基于人的经验。由此可以说，景观中的空间既需要数量尺度的纬度又需要空间感知的经验。基于尺度与空间的关系，在这里引出了景观中的恒定尺度与协调性尺度。景观中的恒定尺度是指遵从于硬性功用景观的要求而产生固定尺度，而协调性尺度则是起到过渡与调和的作用，遵从于景观的功能是针对恒定尺度与协调性尺度之间的关系而提出的，协调性尺度的景观是恒定尺度景观之间的连接媒介。只有限定好协调性尺度的景观，才会使景观系统运作流畅，才会契合于景观外延的需求。

3. 协调园林体量

景观组织紧凑、灵活，在尺度上遵从于园林对于景观的支配。在设计实践中一定要慎重地处理景观竖向界面及景观构筑物，尤其要注意它们自身的高度、体量以及对园林环境的影响。同时要注意景观空间的节奏组织，对于园林中的景观节点与景观空间尽量要低调一些，景观空间的侧界面要控制适宜，空间的强度也要适宜，以利于园林的自然环境进行有机的承接，而整体的景观系统则要注意适时地用比较柔化的界面对园林的总体空间尺度进行修饰，最终使园林的自然环境和谐地与景观共生。

4. 适宜人体尺度

无论探讨园林尺度、景观尺度还是设施尺度，最终我们的视角还是基于人的尺度。不同的人对于同一事物的感知是不同的，但有时感知的结果却是趋同的。可以认为，在尺度与“人”的关系中，“人”的概念应该是普遍性的，是人的社会群体。人的视觉与听觉的信息摄取量占信息接收总量的 90%，加上嗅觉以及社交空间等诸多因素，在边长为 20 ~ 25m 的立方体的景观空间范围内人们可以获得比较好的视觉感知来进行社会交流，超出此范围感知的强度就会急剧地下降。

（三）视觉上的艺术性

1. 引用自然之美

引用自然之美有两层含义：一是借景于自然山水之美；二是借用自然本质之美。借景于山水是出于景观层次的创造目的，将秀美山川作为景观层次的远景引入其中，使视觉美感的空间拉伸至一个更为深远的层次。自然之美也是在发掘自然景色资源，以一种熟识的美感赋予景观广博的胸怀，以借景的创作方法将大地理尺度的自然景观与人为创作的景观连接起来。

2. 创造界面之美

界面因空间而生，是界定空间的要素。界面之美是设计实践中视觉形式美的核心。景观中的竖向界面往往决定了景观空间的性格，而顶界面却是相对开放的。底界面的形式美关乎景观空间的整体美感，小面积的底界面也会影响到受用者的视觉感受，而竖向界面的形式美则关乎公众对于视觉美感认知的大部分体验，因为相对于单一的底界面与开放的顶界面，侧界面更充满着无限形态的变化与丰富的肌理表达。

3. 意会空间之美

空间之美在于空间自身的魅力给我们以情感的波澜，也在于空间和谐的尺度关系带给我们轻松、顺畅的行为方式。在园林景观中，意会空间之美的原则是抽象的，但确实是存在的，抽象于空间的本质存在于人们的内心。园林景观的空间之美在于空间包容既一切，更在于空间自身是否能够唤醒人们对于这虚无概念的情感意识。意会空间之美是设计的原则，也是我们追寻的目标，但它却是滞后的，只有公众在景观中快乐享受生活与游憩之时，我们的空间之美才会真正美得其所。

4. 隐喻人性之美

在诠释景观之美设计原则的道路上，尽端无疑是人性之美。美最终要公众感知，隐喻人性之美是贯穿视觉的艺术性原则的核心线索和主宰一切景观创作的美学要义。人性之美，纯真、纯善。人性之美诠释了艺术追求的最高层次，不是美丽的形式，也不是深长的意味，而是打动人的心灵。隐喻人性之美的原则也就是我们景观视觉创造期盼的幸福的终点。

（四）环境上的生态性

1. 尊重生态价值

生态价值观的确立是环境生态性原则的核心，在园林景观设计中，生态的价值观更是我们设计中必须尊重的观念，它应与人的社会需求、艺术与美学的魅力同等重要。从方案的构思到细节的深入，时刻都要秉持着这一价值观念。以这一观念回应人与自然的和谐共生；以这一观念支撑生态景观的设计；以这一观念影响着设计师和景观受用的公众，在设计与生活时尊重自然带给我们的生命的意义。尊重生态价值是一种观念的形成，并不能仅凭观念去解决景观中的实际问题，它更像是支配性的原则，让我们时刻有着关于尊重环境状况、理解自然的态度。

2. 接纳生态基质

美好的园林生态基质不得不使我们去积极地接纳，并成为我们景观设计中贯穿始终的线索。在现代景观设计中有着许多关于大地理尺度景观的生态基质、蓝带、灰带等景观概念，这些大地理尺度的景观诠释着景观设计大环境概念的完美无瑕。从大地理景观的气候角度、从水系的生理感知角度、从生态基质的景观优势角度，我们都要细致地考虑。量身定做我们的景观，使自然的美好环境与我们的景观斑块更好地衔接，从而融为一体。

3. 修正场地环境

外界环境的客观存在决定了景观的微观生态环境，其中噪声、尘土、建筑、季风、不良气流等都对景观的环境造成了不良的影响。修正景观的环境就是基于以上不良因素而提出的设计原则，即以景观的界面为媒介调解场地内的生态环境。修正这一原则以批判的视角观察场地的现状，而批判是否精准还要依靠实践中准确地发掘与不断地实践来加以论证。

4. 挖掘乡土资源

因地制宜、就地取材、适时而生。生态是对环境而言的，契合乡土正是从环境自身进行挖掘，从而探究环境和谐的本质。契合乡土绝不仅仅是观念层面的意识导向，也不仅仅是泛泛的生态设计原则，它的要义在于解读乡土环境以此根植于景观设计之中，契合乡土的意义极为深远，不仅在生态环境的营造上，也延伸到经济、文化、美学等诸多的方面。契合乡土就是创造属于公众的美好园林景观环境，让人们真正地体会到“此中有真意，欲辨已忘言”的意境。

（五）场所上的包容性

1. 包容宽泛群体

场所是传播情感的空间能量，我们希望这一能量能够最大化地给予公众。在实践中，我们要始终如一地坚持包容宽泛群体的原则，细致入微地深入到体贴人性的景观界面、毫无障碍的交通系统、充满绿色生机的休闲景致、高效舒适的景观。场所是情感的集合，而情感之中我们更要关注包容，一切景观营造的目的都以包容公众的受用质量为主旨。包容宽泛群体不仅仅是指导实践的原则，更是景观营造的价值取向。

2. 汲取地缘文化

可以说，文化是场所聚合的第一动因，也是各种行为起始的缘由。景观设计也正是基于“文化动因”这一内聚力，将地域、民族、历史以及生活中人们的文化积淀与生活模式转化成园林设计的素材和景观设计中空间组织的依据。无论是直观的视觉体验，还是行为及生活习惯；无论是物质构成的熟识感知，还是精神体验的似曾相识，关于场所感的认同，主要还是源于对地缘文化的认同，所以地缘文化的提炼深度与拓展广度决定了文化特质景观的品质，决定了能否得到公众认同。

3. 呼应心灵需求

其实我们每一个人都渴望亲近自然、亲近绿色、亲近闲适、亲近运动。当我们将若干园林景观作品推出让人们去自由选择时，往往最多的选票都会投在关注心灵需求的作品，因为此类作品涵盖了人性最为本质的亲近自然、释放自我的真谛。在设计实践中，契合高级的心理需求无疑是场所认同的绝佳途径。无论是出于亲近自然的心理还是出于休闲游憩的需求、甚至渴求获得喘息的愿望等。

4. 诠释景观精神

园林景观精神的诠释要依靠公众对于自然的参与，而不是在用字或是演讲中富丽堂皇地虚无包装。只有当公众在景观中享受生活时，那种场景才真正地诠释了平凡、真实而又生动的园林精神。场景的产生需要人物、场地与情节，而场地与情节的良好创造正是这一原则提出的初衷。在实践中，诠释景观精神意味着丰满景观的情感。景观诸多抽象的内涵要通过景观物化的形式得以实现，除必要的设施与场地，更多的要在景观界面加以诠释。物化的形式不仅仅停留在创造人们感知精神的层画，还要注重景观表达的深度与公众接受程度的良好衔接，充分考虑到公众的文化积淀深度。

二、景观园林规划设计步骤

环境艺术是一门研究城市空间景观设计的综合学科，它运用植物、水、石材、不锈钢、灯光多种材料，吸收文化、历史等人文内容，并结合特定环境创造出色彩丰富的、形态各异的活动空间。

（一）园林规划设计步骤

1. 接受设计任务、基地实地踏勘，同时收集有关资料

包括①所处地区的气候条件，气温、光照、季风风向、水文、地质土壤（酸碱性、地下水位）。②周围环境，主要道路，车流人流方向。③基地内环境，湖泊、河流、水渠分布状况，各处地形标高、走向等。总体规划师结合业主提供的基地现状图，对基地进行总体了解，对较大的影响因素做到心中有底，今后作总体构思时，针对不利因素加以克服和避让；有利因素充分地合理利用。此外，还要在总体和一些特殊的基地地块内进行摄影，将实地现状的情况带回去，以便加深对基地的感性认识。

2. 初步的总体构思及修改

基地现场收集资料后，就必须立即进行整理，归纳，以防遗忘那些较细小的却有较大影响因素的环节。在着手进行总体规划构思之前，必须认真阅读业主提供的“设计任务书”（或“设计招标书”）。在设计任务书中详细列出了业主对建设项目的各方面要求：总体定位性质、内容、投资规模，技术经济相符控制及设计周期等。在进行总体规划构思时，要将业主提出的建议定位作一个构想，并与抽象的文化内涵以及深层的警世寓意相结合，同时必须考虑将设计任务书中的规划内容融合到有形的规划构图中去。构思草图只是一个初步的规划轮廓，接下去要将草图结合收集到的原始资料进行补充，修改。逐步明确总图中的入口、广场、道路、湖面、绿地、建筑小品、管理用房等各元素的具体位置。经过这次修改，会使整个规划在功能上趋于合理，在构图形式上符合园林景观设计的基本原则：美观、舒适（视觉上）。

3. 方案的第二次修改文本的制作包装

由于大多数规划方案，甲方在时间要求上往往比较紧迫，因此设计人员特别要注意两个问题：

第一，只顾进度，一味求快，最后导致设计内容简单枯燥、无新意，甚至完全搬抄其他方案，图面质量粗糙，不符合设计任务书要求。

第二，过多地更改设计方案构思，花过多时间、精力去追求图面的精美包装，而忽视对规划方案本身质量的重视。这里所说的方案质量是指：规划原则是否正确，立意是否具有新意，构图是否合理、简洁、美观，是否具可作性等。

最后，将规划方案的说明、投资框（估）算、水电设计的一些主要节点，汇编成文字部分；将规划平面图、功能分区图、绿化种植图、小品设计图，全景透视图、局部景点透视图，汇编成图纸部分。文字部分与图纸部分的结合，就形成一套完整的规划方案文本。

4. 业主的信息反馈

业主拿到方案文本后，一般会在较短时间内给予一个答复。答复中会提出一些调整意见：包括修改、添删项目内容，投资规模的增减，用地范围的变动等。针对这些反馈

信息，设计人员要在短时间内对方案进行调整、修改和补充。

一般调整方案的工作量没有前面的工作量大，大致需要一张调整后的规划总图和一些必要的方案调整说明、框（估）算调整说明等，但它的作用却横重要，以后的方案评审会，以及施工图设计等，都是以调整方案为基础进行的。

5. 方案设计评审会

作为设计方，项目负责人一定要结合项目的总体设计情况，在有限的一段时间内，将项目概况、总体设计定位、设计原则、设计内容、技术经济指标、总投资估算等诸多方面内容，向领导和专家们作一个全方位汇报。汇报人必须清楚，自己心里了解的项目情况，专家们不一定都了解，因而，在某些环节上，要尽量介绍得透彻一点、直观化一点，并且一定要具有针对性。在方案评审会上，宜先将设计指导思想和设计原则阐述清楚，然后再介绍设计布局和内容。设计内容的介绍，必须紧密结合先前阐述的设计原则，将设计指导思想及原则作为设计布局和内容的理论基础，而后者又是前者的具象化体现。两者应相辅相成，缺一不可。切不可造成设计原则和设计内容南辕北辙。方案评审会结束后几天，设计方会收到打印成文的专家组评审意见。设计负责人必须认真阅读，对每条意见，都应该有一个明确答复，对于特别有意义的专家意见，要积极听取，立即落实到方案修改稿中。

6. 扩初设计评审会

设计者结合专家组方案评审意见，进行深入一步的扩大初步设计（简称“扩初设计”）。在扩初文本中，应该有更详细、更深入的总体规划平面、总体竖向设计平面、总体绿化设计平面、建筑小品的平、立、剖面（标注主要尺寸）。在地形特别复杂的地段，应该绘制详细的剖面图。在剖面图中，必须标明几个主要空间地面的标高（路面标高、地坪标高、室内地坪标高）、湖面标高（水面标高、池底标高）。在扩充文本中，还应该有详细的水、电气设计说明，如有较大用电、用水设施，要绘制给排水、电气设计平面图。扩初设计评审会上，专家们的意见不会象方案评审会那样分散，而是比较集中，也更有针对性。设计负责人的发言要言简意赅，对症下药。

7. 施工图的设计

社会的发展伴随着大项目、大工程的产生，它们自身的特点使得设计与施工各自周期的划分已变得模糊不清。特别是由于施工周期的紧迫性，我们只得先出一部分急需施工的图纸，从而使整个工程项目处于边设计边施工的状态。前一期所提到的先期完成一部分施工图，以便进行即时开工。紧接着就要进行各个单体建筑小品的设计，这其中包括建筑、结构、水、电的各专业施工图设计。

8. 施工图预算编制

施工图预算是以扩初设计中的概算为基础的。该预算涵盖了施工图中所有设计项目的工程费用。其中包括：土方地形工程总造价，建筑小品工程纵总价，道路、广场工程总造价，绿化工程总造价，水、电安装工程总造价等。

施工图预算与最终工程决算往往有较大出入。其中的原因各种各样，影响较大的是：施工过程中工程项目的增减，工程建设周期的调整，工程范围内地质情况的变化，材料选用的变化等。施工图预算编制属于造价工程师的工作，但项目负责人脑中应该时刻有一个工程预算控概念，必要时及时与造价工程师联系，协商，尽量使施工预算能较准确反映整个工程项目的投资状况。

9. 施工图的交底

业主拿到施工设计图纸后，会联系监理方、施工方对施工图进行看图和读图。看图属于总体上的把握，读图属于具体设计节点、详图的理解。

之后，由业主牵头，组织设计方、监理方、施工方进行施工图设计交底会。在交底会上，业主，监理，施工各方提出看图后所发现的各专业方面的问题，各专业设计人员将对口进行答疑，一般情况下，业主方的问题多涉及总体上的协调、衔接；监理方、施工方的问题常提及设计节点、大样的具体实施。双方侧重点不同。由于上述三方是有备而来，并且有写问题往往是施工中关键节点。因而设计方在交底会前要充分准备，会上要尽量结合设计图纸当场答复，现场不能回答的，回去考虑后尽快做出答复。

园林规划设计步骤写到这期应该是到此为止了。但在工程建设过程中，设计人员的现场施工配合又是必不可少的。

10. 设计师的施工配合

设计的施工配合工作往往会被人们所忽略。其实，这一环节对设计师、对工程项目本身恰恰是相当重要的。业主对工程项目质量的精益求精，对施工周期的一再缩短，都要求设计师在工程项目施工过程站，经常踏勘建设中的工地，解决施工现场暴露出来的设计问题、设计与施工相配合的问题。如有些重大工程项目，整个建设周期就已经相当紧迫，业主普遍采用“边设计边施工”的方法。针对这种工程，设计师更要勤下工地，结合现场客观地形、地质、地表情况，做出最合理、最迅捷的设计。

第二节　园林景观人文与人性化元素

在国家经济飞跃发展的背景下，人们生活质量得到明显改善，愈来愈多的人对生活品质有了更高要求。在城市建设中，城市景观规划是必不可少的部分，每个城市都有其独特的景观特点。通过城市景观规划特点，能够看到当地所具有的独特风格和人文特色。为了给人们创建更美好，适合居住的家园，城市景观在规划过程中尤其注重人性化设计，致力于打造适合人们居住的和谐园林氛围。

一、人性化设计

城市景观是在城市经济、地理位置、人文特色的前提下进行规划，要与本土城市景观设计风格相融合。所以，景观规划必须要结合城市整体人文环境和特色，符合科学化、合理化的特点，只有做好特色化景观规划设计，才能进一步完成人性化风景园林设计。二者之间互不冲突，为了满足城市风景园林人性化设计需求，规划时应考虑人们使用时的便捷性，比如，配备健身设施和一些基本的公共设施，不仅能够为人们的生活带来便利，还有利于提高城市风景园林人性化设计质量。

（一）“人性化设计”之涵义

人性化设计是使设计产品与人的生理、心理等方面因素相适应。以求得人与环境的协调和匹配，从而使使用主体与被使用客体之间的界面趋于淡化，使生活的内在感情趋于悦乐和提升。具体到园林景观，则体现于景观的整体感觉须满足人们日常生活的舒适心理，各个细节需在满足功能要求的前提下，符合人们的身体尺度，并使人产生积极健康的心理反映。

（二）“人性化设计”之于具体生活水平的体现

园林景观设计领域，人性化设计则体现于各个实在的元素。一草一木，一桌一椅，细微之处皆体现出设计者的独具匠心。

1. 景观气氛的合适烘托

从某种意义上讲，园林景观处于建筑客体与人群主体之间，是联系建筑与人群之间的情感纽带，也通过一系列景观元素体现居住者的文化品味与生活层次。如古代私家园林，必尽显其私密性与独享情趣。因此，在划分区域或造景上面产生很多曲折、细腻的手法，崇尚诗意造园，整体感觉有水墨画的淡雅格调。而与之相反的公共园林，其主要目的是为满足社会公益生态环保与公共休憩需要，服务对象是的极大多数社会人群，所以其定位也是面向大众的层次。因此需极力展示其公共性能和共享性能，本身的设计出发点即是让人来去自如，对参与人群的层次却不做具体要求。只有社会生产力越发达，公共设施的发展层次才越高。现代居住小区园林，则融合了私家园林与公共园林的双重功能，既要有强大的兼容性，以供不同层面人群的聚散，又需要动静分开，满足不同年龄层人群的个人需要。因此而有了适合人流聚集的会所，有了功能明确的儿童乐园和老年人活动中心，等等。所以，居住小区相对而言属于一个消费层面集中同时兼容性强的人群聚集区域，最能体现社会大众层面的生活水平。

2. 景观功能的合理运用

园林艺术的美感表达，很大程度上依托于景观的表现形式。而景观功能的合理与否，则直接决定了主题园林的成功与否。以园林景观中最为普遍的休闲座椅为论，80 年代以前，休闲座椅只作为临时座靠的功能性设施，反映的也是当时社会满足温饱就好的社会愿望。80 年代以后，随着人性化要求逐步形成，休闲座椅也日益演化，完善着其做为功能性与观赏性的双重使命。在满足视觉美感的基础上赋予其合理的座靠使用功能，使得美学价值与使用功能得到完美结合。

3. 景观环境对人群心理的调节

人群的心理情绪受天气和自然环境的影响。良好的景观环境的创造，改善自然环境的同时亦调节人群心理状况的舒适度。因此，只有当我们的社会文明足够发展，属于多维空间概念的景观设计主题趋向于健康、文明的方向的时候，才能为人居环境起到积极的促进性作用。

对于城市风景园林规划，细节规划是否到位直接影响着整个园林质量，关系着人们对风景园林的满意度。以道路设计为例，应做好下列要素的统筹规划：

①基于风景园林的人流量、人流流动方向，从全局角度出发，规划园林道路，通过设计多动线，使人们快速到达园林各观景区、休息区，同时，实现人流分流，避免因拥挤影响人们观景、拍照心情。

②在设计具体道路时，注意道路宽度设计的合理性，避免道路过宽破坏景观的美观性与实用性；过窄导致游人拥挤，既要满足游人游玩的需求，又要展现曲径通幽的效果，使游人能够放松身心。

③统筹环境效益、经济效益，保障景观要素成本合理、颜色多样且形态美观。

二、人文化设计

（一）“陆化设计”之概念

较之于人性化设计，人文化设计更强调设计理念的运用。强调文化底蕴和文学元素的参与与表现。通过文化符号在设计中的合理运用，充分展示环境的文化品位和历史的传承发展。

（二）“人文化设计”之于具象化设计对象的揉和

1. 园林景观水系

水系景观是造园手法里一个必不可少的基本元素。人类自古择水而居，现代人群也正慢慢意识到：真正高品质的生活，在于融入自然和谐的生态环境，在于具有历史底蕴的人文气息。中国传统的水景“曲水流觞”，在现代园林里出现，现代材料融入传统风骨，自是一番闲情风月。

2. 园林绿化的安排

绿化具有调节光、温度、湿度，改善气候，美化环境，消除身心疲惫，有益居者身心健康的功能。住宅小区的绿化设计，应兼具观赏性和实用性，同时充分考虑绿化的系统性、空间组合的多样性，从而获得多维的景观效应。公共景观体系，则应该以营造有利于发展人际往来的自由生长的树木为主。

3. 园林小品的点缀

在这充满复古气息的时代里，现代的工艺，现代的设计思维，结合民族的、传统的表现符号，在一处处让人赏心悦目的园艺小品里，得到最完美的体现。

4. 园林铺地的表现形式

现代园林里，朴实无华的青石板路，以简单几何形体自然重复的青砖地面，从来都是设计者与使用者的最爱。原本，过分的修饰从来都只是暂时的，只有那些立足于最本质的根本功能，才是不断被需要的对象。

5. 园林特征的地域性

不同的地域拥有不同的地方文化特色，根据各地区不同的气候条件或风土人情，园林特征所体现出来的特点也具有不同气息。多水的南方园林，体现的是丰富的水系文化；而干燥的北方，应该多采用色彩较鲜艳的玻璃钢材质等。

三、人文化与人性化设计相融合体现社会阶段特征

做为社会进步元素里面的一部分，一个成功的园林案例可以存在的最根本理由是它的功能性，在满足功能性的要求以后又具有体现历史文化的时代特征，那么它就具有了传承的价值。因此，成功的设计艺术，必须是文化性与功能性的完美统一，其设计理念也必须是可生长的。

一个城市的人文特点、历史文化主要是从其风景园林体现出来，不同的城市，其风景园林各异，且为该城市独有。在开展城市园林设计时，每个城市设计者都会去深入了解属于当地的有关风俗文化，并将这些独具特色的风俗文化与园林设计巧妙联系在一起，从而创造出独具特色的风景园林。当地风俗文化的融入，不仅在城市风景园林的独特性方面发挥了重要作用，还使本城市的人们对于风景园林给予了高度认可。这说明，人文因素是城市风景园林设计时必须要考虑的因素，很大程度上推动了人与自然的可持续发展。

为满足新时代人们的生活需要，要在园林设计中融入人性化设计理念，摒弃落后的设计理念与方法，不断提高设计水准，力争创造具有独特中国特色的原创园林设计，为人们打造更为舒适的休闲、娱乐场所。在景观设计过程中，结合实际情况融入人性化设计理念与地域特色，让园林设计更贴近人们生活与需求。如哈尔滨在建设城市园林时，利用当地寒冷天气，将“冰”元素融入其中，设计了冰雪场、冰雕等建筑，体现地方特色与文化，提升设计质量。在园林设计中融入人性化设计理念，实现人与自然和谐共存，提升景观园林设计水平，满足人们的实际需求。

第三节 文化传承与园林景观设计发展趋势

园林景观设计中文化元素从古老的逐渐发展到昌盛的唐宋山水园林，都显得极其关键。中国园林艺术正逐步摆脱单一的功能形式，开始朝高质量文化内涵蜕变。在中国园林发展过程中，古人将不同时期不同民族的文化元素注入当时的设计中。这种传承自小到大处处体现在古典园林的设计当中，雅致含蓄、韵味十足。它使得中国园林在世界上享有崇高的地位，在世界园林史上独树一帜。

现代园林景观设计是中国古典园林文化的传承和发展，文化内涵作为一种行为载体发挥着重要的作用。现代园林景观与古典园林相比其文化内涵充裕多彩，它可以通过不同的设计方法将个人的哲学理念、政治理想、文学修为、艺术审美等不同文化融入园林造景之中。

一、文化传承对现代园林景观设计的作用

现代园林具有非常明显的时代烙印，它的内容、形式，以及表现手段，具有一定的独特性、民族性。它能够将文化内涵嵌入园林景观中使用者的意识形态当中，并从中发散融入；社会文化属性的重要一环就是园林艺术。设计者将自己对园林文化内涵的理解，转化成一定的现代景观形式。这种形式往往深刻表达了作者对文化内涵的创意理念，它是一种心灵的交流和诠释，是不受地域和时间约束的。这种将文化延续传承的表达方式具有一定的历史继承性和攀越性。中国传统文化的发展是一个历史的过程，无论外来文化是否介入，它都存在着继承和超越的问题。中国传统文化虽然具有先天巨大的优越性，但也同时存在着不可避免的缺陷。如何在继承中发展、在发展中继承、在超越中继承，是一个难题，这就要求设计者在汲取精髓的同时，要有选择性地取舍和创新。在人类社会文化发展历程中，文化传承对园林艺术发展起着积极推动作用。

二、文化传承对促进现代园林景观文化内涵的意义

历史上的伟大人物凭借他们的聪明才智，建立了璀璨的中华文化，这种文化是中国古老文明的见证。时至今日，传承下来的古老文化仍然以顽强的生命力存在于新时期的园林建设当中。园林工作者可以通过设计，将传统元素孕育其中，以一个独特的方式向公众展示。使用者可以在切身体验园林景观时潜移默化地被古老文化所感染，长此以往他们自然在价值观与思维方式上展现出不同。传统文化有时离我们很远，有时又离我们很近。其实，它就是我们现实生活的体现，是新世界新园林中必不可少的东西。时代在发展，环境在变化，但传统文化的精髓没有变，我们要做的就是将它与新的文化相结合，

继续创造独具特色的中国文化。古往今来，从古典园林到现代园林无一不是技术与艺术的完美结合，设计者在设计之初到施工阶段将其全部身心投入其中。中国园林讲究师法自然，讲究自然美、移步异景，而西方园林更多的是提倡图案、对称。虽然形式不同，但是在本质上都体现出了人类对美的追求，他们通过不同的园林造景展现内心对美的追求。因此，选择性文化传承可以促进现代园林景观更好地发展。

（一）文化传承对现代园林景观设计创新的积极作用

文化传承保护延续了一些特定人群特定区域的文化，行之有效地将自然景观和人文景观灌入景观设计当中。随着设计者对景观创新和文化传承的理解不断加强，好的作品也如雨后春笋般涌出，并在国际舞台上薪露头角。

（二）特色文化和乡土景观对现代园林景观设计的地域性影响

“一方水土养一方人”“橘生淮南则为橘，生于淮北则为枳”，地域性决定了文化性。中国地大物博，文化源远流长。这也决定了地域之间的文化差异、乡土景观差异。景观设计扎根于地域文化这块沃土，能更好地展现当地乡土风情和地方特色。在故宫旁边兴建埃菲尔铁塔是不合适的，在拙政园放置自由女神像也是不合适的。具有地域性的文化背景决定了园林景观的设计范围，地域性的影响给设计造成了差异，产生了变化。现代园林景观应该保持独特的地域性“神”“韵”，在发展中保持自己的个性回。

（三）现代园林景观设计发展的决定性因素是提升文化内涵

充分认识文化在景观设计中的地位，全方位体现设计中的文化内涵，制定切实可行的规章制度口。文化内涵的审美标准在不断发展变化中，我们不能机械地停止地看待这个问题。要与时俱进，重视中外景观元素的注入，满足群众对文化需求，促进社会大众更加重视文化传承。在现代园林景观设计中，要保留、发展当地传统的民间风俗，通过提炼当地文化属性和提升文化内涵，打造出与众不同的高标准园林景观。

（四）园林景观的终极目标是满足使用者的需求

园林景观可以被看成一件产品。这件产品设计最终是要居民去使用，因此它必须具备一定的价值——用户通过使用产品来获取自身需求的满足。因此，想要用户使用景观，就需要满足用户的需求。而使用者的需求往往是多样的，因此一个好的园林景观要很好地满足使用者的需求，就一定不能只提供单一的功能，而应该提供多元化的功能。高端园林景观需要在物质层面具备多样化的使用功能，在精神层面具有高端的文化内涵。用户在享受景观设计所带来的精神愉悦的同时能读出更多的中国文化故事，从而不断满足人们的生理和心理的双重需求。

三、园林景观设计发展

（一）凸显文化性和区域特征

崇尚历史和文化是城市园林景观设计的一大特点。中国地域传统文化有着其独特的文化性，在园林景观设计中，强调环境园林景观设计的文化性，将地域传统文化融入其中，凸显地域特征，增加园林环境的文化艺术感。

（二）彰显园林景观设计的艺术性

园林景观规划设计过程中，不仅要考虑到地域传统文化的特性，同时还要将园林景观的艺术性彰显出来，创造出既具有历史文化，又简约明快的景观设计风格，例如，西子湾水晶的营造，在绿地中开辟一条溪涧，不仅提高了景区的自然生态气息，同时又展现给人一种既凸出中国地域传统文化，又不失园林景观设计艺术性的感觉。

（三）注意园林景观设计的协调性

随着现代化城市建设步伐不断加快，为了满足人们的需要和环境建设的需要，在进行园林景观设计的时候，应当尽量利用现有的自然环境来创造人工环境，注重环境之间的协调性，从而在人们观赏的时候，给人们一种美的享受。

四、景观设计所面临的挑战

（一）以人为本，以民为本

人类对于美好生活环境的追求，是景观（规划设计）学学科专业存在的唯一理由。从伊甸园到卢浮宫，从建章宫到拙政园，人类历史实现了从理想自然到现实自然的转化，在传统时代，景观一直是理想、艺术、地位和权利的象征；而工业化和城市化催生了现代景观——九世纪末期纽约中央公园的出现，标志着现代景观的真正开始景观开始走上了平民大众化之路。今天的景观涉及人们生活的方方面面，现代的景观是为了人的使用，这是它的功能主义目标。虽然为各种各样的目的而设计，但景观设计最终关系到为了人类的使用而创造室外场所。为普通人提供实用、舒适、精良的设计应该是景观设计师追求的境界。

（二）社会性、艺术性、生态性的平衡

景观设计涉及科学、艺术、社会、经济等诸多方面因素，它们之间是一个有机的整体，相辅相成，缺一不可。功能合理、满足了不同人广泛的使用需要的作品，意味着是高效的，而一定的资源投入产生了最大的效益，也意味着符合一定的生态原则；人类的资源是有限的，最容易得到的资源就是通过高效利用现有资源而节约下来的那部分资源，所以生态主义已经从一种实验或意识变为一种与经济密切相关的因素；而艺术的作品，意味着具有引人注目的潜质，它可以改善一个地区的视觉环境，提升一个地块的价值，这又与社会经济联系在一起。今天更多的景观设计师追求的是这些因素之间的平衡，即

具有合理的使用功能、良好的生态效益和经济效益及高质量的艺术水准的景观。

（三）强调物质文明和精神文明相统一

目前和今后人们生存方式的变革导致了新环境的出现，它应该是显性物质环境和隐性精神环境的良好结合。环境——第一，从物质上讲，是我们或其他生物种类赖以生存并能感受到的外部空间；第二，从精神上讲，环境是人们因生活在一起相互沟通而产生的心理感应，也就是说，好的环境还是一种教育、交流的结果。因此，在不远的将来，我们的生活应该会有大的变革，而这种生存方式的变革必然会引起全方位的设计革命。

第四节　走向现代艺术的西方园林景观设计

从某种程度上看，艺术是园林景观最根本的形式源泉。西方园林景观从传统的风景园林到现代景观设计的发展进程中，一直从艺术的角度出发进行设计和营造，尽管设计手法早现出多元化的发展趋势，但是“艺术”作为其追求目标始终闪耀着不可磨灭的光芒，并且将伴随现代的园林景观走向未来。

一、西方园林景观设计发展史

（一）原始审美功能的西方园林

西方园林景观的起源可以追溯到遥远的古埃及、古希腊和古罗马时期。最原始的造园行为是为帝王贵族们狩猎的苑同和居住区进行绿化栽植等，目的是为了营造美观舒适的装饰环境。如几千年前的埃及就在高阜上的大殿周围栽植木林，建筑附近的绿化最初以种植果树、蔬菜、药草等为主，后来逐渐发展成观赏植物。这一系列行为皆是为了满足人类早期对园林的审美需求。

（二）古典艺术指引下的园林景观

工艺美术运动使艺术和建筑向着简洁的方向发展，园林同样受新艺术思潮的影响，走向了净化的道路新艺术运动中，具有艺术才能的设计师们逐渐抛弃了风景式的园林形式，把园林作为空间艺术来理解。

建筑师在抽象的立体主义和超现实主义的启发下建立了完善的现代主义建筑设计体系，但是西方的景观设计却因受到社会发展的限制，没有独立展现自身的魅力而无缘成为现代运动主角。然而，园林景观得到了抽象艺术的滋养，为以后走进艺术领域孕育着新的种子。这一时期的园林被视为建筑室内的延伸和建筑的背景，尽管结合了当时艺术的理念及表现形式，但是仍作为建筑和其他构筑形态的附属部分，仅仅借用了艺术的外衣，而景观设计中最主要的元素仍然是自然形态的植物。

（三）现代主义的园林景观

艺术从可直接感知的范畴扩展到可领会的范畴，表现形式也从绘画、音乐、雕塑等延伸为时间与空间的叠加。现代景观设计的主流不断前进，设计语言更为丰富多彩，并开始运用除植物外的各种材料，思维重点越来越倾向于对空间尺度的处理以及空间的区分和联系。此后，西方园林景观逐渐开始向现代艺术汲取大量的精华。

二、西方现代园林的特征

西方现代园林发展风格呈现多元化的特点，园林与自然、社会、文化、技术、艺术高度融合，城市规划、建筑与园林三者紧密结合，专业设计师和公众的参与之间协调发展，从这些特征可看出西方现代园林发展的趋势。

（一）生态设计观念更加深入人心

在园林建设活动中人们不仅要考虑如何有效利用可再生资源，而且要将设计作为完善大自然能量循环的重要手段，充分体现自然的生态系统和运行机制。尊重场地的地形地貌和文化特征，避免对地形构造和地表肌理的破坏，注重继承和保护地域传统中因自然地理特征而形成的特色景观和人文风貌。从生命意义的角度出发，即尊重人的生命，尊重自然的生命，体现生命优于物质的理念。通过设计重新认识和保护人类赖以生存的自然环境，建构更加和谐的生态伦理。

（二）新的信息技术更加广泛地应用

随着信息技术的进一步发展，人们在造园活动中会及时地应用新的技术及方法来更好地为人类服务。例如根据人口、环境、资源的变化，及时采用相应的技术和管理手段来适应和调节人们对自然环境的需求，通过数量化手段分析环境潜力与价值，实现设计的精确化、数量化，以达到预定的环境目标；利用高科技创造互动式的景观体验，创造微气候环境，根据人的舒适度调整日光辐射、气温、空气流动、湿度等环境条件；模仿生态系统的结构，通过动力装置、光纤传感、计算机程序和“智能型”材料对环境做出相应反应；利用高科技创造有“感觉器官”的景观，使其如有生命的有机体般活性运转，良性循环；结合全球文明的新的技术手段来诠释和再现古老文明的精神内涵等。

（三）多元化的发展局面更为显现

多元化要求强化地方性与多样性，以充分保留地域文化特色，丰富全球园林景观资源。根据地域中社会文化的构成脉络和特征，寻找地域传统的景观文化体现和发展机制；避免标签式的符号表达，反映更深的文化内涵与实质；以发展的观点看待地域的文化传统，将其中最具活力的部分与园林的现实及未来的发展相结合，使之获得持续的价值和生命力。

三、西方现代造园技术思想的当代借鉴

西方现代造园美学思想是：为大众设计的思想；形式与功能相结合的思想；与环境相融合的思想；注重空间的思想。在我国的风景园林设计以及相关的学科中，常常忽略了现代艺术形式以及现代视觉形态知识对园林设计的影响，而对目前不断变化的现代艺术形式以及层出不穷的园林设计新模式，不能深刻、全面地认识与借鉴。造成这一问题的根本原因在于学科建设存在的误区以及对现代艺术存在的偏见。我们应充分借鉴西方现代造园美学思想、设计思想，利用现代抽象艺术的边线形式，让风景园林学科能够符合现代设计潮流的发展需求，不能单方面地追求设计中的绿化率以及简单的三维绿视量。此外，在设计过程中增加风景园林的设计艺术含量，能够更有效地吸收现代艺术中独特的设计形态知识。比如，在设计园林植物配置的过程中，为了提高其观赏性，应从园林植物景观视觉和形态的美学方面入手，尽可能在园林设计中加入现代化、多元化的元素，丰富园林景观设计的内涵，从而有效防止设计作品的类型化。

园林设计属于科技含量较高的学科，涉及许多方面的知识，如人文学科、自然学科、地理学科等，需要将多方面的知识相互融合。纵观园林设计发展的历史，无论是国内抑或是国外的优秀设计作品，都是融合了艺术或者艺术形态的知识，并通过这种互相融合有效解决设计形态单一的问题。为了全面加强景观设计的质量，可以从设计风格学以及设计形态学的基础上分析视觉心理，能够起到有助于形成中国特色现代设计风格的效用。园林设计作为一门极为注重平面与立体形态整体知觉的艺术，与绘画、雕塑所具备的造型特性和视觉形式极为相似。

西方现代景观文化的发展史从以艺术为中心演变为关注自然、重视人类活动的需求，在整个过程中，景观设计的行业体现出了一种对于时代发展相当浓厚的责任感。西方景观设计在历史的潮流中经历了无数次的变革，而这些变革都值得我们去学习和借鉴。而景观设计的发展与园林设计的自我提升是分不开的，同时两者之间的相互促进更是景观设计适应时代变革以及自我完善的关键之处。

对于西方园林设计现代艺术形式的不断变化，应该做的就是抓住全球性文化碰撞与整合时期所带来的机遇，想方设法领会西方现代设计文化的精髓，并与我国传统园林形式进行融合，相互映照。

中国和西方的园林艺术都具备各自的独特性以及不同的精髓、不同的思想，在艺术形态上表现出了各自的风格。但是，伴随着环境与科学的共同发展，以自然、生态为主，并追求人与自然和谐发展的现代园林，已经逐渐替代了以视觉景观为主的传统园林。面对西方园林设计中现代艺术的挑战，中国传统园林形式作为中国传统文化的瑰宝，必须对其进行创造性的继承。在园林景观的规划和设计中，一方面融入现代的设计理念，借鉴西方的现代设计手法；另一方面有意识地保留和继承中国风景园林设计的艺术元素，融入中国文化特色，创造出具有中国特色的现代景观设计作品。

第十一章 风景园林建筑的外部环境设计

第一节 风景园林建筑场地设计的内容与特点

景观园林是通过园林工程来表现园林艺术的一种方式，也是环境规划设计的一种方式。现在人们习惯了大城市的车水马龙后，很多人都非常向往山水之间的风景和氛围，由此导致现在的景观园林设计也成为了人们日常中比较喜欢的一种专业。现在旅游休闲文化已经逐渐成为人们打发时间最重要的方式之一，加之人们对自然山水风光的向往越来越深，很多人们进行旅行的时候都会选择风景比较有特色的一些景观园林。

园林景观设计在传统园林理论的基础上具有建筑、植物、美学、文学等相关专业的人士对自然环境进行有意识改造的思维过程和筹划策略的一个行业。景观设计作为一门独立的应用技术，已经远远超越了我们常规理解的概念和范畴，也成为了人类塑造生活环境艺术以及施工的前提。

一、场地设计的主要内容

地形地貌设计：地形地貌是场地设计中的重要因素之一，它直接影响着场地的使用效果和观感。地形地貌设计需要考虑场地的坡度、高低起伏、水流等因素，以及地形地貌对场地的防护和安全性的影响。

（一）场地的概念

从所指对象来看，场地有狭义和广义之分。

狭义概念：狭义的场地是相对“建筑物”存在的，经常被定义为“室外场地”，以示其对象是建筑物之外的广场、停车场、室外活动场、室外展览场等。

广义概念：一般情况下，人们通常指的“场地”就是广义的场地。场地是基地中所包含的全部内容，包括建筑物和建筑物之外的环境整体，应该具有综合性、渗透性以及功能的复杂性，包括满足场地功能展开所需要的一切设施，具体来说应包括以下两点：

①场地的自然环境——水、土地、气候、植物、环境等。

②场地的人工环境——亦即建成空间环境，包括周围的街道、人行通道需要保留的周围建筑、需要拆除的建筑、地下建筑、能源供给、市政设施导向和容量、建筑规划和管理、红线退让等场地的社会环境、历史环境、文化环境以及社区环境等。

（二）场地的构成要素

1. 建筑物

在一般的场地中建筑物必不可少，属于核心要素，甚至可以说场地是为建筑物存在的。所以，建筑物在场地中一般都处于控制和支配的地位，其他要素则处于被控制、被支配的地位。其它要素常常是围绕建筑物进行设计的，建筑物在场地中的位置和形态一旦确定，场地的基本形态一般也就随之确定了。

2. 交通系统

交通系统在场地中起着连接体和纽带的作用。这一连接作用很关键，如果没有交通系统，场地中的各个部分之间的相互关系是不确定和模糊的。简而言之，交通系统是场地内人、车流动的轨迹。

3. 室外活动设施

人们对建设项目的要求除室内空间之外，还有室外活动，如在一些场地中需要运动场、游乐场，这样就要求设置相关的活动设施。

4. 绿化景园设施

在城市中，场地内作为主角的建筑物大多会以人工的几何形态出现，构造材料也是人造的、非自然的为主，交通系统也大体如此。它们体现的是人造的和人工的痕迹，给人的感觉是硬性的、静态的。而绿化景园能减弱由于这种太多的人工建造物所形成的过于紧张的环境压力，在这种围蔽感很强的建筑环境中起到一定的舒缓作用。另外，绿化景园对场地的小气候环境也能起到积极的调节作用，如冬季防风、夏季遮阴，调节空气的温湿度，水池、喷泉等水景在炎夏能增强清凉湿润感。

5. 工程系统

工程系统主要包括两方面：①各种工程与设备管线，如给水、排水、燃气、热力管线、电缆等（一般为暗置）；②场地地面的工程设施，如挡土墙、地面排水。工程系统虽然不引人注意，但其是支撑建筑物以及整个场地能正常运作的工程基础。

（三）场地设计的内容

上面已经讨论过，场地的组成一般包括建筑物、交通设施、室外活动设施、绿化景园设施以及工程设施等。为满足建设项目的要求，达到建设目的，从设计内容上看，风景园林建筑场地设计是整个风景园林建筑设计中除建筑单体的详细设计外所有的设计活动。

风景园林建筑场地设计一般包括建筑物、交通设施、绿化景观设施、场地竖向、工程设施等的总体安排以及交通设施（道路、广场、停车场等）、绿化景园设施（绿化、景观小品等）场地竖向与工程设施（工程管线）的详细设计，这些都是场地设计的直接工作内容，它们与场地设计的最终目的又是统一的。因为每一项组成要素总体形态的安排必然会涉及与其他要素之间总体关系的组织，而对风景园林建筑之外的各要素的具体处理又必然会体现出它们之间以及它们与风景园林建筑之间组织关系的具体形式。所以，这与人们认为的“场地设计即为组织各构成要素关系的设计活动”是相一致的。

二、场地设计的特点

在对场地设计的内容和实质进行了讨论之后发现，风景园林建筑场地设计兼具技术与艺术的两重性。而风景园林建筑场地设计与建筑设计极其相似，所以既具有技术性的一面，又具有艺术性的一面。

在风景园林建筑场地设计中，用地的分析和选择，场地的基本利用模式的确定，场地各要素与场地的结合，位置的确定和形态的处理等工作都与场地的条件有直接关系。需要根据场地的具体地形、地貌、地质、气候等方面的条件展开设计工作，在设计中技术经济的分析占有很大的比重。比如，建筑物位置的选择就要依据场地中的具体地质情况决定，包括土壤的承载力、地下水位的状况等，这里工程技术的因素将起到决定性的作用。而场地的工程设计包括场地的基本整平方式的确定、竖向设计等，也要依据场地的具体地形地貌条件决定，既有技术性的要求，又有经济性的要求。在道路、停车场、工程管线等的详细设计中，技术经济成分所占比重同样很大，如道路的宽度、转弯半径、纵横断面的形式、路面坡度的设定等都有着较特定的形式和技术指标要求。工程管线的布置更需要严格依照技术要求进行。上述内容都强调工程技术和经济效益两方面的合理性，场地设计也因此而显现出技术性很强的一面。在设计中需要更多的科学分析，更多的理性和逻辑思维。

与此同时，场地设计要进行另一类的工作。在场地中大到布局的形态，小到道路和广场的细部形式、绿化树种的搭配、地面铺装的形式和材质、景园小品的形式和风格等，特别是场地的细部，都是与使用者在场地中的感官体验直接相关的。这些内容的处理并没有硬性的规定，也没有复杂的技术要求，更没有一个一成不变的模式去套用，设计中需要的是更多的艺术素养和丰富的想象力。这使场地设计又显现出了艺术性的一面。

风景园林建筑设计中需要解决的问题多种多样，既有宏观层次上的又有微观层次上的，这种两重性在风景园林建筑场地设计中同样有突出体现。从风景园林建筑场地设计的整个程序上来看，场地设计的内容处于设计的初期和末期两个端部。初期的用地划分和各组成要素的布局安排是总体上的工作，具有宏观性的特征。末期的设施细部处理、材料和构造形式的选择是细节上的工作，具有微观性的特征。场地的最终效果既依赖于宏观上的秩序感和整体性，又依赖于微观上的细腻感和丰富性。因此，场地设计既需要宏观上的理性的控制和平衡，又需要微观上的敏感和耐心。

总之，由于内容组成的丰富多样，场地设计呈现出了多重的特性，既有科学的一面又有艺术性的一面，既有理性的成分又有感性的成分。这些特性交织在一起，使场地设计成了一项高度综合性的工作。

第二节　风景园林建筑外部环境设计的基本原则

探讨风景园林建筑在外部环境中的设计原则有助于全面考虑建筑外部环境的综合层面，从而使建筑的整体环境和谐统一。在风景园林建筑设计过程中，应根据建筑的性质、规模、内容组成与使用要求，结合建筑外部环境，把握不同环境层面的主要矛盾，建立整体环境的新秩序。

一、整体性原则

整体性是风景园林建筑及其构成空间环境的各个要素形成的整体，体现建筑环境在结构和形态方面的整体性。

（一）结构的签体性

结构是组成要素按一定的脉络和依存关系连接成整体的一种框架。风景园林建筑和外部环境要形成一定的关系才有存在的意义，外部环境才能体现出一定的整体秩序。整体性原则立足于环境结构的协调之上，并使建筑与其所处环境相契合，建立建筑及其外部环境在各层面的整体秩序。

风景园林建筑外部环境的每个层面均具有一定的结构。城市环境由不同时期的物质形态叠加而成。每个城市的发展都有独特的结构模式，城市的各个部分都和这种结构具有一定的关系，并依据一定的秩序构成环境。风景园林建筑设计应当植根于现存的城市结构体系中，尊重城市环境的整体结构特征。地段环境应当是城市环境中的构成单元，是符合城市自身结构逻辑的、相对独立的空间环境。风景园林建筑设计应当尊重城市地段环境的整体框架，与已建成的形体环境相配合，创造和发展城市环境的整体秩序。

场地环境是指由场地内的建筑物、道路交通系统、绿化景园设施、室外活动场地及各种管线工程等组成的有机整体。建筑设计的目的就是使场地中各要素尤其是建筑物与其他要素建立新的结构体系，并和城市环境、地段环境相关联，从而和外部空间各个层面形成有机的整体。

风景园林建筑和外部环境空间秩序的关系存在两种方式。其一是和外部环境空间秩序的协调。由于外部环境空间的秩序是在漫长的历史发展过程中形成的，往往存在维持原有结构秩序的倾向，使秩序结构具有稳定性等特点，从而对风景园林建筑设计形成一种制约。其二是对外部环境空间秩序的重整。随着经济结构和社会结构的演变，环境秩序也随之发生变化。由于原有的环境秩序往往很难适应发展变化的要求，环境内部组织系统的变化总是滞后于发展变化，从而导致城市的结构性衰退。因此，风景园林建筑设计必须使各组成要素和子系统按新的方式重新排列组合，建立新的动态平衡。

（二）形态的整体性

风景园林建筑形态是外部环境结构具体体现的重要组成部分。外部环境任何一个层面的形态都具有相对完整性，出色的外部环境具有的富于变化的统一美，体现于整体价值。风景园林建筑设计要与外部环境层面的形态相关联，保证建筑空间、形式的统一。新建筑能否融合于既存的建筑环境之中，在于构成是否保持和发展了环境的整体性。

各环境层面都具有相对独立的功能和主体。功能的完整与建筑和环境密切相关。风景园林建筑实体的布局要注意把握环境功能的演变，建筑实体的功能要符合城市功能的演变规律，从而使建筑功能随城市经济发展而不断变化，防止建筑功能的老化。对一些功能较为混乱、整体机能下降、出现功能性衰退的地区，风景园林建筑设计要担负起整合环境功能的重要作用，使建筑的外部空间具有相对完整性。

二、连续性原则

连续性原则是指风景园林建筑及其外部环境的各个要素从时间上相互联系组成一个整体，体现建筑及其外部环境构成要素经历过去、体验现在、面向未来的演化过程。

（一）时间的延续性

就时间的特性而言，外部环境是动态发展着的有机整体。风景园林建筑及其外部环境把过去及未来的时间概念体现于现在的环境中。随着历史的演进，新的内容会不断地叠加到原有的外部空间环境中。通过不同时间内的增补与更新，不断调整结构以适应新时代。这种时间特性使建筑形态在外部环境中表现出连续性的特征。风景园林建筑及其外部环境的设计

应体现连续性特征及动态的时间性过程。因此，风景园林建筑形式的产生不是偶然的，它与既存环境有着时间上的联系，是环境自身演变、连续的必然。

风景园林建筑设计要重视环境的文脉，重视新老建筑的延续，这种时间性过程又被称为“历时”的文脉观念。在文脉主义和符号学者的理论与实践中，对如何实现对历史文化的传承和延续做了不少探索。他们认为，建筑形式的语言不应抽象地独立于外部世界，必须依靠和根植于周围环境中，引起对历史传统的联想，同周围的原有环境产生共

鸣，从而使建筑在时间、空间及其相互关系上得以延续。传统空间环境中形式符号的运用可以丰富建筑语汇，使环境具有多样性。由于传统环境形态和建筑形态与人们的历史意识和生活习俗有不同程度的关联，合理运用这些因素将有助于促进人们对时间的记忆。

（二）形态的连续性

外部环境的形态具有连续性的特征，加入风景园林建筑环境的每一栋新建筑，在形式上都应尊重环境、强调历史的连续性。其形态构成应与先存的环境要素进行积极对话，包括形式（如体量、形状、大小、色彩、质感、比例、尺度、构图等）上的对话，以及与原有建筑风格、特征及含义上的对话，如精神功能表现以及人类自我存在意义的表达等。历史不是分隔的，而是连续的，外部环境中建筑形态的创造也应当体现出这种形式与意义的连续。

风景园林建筑与外部环境的构成应将现存环境中有效的文化因素整合到新的环境之中，不能无条件地、消极地服从于现存的环境。风景园林建筑设计应在把握环境文脉的基础上大胆创新，以新的姿态积极开拓新的建筑环境，体现和强化环境的特征。这种特征不应是对过去的简单模仿，而应在既存的环境中创造新的形态。

三、人性化原则

人类社会进步的根本目标是要充分认识人与环境的双向互动关系，把关心人、尊重人的概念具体体现于城市空间环境的创造中，重视人在城市空间环境中活动的心理和行为，从而创造出满足多样化需求的理想空间。

（一）意义性

意义是指内在的、隐藏在建筑外部环境中的文化含义。这种文化含义由外部环境中的历史、文化、生活等人文要素组成。由于审美意识不同，不同的人对环境意义的理解也不同。因此，风景园林建筑的外部环境是比自然空间环境更有意义的空间环境。在漫长的历史进程中，它积淀了城市居民的意志和行为要求，形成了自己特有的文化、精神和历史内涵。在这个多元化的时代，社会生活对风景园林建筑环境的要求是多方面的，人们需要多样化的生活环境。但是，多样性的环境仍应以一定的意义为基础。

设计师应当把握隐藏于风景园林建筑形象背后的深层含义，如社会礼仪、生活习俗、自然条件、材料资源、文化背景、历史传统、技术特长乃至地方和民族的思想、情感、意识等，也就是把握对风景园林建筑精神本质的感受。只有这样，才能在风景园林建筑环境构成上确切地反映出人们的思想、意志和情感，与原有风景园林建筑文化形成内在的呼应，从根本上创造出环境的意义。

（二）开放性

如果把城市当成一个系统，城市就是由许许多多较小的子系统相互作用组合而成的。随着风景园林建筑规模的不断扩大，功能组成也越来越复杂，从而使人们对建筑和城市的时空观念发生了变化。风景园林建筑及其外部环境形态构成模式由“内向型”向“外向型”转化，表现为风景园林建筑与城市之间的相互接纳和紧密联系。许多城市功能及其形成的城市环境，不断向风景园林建筑内部渗透，并将城市环境引入建筑。风景园林建筑比以往任何时候都更具“外向”的特征，它们与城市环境的构成因素密切地形成一个整体。因此，风景园林建筑设计必须突破建筑自身的范畴，使建筑设计与各环境层面相辅相成、协调发展，让风景园林建筑空间和外部公共空间相互穿插与交融，从而使建筑真正成为城市有机体中的一个组成部分，创造出具有整体性的丰富多彩的城市空间。

（三）多样性

多样性是指风景园林建筑及其外部环境受特定环境要素的制约而形成各自不同的特点。风景园林建筑环境的使用者由于所处的背景不同而对建筑环境有不同的要求。而且，社会生活对建筑及其外部环境的要求是多方面的，人们需要多样的生活环境，只有多样的环境才能适应和强化多样的生活。特定的制约因素是多样性存在的前提，风景园林建筑环境受特定的自然因素和人文因素的制约而形成多样化的特点。

多样性原则强调风景园林建筑环境构成的多样性和创造性，因此新的建筑构成应对外部环境不断地加以充实。新颖而又合理的形态将会使原有的环境秩序得以发展，从而建立一种新的环境秩序。建筑师应具备敏锐的环境感应能力，善于从原有环境的意象中捕捉创新的契机。风景园林建筑的建造不仅是物质功能的实现，还应体现外部环境多方面的内涵，它的形成与社会、经济、文化、历史等多方面的因素有关，并满足各种行为和心理活动的要求，使城市真正成为生动而丰富的生活场所。此外，新的历史条件下出现的新技术、新材料、新工艺等对风景园林建筑产生了各种新的要求，风景园林建筑设计也应与之相适应，表现出多样性的特点。

（四）领域性

人类的活动具有一定的领域性。领域是人们对环境的一种感觉，每个人对自己所生活的城市空间都有归属感。人与人相遇的场地是具有社会性的领域，如开放的公共交往场所。人们的很多日常体验都是在公共领域内产生的，它不仅满足了最基本的城市功能也为人们的交往提供场所，还为许多其他功能及意义的活动的发生创造了条件。建筑师就是要设计这种领域，使其具有一定的层次性、私密性、归属感、安全感、可识别性等。

领域性要求城市空间具有不同的层次和不同的特性，以适应人们不同行为的要求。因此，风景园林建筑环境的构成应当有助于建立和强化城市空间的领域性，从公共空间一半私有空间一私有空间形成不同层次的过渡，形成良好的领域感。单体建筑不应游离于整体城市领域性空间的创造之外，而应积极地参与环境的构成，形成不同性质的活动场所。

具有领域性的城市环境要求建筑与建筑之间的外部空间不应是消极的剩余空间，而应是积极的城市空间，风景园林建筑形态的构成应积极与其他建筑、街道、广场等相配合，建立良好的领域性空间，创造完整的空间环境秩序，从而使城市空间的层次和特性更为清晰，使环境的整体性特征更加明确。

四、可持续性原则

可持续性原则注重研究风景园林建筑及其外部环境的演变过程以及对人类的影响，研究人类活动对城市生态系统的影响，并探讨如何改善人类的聚居环境，达到自然、社会、经济效益三者的统一。在城市建设和风景园林建筑设计领域，可持续发展涉及人与环境的关系、资源利用、社区建设等问题。人们的建设行为要按环境保护和节约资源的方式进行，对现有人居环境系统的客观需求进行调整和改造，以满足现在和未来的环境和资源条件，不能仅从空间效率本身去考虑规划和设计问题。

（一）空间效率

空间体系转型的要求需从过去的“以人为中心”过渡到以环境为中心，空间的构成需要根据环境与资源所提供的条件来重新考虑未来的走向。人必须在自然环境提供的时空框架内进行建设并安排自己的生活方式，强调长期环境效率、资源效率和整体经济性，并在此基础上追求空间效率。风景园林建筑及其外部空间将向更加综合的方向发展。综合城市自然环境和社会方面的各种要素，在一定的时间范围内使空间的形成既符合环境条件又满足人们不断变化的需求。

（二）生态环境

生态建筑及其空间是充分考虑到自然环境与资源问题的一种人为环境。建造生态建筑的目的是尽可能少地消耗一切不可再生的资源和能源，减少对环境的不利影响。“生态”一词准确地表达了“可持续发展”这一原则在环境的更新与创造方面所包含的意义。因此，在协调风景园林建筑设计与外部环境的过程中，要遵循生态规律，注重对生态环境的保护，要本着环境建设与保护相结合的原则，力求取得经济效益、社会效益、环境效益的统一，创造舒适、优美、洁净、整体有序、协调共生并具有可持续发展特点的良性生态系统和城市生活环境。

第三节　风景园林建筑外部环境设计的具体方法

一、场地设计的制约因素

场地设计的制约因素主要包括自然环境因素、人工环境因素和人文环境因素，这些因素从不同程度、不同范围、不同方式对风景园林建筑设计产生影响。

（一）影响场地的天然环境因素

场地及其周围的自然状况，包括地形、地质、地貌、水文、气候等可以称为影响场地设计的自然环境因素。场地内部的自然状况对风景园林建筑设计的影响是具体而直接的，因此对这些条件的分析是认识场地自然条件的核心。此外，场地周围邻近的自然环境因素以及更为广阔的自然背景与风景园林建筑设计也关联密切，尤其是场地处于非城市环境之中时，自然背景的作用更为明显。

1. 地形与地貌是场地的形态基础

包括总体的坡度情况、地势走向、地势起伏的大小等特征。一般来说，风景园林建筑设计应该从属于场地的原始地形，因为从根本上改变场地的原始地形会带来工程土方量的大幅度增加，建设的造价也会提高。此外，一旦考虑不周就会对场地内外造成巨大的破坏，这与可持续发展原则是相违背的，所以从经济合理性和生态环境保护的角度出发，风景园林建筑设计对自然地形应该以适应和利用为主。

地形的变化起伏较小时，它对风景园林建筑设计的影响力是较弱的。这时设计的自由度可以放宽；相反，地形的变化起伏幅度越大，它的影响力也越大。

当坡度较大、场地各部分起伏变化较多、地势变化较复杂时，地形对风景园林建筑设计的制约和影响就会十分明显了，道路的选择、广场及停车场等室外构筑设施的定位和形式的选择、工程管线的走向、场地内各处标高的确定、地面排水的组织形式等，都与地形的具体情况有直接的关系。

当地形的坡度比较明显时，建筑物的位置、道路、工程管线的定位和走向与地形的基本关系有两种：一种是平行于等高线布置；另一种是垂直于等高线布置。一般来说，平行于等高线的布置方式土方工程量较小，建筑物内部的空间组织比较容易，道路的坡度起伏比较小，车辆及人员运行也会比较方便，工程管线的布置也很方便。当然，在具体的风景园林建筑设计中会出现多种情况，权衡利弊、因地制宜才是解决之道。

地貌是指场地的表面状况，它是由场地表面的构成元素及各元素的形态和所占的比例决定的，一般包括土壤、岩石、植被、水体等方面的情况。土壤裸露程度、植被稀疏或茂密、水体的有无等自然情况决定了场地的面貌特征，也是场地地方风土特色的体现。风景园林建筑设计对场地表面情况的处理应该根据它们的具体情况来确定原则和具体办法。

对植被条件进行分析时应了解认识它们的种类构成和分布情况，重要的植被资源应调查清楚，如成片的树林，有保存价值的单体树木或特殊的树种都要善于加以利用和保护，而不是一味地砍除。植被是场地内地貌的具体体现，植被状况也是影响景观设计的重要因素，人在充满大自然气息的大片植被中和寸草不生的荒地中的感觉是截然不同的。此外，场地内的植被状况也是生态系统的重要组成部分，植被的存在有利于良好生态环境的形成。因此，保护和利用场地中原有的植被资源是优化景观环境的重要手段，也是优化生态环境（包括小气候、保持水土、防尘防噪）的有利条件。许多场地良好环境的形成就是因为利用了场地中原有的植被资源。地表的土壤、岩石、水体也是构成场地面貌特征的重要因素。地表土质与植被的生长情况密切相关，土质的好坏会影响场地绿化系统的造价和维护的难易程度，在进行场地绿化配置时，树种的选择应考虑场地的表土条件。突出地面的岩石也是场地内的一种资源，设计中加以适当处理，就会成为场地层面环境构成中的积极因素。场地内部或周围若有一定规模的水体，如河流、溪水、池塘等会极大地丰富场地的景观构成，并改善周围的空气质量和小气候。

2. 气候与小气候是自然环境要素的重要组成部分

气候条件对风景园林建筑设计的影响很大，不同气候条件的地区会有不同的建筑设计模式，也是促成风景园林建筑具有地方特色的重要因素之一。一方面要了解场地所处地区的气象背景，包括寒冷或炎热程度、干湿状况、日照条件、当地的日照标准等；另一方面要了解一些比较具体的气象资料，包括常年主导风向、冬夏主导风向、风力情况、降水量的大小、季节分布以及雨水量和冬季降雪量等。场地及其周围环境的一些具体条件比如地形、植被、海拔等会对气候产生影响，尤其是对场地小气候的影响。比如，地区常年主导风向的路线会因地形地貌、树木以及建筑物高度、密度、位置、街道等的影响而有很大的改变，场地内外如果有较大的地势起伏、高层建筑物等因素还会对基地的日照条件造成很大的影响。此外，场地的植被条件、水体情况也会对场地的温湿度构成影响。场地的小气候条件会因客观存在的诸多因素而影响建筑设计以及人的心理感受，具体情况的变化需要设计者进行分析和研究。

场地布局尤其是建筑物布局应考虑当地的气候特点，建筑物无论集中布局还是分散布局，其形态和平面的基本形式都要考虑寒冷或炎热地区的采暖或通风散热的要求。在寒冷地区，建筑物以集中式布局为宜，建筑形态最好规整聚合，这样建筑物的体型系数可以有效地减小，总表面积也会减小，有利于冬季保温。炎热地区的建筑宜采取分散式布局，以便于散热和通风。采取集中式布局时，建筑物在场地中多呈现比较独立的形式，场地中的其他内容也会比较集中；分散式布局常会把场地划分为几个区域，建筑物与其他内容多会呈现穿插状态。当场地中有多栋建筑时，布局应考虑日照的需求，根据当地的日照情况合理确定日照间距，建筑物的朝向应考虑日照和风向条件，主体朝向尽量南北向处理以便冬季获得更多日照，也可防止夏季的西晒，主体朝向与夏季主导风向一致有利于获得更好的夏季通风效果，避开冬季主导风向可防止冬季冷风的侵袭。

风景园林建筑设计应尽量创造良好的小气候环境。建筑物布局应考虑广场、活动场、庭院等室外活动区域向阳或背阴的需要以及夏季通风路线的形成。高层建筑的布局应防止形成高压风带和风口。适当的绿化配置也可以有效地防止或减弱冬季冷风对场地层面环境的侵袭。此外，水池、喷泉、人工瀑布等设施可以调节空气的温湿度，改善局部的干湿状况。

（二）影响场地的人工环境因素

一般来说，人工环境因素主要包括场地内部及周围已存在的建筑物、道路、广场等构筑设施以及给排水、电力管线等公用设施。如果场地处于城市之外或城市的边缘地段，这类场地通常是从未建设过的地块，不存在从前建设的存留物；或建设强度很低，各种人工建造物的密度很小，场地的建筑条件是比较简单的，人工环境因素对建筑设计的影响也是较小的。这时，自然环境因素就成了制约场地层面环境的主导因素。如果场地处于城市之中的某个地段时，场地中往往会存在一些建筑物、道路、硬地、地下管线等人工建造物，场地也经过了人工整平，自然形貌已被改变。无论如何，场地都是整体城市环境中的一个组成部分，风景园林建筑设计不仅要结合场地内部的环境进行，还要促进整体城市环境的改善。

影响场地的人工环境因素需要分为两个部分来考虑：场地内部和场地周围。

1. 场地内部

①场地原有内容较少，状况差，时间久且没有历史价值，与新目标的要求差距大。例如，原有的居住性平房要求改建成高层写字楼，这种场地内的原有内容在新的建设项目中很难被加以利用，因此他们对风景园林建筑设计的制约和影响可以忽略不计，可以采取全部清除，重新建设的办法。

②场地中存留内容具有一定的规模，状况较好，与新项目的要求接近。例如，场地中原有一块平整的硬地，新项目中需要一个广场，就可以对硬地加以充分利用，节约资源。如果原有的内容具有一定的历史价值，需要保留维护，就应当酌情处理，不能采取拆除重建的办法，否则就是对社会财富的浪费和对城市历史的破坏，这时采取保留、保护、利用、改造与新建项目相结合的办法是较为妥当的。这样虽然会在风景园林建筑设计上增加困难，但却是值得的。一般来说，原有的建筑物是最应该被回收利用的，因为建筑物往往是项目中造价最高的部分。如果场地的规模很大，那么原有的道路以及地下管线设施就应尽量保留利用，在原有的基础上可以加宽、拓展，一方面可以节约投资，减少浪费；另一方面可以缩短工期，提高工作效率，符合可持续发展的要求。

2. 场地周围

场地周围的建设状况是影响场地人工环境因素的另一重要部分，概括起来可以分为以下几个部分：一是场地外围的道路交通条件；二是场地相邻的其他场地的建设状况；三是场地所处的城市环境整体的结构和形态（或属于某个地段）；四是基地附近所具有的特殊的城市元素。下面我们来具体分析。

①场地处于城市之外或城市边缘时，人工环境要素对风景园林建筑设计的影响是较弱的，与场地直接关联的就是外围的交通道路。在城市中，交通压力一般比较大，所以无论场地外还是场地内，人员和车辆的流动都会形成一定的规模，由于城市用地规模有限，场地交通组织方式的选择余地会相对缩小，这时外围的交通道路条件对风景园林建筑设计的制约作用明显增强。

场地外部的城市交通条件对风景园林建筑设计的制约先是通过法规来体现的，然后才是场地周围的城市道路等级、方向、人流、车流和流向，这些会影响场地层面环境的分区、场地出入口的布置、建筑物的主要朝向、建筑物主要入口位置等。一般来说，对外联系较多的区域和公共性较强的区域应靠近外部交通道路布置，比较私密的、需要安静的区域则要远离。因此，风景园林建筑的设计在场地中会留有开放型的广场或活动场所，以便接纳人流和满足建筑的使用，主入口也相对处于明显的位置。在居住区，大型的广场和活动场所则需要设置在内部，这样对场地的要求就会提高，主入口的设置也需要避开主要的外部交通道路和人流。

②在很多情况下，场地相邻的其他场地的布局模式是外围人工环境制约因素最主要的一部分，体现为能否与城市形成良好的协调关系。在城市中，场地与场地之间是紧密相连的，都是城市整体中的一个片段，如街道、建筑绿地等要素组成了场地，一块块场地衔接在一起构成了城市的整体，所以场地应和与它相邻的其他场地形成协调的整体关系。

首先，在考虑项目及场地的内容组成时，应参照周围场地的配置方式。比如，相邻场地中都有较大的绿化面积时，在新的设计中就要相应地扩大绿化面积。

其次，各场地要素的布置关系，也应该参照相邻场地的基本布局方式和形态。比如，相邻场地的建筑物都沿街道布置，那么新项目中的风景园林建筑设计也应该采取这样的布置方式以保持连续的街道立面。

再次，场地中各元素具体形态的处理，应与周围其他同类要素相一致。如果周围的场地内广场、庭院等的形态都比较自由，那么新项目的广场和庭院风格不应太规整严肃，具体元素的形式、形态的协调也是形成统一环境的有效手段。

③场地周围的城市背景是一个宏观性的问题。一个有序的城市，它的结构关系是比较明确的，具有特定的倾向性。对风景园林建筑设计来说，不仅要考虑场地内部的状况，照应到周围邻近场地的形态，且还应考虑更大范围的城市形态和城市结构关系，个体的场地应融入城市的整体形态，从而成为城市结构的一部分。

④场地周围会存在一些比较特殊的城市元素，这些特殊的元素对风景园林建筑设计会有特定的影响，比如有些时候场地会临近城市中的某个公园、公共绿地、城市广场或其他类型的城市开放性空间，或一些重要的标志性构筑物，这时风景园林建筑设计必然会受到这些因素的影响，充分利用这些特殊条件可以使风景园林建筑设计变得更加丰富、灵活多变，进行场地布局时也可以对这些有利条件加以利用，使场地层面环境与这些城市元素形成统一融合的关系，使两者相得益彰。当然，利弊总是交织存在的，比如噪声、污染等，因此风景园林建筑应该针对这些特定的不利条件采取一些措施，减弱或降低干扰。

（三）影响场地的人文环境因素

场地层面环境的人文环境要素包括场地的历史与文化特征、居民心理与行为特征等内容。这种人文因素的形成往往是城市、地段、场地三个层面环境综合作用的结果。场地设计要综合分析这些因素，使场地具有历史和文化的延续性，创造出具有场所意义的场地环境。

风景园林建筑与场地层面环境人文要素的协调，首先要有层次地从历史及文化角度进行城市、地区、地段、场地、单体建筑的空间分析，从而和城市的整体风貌特征相协调；其次要考虑场地所在地段的环境、场所等形成的流动、渗透、交融的延伸性关系，使地段具有历史及文化的延续性，和地段共同形成具有场所意义的地段空间特征；再次要立足于场地空间环境特征的创造，把握社会、历史、文化、经济等深层次结构，并和居民心理、行为特征、价值取向等相结合且做出分析，创造出具有特征的场地空间。

二、场地环境与风景园林建筑布局

（一）山地环境与风景园林建筑

1. 山地环境的特点

山地的表现形式主要有土丘、丘陵、山峦以及小山峰等，是具有动态感和标志性的地形。山地作为一种自然风景类型，是风景园林环境的重要组成部分。在山地的诸多自然要素中，地形特征占据主要地位，它是决定风景园林建筑与该建筑所处区域环境关系的主要因素。山地的地形由于受自然环境的影响而没有规则的形状，根据人们约定俗成的对山体的认知，山体的基本特征可以概括为山顶、山腰、山麓。山顶是山体的顶部，山体上最高的部位，四面均与下坡相连；山腰，也被称作山坡、山躯，是位于山体顶部和底部之间的倾斜地形；山麓也被称为山脚，是山体的基部，周围大部分较为开敞平整，只有一面与山坡连接。

不同区域、地点、区位都有不同的环境特性和空间属性，山顶、山腰与山麓虽然属于同一山脉，但都有自身的环境特征和空间属性。山顶是整个山体的最高地段，站在山顶可以从全方位的角度观赏景观，空间、视线十分开阔，由于自身形象比较独立，因此在一定范围内具有控制性。山腰是山顶和山麓的连接部分，通常具有一定坡度，地段的一面或两面依托于山体，空间具有半开敞性，坡地也有凹凸之分，凸型往往形成山脊，具有开放感，开敞性较强，山脊地形在风景环境中还有另外一种作用，那就是起到景观的分隔作用，作为各个空间的交叉场所，它把整个风景环境进行分割，山脊地形的存在使观赏者在视线上受到遮挡，景观不能一目了然，因而能激发人不同的空间感受；凹型往往形成山谷，具有围合感和内向性。山麓地带在大多数情况下坡度都较为和缓，且常与水相接，地势呈现平坦，与平原地带相交时，根据地势地貌的不同，有的是小的断崖面，戛然而止，有的坡度较大，有的则是和缓坡地来过渡。山麓地带以其优越的自然条件，往往成为人类栖居和建造活动的主要场所，也是人类对山体改造景大的部位。山麓地带处于山体和平原的交接地带，是两者共同的边缘之处，这一地带往往是视觉的焦点，因而在这一区域进行营建时对风景园林建筑造型需要经过周密的推敲。山体的山脊通常会在山麓地带的交会处形成围合之势的谷地或盆地，两侧被山体所围合，具有隔离的特点，表现出幽深、隐蔽、内向的空间属性。从建筑学的角度出发，是一种具有特殊场所感的建筑基地，山地给人的心理感受极其可观，可利用的形式也是独特的。

2. 风景园林建筑与山地的结合方式

山地环境中的风景园林建筑不同于其他类型风景园林建筑的一个重要特征是在建造技术上需要克服山地地形的障碍、获取使用空间、营造出供人活动的平地，山地环境中的风景园林建筑与山体的结合方式有几种不同的方式，表达了风景园林建筑与山体共处的不同态度。具体的结合方式有以下几种。

（1）平整地面，以山为基

这是处理山地地形与风景园林建筑关系最简单的一种方法，对凹凸不平的地形进行平整，使风景园林建筑坐落于平台之上，以山为基。这种做法使风景园林建筑的稳定性增强，适合于坡度较缓、地形本身变化不大的山地环境地段。对地面的平整并非只采用削切的手法，还可以利用地形筑台，将建筑置于人工与自然共同作用下的台基之上，以增强建筑的高耸感与威严感，使建筑体量突出于山体，并且具有稳定的态势。这种高台建筑的形式在中国最早的风景园林建筑中就已经出现，用以表达对自然的崇拜。此外，对地面标高的适应可以在建筑物内部利用台阶、错层、跃层的处理手法达成，使风景园林建筑造型产生错落的层次，丰富风景园林建筑的内部空间。

（2）架空悬挑、浮于山体

若想使山地环境中的风景园林建筑依山就势呈现一种险峻的姿态，可使风景园林建筑主体全部或部分脱离地面。浮于山体的方式一般有两种：底层架空和局部悬挑。底层架空指的是将风景园林建筑底部脱离山体地面，只用柱子、墙体或局部实体支撑，使风景园林建筑体的下部保持视线的通透性，减少建筑实体对自然环境的阻隔，表现出对自然的兼容。这种形式在我国四川、贵州等地的“吊脚楼”中较为常见，这种民居利用支柱斜撑的做法，在较为狭小的山地上争取到更多的使用空间，充分利用了原有地形的高差。

（3）依山就势，嵌入山体

风景园林建筑体量嵌入山体最直接的做法是将建筑局部或全部置于原有地面标高以下。根据山地地段形态的不同，具体的处理手法也有不同的变化。具体的处理手法根据山地地形的不同而有所区别。有的风景园林建筑依附山体自然凹陷所形成的空间，比如山洞，使建筑体量正好填补山洞的空缺，也有的风景园林建筑在山地的自然坡面上开凿洞穴，并在坡面上为地下的风景园林建筑设置自然采光。如在凹型地段，风景园林建筑背靠环绕凹型地段的上部坡面布置，屋顶覆盖上部地面的凹陷范围并与上部坡面形成一个整体，就是传统风景园林建筑中巧于因借的做法。

3. 山地环境中的风景园林建筑设计方法

（1）嵌入山体的设计方法

这种方法是使风景园林建筑的面尽可能多地依靠于山体，如在标高落差较大的坎状地形上，一般是背靠山体，使山体直接充当风景园林建筑的部分墙体，若是有更有利的条件，比如在山体凹陷处，就可以将风景园林建筑最多的面嵌入其中，此时山体不仅可以充当建筑墙面，还可以充当建筑的屋顶，使风景园林建筑看起来像是镶嵌在山体中一样。

（2）建筑浮空的设计方法

风景园林建筑浮空的方法可以是建筑底层架空，也可以是建筑局部悬挑。底层架空的风景园林建筑选址可以在较平缓的地段，也可以在较陡峭的地段，但是局部悬挑的风景园林建筑一般要在坡度较陡、比较险峻的地段，悬挑与风景园林建筑主体部分的地面要有一定的高差，如果地势平缓，悬挑的部分就失去了险峻感，没有了意义。

（二）滨水环境与风景园林建筑

1. 滨水环境特点

（1）动态水体的场所特征

水的一个重要特征就是“活”与“动动态水体与风景园林建筑的有机结合，使建筑环境更加丰富、生动。水的虚体质感与建筑的实体质感形成感官上的对比。对于动态水，常利用其水声，衬托出或幽静，或宏伟的空间氛围和意境。另外，在自然界大型的天然动态水景区中，建筑常选在合适的位置，并采用借景的手法。

（2）静态水体的场所特征

静态水体的作用是净化环境，倒映建筑实体的造型、划分空间、扩大空间、丰富环境色彩、增添气氛等。在静态水与风景园林建筑的关系上，建筑或凌驾于水面之上，或与水面邻接，或以水面为背景。自然中的静态水增添了环境的幽雅，与充足的阳光相交融，给人们提供了充满自然气息和新鲜空气的健康环境。静态水以镜面的形式出现，映衬出风景园林建筑环境中的丰富造型和色彩变化，并且创造了宁静、丰富、有趣的空间环境，在改善环境小气候、丰富环境色彩、增加视觉层次、控制环境气氛等方面也起到了特有的作用。虚涵之美是静水的主要特点，平坦的水面与建筑的形体存在统一感，因而在特定的空间内可以相互协调。

（3）水的景观特性

水的可塑性非常强，这是由它的液体状态决定的，所以水要素的形态往往和地形要素结合在一起，有高差的地形能形成流动的水，譬如溪流或是瀑布；平坦或凹地会形成平静的水面。

水的景观特性还表现在它的光影变化。一是水面本身的波光，荡漾的水波使水面上的建筑得到浮游飘洒的情趣；二是对水体周围景物的反射作用，形成倒影，与实体形成虚实对比效果；三是波光的反射效果，光通过水的反射映在天棚、墙面上，具有闪光的装饰效果。

另外，水的流动性决定了它在风景园林建筑中的媒介作用，水能自然地贯通室内外空间，使风景园林建筑内部空间以多层次的序列展开。

2. 风景园林建筑与水体的结合方式

风景园林建筑与水体不同的结合方式，会展现出两者不同的融合态势，产生的整体效果也会大相径庭，因此风景园林建筑与水体的结合在一定程度上决定了建筑形象的塑造。一般来说，建筑与水体的结合方式有踞于水边、直接临水、浮于水面、环绕水面等几种。

（1）踞于水边

风景园林建筑与水体有一段距离，并不与水体直接相连。风景园林建筑往往把最利于观景的一面直接面向水体方向，以加强与水体景观的联系与渗透。风景园林建筑与水体之间的空间可以处理成人工的活动空间也可以保持原有的生态状态，目的是促进风景园林建与水体更好地融合。

（2）直接临水

风景园林建筑以堤岸为基础，建筑边缘与水体常直接相连，建筑与水面之间一般设有平台作为过渡，增加凌波踏水的情趣和亲切感。通常临水布置的风景园林建筑，宜低平舒展向水平方向延伸，以符合水景空间的内在趋势。中国传统建筑往往直接临水的部位透空，设置坐板和向外倾斜的扶手围栏供人依靠，使整体建筑造型获得轻盈飘逸的气质。

（3）浮于水面

风景园林建筑体量浮空于水面之上是滨水建筑十分典型的处理手法，以此来满足人们亲水的需求。我国干阑式民居就是这种处理方式，用柱子直接把建筑完全架空。从很多实例中可以发现，浮空于水面的小品建筑大部分表现出轻灵通透的特征，有些是采用架空的方式，通过用纤细的柱子与厚实的屋顶对比而产生，有的则是采用悬挑的方式，把建筑的一部分直接悬挑于水面之上，并配以简洁的形体，纯净的色彩以及玻璃的运用，这种现代的手法在造型上给人更强的力度感和漂浮感，材料与色彩的选用都与纯净透明的水体相呼应，产生了很好的融合效果。在踞于水边或临于水边的结合方式中也常见这种方式。这种做法克服了水面的限制，使风景园林建筑与水体局部交织在一起，上部实体和下部的空透所形成的虚实对比使风景园林建筑获得了较强的漂浮感。

（4）环绕水面

环水建筑通常是风景园林建筑设置在水域中的孤岛上，作为空旷水域空间的中心，建筑围水而建，其特点是以水景为中心，利用建筑因素构成自然风景环境中的小环境。

3. 滨水环境中风景园林建筑的设计方法

（1）建筑浮空的设计方法

在滨水环境中使风景园林建筑浮空主要体现是建筑空灵轻盈的感觉，一般有两种方法：底层架空与局部悬挑。若是水边的傍水风景园林建筑底层架空，水岸的地形一般会有起伏，底层架空空出下部空间，使水面的虚无之感延续到岸边陆地；若使风景园林建筑凌空于水面之上，则要将建筑全部伸入水中，底层架空，用柱子等支撑，且建筑体量不宜过大，否则会有沉重感，建筑围护结构最好采用透明材料或尽量减少围护结构，形成通透之感，与水面呼应。

局部悬挑的方法一般是风景园林建筑主体临水，但悬挑部分伸入水面上空，形成亲水空间。

（2）模拟物象的设计方法

波光粼粼的水面常会使人产生各种美好的联想。建于滨水环境中的风景园林建筑可以在造型处理上模拟某种与水有关的物体，使人很容易就产生联想在湖边的风景园林建筑可以模仿船的形态，比如拙政园香洲就是用各种建筑元素模仿船头、船舱等船的各部分形态，好似一艘小船挺立于水面，既能供人登临观景，又使湖水画面更加完整；建于海边的风景园林建筑也可以模拟海中生物的形态。

（三）植物景观要素与风景园林建筑

1. 风景园林建筑布局与植物要素的呼应

在风景园林建筑的设计中，应尽量维持植物的生态性，建筑布局应尽量减少对植被和树木的破坏。比如，在风景园林建筑设计中遇到需要保护的古木，可将建筑布局绕开或将古木组合在建筑其中，这种退让既保护了植物的生态性，又使风景园林建筑的空间布局灵活而富有人情味。处于林地或植物要素密集地段环境中的风景园林建筑更应注意对植物生态系统的保护和利用。这种地段往往空间局促，这就需要设计者在创作过程中尽可能高效地利用营造空间，较少地砍伐树木或破坏植被，以维持原有生态系统的完整性。因此，风景园林建筑平面布局应尽量采用紧凑集中的布局形式，尽量避免采取占地面积过大的分散式布局，以减少被伐树木。

除此之外，还可以采用其他的方法来满足风景园林建筑对林地环境的适应性。比如，使用架空底部的建筑形式，减少建筑与地面的接触，以保留植被，同时能减少土方的挖掘，减少地表的障碍，以便使地面流水穿过平台下面的地面排走，这种形式对体量较小、功能较单一的风景园林建筑来说非常适合，同时体现了对自然场所生态系统的尊重，能达到风景园林建筑与自然风景环境和谐共生的目的。

2. 利用植物建构风景园林建筑空间主题

作为构成风景园林的基本要素之一，植物常常被用来作为建构风景园林建筑空间主题的重要手段。这在我国古典园林中非常常见，并且一直被沿用至今，在现代风景园林的景观塑造中，常常起到画龙点睛的作用，最常用的方法就是利用植物在中国传统文化中的寓意来确定风景园林建筑环境的意境，风景园林建筑的空间布局、整体形象及构景手法都围绕这一主题或意境来展开。

3. 绿化的景观性与风景园林建筑的植物化生态处理

这种手法的目的是在风景园林建筑外部形态上达到与自然的融合，可以在建筑的造型处理中，引入植物种植，如攀缘植物、覆土植物等。通过构架和构造上的处理，在风景园林建筑的屋顶或墙面上覆盖或点缀绿色植物，从而使构筑物隐匿于植物环境当中，藏而不露，以最原始、最生态的外部形象与绿色自然环境相协调，这种方法适用于植物环境要求较高的地段。

风景园林建筑周边的绿化对建筑的环境景观性具有重大意义。绿篱可以划分出多种不同性质的空间，在建筑前面划分出公共外环境与室内环境之间的过渡空间，属于半私密性的区域，在建筑后面可划分出完全隐蔽的私密空间。藤本植物可以攀爬在建筑立面上，可以在建筑外墙上形成整片的绿壁，也可起到改善室内环境的作用。绿化的景观性必须结合树木和建筑来考虑，高大的树木既能柔和建筑物轮廓，又能通过与建筑物形体的对比和统一构成一系列优美的构图：低矮建筑配置高大树木会呈现出水平与垂直间的对比；低矮建筑配置低矮的树木，则体现了亲切舒缓的环境气氛。

（四）人文景观要素与风景园林建筑

1. 人文景观要素与风景环境文化脉络之联系

风景园林建筑文化，广义的理解是指风景园林建筑的物质功能和风景园林建筑形态所表现的精神属性。风景园林的环境文脉是指风景区或风景园林地段的历史文化脉络。中国古典园林经过数千年的发展，理论及设计手法已经相当成熟，许多城市公园、新园林、风景名胜区等都是将中国古典园林加以改造发展起来的。在这种状况下，新旧的交融自然成为国内建筑师、景观设计师应思考的问题。

①风景园林建筑的物质功能与风景园林环境文化的联系。风景园林建筑的物质功能要融合于风景园林环境的历史文化或时代文化中。由于社会性质的转变、旅游业的发展，风景园林的开放对象由小部分群体扩大到整个社会阶层，人流量是过去无法比拟的。随之生成的是风景园林建筑的服务功能，这些新生的建筑类型处于历史痕迹明显的风景园林环境之中，怎样融合于历史文化脉络之中，并成为文脉中代表当前文化活动的一环延续下去成为“未来的历史”，就成了设计中不得不慎重考虑的一个方面。

②风景园林建筑的外部造型与风景园林环境文化的联系。除了物质功能，风景园林建筑的形态景象也要融于风景园林环境的历史文脉中，最鲜明的表象便是建筑风格的确定。当一个地区或一个环境有或曾经有显著的历史时空遗迹时，新创作的建筑如果能尽量体现这种历史风格，就能把游人的思绪引向此地的历史空间，将游客置于一个特定的民族文化氛围之中。

2. 风景园林建筑的地域性

风景园林建筑的地域性首先要考虑的是人文的地方性，它包括地区社会的意识形态、组织结构、文化模式等，它是地方文脉传承的文化特性，影响着风景园林建筑的形态和气质，是最具代表性的人文形态；其次是生态的地方性传承，主要是指生态环境和建造技术的地区性差异，包括气候条件、地方材料等，是能影响风景园林建筑设计的物质载体。

在当今全球化日趋严重的建筑背景下，风景园林建筑只有对地区理性的回归，充分尊重地方传统、文化、生态及相关建造技术，并融入现代的技术和经验，才能使地方特性得以充分发展与进步。

对乡土文化的提升和转化通常有以下两种形式。

一是基本遵循传统民居的布局、形体、尺度特征，为适应现代结构和功能，建筑细部做简化、抽象处理，在传统的气氛中体现现代风景园林建筑的特征。

二是在现代结构、材料、形体的基础上，融入乡土建筑的语汇，用现代的手法加以改造、变形、重组，使之具有鲜明的时代特点，并展现出地方风格。

三、交通系统与风景园林建筑设计

（一）场地道路与建筑的关系

场地道路的功能、分类取决于场地的规模、性质等因素。一般中小型风景园林建筑场地中道路的功能相对简单，应根据需要设置一级或二级可供机动车通行的道路以及非机动车、人行专用道等；大型场地内的道路需依据功能及特征明确确定道路的性质，充分发挥各类道路的不同作用，组成高效、安全的场地道路网。场地内的道路可根据功能划分为场地主干道、场地次干道、场地支路、引道、人行道等。

（二）场地停车场与建筑的关系

停车场是指供各种车辆（包括机动车和非机动车）停放的露天或室内场所。停车场一般和绿化、广场、建筑物以及道路等结合布置，有两种类型：地面停车场和多层停车场。地面停车场构造简单，但占地较大，是一种最基本的停车方式。多层停车场是高层建筑场地中解决停车问题的主要方式，以有效减少停车场占用基地面积为目的，为其他内容留出更多余地，有效实现地面的人车分离，创造安全、安静、舒适的建筑环境。

停车场的布局可分为集中式和分散式两种：

①停车场的集中式布局有利于简化流线关系，使之更具规律性，易做到人车活动的明确区分，用地划分更加完整。其他用地可相应集中，有利于提高用地效率、形成明晰的结构关系。

②停车场的分散式布局可使场地交通的分区组织更明确，流线体系划分更细致具体，易于和场地中的其他形态相协调，提高了用地效益，但会增加场地整体内容组织形态的复杂程度。

停车场的布局是城市交通的重要组成部分，选址要符合城市规划的要求。机动车停车场的选址要和城市道路有便捷的连接，避免造成交叉口交通组织的混乱，从而影响干道上的交通。机动车停车场还会产生一定程度的噪声、尾气等环境污染问题，为保持环境宁静，机动车停车场和建筑之间应保持一定的距离。

（三）场地出入口与建筑关系

风景园林建筑出入口在布局时要充分，合理地利用周围的道路及其他交通设施，以争取便捷的对外交通网络，同时应减少对城市干道交通的干扰。当场地同时毗邻城市的主干道和次干道时，应优先选择次干道一侧作为主要机动车出入口。根据有关规定，人员密集的建筑场地至少应有两个以上不同方向通向城市道路的出入口，这类场地或建筑物的主要出入口应避免布置在城市主要干道的交叉口。

第十二章 风景园林建筑的内部空间设计

第一节 风景园林建筑空间的分类与相关因素

一、建筑空间的概念

人们的一切活动都是在一定的空间范围内进行的。其中，建筑空间一包括室内空间、建筑围成的室外空间以及两者之间的过渡空间给予人们的影响和感受是最直接、最普遍、最重要的。

人们从事建造活动，耗力最多、花钱最多的地方是在建筑物的实体方面，如基础、墙垣、屋顶等，但是人们真正需要的却是这些实体包含的空间，即实体所围起来的“空”的部分，也就是“建筑空间”。因此，现代建筑师都把空间的塑造作为建筑创作的重点来看待。

人们对建筑空间的追求并不是什么新的课题，是人类按自身的需求，不断地征服自然、创造性地进行社会实践的结果。从原始人定居的山洞、搭建最简易的窝棚到现代建筑空间，经历了漫长的发展历程，而推动建筑空间不断发展、不断创新的，除了社会的进步，新技术和新材料的出现，给创作提供了可能性外，最重要、最根本的就是人们不断发展、不断变化着的对建筑空间的需求。人与世界接触，因关系及层次的不同而有不同的境界，人们就要求创造各种不同的建筑空间去适应不同境界的需要：人类为了满足自身生理和心理的需要而建立私密性较强、具有安全感的建筑空间；为满足家庭生活的伦理境界，建造了住宅、公寓；为适应政治境界而建造官邸、宫殿、政治大厦；为适应彼此交流与沟通的需要而建造商店、剧院、学校……风景园林建筑空间是人们在追求与大自然的接触和交往中所创造的一种空间形式，有其自身的特性和境界，人类的社会生活越发展，建筑空间的形式也必然会越丰富、越多样。

中国和西方在建筑空间的发展过程中，曾走过两条不同的道路。西方古代石材结构体系的建筑，呈团块状集中为一体，墙壁厚，窗洞小，建筑的跨度受石料的限制使内部空间较小，建筑艺术加工的重点自然放到了“实”的部位。建筑和雕塑总是结合为一体，追求雕塑美，因此人们的注意力就集中到所触及的外表形式和装饰艺术上。我国传统的木构架建筑，由于受木材及结构本身的限制，内部的建筑空间一般比较简单，单体建筑相对定型。在布局上，总是把各种不同用途的房间分解为若干栋单体建筑，每幢单体建筑都有其特定的功能与一定的“身份”，以及与这个“身份”相适应的位置，然后以庭院为中心，以廊子和墙为纽带把它们结合为一个整体。因此，就发展成为以“四合院”为基本单元的建筑形式。庭院空间成为建筑内部空间的一种必要补充，内部空间与外部空间的有机结合成为建筑设计的主要内容。建筑艺术处理的重点，不仅表现在建筑结构本身的美化、建筑的造型及少量的附加装饰上，还强调建筑空间的艺术效果，精心追求一种稳定的空间序列层次。我国古代的住宅、寺庙、宫殿等，大体都是如此。我国的园林建筑空间为追求与自然山水相结合的意境，把建筑与自然环境更紧密地配合起来，因而更加曲折变化、丰富多彩。

除建筑材料与结构形式上的原因外，由于中国与西方对空间概念的认识不同，就形成了两种截然不同的空间处理方式，产生了代表两种不同价值观念的建筑空间形式。

二、建筑空间的分类

建筑空间是一个复合型的多义型概念，没有统一的分类标准。因此，按照不同的分类方式可以进行以下划分。

（一）按使用性质分类

①公共空间是可以由社会成员共同使用的空间。如展览馆、餐厅等。

②半公共空间指介于城市公共空间与私密或专有空间之间的空间。如居住建筑的公共楼梯、走廊等。

③私密空间指由个人或家庭占有的空间。如住宅、宿舍等。

④专有空间指供某一特定的行为或为某一特殊的集团服务的建筑空间。既不同于完全开放的公共空间，又不是私人使用的私密空间。如小区垃圾周转站、配电室等。

（二）空间形态分类

空间的形态主要靠界面、边界形态来确定，分为封闭空间、开敞空间、中介空间。

①封闭空间：这种空间的界面相对较为封闭，限定性强，空间流动性小。具有内向

性、收敛性、向心性、领域感和安全感。如卧室、办公室等。

②开敞空间：指界面非常开敞，对空间的限定性非常弱的一类空间。具有通透性、流动性、发散性。相对封闭空间来说，显得大一些，驻留性不强，私密性不够。如风景区接待建筑的入口大厅、建筑共享交流空间等。

③中介空间：介于封闭空间与开敞空间之间的过渡形态，具有界面限定性不强的特点。如建筑入口雨篷、外廊、连廊等。

（三）按组合方式分类

按不同空间组合形式的不同，可分为加法构成空间、减法构成空间。

①加法构成空间：在原有空间上增加、附带另外的空间，并且不破坏原有空间的形态。

②减法构成空间：在原有的空间基础上减掉部分空间。

（四）按空间态势分类

相对围合空间的实体来说，空间是一种虚的东西，通过人的主观感受和体验，产生某种态势，形成动与静的区别，还具有流动性。可分为动态空间、静态空间、流动空间。

①动态空间：指空间没有明确的中心，具有很强的流动性，产生强烈的动势。

②静态空间：指空间相对较为稳定，有一定的控制中心，可产生较强的驻留感。

③流动空间：在垂直或水平方向上都采用象征性的分隔，保持最大限度的交融与连续，视线通透，交通无阻隔或极小阻隔，追求连续的运动特征。

（五）按结构特征分类

建筑空间存在的形式各异，其结构特征基本上分为两类：单一空间和复合空间。

①单一空间：只有一个形象单元的空间，一般建筑、房间多为简单的抽象几何形体。

②复合空间：按一定的组合方式结合在一起的，具有复杂形象的空间。大部分建筑都不只有一个房间，建筑空间多为复合空间，有主有次，以某种结构方式组合在一起。

（六）按分隔手段分类

有些空间是固定的，有些空间是活动的，围合空间出现的变化产生了固定空间和可变空间。

①固定空间：是经过深思熟虑后，使用不变、功能明确、位置固定的空间。

②可变空间：为适应不同使用功能的需要，用灵活可变的分隔方式（如折叠门、帷幔、屏风等）来围隔的空间，具有可大可小，或开敞或封闭，形态可产生变化。

（七）按空间的确定性分类

空间的限定性并不总是明确的，按其确定性程度的不同，会产生不同的空间类型，如肯定空间、模糊空间、虚拟空间。

①肯定空间：界面清晰、范围明确，具有领域感。

②模糊空间：其性状并不十分明确，常介于室内和室外、开敞和封闭两种空间类型之间，其位置也常处于两部分空间之间，很难判断其归属，也称灰空间。

③虚拟空间：边界限定非常弱，要依靠联想和人的完形心理从视觉上完成其空间的形态限定。它处于原来的空间中，但又具有一定的独立性和领域感。

三、建筑空间设计的相关因素

建筑的发展过程一直表现为一种复杂的矛盾运动形式，贯穿于发展过程中的各种矛盾因素错综复杂地交织在一起，只有抓住其中的本质联系，才能发现建筑发展的基本规律。建筑空间的相关因素主要包括：空间与功能、空间与审美、空间与结构、空间与行为和心理。

（一）空间与功能

建筑功能是人们建造建筑的目的和使用要求。功能与空间一直是紧密联系在一起的。对人来说，建筑真正具有的使用价值不是实体本身，而是所围合的空间。马克思主义哲学中“内容与形式”的辩证统一关系能很好地说明功能与空间的关系：一方面功能决定空间形式；另一方面，空间形式对功能具有反作用。在建筑中，功能表现为内容，空间表现为形式，两者之间有着必然的联系，如居室、教室、阅览室等功能不同，构成空间形式不同；而办公、商店、体育馆、影剧院等建筑物也因不同的功能布局形成各自独特的空间形态和空间组织方式。

功能决定空间，主要表现在功能对空间的制约性方面。

首先，功能对单一空间的制约性主要表现在三个方面：量的制约、形的制约、质的制约。

1. 量的制约

空间的大小、容积受功能的限定。一般以平面面积作为空间大小的设计依据。例如，卧室在 10 ~ 20 平方米可基本满足要求；在一个住宅单元中，起居室是家庭成员最为集中的地方，活动内容比较多，因此面积最大，餐厅虽然人员也相对集中，但只发生进餐行为，所以面积可以比起居室小。

2. 形的制约

功能除了对空间的大小有要求，还对空间的形状具有一定的影响。居住建筑中的房间，矩形房间利于家具布置（虽然异形房间更富有趣味，但不利于家具布置）。教室虽然也为矩形，但由于有视听的要求，长、宽比例有一定的要求。电影院、剧院等观演建筑，由于视听要求更高，空间形状的差异更大。

3. 质的制约

空间的“质”主要指采光、通风、日照等相关条件，涉及房间的开窗和朝向等问题，少数房间还有温度、湿度以及其他技术要求，这些条件的好坏，直接影响空间的品质。以开窗为例，开窗的基本目的是采光和通风，开窗的大小取决于房间的使用要求，如居住建筑窗地比为 1/10 ~ 1/8，阅览室为 1/6 ~ 1/4 等。此外，不同的功能要求还会影响开窗的形式，从而对具体的空间形式产生制约性，如有的房间要求单侧采光，有的要求双侧采光，有的要求高侧窗或间接采光，还有些需要顶部采光。

其次，功能对多空间组合的制约性。大多数建筑都是由多个房间组成的。各个空间不是彼此孤立的，而是具有某种功能上的逻辑关系。因此，功能不只对单一空间有制约性，对空间的组合也有制约性，即根据建筑物的功能联系特点来创造与之相适应的空间组合形式，这种空间组成形式并不是单一的，而是千变万化的，具有灵活性。只有把握好制约性和灵活性的尺度，才能创造出既经济实用又生动活泼的建筑形式。

社会的发展对建筑不断提出新的功能内容要求。从建筑的发展来看，功能对建筑空间的要求不是静止的，时时刻刻都在发生变化。这种要求必然与旧空间形式产生矛盾，导致对旧空间形式的否定，并最终产生新的空间形式。随着现代建筑的发展，现代建筑师又提出了“多功能性空间”或“通用空间”的概念。

功能对空间形式具有决定作用，但不能忽视空间形式本身的能动性，一种新的空间形式出现后，不仅适应了新的功能要求，还会促使功能朝着更新的高度发展。如现代大跨度结构使室内大空间得以实现，使室内的大型聚会成为可能。

（二）空间与审美

建筑是人类社会的特有产物，因此建筑的审美观念不是孤立存在的，必然受到文化、民族、地域等方面社会性要素的影响，如东西方建筑的差异、南北地区建筑的差异等。人类的审美观念是对客观对象的一种主观反映形式，属于意识形态，它是由客观存在决定的。当客观现实改变以后，思想观念也必然会改变。因此，人类的审美习惯不是一成不变的，它将随着时代的发展而产生变化。无论古典建筑还是现代建筑，都遵循着形式美“多样统一”的原则。

此外，建筑是一种文化，是人们从事各项社会活动的载体，一切文化现象都发生在其中。它既表达自身的文化形态，又比较完整地反射出人类文化史。就建筑的物质属性而言，它是时代科技的结晶，反映最先进的科学技术发展水平，具体表现在建筑材料、建筑结构、建筑技术、建筑设备等，是时代物质文明的缩影。而在社会属性方面，人类的一切精神文明的成果也都展现其中。雕刻、雕塑、工艺美术、绘画、家具陈设等可见的形象，是建筑空间和建筑环境的组成部分。而比较隐蔽的象征、隐喻、神韵等内涵，作为建筑之魂也都与人的精神生活和精神境界相联系。这些就是建筑空间的审美特征。即：环境气氛、造型风格、象征含义。

1. 环境气氛

由于空间特征的不同，造成不同环境气氛，如温暖的空间、寒冷的空间、亲切的空间、拘束的空间、恬静的空间、典雅古朴的空间……空间之所以给人以这些不同的感觉，是因为人特有的联想感觉产生了审美的反映，赋予了空间各种性格。平面规则的空间比较单纯、朴实、简洁；曲面的空间感觉比较丰富、柔和、抒情；垂直的空间给人以崇高、庄严、肃穆、向上的感觉；水平空间给人以亲切、开阔、舒展、平易的感觉；倾斜的空间给人以不安、动荡的感觉。

2. 造型风格

建筑空间的造型风格也是建筑审美特征的集中体现。风格是不同时代思潮和地域特征通过创造性的构思和表现而逐步发展成的一种有代表性的典型形式。可以说每一种风格的形成莫不与当时当地的自然和人文条件息息相关，尤其与社会制度、民族特征、文化潮流、生活方式、风俗习惯等关系密切。

3. 象征含义

建筑艺术与其他艺术形式不同，虽然也能反映生活，却不能再现生活。因为建筑的表现手段不能脱离具有一定使用要求的空间和形体，只能用一些比较抽象的几何形体，运用各组成部分之间的比例、均衡、韵律等关系来创造一定的环境气氛，表达特有的内在含义。从这个意义上说，建筑是一门象征性艺术。所谓象征，就是用具体的事物和形象来表达一种特殊的含义，而不是说明该事物的自身。象征属于符号系统，为人类所独有。象征是人类相互间进行文化交流的载体，属于人类文化的范畴，它具有时代性、民族性和地域性。

（三）空间与结构

建筑是技术与艺术的结合，技术是把建筑构思转变为现实的重要手段，建筑技术包括结构、材料、设备、施工技术等，其中结构与空间的关系最密切。中国哲学家老子有关于空间“故有之以为利，无之以为用”的论述，清楚地说明了实体结构和内部空间之间的关系，即“有”与“无”是“利”与“用”的关系，也就是手段与目的的关系。

我们把符合功能要求的空间称为适用空间，符合审美要求的空间称为视觉空间，把符合力学规律和材料性能的空间称为结构空间。在建筑中，这三者是一体的，建筑创造的过程就是这三者有机统一为一体的过程。首先，不同的功能要求都需要一定的结构形式来提供相应的空间形式；其次，结构形式的选择要服从审美的要求。另外结构体系和形式反过来也会对空间的功能和美观产生促进作用。

（四）空间与行为和心理

人类的行为与人类的心理特征是分不开的，人类有关建筑方面的心理需求包括：基础性心理需求和高级心理需求。

1. 基础心理需求

停留在感知和认知心理活动阶段的心理现象、需求都为基础心理需求，如建筑空间给人的开放感、封闭感、舒适感等。

2. 高级心理需求

（1）领域性与人际距离

人在进行活动时，总是力求其活动不被外界干扰和妨碍，因此每一个人周围都有属于自己的范围和领域，这个领域称为“心理空间”。它实质是一个虚空间。建筑空间的大小、尺度以及内部的空间分隔、家具布置、座位排列等方面都要考虑领域性和人际距离。

（2）安全感与依托感

人类总是下意识的有一种对安全感的需求，从人的心理感受来说建筑空间并不是越大越好，空间过大会使人觉得很难把握，进而感到无所适从。通常在这种大空间中，人们更愿意有可供依托的物体。人类的这种心理特点反映在空间中称为边界效应，它对建筑空间的分隔，空间组织、室内布置等方面都很有参考价值。

（3）私密性与尽端趋向

如果说领域性是人对自己周围空间范围的保护，那么私密性则是进一步对相应空间范围内其他因素更高的隔绝要求。如视线、声音等，私密性不仅是属于个人的，也有属于群体的，他们自成小团体，而不希望外界了解他们。

（4）交往与联系的需求

人不只有私密性的需求，还有交往与联系的需要。人际交往的需要对建筑空间提出了一定的要求，要做到人与人相互了解，则空间必须是相对开放、互相连通的，人们可以走来走去，但又各自有自己的空间范围，也就是既分又合的状态，如“共享空间”。

（5）求新与求异心理

如果某件事物较为稀罕或特征鲜明，就极易引起人的注意，这种现象反映了人的求新和求异心理。一些具有招揽性特点的建筑，如商业建筑、娱乐建筑、观演性建筑、展览性建筑，就是在针对人的这种心理，力求在建筑外空间的造型、色彩、灯光和内部空间特色方面有所创新，显出与众不同的个性，以吸引人们。

（6）从众与趋光心理

人们在不明情况下，往往会有一种从众心理，看见大多数人都那样做，自己也会不自然地跟从。这对建筑空间的防火防灾设计提出了要求，空间要有导向性，以便引导人流疏散。另外人还有趋光的心理，明亮的地方总是吸引人，在建筑空间设计中要巧妙利用照明布置来加强空间的吸引力，创造趣味。

（7）纪念性与陶冶心灵的需求

这是人类更高层次的心理需求，人类进行艺术创作就是要使心灵得以升华，建筑是一种艺术，它既有实用性，又有艺术性，它的最高目的就是作用于人的心灵，给人们美的享受。

第二节　风景园林建筑内部空间设计的内容与方法

一、设计的主要内容

（一）空间组织

建筑一般由使用空间、辅助空间、交通联系空间三类空间组成。使用空间为起居、工作、学习等服务；辅助空间为加工、储存、清洁卫生等服务；交通联系空间为通行疏散服务。建筑的面积、层数、高度与建筑空间使用人数、使用方式、设备设施配置等因素有关。

建筑空间之间存在并列、主从、序列三种关系。建筑空间组织一般遵循功能合理、形式简明和紧凑等基本原则。空间组织有“点状聚合”“线性排序”“网格编组”“层面叠加”四种方式。

（二）流线组织

流线组织遵循明确、便捷、通畅、安全、互不干扰等原则。明确是指加强流线活动的方位引导；便捷与通畅即控制流线活动的长度和宽度；安全可以通过流线活动的硬件配置与软件管理得到保证；互不干扰指应当明确并区分流线活动内外、动静、干湿、洁污等关系，分别设置不同的空间及构件设施。

流线组织有枢纽式、平面式、立体式三种组织方式。

枢纽式组织主要进行门厅设计，涉及门廊或雨棚、过厅、中庭等空间设置问题，如过厅是门厅的附属空间，一般一幢建筑只有一个门厅，但可以有若干过厅。

平面式组织主要进行走道设计及坡道设计。走道长度与人流通行疏散口分布、走道两侧采光通风口分布、消防疏散时间要求等因素有关；坡道一般为残疾人、老年人和儿童等特殊人群通行疏散、特殊车辆出入建筑提供服务。

立体式组织主要进行楼梯、电梯设计。

（三）结构构件设置

建筑实体构件按照功能作用，可划分为支撑与围护结构、分隔与联系构件等。基础、梁板柱所构成的框架、屋面等是建筑的支撑结构，发挥稳定建筑空间的作用；地面、外墙、屋顶等是建筑的围护结构，发挥围合、遮蔽建筑空间的作用；内墙、楼板等是建筑的分隔构件，具有分隔建筑空间的作用；门廊或雨棚、楼梯、坡道、阳台等是建筑的联系构件，具有联系建筑空间的作用；电梯、自动扶梯、水暖电管线及设备、燃气管线及设备等是建筑的设备设施配件，为人群活动提供服务，同时改善建筑空间性能及品质。

一般情况下，支撑结构、围护结构、分隔与联系构件由建筑师负责选型，完成材料及构造设计，再由结构工程师完成材料设计和力学计算；电梯、自动扶梯由机械工程师负责设备设计，由建筑师负责设备选型；给水排水、暖气通风、电力电信中的各种管线及设备，由水暖电工程师负责配置及设计。

（四）建筑空间形态控制

建筑空间形态控制主要包括建筑长度、宽度、高度等方面的内容。

单元空间中，单面通风采光的空间一般为开间 / 进深 =1：1～1：1.5，双面通风采光的空间层高 / 跨度一般为 1：1.5～1：4。

建筑单体中，平面空缺率 = 建筑长度 / 建筑最大深度，空缺率过大意味着建筑平面及立面凹凸变化过大，有利于建筑造型，但不利于建筑空间保温隔热及建筑用地合理使用。因此，设计师经常选取小面宽、大进深的单元空间进行空间组合。其中最为合理的单元空间立面高宽比 = 建筑高度 / 宽度 =1 ：0.618，符合黄金分割比例。因此，设计师经常通过调整建筑立面高宽比，以及建筑立面视角、视距关系等进行建筑形态控制。

建筑群体当中，展开面间口率（建筑群立面空隙总宽度 / 建筑群立面总长度）=6% ~ 7%，间口率的大小与建筑单体变形缝设置、建筑群体之间山墙面防火间距要求等因素有关。间口率过大意味着建筑群体关系松散，有利于建筑群体立面及轮廓线变化，但不利于建筑用地合理使用。山墙面间距控制涉及建筑日照间距、通风间距、防火间距等问题，建筑日照间距及通风间距一般决定建筑山墙面的高距比，建筑日照间距（建筑山墙面高度 / 山墙面间距）1：0.8 ~ 1：1.8，建筑通风间距（山墙面高度 / 山墙面间距）1：1.5 ~ 1：2.0；建筑防火间距有 6 米、9 米和 13 米三种要求，即高层建筑之间为 13 米，高层建筑与多层建筑、低层建筑之间为 9 米，低层建筑之间为 6 米。

二、设计的主要原理

（一）合理地进行功能分区

合理的功能分区就是既要满足各部分使用中密切联系的要求，又要创造必要的分隔条件。联系和分隔是矛盾的两个方面，相互联系的作用在于达到使用上的方便，分隔的作用在于区分不同使用性质的房间，创造相对独立的使用环境，避免使用时的相互干扰和影响，以保证有较好的卫生隔离和安全条件，并创造较安静的环境等。下面将功能分区的一般原则与分区方式具体讨论。

1. 功能分区原则

公共建筑物是由各个部分组成的，它们在使用中必然存在着性质的差别，因而也会有不同的要求。因此，在设计时不仅要考虑使用性质和使用程序，而且要按不同功能要求进行分类，进行分区布置，以达到分区明确而又联系方便的目的。

在分区布置中，为了创造较好的卫生或安全条件，避免各部分使用过程中的相互干扰以及满足某些特殊要求，在平面空间组合中功能的分区常常需要解决以下几个问题。

①处理好“主”与“辅”的关系。任何一类建筑都是由主要使用部分和辅助使用部分所组成的。主要使用部分为公众直接使用的部分。

②处理好“内”与“外”的关系。建筑区间，有的对外性强，直接为公众使用；有的对内性强，主要供内部工作人员使用。

③处理好“动”与“静”的分区关系。一般供学习、工作、休息等用途的房间希望有较安静的环境，而有的用房在使用中嘈杂喧闹，甚至产生机器噪声，这两部分的房间要求适当地隔离。这种“动”与“静”的分区要求在很多类型的建筑中都会经常遇到。

④处理好“清”与“污”的分区关系。建筑中某些辅助或附属用房（如厨房、锅炉房、洗衣房等）在使用过程中会产生气味、烟灰、污物及垃圾，必然要影响主要使用房间，在保证必要联系的条件下，要使二者相互隔离，以免影响主要工作用房。一般应将它们置于常年主导风向的下风向，且不在公共人流的主要交通线上。此外，这些房间一般比较零乱，也不宜放在建筑的主要一侧，避免影响建筑的整洁和美观。因此在处理“清”与“污”的区分关系时常以前后分区为多，少数产生污染的辅助用房可以置于底层或最高层。

2. 功能分区方式

按照功能要求分区，一般有以下几种方式。

（1）分散分区

即将功能要求不同的各部分用房分别按一定的区域，布置在几个不同的单幢建筑之中。这种方式可以达到完全分区的目的，但也必然导致联系的不便。因此在这种情况下就要很好地解决相互联系的问题，常加建连廊相连接。

（2）集中水平分区

即将功能要求不同的各部分用房集中布置在同一幢建筑的不同的平面区域，各组取水平方向的联系或分隔，但要联系方便，平面外形不要设计得太复杂，保证必要的分隔，避免相互影响。一般是将主要的、对外性强的、使用频繁的或人流量较大的用房布置在前部，靠近入口的中心地带；而将辅助的、对内性强的、使用人流少的或要求安静的用房布置在后部或一侧，离入口远一点。也可以利用内院，设置“中间带”等方式作为分隔的手段。

（3）垂直分区

即将功能要求不同的各部分用房集中布置于同一幢建筑的不同层上，以垂直方向进行联系或分隔。但要注意分层布置的合理性，注意各层房间数量、面积大小的均衡，以及结构的合理性，并使垂直交通与水平交通组织紧凑方便。分层布置的设计一般是根据使用活动的要求，不同使用对象的特点及空间大小等因素来综合考虑。

（二）合理地组织交通流线

人在建筑内部的活动，物品在建筑内部的运用，就构成建筑的交通组织问题。它包括两个方面：一是相互的联系；二是彼此的分隔。合理的交通路线组织就是既要保证相互联系的方便、简短，又要保证必要的分隔，使不同的流线之间不相互交叉干扰。在使用频繁、有大量人流的医院、影剧院、体育馆、展览馆等建筑物中显得尤为重要。交通流线组织的合理与否是评鉴平面布局的重要标准。它直接影响到平面布局的形式。下面着重介绍一下交通流线的类型、流线组织的要求以及组织方式。

1. 交通流线的类型

建筑内部交通流线按其使用性质可分为以下几种类型：

①公共人流交通线：即建筑主要使用者的交通流线。公共人流交通线中不同的使用对象也构成不同的人流，这些不同的人流在设计中都要分别组织，相互分开，避免彼此的干扰。例如，车站建筑中的进站旅客流线就包括一般旅客流线、母婴流线、软席旅客流线及军人流线等。一般旅客流线中通常按其乘车方向构成不同的流线，体育建筑中公共人流线除了一般观众流线外还包括运动员的流线、贵宾及首长流线等。

②内部工作流线：即内部管理工作人员的服务交通线，在某些大型建筑中还包括摄影、记者、电视等工作人员流线。

③辅助供应交通流线：如餐厅中的厨房工作人员服务流线及食物供应流线，车站中的行包流线，医院中食品、器械、药物等服务供应流线，商店中货物运送流线，图书馆中书籍的运送流线等，都属于辅助供应交通流线。

2. 交通流线组织的要求

人是建筑的主体，各种建筑的内外部空间设计与组合都要以人的活动路线与人的活动规律为依据，设计要尽量满足使用者在生理上和心理上的合理要求。因此，应当把“主要人流路线”作为设计与组合空间的主导线。根据这一主导线把各部分设计成一连串的丰富多彩的有机结合的空间序列。

主导线的基本原则，一般在平面空间布局时，交通流线的组织应具体考虑以下几点要求。

①不同性质的流线应明确分开，避免相互干扰。这就要做到使主要活动人流线不与内部工作人员流线或服务供应流线相交叉；主要活动人流线中，有时还要将不同对象的流线适当地分开；在人流集中的情况下，一般应将进入人流线与外出人流线分开，以防止出现交叉、聚集、“瓶颈”的现象。

②流线的组织应符合使用程序，力求简捷明确、通畅、不迂回，最大限度地缩短。这对每一类建筑设计都是重要的，直接影响着平面布局和房间的布置。比如在图书馆的设计中，人流路线的组织就要使读者方便地来往于借书厅及阅览室，并尽可能地缩短借书的距离，缩短借书的时间。

③流线组织要有灵活性，因为在实际工作中，由于情况的变化，建筑内部的使用安排经常是要调整的。

流线组织的连贯与灵活孰主孰次根据建筑的使用性质而有所不同，这就要根据具体情况来分析，从调查研究着手，区别对待。以展览建筑来说，历史性博物馆由于陈列内容是断代的、连贯的，因此主要是考虑参观路线的连贯，而艺术陈列馆或展览馆的参观路线则要求灵活性更多一些。

④流线组织与出入口设置必须与室外道路密切结合，二者不可分割，否则从单体平面上看流线组织可能是合理的，但从总平面上看可能就不合理，反之亦然。

3. 交通流线组织的方式

流线组织虽然各有自己的特点及要求，但也有共同要解决的问题，即把各种不同类型的流线分别予以合理组织以保证方便地联系和必要地分隔。因此，在流线组织方式上也有共同之处，综合各类建筑中实际采用的流线组织方式，不外乎以下三种基本方法。

（1）水平方向的组织

即把不同的流线布置在同一平面的不同区域，与前述水平功能分区是一致的。例如，在商业建筑中将顾客流线和货物流线分别布置于前部和后部；在展览建筑中，将参观流线和展品流线按照后或左右分开布置。这种水平分区的流线组织垂直交通少，联系方便，避免了大量人流的出现。在中小型的建筑中，这种方式较为简单，但对某些大型建筑来讲，单纯水平方向组织交通流线不易解决复杂的交通问题或往往使平面布局复杂化。

（2）垂直方向的组织

即把不同的流线布置在不同的层，在垂直方向上把不同流线分开。如同前述，在医院建筑中将门诊人流组织在底层，各病区人流按层组织在其上部；展览建筑中将展品流线组织在底层，把参观人流线组织在二层以上。这种垂直方向的流线组织，分工明确，可以简化平面，对较大型的建筑来说更为适合。但是，它增加了垂直交通，同时分层布置要考虑荷载及人流量的大小。一般来说，总是将荷载大、人流量多的部分布置在下部，而将荷载小、人流量少的置于上部。

（3）水平与垂直相结合的流线组织

指既在平面上划分不同的区域，又按层组织交通流线，常用于规模较大、流线较复杂的建筑。

流线组织方式的选择一般应根据建筑规模的大小、基地条件及设计者的构思来决定。一般中小型建筑，人流活动比较简单，多采取水平方向的组织；规模较大、功能要求比较复杂、基地面积不大或地形有高度差时，常采用垂直方向的组织或水平和垂直相结合的流线组织方式。

（三）创造良好的朝向、采光与通风条件

建筑是为工作、生产和生活服务的。从人体生理来说，人在室内工作和生活需要一个良好的环境，因而建筑空间的设计要适应各地气候与自然条件就成为一项重要的课题，也是对设计提出的一项基本的功能要求。我国古代劳动人民在长期的建筑实践中，就认识到要适应自然气候条件必须注意朝向的选择，解决好采光、通风问题。

在建筑设计中一般将人们工作、学习、活动的主要房间大多布置在朝南或东南向的

位置，而将次要的辅助房间及交通联系部分都置于朝向较差的一面，以保证主要房间有充分的日照及良好的自然采光条件。

通风与朝向、采光方式关联密切。利用自然采光的房间，一般就采用自然通风，采用人工照明为主时，则需有机械通风设备。

自然通风主要是合理地组织“穿堂风”，保证常年的主导风向能直接吹向主要工作房间或室外活动院落，避免产生吹不到风的“闷角”。一般主要用房应迎主导风向布置，辅助用房尤其是有烟、气味的辅助用房则应置于主要房间的下风向。

通风的组织关系到平面、空间的布局及门窗的安排。在外廊平面中，房间两面可开窗，通风较好；中间是走廊两边是房间的平面，一般可以在内墙面开设高窗、气窗，以改善通风条件。最好两面房间门相对设置，通风会更好，但这样一来有可能会产生干扰，所以在不少旅馆中又要求将门互相错开布置，其实这种布置方法对室内通风是不利的。当房间只有一个方向能开门窗时，应尽量利用门的上下开洞口，组织上下对流或换气。

自然通风是我国南方地区建筑要解决的一个突出问题，长期以来南方居民在这方面积累了丰富的经验，创造了很多通风效果良好的处理手法，是值得我们学习和借鉴的。

最后，还需指出，理想的朝向、采光及通风的要求常常与实际情况是有矛盾的。在实际工作中，当建筑位于城市拥挤的地段，或者当建筑位于风景区时，由于各方面的矛盾，有时就不可能使朝向、采光要求都得到理想的解决。在拥挤地区，平面布局受到限制，为了使平面布局紧凑，往往就会有一部分主要使用房间面向不好的朝向。在风景区，有时为了照顾景向，便于观景、借景，要求主要房间能面向景区。如果风景区位于建筑朝向不好的一面，建筑的主要房间还是要布置在朝向风景区的那一面。这时景向相对更主要，建筑的不良朝向带来的问题采用其他方法来解决。

三、风景园林建筑的空间处理手法

（一）风景园林建筑室间的类型

风景园林建筑空间形式概括起来有以下几种基本类型。

1. 内向空间

这是一种以建筑、走廊、围墙四面环绕，中间为庭院，以山水、小品、植物等素材加以点缀而形成的一种内向、静雅的空间形态。这种空间里最典型的就是四合院式。我国的住宅，从南到北多采用这种庭院式的布局。由于地理气候上的差异，南方的住宅庭院布局比较机动灵活，庭院、小院、天井等穿插布置于住房的前后左右，室内外空间联系十分密切，有的前庭对着开敞的内厅，室外完全成为内部空间延伸的一个组成部分。为防止夏季日晒，庭院空间进深一般较小。北方典型的四合院或庭院一般比较规整，常以中轴线来组织建筑物以形成“前堂后寝”的格局，主要建筑都位于中轴线上，次要建筑分立两旁。设计者用廊、墙等将次要建筑环绕起来，根据需要组成以纵深配置为主、以左右跨院为辅的院落空间。北方庭院为争取日照，院落比南方的大。

内向空间按照大小与组合方式的不同，又可分为“井”“庭”“院”“园”四种基本形式。

（1）井即天井

一般其深度比建筑的高度小，其作用以采光、通风为主，人不进出。常位于厅、室的后部及边侧或游廊与墙的交界处所留出的一些小空间，在其内适当点缀山石花木，在白墙的衬托下也能获得生动的视觉效果。

（2）庭即庭院

以其位置的不同可分为前庭、中庭、后庭、侧庭等。庭的深度一般与建筑的高度相当或稍大。这种庭院空间一般都从属于一个主要的厅堂，庭院四周除主要厅堂外以墙垣、次要房屋、游廊环绕。庭院内部可布置树木、花卉、峰石，但一般不设置水池。

（3）院即一种具有小园林气氛的院落空间

范围比庭大，以墙、廊、轩、馆等建筑环绕，平面布局上灵活多样。院内以山石花木、小的水面、小型的建筑物组成有一定空间层次的景观。在主要空间的边侧部位偶尔分离出一些小空间，以形成主次空间的对比。

（4）园是院落的进一步扩大

园一般以水池为中心，周围布置建筑、山石、花草树木，空间较为开阔，布局灵活变化，空间层次较多，但基本上仍是建筑物所环绕起来的小园林，是建筑空间中的自然空间。许多小型私家园林，以及一些大型园林中的“园中园”都属于这种形式。

2. 外向空间

这种空间最典型的是建于山顶、山脊、岛屿、堤岸等地的风景园林建筑所形成的开敞空间类型。这类建筑物常以单体建筑的形式布置于具有显著特征的地段上，起着点景和观景的双重作用。由于是独立建置，建筑物完全融合于自然环境之中，四面八方都向外开敞，在这种情况下，建筑布局主要考虑的是如何取得建筑美与自然美的统一。这类建筑物随着环境的不同而采取不同的形式，但都是一些向外开敞、通透的建筑形象。

山顶、山脊等地势高敞地段，由于空间开阔，视野展开面大，因此常建亭、楼、阁等建筑，并辅以高台、游廊组成开敞性的建筑空间，可用来登高远望，四面环眺，欣赏周围景色。在山坡与山麓地带的建筑多属这种形式。在地势有较大起伏的情况下，常以叠落的平台、游廊来联系位于不同标高上的两组游赏性建筑物。两头的景观特点可以有所不同，可以用各种的开敞性建筑组成景观的停顿点，使得从游廊的这一头到那一头可以进行动态的观赏，获得步移景异的变化效果。这种开敞性建筑群的布局通常是十分灵活多变的，建筑物参差错落的形态与环境的紧密结合能取得十分生动的构图效果。围绕水面、草坪、树木、休息场地布置的游廊、敞轩等建筑物，也常采取开敞性的布局形式，以取得与外部空间的紧密联系。

3. 内外空间

通常，由风景园林建筑所创造出的空间形态，运用最多的是内外空间。这类空间兼有内向空间与外向空间两方面的优点，既具有比较安静、以近观近赏为主的小空间环境，又可通过一定的建筑部位观赏到外界环境的景色。造型上有闭有敞而虚实相间，形成富有特色的建筑群体。建筑布局多根据地形地貌的特征，自由活泼地布置，一般把主体建筑布置于重点部位，周围以廊、墙及次要建筑相环绕。这种空间形态讲究内外空间流通渗透，布局轻巧灵活，具有浓厚的风景园林建筑气息。

（二）风景园林建筑史间的处理手法

风景园林建筑正是受这种思维模式的影响，创造出了丰富变幻的空间形式，这些美妙空间的形成得益于灵活多样的空间处理手法，它们主要包括空间的对比、空间的渗透以及空间的序列几个方面。

1. 空间的对比

（1）空间大小的对比

将两个显著不同的空间相连接，由小空间进入大空间以衬得后者更为宽敞的做法，是风景园林空间处理中为突出主要空间而经常运用的一种手法。这种小空间既可以是低矮的游廊，小的亭、榭，小院，也可以是一个以树木、山石、墙垣所环绕的小空间，其位置一般处于大空间的边界地带，以敞口对着大空间，以取得空间的连通和较大的进深。当人们处于一种空间环境中时，总习惯于寻找到一个适合于自己的恰当的“位置”，在风景园林环境中，游廊、亭轩的座凳，树荫覆盖下的一块草坪，靠近叠石、墙垣的座椅，都是人们乐于停留的地方。人们愿意从一个小空间中去看大空间，愿意从一个安定的、受到庇护的小环境中去观赏大空间中动态的、变化着的景物。因此，风景园林中布置在周边的小空间，不仅衬托和突出了主体空间，给人以空间变化丰富的感受，而且能满足人们在游赏中心理上的需要，因此这些小空间常成为风景园林建筑空间处理中比较精彩的部分。

空间大小对比的效果是相对的，它是通过大小空间的转换，在瞬间产生强烈的大小对比，使那些本来不太大的空间显得特别开阔。

（2）空间形状的对比

风景园林建筑空间形状对比，一是单体建筑之何的形状对比，二是建筑围合的庭院空间的形状对比。形状对比主要表现在平、立面形式上的区别。方和圆、高直与低平、规则与自由，在设计时都可以利用这些空间形状上互相对立的因素来取得构图上的变化，突出重点。从视觉心理上说，规矩方正的单体建筑和庭园空间易于形成庄严的气氛，而比较自由的形式，如三角形、六边形、圆形和自由弧线组合的平、立面形式，则易形成活泼的气氛。同样，对称布局的空间容易给人以庄严的印象，而不对称布局的空间则多带来一种活泼的感受。庄严或活泼，主要取决于功能和艺术意境的需要。传统私家园林，主人日常生活的庭院多取规矩方正的形状，憩息玩赏的庭院则多取自由形式。从前者转入后者时，由于空间形状对比的变化，艺术气氛突变而倍增情趣。形状对比需要有明确的主从关系，一般情况主要靠体量大小的不同来体现。

（3）空间明暗虚实的对比

利用明暗对比关系以求空间的变化和突出重点，是风景园林建筑空间处理中常用的手法。在日光作用下，室外空间与室内空间存在着明暗不一的现象，室内空间愈封闭则明暗对比愈强烈，即使是处于室内空间中，由于光的照度不均匀，也可以形成一部分空间和另一部分空间之间的明暗对比关系。在利用明暗对比关系上，风景园林建筑多以暗处的空间为衬托，明亮的空间往往为艺术表现的重点或兴趣中心。

风景园林建筑中池水与山石、建筑物之间也存在着明与暗、虚与实的关系。在光线作用下，水面有时与山石、建筑物比较，前者为明，后者为暗，但有时又恰恰相反。在风景园林建筑设计中可以利用它们之间的明暗对比关系和形成的倒影、动态效果创造各种艺术意境。室内空间，如果大部分墙面、地面、顶棚均为实面处理（即采用各种不透明材料做成的面），而在小部分地方采用虚面处理（即采用空洞或玻璃等透明材料做成的面），就可以通过虚实的对比作用，将视觉重点将集中在面处理部位，反之亦然。但若虚实各半则会造成视觉注意力分散而失去重点削弱对比的效果。

（4）建筑与自然景物的对比

在风景园林建筑设计中，严整规则的建筑物与形态万千的自然景物之间包含着形、色各种对比因素，可以通过对比突出构图重点获得景效。建筑与自然景物的对比，也要有主有从，或以自然景物烘托突出建筑，或以建筑烘托突出自然景物，使两者结合成为协调的整体。有些用建筑物围合的庭院空间环境。

风景园林建筑空间在大小、形状、明暗、虚实等方面的对比手法，经常互相结合，交叉运用，使空间有变化、有层次、有深度，使建筑空间与自然空间有很好的结合与过渡，以达到风景园林建筑实用与造景两方面的基本要求。

2. 空间的渗透

处理好空间的相互渗透，可以突破有限空间的局限性取得大中见小或小中见大的变化效果，从而得以增强艺术的感染力。

处理空间渗透的方法概括起来有以下两种。

（1）相邻空间的渗透

这种方法主要是利用门、窗、洞口、空廊等作为相邻空间的联系媒介，使空间彼此渗透，增添空间层次。

（2）室内外空间的渗透

建筑空间室内室外的划分是由传统的房屋概念形成的。所谓室内空间一般指具有顶、墙、地面围护的室内部空间，在它之外的称作室外空间。通常的建筑，空间的利用重在室内，但对于风景园林建筑，室内外空间都很重要。按照一般概念，在以建筑物围合的庭院空间布局中，中心的露天庭院一般被视为室外空间，四周的厅、廊、亭、榭被视为室内空间；但从更大的范围看，也可以把这些厅、廊、亭、榭视如围合单一空间的手段，用它们来围合庭院空间，亦即形成一个更大规模的半封闭（没有顶）的“室内”空间。“室外”空间相应是庭院以外的空间了。同理，还可以把由建筑组群围合的整个园内空间视为“室内”空间，而把园外空间视为“室外”空间。扩大室内外空间的含义，目的在于说明所有的建筑空间都是采用一定手段围合起来的有限空间。室内室外是相对而言的，处理空间渗透的时候，可以把“室外”空间引入“室内”，或者把“室内”空间扩大到“室外”，在处理室内外空间的渗透时，既可以采用门、窗、洞口等“景框”手段，把邻近空间的景色间接地引入室内，也可以采取把室外的景物直接引入室内，或把室内景物延伸到室外的办法来取得变化，使园林与建筑能交相穿插，融合成为有机的整体。

3. 空间的序列

将一系列不同形状与不同性质的空间按一定的观赏路线有秩序地贯通、穿插、组合起来，就形成了空间上的序列，序列中的一连串空间，在大小、纵横、起伏、深浅、明暗、开合等方面都不断地变化着，它们之间既是对比的，又是连续的。人们观赏的园林景物，随时间的推移、视点位置的不断变换而不断变化。观赏路线引导着人们依次从一个空间转入另一个空间。随着整个观赏过程的发展，人们一方面保持着对前一个空间的记忆，一方面又怀着对下一个空间的期待，最终的体验由局部的片段逐步叠加，汇集成为一种整体的视觉感受。空间序列的结尾都有其预定的高潮，而前面是它的准备。设计师按风景园林建筑艺术目的，在准备阶段使人们逐渐酝酿一种情绪、一种心理状态，以便使作为高潮的空间最大限度地发挥艺术效果。

风景园林建筑序列的表现形式分为规则式与不规则式两种基本类型。

①对称规则式以一根主要的轴线贯穿其中，层层院落依次相套地向纵深发展，高潮出现在轴线的后部，或者位于一系列空间的结尾处，或者在高潮出现之后还有一些次要的空间延续下去，最后才有适当的结尾。

②不对称自由式以布局上的曲折、迂回见长，其轴线的构成具有周而复始、循环不断的特点。在其空间的开合之中安排有若干重点的空间，而在若干重点中又适当突出某一重点作为全局的高潮。这种形式在我国风景园林建筑空间中大量存在，是最常见的一种空间组合形式，但它们的表现又是千变万化的。

就皇家园林和大型私家园林整体而言，风景园林建筑空间组织并非上述某一种序列形式的单独应用，往往是多种形式的并用。

为了增强意境的表现力，风景园林建筑在组织空间序列时，应该综合运用空间的对比、空间的相互渗透等设计手法，并注意处理好序列中各个空间在前后关系上的连接与过渡，形成完整而连续的观赏过程，获得多样统一的视觉效果。

第三节　风景园林建筑的空间组合与设计

一、空间组合的方式

风景园林建筑空间组合就是根据上述建筑内部使用要求，结合基地的环境，将各部分使用空间有机地组合，使之成为一个使用方便、结构合理、内外体型简洁而又完美的整体。但是由于各类建筑使用性质不同，空间特点也不一样，因此必须合理组织不同类型的空间，不能把不同形式、不同大小和不同高度的空间简单地拼联起来，否则势必造成建筑形体复杂、屋面高高低低、结构不合理、造型也不美观的结果。不同的矛盾，只有用不同的方法才能解决。对待不同类型的风景园林建筑，要根据它们空间构成的特点采用不同的组织方式。就各类风景园林建筑空间特征分析，有些类型的建筑由许多重复相同的空间所构成，属于这类空间组织的建筑。

（一）并联式的室间组合

这种空间组合形式的特点是各使用空间并列布置，空间的程序是沿着固定的线型组织的，各房间以走廊相连。它是学校、疗养院、办公楼、旅馆等建筑常采用的组合方法。它既要求各房间能独立使用，又需要使安静的教室、病房、办公室及客房等空间和公共门厅、厕所、楼梯等联系起来。这种方式的优点是：平面布局简单、横墙承重（低层时）、结构经济、房间使用灵活、隔离效果较好，并可使房间有直接的自然采光和通风，同时也容易结合地形组织多种形式。在组织这类空间时，一般需注意房间的开间和纵深应该统一，否则就宜分别组织，分开布置。如医院的病房建筑，普通病房进深较大，而单人病房近深较小，两者就不宜布置在一起，通常是将单人病房与同样进深较小的护士站辅助房间一起布置。同时也要注意将上下空间隔墙对齐，以简化结构，合理安排受力。

（二）串联式的室间组合

各主要使用房间按使用程序彼此串联，相互穿套，无须廊联系。这种组合方式使房间联系直接方便，具有连通性，可满足一定流线的功能要求，同时交通面积小，使用面积大。它一般应用于有连贯程序且流线明确简捷的某些类型的建筑，这种组合方式同走廊式一样，所有的使用房间都可以自然采光和通风，也容易结合不同的地形环境而有多样化的布置形式。它的缺点是房间使用不灵活，各间只宜连贯使用而不能独立使用。

此外，由于房间相套，使用有干扰，因此不是功能上要求连贯的用房最好不要采用串联式。如果一定要使用这种形式，那么就应该注意宜用大的空间套小的空间，如在图书馆中，读者不应通过研究室到达阅览室，但不得已时，读者可以通过阅览室到达研究室。因为前者干扰大，而后者干扰要小一些。

串联式空间组合的另一种形式是以一个空间为中心，分别与周围其他使用空间相串联，一般是以交通枢纽（如门厅等）或综合大厅为中心，放射性地与其他空间相连。这种方式流线组织紧凑，各个使用空间既能连贯又可灵活单独使用。其缺点是中心大厅人流容易迂回、拥挤，设计时要加强流线方向的引导。

（三）单元式的空间组合

单元式空间组合是按功能使用要求将建筑划分为若干个独立体量的使用单元，再将这些独立体量的单元以一定的方式组合起来。著名的包豪斯校舍布局的最大特点就是按各种不同的使用功能把整个校舍分为几个独立的部分，同时又按它们的使用要求把这些部分联系起来。

单元的划分一般有以下两种方式。

一种是按建筑内部不同性质的使用部分划分为不同的单元，将同一部分的用房组织在一起。比如，医院可按门诊部、各科病房、辅助医疗、中心供应及手术部等划分为不同的单元；学校可按普通教室、实验室、行政办公及操场划分为几个单元；图书馆可按阅览、书库、采编办公等来划分单元。

另一种是将相同性质的主要使用房间分组布置，形成几种相同的使用单元。比如，幼儿园可按各个班级的组成（如每班的活动室、休息室、盥洗室等组织单元）；医院病房也可按病科划分为若干护理单元，每一个护理单元把一定数量的病室及与之相适应的护理用房（护士站、医疗室等）和辅助用房等组织起来；中小学校可按不同的年级划分若干教室单元，每一单元由同一年级的几个班及相应的辅助用房、厕所等组成；旅馆建筑中也可将一定数量的客房及服务用房（服务台、盥洗室、厕所及贮藏室等）划分为一个单元。各个单元根据功能上联系或分隔的需要进行适当的组合。这种平面组合功能分区较明确，各部分干扰少，能有较好的朝向和通风，布局灵活，可适应不同的地形，同时也方便分期建设，便于按不同大小、高低的空间合理组织、区别对待，因此较广泛地应用于许多类型的建筑中。

（四）综合空间组合

由于内部功能要求复杂，某些建筑由许多大小不同的使用空间所构成，常见的如车站、旅馆、商场等。在车站中，它有大型的空间，如候车室、售票厅、行包房，还有一般小空间的办公室等；旅馆除了由许多小空间的客房组成以外，还需有较大空间的餐厅、公共活动室、娱乐室等；图书馆有阅览室、书库、采编办公等用房，层高要求也很不一样，阅览室要求较好的自然采光和通风，层高一般 4 ~ 5 米，而书库为了提高收藏能力，取用方便，层高只需 2.5 米，这样空间的高低就有明显的差别。对于这种内部空间形式和大小多种多样的建筑，就要求很好地解决内部空间组合协调问题，使内部空间组织使用方便、结构合理、造价经济。

1. 建筑内部空间组织的原则

内部空间组织的主要任务除了满足功能要求外，还要使建筑的各个部分在垂直方向上取得全面的协调和统一，以解决建筑内部空间要求复杂与建筑形式力求简单的矛盾。为此，在进行内部空间组织时，通常要考虑以下问题。

①空间的大小、形状和高低要符合功能的要求，包括使用功能和精神功能两个方面。如剧院的门厅空间，有的设计较高，没有夹层，这在观众厅有楼座的剧院中是合理的；反之，如果没有楼座，门厅空间过高，既不经济又不实用。

②结构围合的空间要尽量与功能所要求的空间在大小、高低和形状上相吻合，以最大限度地节省空间，这在较大的空间组织中尤为重要。因为在满足使用要求的情况下，缩小空间体积对空调、音响的处理都有利。

③大小、高低不同的空间应合理组织，区别对待，进行有针对性的排列。即根据它

们不同的性质、不同的大小而将各种空间分组进行布局，同一性质和相同大小的空间分组排列，避免不同性质、不同高低的大小空间混杂置于同一高度的结构骨架内。这种不同性质、不同

大小的空间分组后，通常是借助于水平或垂直的排列使它们成为一个有机的整体。当采用垂直排列时，通常是将较大的空间置于较小空间之上，以免上部空间的分隔墙体给结构带来过多负荷，否则要采用轻质材料。

④最大限度地利用各种“剩余”空间，达到空间使用的经济性。例如，通常大厅中的夹层空间、屋顶内的空间、看台下的结构空间以及楼梯间的下部空间等，可以利用它们做使用空间和设备空间。

2. 不同类型的空间组织方法

不同空间类型的建筑由于空间构成的特点不一，因而也需采用不同的组织方式。分析各类空间构成的特点，一般有以下几种情况。

（1）重复小空间的组织

属于这类空间组织的建筑，如办公楼、医院、旅馆及学校等，这些房间一般使用人数不多，面积不大，空间不高，要求有较好的朝向、自然采光和通风。各个小空间既要独立使用，保持安静，又要和公共服务、交通设施（厕所、楼梯、门厅等）联系方便。这种重复相同小空间的组织通常采用并联式布置，以走廊和楼梯把它们在水平和垂直方向排列组织起来。在组织这类空间时，一般要注意以下几个问题。①房间的开间和进深应尽量统一，否则宜分别组织，分开布置。②上下空间隔墙要尽量对齐，以简化结构，使受力合理。③高低不同的空间要分开组织。

（2）附有大厅的空间组织

在某些建筑中，其空间的构成是以小面积的空间为主，又附设有 1 ~ 2 个大厅式的用房。

①附建式：大厅与主要使用房间（也就是小空间的用房）分开组合，置于小空间组合体之外，与小空间组合体相邻或完全脱开。这种空间组织灵活，二者层高不受制约，且便于大量人流集散，结构也较简单。

②设于底层：将大厅设于小空间组合体下部一至两层。为了取得较大空间及分隔的灵活，底层常用框架、大柱子的开间，底层空间较高。这种空间组织一般用于地段较紧张或沿街的建筑中。

③设于顶层；将大厅置于小空间组合体的上部，可以不受结构柱网的限制。但在人流量大又无电梯设备的条件下，会带来人流上下的不便。一般人流大、不经常使用的大厅或者有电梯设备时可以采用这种方式。

（五）空间的联系与分隔

风景园林建筑是由若干不同功能的空间所构成，它们之间存在着必要的联系和分隔。

联系和分隔的空间组织方式很多，通常最简单的是设墙或门洞，保证相邻空间在功

能上的联系和分隔。在相邻两空间不需要截然分开的情况下，常常在两者之间的天花板或地面上加以处理，用一些柱、台阶和栏杆等把它们分开，以显示出不同的空间“领域”。有时在同一室内，需要分成若干部分，还可以利用家具、屏风、帷幕、镂空隔断等，使得各部分之间既有联系又有分隔，还能够显示不同的空间领域。在餐饮建筑中，可以利用屏风、帷幕或隔断把餐厅分成若干就餐区；在图书馆中，可以利用书架将阅览室划分为若干个较安静的小阅览区；在百货商店里，可以利用柜台将营业员和顾客的使用空间分开，利用商品货架将小仓库和大营业厅分开；在展室，利用展板、展柜把它分成若干展区，达到使用的灵活；在休息室和接待室，也常用传统的屏风或博古架等来分隔空间，使空间交叉变换。

二、博览建筑的空间组合与设计

（一）博览建筑的组成

博览建筑主要涵盖博物馆、美术馆、陈列馆、展览馆、纪念馆、水族馆、科技馆、民俗馆、博物园、博览会 10 种类型，它们之间除了共性之外，都有各自的特殊要求。

1. 博览建筑的组成内容

博览建筑的规模、性质不同，组成内容各异，就当前国内外博览建筑的组成看，大多包括六大部分，即藏品储存、科学研究、陈列展出、修复加工、群众服务、行政管理。由于博览建筑任务及性质的不同，各部分又有不同的侧重和强化，使之具有不同的特点和个性。

2. 博览建筑的规模与分类

各地博览建筑有不同的名称和不同的组成内容，有世界级的，有国家级的，也有地方性的，有的利用古建筑，如北京故宫博物院、法国卢浮宫。

3. 博览建筑各部分组成面积分配

陈列展出部分是博览建筑的主体，其建筑面积占总建筑面积的 50% ~ 80%，其中博物馆偏低限，展览馆偏高限。至于藏品储存建筑面积，展览馆偏低，博物馆偏高，博物馆的藏品储存面积为陈列展出面积的 1/4 ~ 1/3。

（二）博览建筑的功能分区与流线组织

1. 功能分区

①博览建筑各部分面积分配。根据博览建筑的性质与用途，各部分面积分配有很大差异，一般博览建筑的各部分面积分配如表 12-1。

表 12-1 博览建筑面积分配

陈列用房面积	库房面积	服务设施
50% ~ 80%	10% ~ 40%	10%

②博览建筑总体功能分区。博览建筑的藏品储存、陈列展出、科学研究、修复加工、群众服务、行政管理六大部分应具有明确的分区，视博览建筑的性质，则各有侧重。一般陈列展出部分和群众服务部分为主要部分，是博览建筑的主体，因考虑观众流线要尽量短，容易接近，这两部分应临近基地的主要广场和道路。

2. 流线组织

博览建筑的流线十分重要，它涉及博览建筑对外的联系、广场的位置、人流的聚集与分流，这些都与博览建筑内部功能组织相关联。

（1）总平面流线组织原则

①博览建筑应有一个鲜明突出的进出口，以便接纳大量的人流、车流。

②具有较为宽大的入口广场，一方面是便于进出人流的车辆回转，另一方面也有助于大量人流的集散，以便与各个陈列室有直接的联系。

③门前广场应与停车场密切相连，忌以广场代替停车场，影响建筑的观瞻。

④博览建筑的主次入口以及不同的陈列展区应有明显的标志，以利于人流的导向。其标志的设置，可以为大门、雕塑或标志物，视建筑具体情况而定。

（2）总平面流线组织

总平面中流线主要有三条，即观众流线、展品流线和工作人员流线，三者应有明确区分，避免相互交叉和干扰，并力求安排紧凑合理，不得有不必要的迂回。

①观众流线。一般是以广场作为接纳人流的基点，然后分散进入各陈列室参观。另外，也可由广场进入门厅或序厅，然后再进入各个陈列部分。这时也可以借助于楼梯和自动扶梯进入不同的展区。当建筑呈水平方向拓展时，广场可以直接进入一个宽大的廊道，使人流分散再进入不同的展区。进入门厅后，人流的行进一般是呈线形自左向右行进，也可以采用穿过式的廊道连接不同的展室。

②展品流线。展品路线关系到展品的运输，以免与观众流线交叉，应有单独入口。若限于由广场进出，其运输流线宜在观众流线的外围。

③工作人员流线。关于工作人员与研究部人员的出入口，因为该部分的层高较低，空间小，不宜与陈列展出空间并列，需要单独处理。

（三）博览建筑的平面组合

1. 平面组合基本原则

①平面组合的核心问题是处理好流线、视线、光线的问题。

②观众流线要求有连续性、顺序性、不重复、不交叉、不逆向、不堵塞、不漏看。

③观众流线要简洁通畅，人流分配要考虑聚集空间的面积大小，并有导向性。

④内部陈列空间应根据不同博览建筑的要求，决定恰当的空间尺度。

⑤观众流线在考虑顺序性的同时，还应有一定的灵活性，以满足观众不同的要求。

⑥观众流线、展品流线、工作人员流线三者应力求清晰，互不干扰。观众流线不宜过长，在适当地段应分别设观众休息室和对外出入口。

⑦室内陈列与外部环境有良好的结合。

⑧建筑布局紧凑，分区明确，一般博览建筑的陈列室应视为主体，位于最佳方位。

2. 平面组合流线分析

（1）串联式平面组合

各陈列室首尾相接，顺序性强，无论是单线、双线或复线陈列，观众都由陈列室一端进入，另一端为出口，连续参观。

参观路线连续、紧凑，人流交叉少，不易造成流线的紊乱、重复和漏看现象。根据这种流线组织的平面较紧凑，但参观路线不够灵活，不能进行有选择的参观，不利于单独开放。由于人们的兴趣不同，人流在中间会出现拥挤现象。博览建筑的朝向选择有一定局限，但可大规模组织。

（2）并联式平面组合

考虑到参观的连续性和选择性，在各陈列室前要以走道、过厅或廊子将陈列室联系起来。陈列室具有相对的独立性，便于各陈列室单独开放或临时修整。

并联式平面组合能将观众休息室结合起来加以组织，陈列室大小可以灵活。全馆参观流线可以分为若干单元，亦可闭合连贯。

（3）大厅式平面组合

陈列馆的整个陈列是利用一个大厅进行组织。大厅内可以根据展品的特点进行不同的分隔，灵活布置。观众参观可根据自己的需要，有自由选择的可能性。

由于大厅式平面组合交通线路短，建筑布局要紧凑。如大厅过大时，各分隔部分应设有单独疏散口或休息室。大厅的采光、通风、隔音要采取相应的措施。一般适用于工业展览和博览会。

（4）放射式平面组合

各陈列室通过中央大厅或中厅联系，形成一个整体。所有人流都汇集于中央大厅进行分配、交换、休息。

参观路线一般为双线陈列，中央大厅有一个总的出入口，在陈列室的尽端设置疏散口。此种平面组合形式的优点是观众可以根据需要，有选择地进行参观，各陈列室可以单独开放。陈列室的方位易于选择，采光、通风容易解决。

（5）并列式平面组合

并列式平面组合的人流组织是单向进行的，出入口分开设置，以免人流逆行。在人流线路上安排不同的陈列室，其体量、形状可根据需要进行变换。参观者可以自由选择展厅进行参观，有一定的灵活性。此种方式适用于交易会和博览会等。

（6）螺旋式平面组合

螺旋式平面组合的人流线路系按立体交叉进行组织。其优点是人流线路具有强烈的顺序性；根据人流线路可从平面、自下而上或自下而上引导观众参观。它具有节约用地、布置紧凑的特点。

三、餐饮建筑的空间组合与设计

（一）餐饮建筑的组成

餐饮建筑的组成可简单分为“前台”及“后台”两部分，前台是直接面向顾客、供顾客直接使用的空间：门厅、餐厅、雅座、洗手间、小卖部等，而后台由加工部分与办公、生活用房组成，其中加工部分又分为主食加工与副食加工两条流线。“前台”与“后台”的关键衔接点是备餐间和付货部，这是将后台加工好的主副食送往前台的交接点。

（二）空间设计的原则与方法

空间设计是一个三维概念，它将餐饮建筑的平面设计与剖面设计紧密结合，同步进行。餐饮空间的划分与组成是餐饮建筑平面及剖面设计之本，离开空间设计而孤立进行平面或剖面设计，将使设计缺乏整体连贯性，无法达到大中有小、小中见大、互为因借、层次丰富的餐饮空间效果。本节将餐厅的平面、剖面设计融进空间设计中讨论，并结合实例加以分析。

（1）餐饮空间设计的原则。

①餐饮空间应该是多种空间形态的组合。可以想象，在一个未经任何处理、只有均匀布置餐桌的大厅，即单一空间（如食堂）里就餐，是非常单调乏味的。如果将这个单一空间重新组织，用一些实体围合或分隔，将其划分为若干个形态各异、相互流通、互为因借的空间，将会有趣得多。

②空间设计必须满足使用要求。建筑设计必须具有实用性，因此，所划分的餐饮空间的大小、形式及空间之间如何组合，必须从实用出发，也就是必须注重空间设计的合理性，方能满足餐饮活动的需求。尤其要注意满足各类餐桌椅的布置和各种通道的尺寸以及送餐流程的便捷合理。

③空间设计必须满足工程技术要求。材料和结构是围合、分隔空间的必要的物质技术手段，空间设计必须符合这两者的特性，而声、光、热及空调等技术，又是为空间营造某种氛围和创造舒适的物理环境的手段。因此，在空间设计中，必须为上述各工种留出必要的空间并满足其技术要求。

（2）厨房设计的原则

厨房是餐馆的生产加工部分，功能性强，必须从使用出发，合理布局，主要应注意以下几点。

①合理布置生产流线，要求主食、副食两个加工流线明确分开，从初加工—热加工—备餐的流线要快捷通畅，避免迂回倒流，这是厨房平面布局的主流线，其余部分都从属

于这一流线而布置。

②原材料供应路线靠近主食、副食初加工间，远离成品并应有方便的进货入口。

③洁污分流。对原料与成品、生食与熟食要分隔加工和存放。冷荤食品应单独设置带有前室的拼配间，前室中应设洗手盆。垂直运输生食和熟食的食梯应分别设置，不得合用。加工中产生的废弃物要便于清理运走。

④工作人员须先更衣再进入各加工间，所以更衣室、洗手间、浴厕间等应在厨房工作人员入口附近设置。厨师、服务员的出入口应与客用入口分开，并设在客人见不到的位置。服务员不应直接进入加工间取食物，应通过备餐间传递食物。

（2）厨房布局形式

①封闭式。在餐厅与厨房之间设置备餐间、餐具室等，备餐间和餐具室将厨房与餐厅分隔，对客人来说厨房整个加工过程呈封闭状态，从客席看不到厨房，客席的氛围不受厨房影响，显得整洁和高档，这是西餐厨房及大部分中餐厨房用的最多的形式。

②半封闭式。有的餐饮建筑从经营角度出发，有意识地主动露出厨房的某一部分，使客人能看到有特色的烹调和加工技艺，活跃气氛，其余部分仍呈封闭状态。露出部分应格外注意整洁、卫生，否则会降低品位和档次。在室内美食广场和美食街上的摊位，也常采用半封闭式厨房，将已经接近成品的最后一道加热工序对外，让客人目睹为其现制现烹，增加情趣。

③开放式。有些小吃店，如南方的面馆、馄饨店、粥品店等，直接把烹制过程展示在顾客面前，现制现吃，气氛亲切。

（三）餐饮空间的组合设计

一般来说，如果餐饮空间仅仅是一个单一空间，将是索然无味的，它应该是多个空间的组合，创造层次丰富的空间，才能吸引客人。在餐饮空间设计中，比较常见的空间组合形式是集中式、组团式及线式，或是它们的综合与变形。下面结合实例来阐述以下几种常见的空间组合形式。

1. 集中式空间组合

这是一种稳定的向心式的餐饮空间组合方式，它由一定数量的次要空间围绕一个大的占主导地位的中心空间构成。这个中心空间一般为规则形式。次要空间的形式或尺寸，也可互不相同，以适应各自的功能。相对重要性或周围环境等方面的要求、次要空间中的差异，使集中式组合可根据场地的不同条件调整它的形式。

2. 组团式空间组合

这是一种将若干空间通过紧密连接使它们之间互相联系，或以某空间轴线使几个空间建立紧密联系的空间组合形式。

在餐饮空间设计中组团式组合也是较常用的空间组合形式。有时以入口或门厅为中心来组合各餐饮空间，这时入口和门厅成了联系若干餐饮空间的交通枢纽，而餐饮空间之间既可以是互相流通的，又可以是相对独立的。

第十三章 现代林业与生态文明建设

第一节 现代林业与生态环境文明

一、现代林业与生态建设

维护国家的生态安全必须大力开展生态建设。国家要求“在生态建设中，要赋予林业以首要地位”，这是一个很重要的命题。这个命题至少说明现代林业在生态建设中占有极其重要的位置——首要位置。

（一）森林被誉为大自然的总调节器，维持着全球的生态平衡

地球上的自然生态系统可划分为陆地生态系统和海洋生态系统。其中森林生态系统是陆地生态系统中组成最复杂、结构最完整、能量转换和物质循环最旺盛、生物生产力最高、生态效应最强的自然生态系统；是构成陆地生态系统的主体；是维护地球生态安全的重要保障，在地球自然生态系统中占有首要地位。森林在调节生物圈、大气圈、水圈、土壤圈的动态平衡中起着基础性、关键性作用。

（二）森林在生物世界和非生物世界的能量和物质交换中扮演着主要角色

森林作为一个陆地生态系统，具有最完善的营养级体系，即从生产者（森林绿色植物）、消费者（包括草食动物、肉食动物、杂食动物以及寄生和腐生动物）到分解者全过程完整的食物链和典型的生态金字塔。由于森林生态系统面积大，树木形体高大，结构复杂，多层的枝叶分布使叶面积指数大，因此光能利用率和生产力在天然生态系统中是最高的。除了热带农业以外，净生产力最高的就是热带森林，连温带农业也比不上它。

（三）森林对保持全球生态系统的整体功能起着中枢和杠杆作用

森林减少是由人类长期活动的干扰造成的。在人类文明之初，人少林茂兽多，常用焚烧森林的办法，获得熟食和土地，并借此抵御野兽的侵袭。进入农耕社会之后，人类的建筑、薪材、交通工具和制造工具等，皆需要采伐森林，尤其是农业用地、经济林的种植，皆由原始森林转化而来。工业革命兴起，大面积森林又变成工业原材料。直到今天，城乡建设、毁林开垦、采伐森林，仍然是许多国家经济发展的重要方式。

伴随人类对森林的一次次破坏，接踵而来的是森林对人类的不断报复。巴比伦文明毁灭了，玛雅文明消失了，黄河文明衰退了。水土流失、土地荒漠化、洪涝灾害、干旱缺水、物种灭绝、温室效应，无一不与森林面积减少、数量下降密切相关。

地球上包括人类在内的一切生物都以其生存环境为依托。森林是人类的摇篮、生存的庇护所，它用绿色装点大地，给人类带来生命和活力，带来智慧和文明，也带来资源和财富。森林是陆地生态系统的主体，是自然界物种最丰富、结构最稳定、功能最完善也最强大的资源库、再生库、基因库、碳储库、蓄水库和能源库，除了能提供食品、医药、木材及其他生产生活原料外，还具有调节气候、涵养水源、保持水土、防风固沙、改良土壤、减少污染、保护生物多样性、减灾防洪等多种生态功能，对改善生态、维持生态平衡、保护人类生存发展的自然环境起着基础性、决定性和不可替代的作用。在各种生态系统中，森林生态系统对人类的影响最直接、最重大，也最关键。离开了森林的庇护，人类的生存与发展就会丧失根本和依托。

森林和湿地是陆地最重要的两大生态系统，它们以 70% 以上的程度参与和影响着地球能量循环的过程，在生物界和非生物界的物质交换和能量流动中扮演着主要角色，对保持陆地生态系统的整体功能、维护地球生态平衡、促进经济与生态协调发展发挥着中枢和杠杆作用。林业就是通过保护和增强森林、湿地生态系统的功能来生产出生态产品。

二、现代林业与生物安全

（一）生物安全问题

生物安全是生态安全的一个重要领域。国际上普遍认为，威胁国家安全的不只是外敌入侵，诸如外来物种的入侵、转基因生物的蔓延、基因食品的污染、生物多样性的锐减等生物安全问题也危及人类的未来和发展，也直接影响着国家安全。维护生物安全，对于保护和改善生态环境，保障人的身心健康，保障国家安全，促进经济、社会可持续发展，具有重要的意义。在生物安全问题中，与现代林业紧密相关的主要是生物多样性锐减及外来物种入侵。

（二）现代林业对保障生物安全的作用

生物多样性包括遗传多样性、物种多样性和生态系统多样性。森林是一个庞大的生物世界，是数以万计的生物赖以生存的家园。森林中除了各种乔木、灌木、草本植物外，还有苔藓、地衣、蕨类、鸟类、兽类、昆虫等生物及各种微生物。据统计，在地球上500万～5000万种生物中，有50%～70%在森林中栖息繁衍，因此森林生物多样性在地球上占有首要位置。在世界林业发达国家，保持生物多样性成为其林业发展的核心要求和主要标准。

（三）加强林业生物安全保护的对策

1. 加强保护森林生物多样性

根据森林生态学原理，在充分考虑物种的生存环境的前提下，用人工促进的方法保护森林生物多样性。一是强化林地管理。二是科学分类经营。三是加强自然保护区的建设。四是建立物种的基因库。尽快建立先进的基因数据库，并根据物种存在的规模、生态环境、地理位置建立不同地区适合生物进化、生存和繁衍的基因局域保护网，最终形成全球性基金保护网，实现共同保护的目的。也可建立生境走廊，把相互隔离的不同地区的生境连接起来构成保护网、种子库等。

2. 防控外来有害生物入侵蔓延

一是加快法制进程，实现依法管理。二是加强机构和体制建设，促进各职能部门行动协调。三是加强检疫封锁。四是加强引种管理，防止人为传人。五是加强教育引导，提高公众防范意识。还要加强国际交流与合作。

三、现代林业与人居生态质量

（一）现代人居生态环境

城市化的发展和生活方式的改变在为人们提供各种便利的同时，也给人类健康带来了新的挑战。在中国的许多城市，各种身体疾病和心理疾病，正在成为人类健康的“隐形杀手”。

1. 空气污染

我们周围空气质量与我们的健康和寿命紧密相关。据统计，中国每年空气污染导致肺癌增多，重污染地区死于肺癌的人数比空气良好的地区高4.7～8.8倍。

2. 土壤、水污染

现在，许多城市郊区的环境污染已经深入到土壤、地下水，达到了即使控制污染源，短期内也难以修复的程度。

3. 灰色建筑、光污染

夏季阳光强烈照射时，城市里的玻璃幕墙、釉面砖墙、磨光大理石和各种涂层反射线会干扰视线，损害视力。长期生活在这种视觉空间里，人的生理、心理都会受到很大影响。

4. 紫外线、环境污染

强光照在夏季时会对人体有灼伤作用，而且辐射强烈，使周围环境温度增高，影响人们的户外活动。同时城市空气污染物含量高，对人体皮肤也十分有害。

5. 噪声污染

城市现代化工业生产、交通运输、城市建设造成环境噪声的污染也日趋严重，已成城市环境的一大公害。

6. 心理疾病

很多城市的现代化建筑不断增加，人们工作生活节奏不断加快，而大自然的东西越来越少，接触自然成为偶尔为之的奢望，这是造成很多人心理疾病的重要因素：城市灾害。城市建筑集中，人口密集，发生地震、火灾等重大灾害时，把人群快速疏散到安全地带，对于减轻灾害造成的人员伤亡非常重要。

（二）人居森林和湿地的功能

1. 城市森林的功能

发展城市森林、推进身边增绿是建设生态文明城市的必然要求，是实现城市经济社会科学发展的基础保障，是提升城市居民生活品质的有效途径，是建设现代林业的重要内容。

净化空气，维持碳氧平衡。城市森林对空气的净化作用，主要表现在能杀灭空气中分布的细菌，吸滞烟灰粉尘，稀释、分解、吸收和固定大气中的有毒有害物质，再通过光合作用形成有机物质。绿色植物能扩大空气负氧离子量，城市林带中空气负氧离子的含量是城市房间里的 200 ~ 400 倍。

城市森林社会效益是指森林为人类社会提供的除经济效益和生态效益之外的其他一切效益，包括对人类身心健康的促进、对人类社会结构的改进以及对人类社会精神文明状态的改进。一些研究者认为，森林社会效益的构成因素包括：精神和文化价值、游憩、游戏和教育机会，对森林资源的接近程度，国有林经营和决策中公众的参与，人类健康和安全，文化价值等。城市森林的社会效益表现在美化市容，为居民提供游憩场所。以乔木为主的乔灌木结合的“绿道”系统，能够提供良好的遮阴与湿度适中的小环境，减少酷暑行人暴晒的痛苦。城市森林有助于市民绿色意识的形成。城市森林还具有一定的医疗保健作用。城市森林建设的启动，除了可以提供大量绿化施工岗位外，还可以带动苗木培育、绿化养护等相关产业的发展，为社会提供大量新的就业岗位

2. 湿地在改善人居方面的功能

物质生产功能。湿地具有强大的物质生产功能，它蕴藏着丰富的动植物资源。七里海沼泽湿地是天津沿海地区的重要饵料基地和初级生产力来源。大气组分调节功能。湿地内丰富的植物群落能够吸收大量的二氧化碳释放出 O_2，湿地中的一些植物还具有吸收空气中有害气体的功能，能有效调节大气组分。但同时也必须注意到，湿地生境也会排放出甲烷、氨气等温室气体。沼泽堆积物具有很大的吸附能力，污水或含重金属的工业废水，通过沼泽能吸附金属离子和有害成分。水分调节功能。湿地在时空上可分配不均的降水，通过湿地的吞吐调节，避免水旱灾害。净化功能。一些湿地植物能有效地吸收水中的有毒物质，净化水质。人们常常利用湿地植物的这一生态功能来净化污染物中的病毒，有效地清除了污水中的“毒素”，达到净化水质的目的。提供动物栖息地功能。湿地复杂多样的植物群落，为野生动物尤其是一些珍稀或濒危野生动物提供了良好的栖息地，是鸟类、两栖类动物的繁殖、栖息、迁徙、越冬的场所。沼泽湿地特殊的自然环境虽有利于一些植物的生长，却不是哺乳动物种群的理想家园，只是鸟类能在这里获得特殊的享受。调节城市小气候。湿地水分通过蒸发成为水蒸气，然后又以降水的形式降到周围地区，可以保持当地的湿度和降雨量。能源与航运。湿地能够提供多种能源，水电在中国电力供应中占有重要地位，水能蕴藏占世界第一位，达 6.8 亿 kW 巨大的开发潜力。旅游休闲和美学价值。湿地具有自然观光、旅游、娱乐等美学方面的功能，中国有许多重要的旅游风景区都分布在湿地区域。教育和科研价值。复杂的湿地生态系统、丰富的动植物群落、珍贵的濒危物种等，在自然科学教育和研究中都有十分重要的作用，它们为教育和科学研究提供了对象、材料和试验基地。一些湿地中保留着过去和现在的生物、地理等方面演化进程的信息，在研究环境演化、古地理方面有着重要价值。

3. 城乡人居森林促进居民健康

科学研究和实践表明，数量充足、配置合理的城乡人居森林可有效促进居民身心健康，并在重大灾害来临时起到保障居民生命安全的重要作用。

清洁空气。有关研究表明，每公顷公园绿地每天能吸收 900kg 的 CO_2，并生产 600kg 的 O_2—棵大树每年可以吸收 500 磅的大气可吸入颗粒物；处于 SO_2 污染区的植物，其体内含硫量可为正常含量的 5 ～ 10 倍。

饮食安全。利用树木、森林对城市地域范围内的受污染土地、水体进行修复，是最为有效的土壤清污手段，建设污染隔离带与已污染土壤片林，不仅可以减轻污染源对城市周边环境的污染，也可以使土壤污染物通过植物的富集作用得到清除，恢复土壤的生产与生态功能。

绿色环境。“绿色视率”理论认为，在人的视野中，绿色达到 25% 时，就能消除眼睛和心理的疲劳，使人的精神和心理最舒适。林木繁茂的枝叶、庞大的树冠使光照强度大大减弱，减少了强光对人们的不良影响，营造出绿色视觉环境，也会对人的心理产

生多种效应，带来许多积极的影响，使人产生满足感、安逸感、活力感和舒适感。

肌肤健康。医学研究证明：森林、树木形成的绿荫能够降低光照强度，并通过有效地阻挡太阳辐射，改变光质，对人的神经系统有镇静作用，能使人产生舒适和愉快的情绪，防止直射光产生的色素沉着，还可防止荨麻疹、丘疹、水疱等过敏反应。

维持宁静。森林对声波有散射、吸收功能。在公园外侧、道路和工厂区建立缓冲绿带，都有明显减弱或消除噪声的作用。研究表明，密集和较宽的林带（19 ~ 30m）结合松软的土壤表面，可降低噪声 50% 以上。

自然疗法。森林中含有高浓度的 O_2、丰富的空气负离子和植物散发的“芬多精”。到树林中去沐浴“森林浴”，置身于充满植物的环境中，可以放松身心，舒缓压力。研究表明，长期生活在城市环境中的人，在森林自然保护区生活 1 周后，其神经系统、呼吸系统、心血管系统功能都有明显的改善作用，机体非特异免疫能力有所提高，抗病能力增强。

安全绿洲。城市各种绿地对于减轻地震、火灾等重大灾害造成的人员伤亡非常重要，是“安全绿洲”和临时避难场所。

第二节　现代林业与生态物质文明

一、现代林业与经济建设

（一）林业推动生态经济发展的理论基础

1. 自然资本理论

自然资本理论为森林对生态经济发展产生巨大作用提供立论根基。生态经济是对 200 多年来传统发展方式的变革，它的一个重要的前提就是自然资本正在成为人类发展的主要因素，自然资本将越来越受到人类的关注，进而影响经济发展。森林资源作为可再生的资源，是重要的自然生产力，它所提供的各种产品和服务将对经济具有较大的促进作用，同时也将变的越来越稀缺。

2. 生态经济理论

生态经济理论为林业作用于生态经济提供发展方针。首先，生态经济要求将自然资本的新的稀缺性作为经济过程的内生变量，要求提高自然资本的生产率以实现自然资本的节约，这给林业发展的启示是要大力提高林业本身的效率，包括森林的利用效率。其次，生态经济强调好的发展应该是在一定的物质规模情况下的社会福利的增加，森林的利用规模不是越大越好，而是具有相对的一个度，林业生产的规模也不是越大越好，关键看是不是能很合适地融入到经济的大循环中。再次，在生态经济关注物质规模一定的情况下，物质分布需要从占有多的向占有少的流动，以达到社会的和谐，林业生产将平衡整个经济发展中的资源利用。

3. 环境经济理论

环境经济理论提高了在生态经济中发挥林业作用的可操作性。环境经济学强调当人类活动排放的废弃物超过环境容量时，为保证环境质量必须投入大量的物化劳动和活劳动。这部分劳动已越来越成为社会生产中的必要劳动，发挥林业在生态经济中的作用越来越成为一种被社会认同的事情，其社会和经济可实践性大大增加。环境经济学理论还认为为了保障环境资源的永续利用，也必须改变对环境资源无偿使用的状况，对环境资源进行计量，实行有偿使用，使社会不经济性内在化，使经济活动的环境效应能以经济信息的形式反馈到国民经济计划和核算的体系中，保证经济决策既考虑直接的近期效果，又考虑间接的长远效果。环境经济学为林业在生态经济中的作用的发挥提供了方法上的指导，具有较强的实践意义。

4. 循环经济理论

循环经济的“3R”原则为林业发挥作用提供了具体目标。“减量化、再利用和资源化”是循环经济理论的核心原则，具有清晰明了的理论路线，这为林业贯彻生态经济发展方针提供了具体、可行的目标。首先，林业自身是贯彻“3R”原则的主体，林业是传统经济中的重要部门，为国民经济和人民生活提供丰富的木材和非木质林产品，为造纸、建筑和装饰装潢、煤炭、车船制造、化工、食品、医药等行业提供重要的原材料，林业本身要建立循环经济体，贯彻好“3R”原则。其次，林业促进其他产业乃至整个经济系统实现“3R”，森林具有固碳制氧、涵养水源、保持水土、防风固沙等生态功能，为人类的生产生活提供必需的 O_2，吸收 CO_2，净化经济活动中产生的废弃物，在减缓地球温室效应、维护国土生态安全的同时，也为农业、水利、水电、旅游等国民经济部门提供着不可或缺的生态产品和服务，是循环经济发展的重要载体和推动力量，促进了整个生态经济系统实现循环经济。

（二）现代林业促进经济排放减量化

1. 林业自身排放的减量化

林业本身是生态经济体，排放到环境中的废弃物少。以森林资源为经营对象的林业第一产业是典型的生态经济体，木材的采伐剩余物可以留在森林，通过微生物的作用降解为腐殖质，重新参与到生物地球化学循环中。随着生物肥料、生物药剂的使用，初级非木质林产品生产过程中几乎不会产生对环境具有破坏作用的废弃物。林产品加工企业也是减量化排放的实践者，通过技术改革，完全可以实现木竹材的全利用，对林木的全树利用和多功能、多效益的循环高效利用，实现对自然环境排放的最小化。

2. 林业促进废弃物的减量化

森林吸收其他经济部门排放的废弃物，使生态环境得到保护。发挥森林对水资源的涵养、调节气候等功能，为水电、水利、旅游等事业发展创造条件，实现森林和水资源的高效循环利用，减少和预防自然灾害，加快生态农业、生态旅游等事业的发展。林区功能型生态经济模式有林草模式、林药模式、林牧模式、林菌模式、林禽模式等。森林本身具有生态效益，对其他产业产生的废气、废水、废弃物具有吸附、净化和降解作用，是天然的过滤器和转化器，能将有害气体转化为新的可利用的物质。

林业促进其他部门减量化排放。森林替代其他材料的使用，减少了资源的消耗和环境的破坏。森林资源是一种可再生的自然资源，可以持续性地提供木材，木材等森林资源的加工利用能耗小，对环境的污染也较轻，是理想的绿色材料。木材具有可再生、可降解、可循环利用、绿色环保的独特优势，与钢材、水泥和塑料并称四大材料，木材的可降解性减少了对环境的破坏。另外，森林是一种十分重要的生物质能源，就其能源当量而言，是仅次于煤、石油、天然气的第四大能源。森林以其占陆地生物物种 50% 以上和生物质总量 70% 以上的优势而成为各国新能源开发的重点。

森林发挥生态效益，在促进能源节约中发挥着显著作用。森林和湿地由于能够降低城市热岛效应，从而能够减少城市在夏季由于空调而产生的电力消耗。由于城市热岛增温效应加剧城市的酷热程度，致使夏季用于降温的空调消耗电能大大增加。

（三）现代林业促进产品的再利用

1. 森林资源的再利用

森林资源本身可以循环利用。森林是物质循环和能量交换系统，森林可以持续地提供生态服务。通过合理地经营森林，能够源源不断地提供木质和非木质产品。在非木质林产品生产上也可以持续产出。森林的旅游效益也可以持续发挥，而且由于森林的林龄增加，旅游价值也持续增加，所蕴含的森林文化也在不断积淀的基础上更新发展，使森林资源成为一个从物质到文化、从生态到经济均可以持续再利用的生态产品。

2. 林产品的再利用

森林资源生产的产品都易于回收和循环利用，大多数的林产品可以持续利用。在现代人类的生产生活中，以森林为主的材料占相当大的比例，主要有原木、锯材、木制品、人造板和家具等以木材为原料的加工品、松香和橡胶及纸浆等林化产品。这些产品在技术可能的情况下都可以实现重复利用，而且重复利用期相对较长，这体现在二手家具市场发展、旧木材的利用、橡胶轮胎的回收利用等。

3. 林业促进其他产品的再利用

森林和湿地促进了其他资源的重复利用。森林具有净化水质的作用，水经过森林的过滤可以再被利用；森林具有净化空气的作用，空气经过净化可以重复变成新鲜空气；森林还具有保持水土的功能，对农田进行有效保护，使农田能够保持生产力；对矿山、河流、道路等也同时存在保护作用，使这些资源能够持续利用。湿地具有强大的降解污染功能，维持着 96% 的可用淡水资源。以其复杂而微妙的物理、化学和生物方式发挥着自然净化器的作用。

二、现代林业与粮食安全

（一）林业保障粮食生产的生态条件

森林是农业的生态屏障，林茂才能粮丰。森林通过调节气候、保持水土、增加生物多样性等生态功能，可有效改善农业生态环境，增强农牧业抵御干旱、风沙、干热风、台风、冰雹、霜冻等自然灾害的能力，促进高产稳产。实践证明，加强农田防护林建设，是改善农业生产条件，保护基本农田，巩固和提高农业综合生产能力的基础。

（二）林业直接提供森林食品和牲畜饲料

林业可以直接生产木本粮油、食用菌等森林食品，还可为畜牧业提供饲料。中国的2.87亿公顷林地可为粮食安全做出直接贡献。经济林中相当一部分属于木本粮油、森林食品，发展经济林大有可为。经济林是我国五大林种之一，也是经济效益和生态效益结合得最好的林种。我国经济林产品年总产量居世界首位，我国加入WTO、实施农村产业结构战略性调整、开展退耕还林以及人民生活水平的不断提高，为我国经济林产业的大发展提供了前所未有的机遇和广阔市场前景，我国经济林产业建设将会呈现更加蓬勃发展的强劲势头。

第三节　现代林业与生态精神文明

一、现代林业与生态教育

（一）森林和湿地生态系统的实践教育作用

森林生态系统是陆地上覆盖面积最大、结构最复杂、生物多样性最丰富、功能最强大的自然生态系统，在维护自然生态平衡和国土安全中处于其他任何生态系统都无可替代的主体地位。健康完善的森林生态系统是国家生态安全体系的重要组成部分，也是实现经济与社会可持续发展的物质基础。人类离不开森林，森林本身就是一座内容丰富的知识宝库，是人们充实生态知识、探索动植物王国奥秘、了解人与自然关系的最佳场所。森林文化是人类文明的重要内容，是人类在社会历史过程中用智慧和劳动创造的森林物质财富和精神财富综合的结晶。森林、树木、花草会分泌香气，其景观具有季相变化，还能形成色彩斑斓的奇趣现象，是人们休闲游憩、健身养生、卫生保健、科普教育、文化娱乐的场所，让人们体验“回归自然”的无穷乐趣和美好享受，这就形成了独具特色的森林文化。

在生态平衡观看来，包括人在内的动物、植物甚至无机物，都是生态系统里平等的一员，它们各自有着平等的生态地位，每一生态成员各自在质上的优劣、在量上的多寡，都对生态平衡起着不可或缺的作用。今天，虽然人类已经具有了无与伦比的力量优势，但在自然之网中，人与自然的关系不是敌对的征服与被征服的关系，而是互惠互利、共生共荣的友善平等关系。

自然资源稀缺观有 4 个方面：①自然资源自然性稀缺。我国主要资源的人均占有量大大低于世界平均水平。②低效率性稀缺。资源使用效率低，浪费现象严重，一加剧了资源供给的稀缺性。③科技与管理落后性稀缺。科技与管理水平低，导致在资源开发中的巨大浪费。④发展性稀缺。我国在经济持续高速发展的同时，也付出了资源的高昂代价，加剧了自然资源紧张、短缺的矛盾。

（二）生态基础知识的宣传教育作用

生态建设、生态安全、生态文明是建设山川秀美的生态文明社会的核心。生态建设是生态安全的基础，生态安全是生态文明的保障，生态文明是生态建设所追求的最终目标。生态建设，即确立以生态建设为主的林业可持续发展道路，在生态优先的前提下，坚持森林可持续经营的理念，充分发挥林业的生态、经济、社会三大效益，正确认识和处理林业与农业、牧业、水利、气象等国民经济相关部门协调发展的关系，正确认识和处理资源保护与发展、培育与利用的关系，实现可再生资源的多目标经营与可持续利用。生态安全是国家安全的重要组成部分，是维系一个国家经济社会可持续发展的基础。生态文明是可持续发展的重要标志。

（三）生态科普教育基地的示范作用

生态科普教育基地（森林公园、自然保护区、城市动物园、野生动物园、植物园、苗圃和湿地公园等）为基础的生态文化建设取得了良好的成效。进一步完善园区内的科普教育设施，扩大科普教育功能，增加生态建设方面的教育内容，从人们的心理和年龄特点出发，坚持寓教于乐，有针对性地精心组织活动项目，积极开展生动鲜活，知识性、趣味性和参与性强的生态科普教育活动，尤其是要吸引参与植树造林、野外考察、观鸟比赛等活动，或在自然保护区、野生动植物园开展以保护野生动植物为主题的生态实践活动。尤其针对中小学生集体参观要减免门票，有条件的生态园区要免费向青少年开放。

通过对全社会开展生态教育，使全体公民对中国的自然环境、气候条件、动植物资源等基本国情有更深入的了解。一方面，可以激发人们对祖国的热爱之情，树立民族自尊心和自豪感，阐述人与自然和谐相处的道理，认识到国家和地区实施可持续发展战略的重大意义，进一步明确保护生态自然、促进人类与自然和谐发展中所担负的责任，使人们在走向自然的同时，更加热爱自然、热爱生活，进一步培养生态保护意识和科技意识；另一方面，通过展示过度开发和人为破坏所造成的生态危机现状，让人们形成资源枯竭的危机意识，看到差距和不利因素，进而会让人们产生保护生物资源的紧迫感和强烈的社会责任感，自觉遵守和维护国家的相关规定，在全社会形成良好的风气，真正地把生态保护工作落到实处，还社会一片绿色。

二、现代林业与生态文化

（一）森林在生态文化中的重要作用

在生态文化建设中，除了价值观起引导作用外，还有一些重要的方面。森林就是这样一个非常重要的方面。人们把未来的文化称为“绿色文化”或“绿色文明”，未来发展要走一条“绿色道路”，这就生动地表明，森林在人类未来文化发展中是十分重要的。大家知道，森林是把太阳能转变为地球有效能量，以及这种能量流动和物质循环的总枢纽。地球上人和其他生命都靠植物、主要是森林积累的太阳能生存。地球陆地表面原来70%被森林覆盖，有森林76亿公顷，这是巨大的生产力。它的存在是人和地球生命的幸运。现在，虽然森林仅存30多亿公顷，覆盖率不足30%，但它仍然是陆地生态系统最强大的第一物质生产力。在地球生命系统中，森林虽然只占陆地面积的30%，但它占陆地生物净生产量的64%。森林每年固定太阳能总量，是草原的3.5倍，是农田的6.3倍；按平均生物量计算，森林是草原的17.3倍，是农田的95倍；按总生物量计算，森林是草原的277倍，是农田的1200倍。森林是地球生态的调节者，是维护大自然生态平衡的枢纽。地球生态系统的物质循环和能量流动，从森林的光合作用开始，最后复归于森林环境。

无论从生态学（生命保障系统）的角度，还是从经济学（国民经济基础）的角度，森林作为地球上人和其他生物的生命线，是人和生命生存不可缺少的，没有任何代替物，具有最高的价值。森林的问题，是关系地球上人和其他生命生存和发展的大问题。在生态文化建设中，我们要热爱森林，重视森林的价值，提高森林在国民经济中的地位，建设森林，保育森林，使中华大地山常绿、水长流，沿着绿色道路走向美好的未来。

（二）现代林业体现生态文化发展内涵

生态文化是探讨和解决人与自然之间复杂关系的文化；是基于生态系统、尊重生态规律的文化；是以实现生态系统的多重价值来满足人的多重需要为目的的文化；是渗透于物质文化、制度文化和精神文化之中，体现人与自然和谐相处的生态价值观的文化。生态文化要以自然价值论为指导，建立起符合生态学原理的价值观念、思维模式、经济法则、生活方式和管理体系，实现人与自然的和谐相处及协同发展。生态文化的核心思想是人与自然和谐。现代林业强调人类与森林的和谐发展，强调以森林的多重价值来满足人类的物质、文化需要。林业的发展充分体现了生态文化发展的内涵和价值体系。

第四节 现代林业生态文化建设关键技术

一、山地生态公益林经营技术

（一）生态公益林营造的基本原则

1. 因地制宜

在生态林的营造中，最重要的是通过原有环境的分析，进行因地制宜的种植技术，尽量对原有的地理形式较少改动，这样既保证了资金方便的投入，有能够迎合当地的气候、土质环境和树木种类中进行改造，并在种植环境中通过空间优化、林分密度和混交林等技术应用提高生态林的营造水平，加速生态林对本地环境的修复与调节。

2. 自然性

生态公益林的建设具有高投资的经营管理特点，那么为了经济上能够有所回汇报，国家制定了生态林的采伐政策，并加强了管理，那么现阶段的生态林建设就赋予了部分经济林的特点。但是在营林建设中，需要遵守自然性的原则，在原有生态环境基础上进行树种的配置与栽种，提高当地的土层含水保墒能力，防风固沙，与原始森林相结合，提高我国森林绿化环境的生态平衡建设。

3. 本土性

本地性主要体现在种植作业的选择中，尽量选用本土的树木品种，采用适地适树的种植原则，保证原有生态系统的本土性，这主要是由于气候环境和生物链关系决定的，这样建设的生态林更能够与原始森林进行大气候环境的融合，加快了生态林自我修复的速度，更加合理的设计了动植物的生活环境，形成了多物种、多动能的营林建设现状。

（二）生态公益林配套的种植技术

1. 合理配置与优选

在公益林的营造中必须先对树种进行筛选，利用上述原则应选择本地的阔叶林木，尤其是原始次生林中的主要树种或者半生树种，应进行优先选择。并按照原始林木的配置比例进行数量确定，并结合当地林木的郁闭情况选择，如原有的郁闭度高则选择耐阴性的树木反之则选择阳性树木。同时在栽植中应选择适应的密度，造林密度应按照功能性选择相应的树木密度，全面造林应保持在每公顷 1600 株，林分改造则应在 900 ~ 1200 株每公顷。

2. 场地处理和基肥施放

在生态林的营造期间要进行整地技术处理，根据种植环境的不同，可以采用完全整地和局部整地的方式，在封山育林的环境中，避免劈山式的种植使用，结合混交林和林分密度的应用等进行带状、块状林地的处理。在清洁处理中要尽量采用物流处理的方式和生物处理技术的应用，避免过多化学处理后对环境造成了污染，影响了后期的养护和病虫害防治等，另外在处理中要对原有灌木实施保护，通过土地翻新提高土壤的肥力。

在种植过程中还应适时施放基肥，生态公益林营造的环境通常肥力较低，在种植中应根据土壤分析的结果进行肥料选择，适当的施加基肥以此提高土壤环境的适应性，提高造林成活率。肥料通常应选择复合肥，具备条件的可以利用有机肥来补充养分，尤其是磷肥的施加。在栽植前的一个月应结合表土回穴施放基肥，当回土到一半的时候进行基肥的施加并充分拌匀。不能边施肥边种植，因为肥料发酵会影响土壤的热量散发，温度过高会影响苗木成活。

3. 苗木选育

选育是重要的造林基础，在营造公益林的过程中也不能忽视对苗木的选育，因为苗木的选择与培养是保证移栽成活的关键，所以必须严格控制苗木的选择与质量控制，林木的育种是提高成林的重要技术基础,在其过程中主要是对选育和繁殖优良的苗木品种，一方面对品种进行筛选，另一方面则是对质量进行控制，提高经济性和生态性效益是苗木选育的核心思路。所以其是一项较强的实用性技术措施。选种与育种需要因地制宜的进行，在生态公益林的营林中其选择的树种多为当地树种，并以原始林木结构为基础，所以突出的因地制宜的思想，并在此基础上进行多元化培育。品系必须做到多样化，这样才能在选育中确定良种，并将其作为营林的主力树种，在生态公益林中得以应用，并发挥优势提供成林率。

4. 种植标准选择

在移栽场地上应先设计混交方式，生态林通常采用行间、株间、随机混交的方式进行栽植设计，目的就是减少苗木的之间的竞争，增强依附关系，让生态林尽量贴近自然。通常一个造林小班栽植的林木不应少于两种，如全面造林应配置一两种半生树木。在栽植的过程中还应按照标准进行种植，山地造林应在第一、二场透雨后进行阴天移栽，种植时营养袋应淋透水，除去袋后带土种植。裸根苗木应利用磷肥溶液和深根粉制备黄泥浆处理。

5. 移栽后期管理。

在移栽后应进行后期抚育，时间为两年，栽植当年的 8 ~ 9 月进行抚育，然后次年的 3 ~ 4 月进行二次抚育，主要的工作就是进行松土、除草、培土、补载等，二次抚育应包括追肥，对植穴补充复合肥 100g 左右，采用环沟型施肥，促进吸收。同时还应重视生态林的补植，在生态林营造过程中补充栽植是一项重要的工作，因为土地问题而栽植的生态林，其面积是有限的，对于生态公益林的营造要求也十分苛刻，通常营造林木的土地都十分贫瘠，环境相对恶劣，所以为了保证苗木成林，必须在抚育的过程中进行补植。

二、流域与滨海湿地生态保护及恢复技术

（一）滨海湿地保护和生态恢复的必要性

对滨海地区湿地区域开展生态恢复工程对于环境保护和促进生态可持续发展等具有重要的意义。首先，湿地保护和生态恢复能够为动植物的生存提供良好的环境，国内多数湿地生态环境可以为多种生物的生存提供生存环境，但是部分滨海湿地的发展表现出生态遗传问题，对于优胜劣汰的自然选择具有重要意义，所以，加强湿地保护和生态恢复十分重要。

其次，在湿地的生态发展中可以发挥自身的调节作用，对周边水源、土壤、空气等进行调节，并可以发挥抗洪作用。并且，湿地对于气候环境也具有调节作用，对平衡人类发展具有重要作用。

第三，湿地可美化周边环境，提升周边水资源质量，影响水流速度，防治水污染，促进全方位净化。

（二）湿地保护措施

受气候环境变化以及人类活动的影响，滨海湿地资源持续减少，对于促进生态稳定和可持续发展造成一定的负面影响，所以，积极加强湿地保护措施十分重要，主要的措施有以下几点。

1. 扩展湿地范围

滨海湿地的范围越广泛，其中能够包含的物种也就越丰富，也有助于生态系统的和谐与稳定。若积极扩大滨海湿地的范围，也一定会增加范围内的物种种类和数量，促进生态平衡和可持续发展。所以，若想加强滨海湿地保护，适当扩大湿地的范围十分必要。对于影响湿地生态或损坏周围环境的农田、养殖池，将采取退耕还湿、退养还滩的政策，全面保障滨海湿地的范围和良好生态。

2. 科学规划体系

现阶段，尽管已有部分针对湿地的管理标准和政策，但根据湿地结构特征制定的管理政策仍较为欠缺，并且管理者缺乏足够的管理经验，能力不足。鉴于这种情况，应加强湿地保护法的制定和完善工作，并针对不同区域进行工作合理规划，充分综合地理特征和实际情况制定合理化的政策，促进人与自然的和谐发展。

3. 增加水利建设项目

滨海湿地系统一般指的是具有水源的范围，水成为湿地生态系统的主要特征。当前，多数滨海湿地资源出现退化情况，致使生态失衡愈加严重，这与水源的匮乏和水资源的污染等具有密不可分的联系。若想增强对湿地资源以及区域内生态系统的保护效果，就

必须引进水源，促进湿地环境中的含水量增加，激发湿地资源和区域内生态系统的活力。总之，采取开源节流的手段将滨海湿地周围的湖泊、河流等水源引入至湿地环境之中，或者增加湿地环境中湖泊或内河流等的水容量，及时为湿地补充水源，保证区域内的湿地水量充足。在滨海湿地周围建设水利项目是一种有效地保护湿地资源的方式，若湿地周围有较大的湖泊或河流，即可进行水利项目建设，以确保湿地环境中拥有源源不断的水源，比如建设大型水库工程，储存夏季降雨，在干旱季节放水以调整季节性的缺水问题等，这样就可以对湿地生态系统进行有效地保护。

（三）生态恢复技术

1. 生物技术

人们采用基因选择、杂交、生物技术等对滨海湿地环境中的稀有物种以及其他动植物进行创造，以更好的维持生态平衡与稳定，促进湿地环境可持续发展。可以充分根据湿地生态系统的客观情况进行科学基因构建，以恢复湿地生态系统的构成，利用生物手段修复湿地，具有明显的选择性倾向，这种方式具有较强的针对性，并且，随着生物防治速度的加快，选择性遗传的功能也逐渐凸显出来。

2. 生态重建技术

利用生态重建技术对遭受破坏的生态环境进行重新建设，净化湿地空气，调节温室效应，恢复适宜生存的良好环境。生态重建包括对病危物种的人工养护，以及对稀少植被的人工种植，即利用认为的方式增加湿地区域中的物种，促进湿地环境自我修复能力增强。利用人工生态重建技术促进湿地资源建设和环境保护。

3. 生境恢复技术

生境恢复技术即对物种气息的生态环境进行修复，包括水状况、土壤状况和湿地基底的修复。其中，水状况修复指的是对水源环境的改善与优化，污水科学排污和净化，利用多种技术治理水污染等。土壤恢复技术则需要采用多种先进性进行土壤健康的维护，对土壤中的成分进行积极的改善，使土壤的性质符合湿地区域的需求相符合，能够为动物的栖息和植被的生长提供优良的环境。比如，在建设湿地公园的过程中，采用梯级湿地植物滤池的方式建设，对河道中的生活污水进行梯级过滤，净化河水，同时采用客土方式促进土壤贫瘠状态的修复。

4. 湿地恢复技术

主要采取多种生物的培养方式来促进湿地生态恢复，特别是对区域环境中原有的动植物生态结构进行保护和恢复，进而实现生态还原，促进湿地生态结构综合恢复。这种技术方式可促进湿地原本面貌的恢复，也有助于湿地生态结构的恢复。湿地恢复项目的开展需要相关部门的配合与合作，以确保动植物等的恢复。有关部门应重视污水、垃圾等的治理，惩治违规企业，加强执法力度。对农业用肥、农药等的使用情况进行严格把控和管理，管控能够对湿地生态造成破坏的畜牧业等。对于大型的畜牧场建设应严格按照国家标准规定其排放的水质和水量。由于植物具有良好的净化空气作用，所以在湿地恢复过程中，应充分结合实际情况选择具有良好观赏性和经济效益的植物，以促进多用途目标实现。

三、沿海防护林体系营建技术

（一）防护林立地类型划分与评价

根据地质、地貌、土壤和林木生长等因素，在大量的外部调查资料和内部分析测算数据的基础上，运用综合生态分类方法、多用途立地评价技术，可以确定基岩海岸防护林体系建设中适地适树的主要限制因子，筛选出影响树种生长的主导因子，再建立符合不同类型海岸实际的立地分类系统，进行多用途立地质量评价，并根据立地类型的数量、面积和质量，提出与立地类型相适应的造林营林技术措施。为沿海基岩海岸防护林体系建设工程提供“适地适树”的理论依据，这将大大提高工程质量和投资效益，充分发挥土地生产潜力，并可创造出更高的经济和社会效益。

（二）防护林树种选择技术

造林树种的选择必须依据两条基本原则。第一，要求造林树种的各项性状（以经济性状及效益性状为主）必须定向地符合既定的育林目标的要求，可简称为定向的原则。第二，要求造林树种的生态习性必须与造林地的立地条件相适应，可简称为适地适树的原则。这两条原则是相辅相成、缺一不可的，定向要求的森林效益是目的，适地适树是手段。人工林的生产力水平应是检验树种选择的主要指标，同时也要考虑其他经济效益、生态效益和社会效益的综合满足程度。

沿海基干林带和风口沙地生境条件恶劣，属于特殊困难造林地，表现在秋冬季东北风强劲，台风频繁，海风夹带含盐细沙、盐雾，对林木有毒害作用；沙地干旱缺水、土壤贫瘠，不利于林木生长。因此，选择造林树种时，应根据生境条件的特殊性，慎重从事，其主要原则和依据是：生态条件适应性，所选择的树种要能适应地带性生态环境；经营目的性原则，要能够符合海岸带基干林带及其前沿防风固沙的防护需要以生态效益为主；对沿海强风、盐碱和干旱等主要限制性生态因子要有很强的适应性和抗御能力。

（三）沿海防护林结构配置原则

1. 生态适应性原则

沿海地区立地条件复杂多样，局部地形差别极大，在考虑防护林结构配置模式时，必须根据造林区具体的风力状况、土壤条件选择与之相适应的树种进行合理搭配，以提高造林效果和防护功能。

2. 防护效益最大化原则

防护林营建的主要目的是发挥其抵御风沙危害，改善沿海生态环境，因此，防护林结构配置，应以实现防护林防护效益最大化为目标，在选择配置树种时，要尽可能采用防护功能强的树种，并在迎风面按树种防护功能强弱和生长快慢顺序进行混交，促进防护林带早成林和防护效益早发挥。

3. 种间关系相互协调原则

不同树种有其各自的生物学和生态学特性，在选择不同树种混交造林时，要充分考虑树种间的关系，尽量选用阳性—耐阴性、浅根—深根型等共生性树种混交配置，以确保种间关系协调。

4. 防护效益优先，经济效益兼顾原则

沿海防护林体系建设属于生态系统工程，在防护林树种选择和结构配置上，必须优先考虑生态防护效益，但还要兼顾经济效益，以充分调动林农积极性，实行多树种、多林种和多种经营模式的有效结合。特别在基干林带内侧后沿重视林农、林果和林渔等优化配置，在保证生态功能持续稳定发挥的同时，增加防护林保护下发展农作物、果树、畜牧和水产养殖的产量和经济收益。

5. 景观多样性原则

不同树种形体各异，叶、花、果和色彩等均存在差异性，防护林结构配置在保证防护功能的前提下，需要充分考虑到树种搭配在视觉上协调和美感，增强人工林景观的多样性和复杂性，有利于促进森林旅游，提高当地旅游收入和带动其他行业发展。

四、城市森林与城镇人居环境建设技术

（一）城市森林道路林网建设与树种配置技术

1. 城市道路景观的林带配置模式

城市道路景观的植物配置首先要服从交通安全的要求，能有效地协助组织车流、人流的集散，同时，兼顾改善城市生态环境及美化城市的作用。在树种配置上应充分利用土地，在不影响交通安全的情况下，尽量做到乔灌草的合理配置，充分利用乡土树种，展现不同城市的地域特色。

2. 城市森林水系林网建设与树种配置技术

（1）市级河道景观生态林模式

市级河道两岸是城市居民休闲娱乐的场所，在景观林带设计上应将其生态功能与景观功能相结合，树种配置上除了考虑群落的防护功能外，还应选择具有观赏性较强的或具有一定文化内涵的植物，以形成一定的景观效果。每侧宽度应根据实际情况，一般应保持 20 ~ 30 m，宜宽则宽，局部可建沿河休闲广场，为城市居民提供良好的休闲场所。

（2）区县级河道生态景观林模式

区县级河道主要是生态防护功能，兼顾景观功能和经济功能。在树种配置上以复层群落配置营造混交林，形成异龄林复层多种植物混交的林带结构，充分发挥河道林带的生态功能。同时，根据河道两岸不同的景观特色，进行不同的植物配置，营造不同的景观风格。河道宽度一般控制在 10 ~ 20 m，根据河道两岸实际情况，林带宜宽则宽，宜

窄则窄。

3. 城市森林隔离防护林帝配置模式

(1) 工厂防污林带的配置模式

该模式主要针对具有污染性的工厂而建设污染隔离防护林，防止污染物扩散，同时兼顾吸收污染物的作用。根据不同工业污染源的污染物种类和污染程度，选择具有抗污吸污的树种进行合理配置。

(2) 沿海城市防护林带的配置模式

城市防护林不但为城市区域经济发展提供庇护与保障，而且在环境保护方面、提高市民经济收入和风景游憩功能等方面发挥重要的作用。城市防护林应充分考虑其防御风沙、保持水土、涵养水源、保护生物多样性等生态效应，建立多林种、多树种、多层次的合理结构。在防护林的带宽、带距、疏透度方面，根据城市特点、地理条件来确定，一般林带由三带、四带、五带等组合形式组成。城市防护林树种选择时，要根据树种特性，充分考虑区域的自然、地理、气候等因素，因地制宜地进行合理的配置。

（二）城市森林核心林地（片林）构建技术

1. 风景观赏型森林景现模式

该模式以满足人们视觉上的感官需求，发挥森林景观的观赏价值和游憩价值。风景观赏型森林景观营造要全面考虑地形变化的因素，既要体现景象空间微观的景色效果，也要有不同视距和不同高度宏观的景观效应，充分利用现有森林资源和天然景观，尽量做到遍地林木阴郁，层林尽染。在树种组合上要充分发挥树种在水平方向和垂直方向上的结构变化，由不同树种体现有机组成的植物群体呈现出多姿多彩的林相及季相变化，显得自然而生动活泼。

2. 休息游乐型森林景观模式

该模式以满足人们休息娱乐为目的，充分利用植物能够分泌和挥发有益的物质，合理配置林相结构，形成一定的生态结构，满足人们森林保健、健身或休闲野营等要求，从而达到增强身心健康的目的。树种选择上应选择能够挥发有益的物质；能分泌杀菌素，净化活动区的空气，均能挥发出具有强杀菌能力的芳香油类，有利于老人消除疲劳，保持愉悦的心情。

3. 文化展示型森林景观模式

该模式在植物群落建设同时强调意与形的统一，情与景的交融，利用植物寓意联想来创造美的意境，寄托感情，形成文化展示林，提高生态休闲的文化内涵，提升城市森林的品位。

（三）城市广场、公园、居住区及立体绿化技术

1. 广场绿化树种选择与配置技术

城市广场绿化可以调节温度、湿度、吸收烟尘、降低噪音和减少太阳辐射等。铺设

草坪是广场绿化运用最普遍的手法之一，它可以在较短的时间内较好地实现绿化目的。广场草坪一般要选用多年生矮小的草本植物进行密植，经修剪形成平整的人工草地。选用的草本植物要具有个体小、枝叶紧密、生长快、耐修剪、适应性强、易成活等特点。

2. 公园绿化树种选择与配置技术

城市公园生态环境系统是一个人工化的环境系统，是以原有的自然山水和森林植物群落为依托，经人们的加工提炼和艺术装饰，高度浓缩和再现原有的自然环境，供城市居民娱乐游憩生活消费。植物景观营造必须从其综合的功能要求出发，具备科学性与艺术性两个方面的高度统一，既要满足植物与环境在生态适应上的统一，又要通过艺术构图原理体现出植物个体及群体的形式美及人们在欣赏时所产生的意境美。树种配置主要是模拟和借鉴野外植物群落的组成，源于自然又高于自然，利用国内外先进的生态园林建设理念，进行详尽规划设计，多选用乡土树种，富有创造性地营造稳定生长的植物群落。

3. 居住区与单位庭院树种配置模式

居住区与单位是人们生活和工作的场所。为了更好地创造出舒适和优美的生活环境，在树种配置时应注意空间和景观的多样性，以植物造园为主进行合理布局，做到不同季节、时间都有景可观，并能有效组织分隔空间，充分发挥生态、景观和使用三个方面的综合效用。

（1）公共绿地

公共绿地为居民工作和生活提供良好的生态环境，功能上应满足不同年龄段的休息、交往和娱乐的场所，并有利于居民身心健康。树种配置时应充分利用植物来划分功能区和景观，使植物景观的意境和功能区的作用相一致。在布局上应根据原有地形、绿地、周围环境进行布局，采用规则式、自然式、混合式布置形式。

（2）中心游园

居住小区中心游园是为居民提供活动休息的场所，因而在植物配置上要求精心、细致和耐用。以植物造景为主，考虑四季景观。

（3）宅旁组团绿地

结合居住区不同建筑组群的组成而形成的绿化空间，在植物配置时要考虑到居民的生理和心理的需要，利用植物围合空间，尽可能地植草种花，形成春花、夏绿、秋色、冬姿的美好景观。在住宅向阳的一侧，应种落叶乔木，以利夏季遮阴和冬季采光，但应在窗外 5 m 处栽植，注意不要栽植常绿乔木，在住宅北侧，应选用耐阴花灌木及草坪。

（4）专用绿地

各种公共建筑的专用绿地要符合不同的功能要求，并和整个居住区的绿地综合起来考虑，使之成为有机整体。托儿所等地的植物选择宜多样化，多种植树形优美、少病虫害、色彩鲜艳、季相变化明显的植物，使环境丰富多彩，气氛活泼；老年人活动区域附近则需营造一个清静、雅致的环境，注重休憩、遮阴要求，空间相对较为封闭；医院区域内，重点选择具有杀菌功能的松柏类植物；而工厂重点污染区，则应根据污染类型有针对性地选择适宜的抗污染植物，建立合理的植被群落。

4. 城市立体绿化模式

城市森林不仅是为了环境美化，更重要的是改善城市生态环境。随着城市社会经济高速发展，城区内林地与建筑用地的矛盾日益突出。因此，发展垂直绿化是提高城市绿地“三维量”的有效途径之一，能够充分利用空间，达到绿化、美化的目的。在尽可能挖掘城市林地资源的前提下，通过高架垂直绿化、屋顶绿化、墙面栏杆垂直绿化、窗台绿化、檐口绿化等占地少或不占地而效果显著的立体绿化形式，构筑具有南亚热带地域特色的立体绿色生态系统，提高绿视率，最大限度地发挥植物的生态效益。

第十四章　林业工程项目有害生物的综合治理

第一节　林业工程项目有害生物的发生特点

林业有害生物被称为“不冒烟的森林火灾”，在我国实际造成的损失远远超过森林火灾，因此，林业有害生物是森林的头号敌人，我们必须深刻认识其危害性和加强防控工作的重要性。在新时代背景下，加强林业有害生物防控，保护森林健康，维护生态安全，是我们林业工作的重要组成部分，保护好绿水青山，让人民在绿色发展中有获得感、幸福感、安全感，是我们义不容辞的责任担当。

林业病虫害造成的灾害往往是突发性的，在灾害发生之前很难对病虫害进行预测与防范。只要稍微疏于监管，没有在病虫害初期发现并治理，便会造成暴发性的严重局面，使防治工作常常陷于被动局面。现如今人造林树木种类单一，森林对病虫害的自身抵御、修复能力低，再加上河北省近年来的冬季气温偏暖，害虫越冬存活率提高，导致病虫害的发生几率与发生面积有所上升。由于人工造林，树木的种植往往是区域集中且种类单一的，所以通常暴发的林业病虫害都不是单单局部的灾害，病虫害传播速度非常快，会对林场内树木造成不可挽回的影响。

一、林业有害生物发生的特点

（一）林业有害生物种类繁多

我国林业有害生物有8000余种，可造成危害的有近300种，广泛分布在森林、湿地、荒漠3大生态系统中，只要条件具备就有可能暴发成灾。根据全国第2次林业有害生物普查结果，国家林业局通报全国林业有害生物普查情况，普查结果显示，我国主要林业有害生物种类有三百多种，与我国第1次林业有害生物普查结果相比，增加了几百种。

（二）重大林业有害生物传播危害加重

松材线虫、美因白镀、藏甘菊等重大林业有害生物传播加重。松材线虫病继续向北向西扩散，国家林业局公告公布的松材线疫名单，松材线虫病疫区涉及十几个省的三百多个县级行政区。

（三）外来入侵物种入侵形势严峻

据生物入侵专家万方浩给出的数据：入侵我国各类生态系统的外来有害物种已达544种，其中大面积发生、危害严重的达100多种。全球100种最具威胁的外来物种中，入侵中国的就有50余种，我国已经成为世界上遭受生物入侵最严重的国家之一。随着经济全球化、贸易自由化和“一带一路”的不断发展，人流物流的日趋扩大，外来有害生物入侵林业危害日趋严重。

（四）林业有害生物灾害损失严重

近些年来，重大林业有害生物扩散蔓延呈加剧态势，我国林业有害生物发生面积每年超过1218万公顷，年均造成死树4000多万株，年均经济损失和生态服务价值损失超过1100亿元。同时，经济林有害生物灾害造成林果减产减收，彩响农民增收致富。

二、林业工程项目有害生物发生日趋严重的主要原因

林业有害生物防治对保护森林资源，改善生态环境，促进国民经济和社会可持续发展具有十分重要的意义。近年来，林业有害生物发生、传播和蔓延的总体趋势日益严重，已直接影响到林区经济的可持续发展，严重威胁森林资源和生态安全。

（一）森防工作尚未得到全社会的共识

由于对林业有害生物危害的严重性、防治的重要性和紧迫性认识不足，在一些地方尚未引起重视，消极依赖政府防虫治病的现象还比较普遍，在整个林业生产中重造轻管，造林与管护脱节，缺乏协同御灾意识，综合治理观念淡薄，森防工作还没有变成全社会的自觉行动。林业生产中，育苗管育苗，引种管引种，造林管造林，采伐者只管利益。长期以来林业内部各个生产环节与林业有害生物防治严重脱节，造林规划设计没有考虑有害生物问题，没有根据适地适树原则，造成严重有害生物种苗大量上山，且无考虑营造混交林，使大面积纯林连片发展，人为造成林业有害生物肆虐为害。

（二）检疫测报基础薄弱，有害生物防控不到位

近年来，虽然不断加大了林业有害生物防治基础设施建设投资力度，但仍不能满足防治工作开展的实际需求，突出表现为：各级森防站仪器设备陈旧，防治、测报和检疫

缺乏必要仪器设备，防治手段落后。首先，防治作业设施严重短缺，设备陈旧，特别是多数市、县级防治站没有配备专门防治作业交通工具，防治器械也十分落后，防治仍以传统的手工喷药为主，一旦发生大面积林业有害生物很难实施及时有效的防治。其次，测报仪器设备严重缺乏，仍采用传统的地面调查方式，费工费时，准确率也不高，航空和卫星遥感等高科技的检测技术无法得到推广应用，监测覆盖率难以提高，严重影响了测报工作的开展。林业有害生物防治检疫站检疫检验基础设施缺乏，检疫实验室数量少，技术落后，一旦发现疫情，不能及时对危险性林业有害生物进行检疫鉴定。

（三）林业有害生物监测工作薄弱

有些地区林业有害生物监测体系虽然通过多年来的建设取得了一定成绩，但是，面对林业有害生物特别是外来有害生物入侵所产生的潜在威胁，目前林业有害生物监测工作存在明显的不足。主要反映在监测网络建设不完善、测报调查技术落后、监测经费不足、人员不稳定，从而导致经常不能够及时、准确地掌握林业有害生物发生情况，无法为防治提供科学依据。

（四）防治经费短缺，科技力量不足

资金投入是林业有害生物防治的必要条件，是整体提高防灾、抗灾和减灾能力的重要基础。但很多地方存在林业有害生物防治基础设施不完善，缺乏必要的测报、检疫、防治仪器设备和交通工其等问题，加上防治新技术研究和现有防治科研成果推广不够，科技含量不高。又由于山高林密，水源缺乏，防治器械落后，高大树木树冠防治施药无法到位，对很多蛀干、蛀梢害虫防治也无能为力，造成防治长期处于被动局面。

（五）科研攻关力度小，有害生物防控科技含量低

我国部分省林业有害生物防治科研工作，一方面，由于资金投入不足，难以对现有主要林业有害生物的生物学、生态学等基础研究和防治实用技术的应用研究深入开展，无法掌握林业有害生物发生发展规律，导致防治针对性不强，防治效果差；另一方面，由于科研单位与生产单位的工作要求不同，许多科研课题更多地强调学术性，忽略了科研成果在生产上的实用性，致使科研成果的推广率不高，难以体现科学技术是第一生产力的重大作用，生产上采用的多数防治措施科技含量低，防治效果也就难以奏效。

（六）树种单一，有害生物周期性爆发

新中国成立以来，部分省的造林与保护脱节，特别是一般的社会项目造林，树种单一，纯林面积大，山区以松树、侧柏为主，平原地区以杨树当家。单一的纯林，造成了林分结构简单，生物多样性差，生态系统脆弱，对各种灾害的抗御能力极差，致使林业有害生物经常爆发成灾。多年来发生面广、危害严重的有 20 世纪 60 ~ 70 年代的赤松毛虫、日本松干蚧；80 年代的光肩星天牛、桑天牛、榆蓝金花虫、大袋蛾；90 年代的侧柏松毛虫、侧柏毒蛾；进入 21 世纪后，美国白蛾、春尺蠖、杨扇舟蛾、杨小舟蛾、杨雪毒蛾等，都是由于树种单一，寄主食物丰富，天敌种群少，无制约因子而造成了有害生物多发、频发、周期性爆发。

第二节 林业工程项目有害生物综合治理的理论基础

林业工程项目立足于生态系统平衡，遵循林业工程项目生态系统内生物群落的演替和消长规律，实现以项目区森林植物健康为目标，开展有害生物的综合治理。从系统、综合、整体的观点和方法科学地防控林业工程项目有害生物，把握过程，从机理上调节各种生态关系，深入研究林业工程项目宏观生态和有害生物发生的数量生态学关系，实现宏观生态与数量生态的“双控”，达到改善生态系统功能和森林植物的持续健康目的，其有害生物治理主要基于以下三个理论。

一、森林健康理论

“森林健康”是针对人工林林分结构单一，森林病虫害防治能力、水土保持能力弱等提出来的一个营林理念，倡导通过合理配置林分结构，实现森林病虫害自控、水土保持能力增强和森林资源产值提高。通过对森林的科学营造和经营，实现森林生态系统的稳定性、生物多样性，增强森林自身抵抗各种自然灾害的能力，满足人类所期望的多目标、多价值、多用途、多产品和多服务的需要。在森林病虫害防治措施上主要是以提高森林自身健康水平、改善森林生态环境为基础，开展森林健康状况监测，通过营林措施恢复森林健康，同时辅以生物防治和抗性育种等措施来降低和控制林内病虫害的种群数量，提高森林的抗病虫能力。

森林健康理论是一种新的森林经营管理理念，实质就是要建立和发展健康的森林。一个理想的健康森林应该是生物因素和非生物因素对森林的影响（如病虫害、空气污染、营林措施、木材采伐等）不会威胁到现在或将来森林资源经营的目标。健康森林中并非一定是没有病虫害、没有枯立木、没有濒死木的森林，而是它们处在一个较低的数量上，它们对于维护健康森林中的生物链和生物的多样性，保持森林结构的稳定是有益的。即要使森林具有较好的自我调节并保持其系统稳定性的能力，从而使其最大、最充分地持续发挥其经济、生态和社会效益的作用。森林健康不仅是今后森林经营管理的方向和工作目标，而且对森林病虫害防治工作更有重要的指导意义。对森林病虫害防治工作来讲，森林健康理论是对森林病虫害综合治理理论的继承和发展。综合治理理论是把病虫作为工作目标，森林健康理论则是把培育健康的森林作为工作的主要目标，这样就把森林病、虫、火等灾害的防治统一上升到森林保健的思想高度，更加体现了生态学的思想，从根本上解决了森林病虫害防治的可持续控制问题，使森林病虫害防治工作的指导思想向更高层次转变。

二、生态系统理论

生态系统是在一定空间中共同栖息着的所有生物（即生物群落）与周围环境之间由于不断地进行物质循环和能量流动过程而形成的统一体。

生态系统包括生物群落和无机环境，它强调的是系统中各个成员相互作用。一个健康的森林生态系统应该具有以下特征：①各生态演替阶段要有足够的物理环境因子、生物资源和食物网来维持森林生态系统；②能够从有限的干扰和胁迫因素中自然恢复；③在优势种植被所必需的物质，如水、光、热、生长空间及营养物质等方面存在一种动态平衡；④能够在森林各演替阶段提供多物种的栖息环境和所必需的生态学过程。

生态系统理论强调系统的整合性、稳定性和可持续性。整合性是指森林生态系统内在的组分、结构、功能以及它外在的生物物理环境的完整性，既包含生物要素、环境要素的完备程度，也包含生物过程、生态过程和物理环境过程的健全性，强调内部的依赖性与和谐性统一性：稳定性主要是指生态系统对环境胁迫和外部干扰的反应能力，一个健康的生态系统必须维持系统的结构和功能的相对稳定，在受到一定程度干扰后能够自然恢复：可持续性主要是指森林生态系统持久地维持或支持其内在组分、组织结构和功能动态发展的能力，强调森林健康的一个时间尺度问题。

世界银行贷款山东生态造林项目防护林是一种人工生态系统，其有害生物的科学防控是一项以生态学理论为依据的系统工程，其任务就是协调好各项栽培技术，为工程区的所有植物创造适生条件，充分发挥生态防控的调节作用，实现工程区所有植物的健康。经过多年的实践，山东生态造林项目防护林有害生物的科学防控取得了重要进展，从育种、栽培、生物等综合防控积累了丰富的科研成果和生产经验，从合理的树种栽培区划和生产布局，从培育良种壮苗到立地选择的全过程入手，重视选择抗逆性强的树种营造混交林，适地适树，合理的林木组成和群落结构，大力发展混农、护田、护堤、护岸等节水和经济效益等多重效益生态系统，以“预防为主，综合治理”的方针，在较大范围实现了有害生物的控制。接近了利用森林健康的理念来指导山东生态造林项目防护林有害生物治理的目标。

三、生态平衡理论

自然生态系统几乎都是开放系统，一个健康的森林生态系统应该是一个稳定的生态系统。生态系统具有负反馈的自我调节机制，所以通常情况下，生态系统会保持自身的生态平衡。生态平衡是指生态系统通过发育和调节所达到的一种稳定状态，它包括结构上的稳定、功能上的稳定和能量输入输出上的稳定。生物个体、种群之间的数量平衡及其相互关系的协调，以及生物与环境之间的相互适应状态。

生物种群间的生态平衡是生物种群之间的稳定状态。主要是指生物种群之间通过食物、阳光、水分、温度、湿度以及生存空间的竞争，达到相互之间在数量、占据的空间等方面的稳定状态。而生物与环境之间的生态平衡指的是在长期的自然选择中，某些生物种群对于特定的环境条件表现出十分敏感的适应性，通过这种适应性使种群呈现出长期的稳定状态。稳定性要靠许多因素的共同作用来维持。任何一个生物种群都受到其他因子的抑制，正是系统内部各种生物相互间的制约关系，产生相互间的数量比例的控制，使任何一种生物的数量不至于发展过大。

生态平衡是一种动态的平衡，当其处于稳定状态时，很大程度上能够克服和消灭外来的干扰，保持自身的稳定性。但是，生态系统的这种自我调节机制是有一定限度的，当外来干扰因素超过一定限度，生态系统的自我调节机制会受到伤害，生态系统的结构和功能遭到破坏，物质和能量输出输入不能平衡，造成系统成分缺损（如生物多样性减少等），结构变化（如动物种群的突增或突减、食物链的改变等），能量流动受阻，物质循环中断，生态失衡。一般来说，生态系统的结构越复杂，成分越多样，生物越繁茂，物流和能流网络就越完善，这种反馈调节就越有效：反之，越是结构简单、成分单一的系统，其反馈调节能力就越差，生态平衡就越脆弱。

生态平衡理论对于林业工程项目建设具有重要的指导意义。在构建林业工程生态系统时，应尽量增加生态系统中的生物多样性，充分利用自然制约因素，根据当地的气候条件和选择的树种类型，选择抗（耐）病虫良种，注意品种的合理布局、合理的间种或混种，加强营林等管护措施，实现林业工程项目最大的经济效益、生态效益和生态系统的健康持续。

第三节　林业工程项目有害生物的主要管理策略和技术措施

林业工程项目有害生物主要采用综合治理（Integranted Pest Management，1PM）策略，以实现有害生物的可持续控制（Sustainable Pests Management in Forest，SPM）。

一、植物检疫技术

植物检疫是依据国家法规，对植物及其产品实行检验和处理，以防止人为传播蔓延危险性病虫的一种措施。它是一个国家的政府或政府的一个部门，通过立法颁布的强制性措施，因此又称法规防治。国外或国内危险性森林害虫一旦传入新的地区，由于失去了原产地的天敌及其他环境因子的制约，其猖獗程度较之在原产地往往要大得多。

二、物理防控技术

应用简单的器械和光、电、射线等防治害虫的技术。

（一）捕杀法

根据害虫生活习性，凡能以人力或简单工具例如石块、扫把、布块、草把等将害虫杀死的方法都属于本法。如将金龟甲成虫振落于布块上聚而杀之；或如当榆蓝叶甲群聚化蛹期间用石块等将其砸死；或剪下微红梢斑螟危害的嫩梢加以处理等方法。

（二）诱杀法

即利用害虫趋性将其诱集而杀死的方法。本法又分为 5 种方法。

1. 灯光诱杀

即利用普通灯光或黑光灯诱集害虫并杀死的方法。例如，应用黑光灯诱杀马尾松毛虫成虫已获得很好的效果。

2. 潜所诱杀

即利用害虫越冬、越夏和白天隐蔽的习性，人为设置潜所，将其诱杀的方法。例如，于树干基部缚纸环诱杀越冬油松毛虫等。

3. 食物诱杀

利用害虫所喜食的食物，于其中加入杀虫剂而将其诱杀的方法。例如，竹蝗喜食人尿，以加药的尿置于竹林中诱杀竹蝗；又如桑天牛喜食桑树及构树的嫩梢，于杨树林周围人工栽植桑树或构树，在天牛成虫出现时期，于树上喷药，成虫取食树皮即可致死。此外，利用饵木、饵树皮、毒饵、糖醋诱杀害虫，均属于食物诱杀。

4. 信息素诱杀

即利用信息素诱集害虫并将其消灭或直接于信息素中加入杀虫剂，使诱来的害虫中毒而死。例如，应用白杨透翅蛾、杨干透翅蛾、云杉八齿小蠹、舞毒蛾等的性信息素诱杀，已获得较好的效果。

5. 颜色诱杀

即利用害虫对某种颜色的喜好性而将其诱杀的方法。例如，以黄色胶纸诱捕刚羽化的落叶松球果花蝇成虫。

（三）阻隔法

即于害虫通行道上设置障碍物，使害虫不能通行，从而达到防治害虫的目的。如用塑料薄膜帽或环阻止松毛虫越冬幼虫上树；开沟阻止松树皮象成虫从伐区爬入针叶树人工幼林和苗圃；在榆树干基堆集细砂，阻止春尺蛾爬上树干等。此外，于杨树周围栽植池杉、水杉，阻止云斑天牛、桑天牛向杨树林蔓延；又在杨树林的周缘用苦楝树作为隔离带防止光肩星天牛进入。

（四）射线杀虫

即直接应用射线照射杀虫。例如，应用红外线照射刺槐种子 1 ~ 5 min，可有效地杀死其中小蜂。

（五）高温杀虫

即利用高温处理种子可将其中害虫杀死。例如，利用 80℃温水浸泡刺槐种子可将其中刺槐种子小蜂杀死；又如用 45 ~ 60℃温水浸泡橡实可杀死橡实中的象甲幼虫；浸种后及时将种实晾干贮藏，不致影响发芽率。以强烈日光曝晒林木种子，可以防治种子中的多种害虫。

（六）不育技术

应用不育昆虫与天然条件下害虫交配，使其产生不育群体，以达到防治害虫的目的，称为不育害虫防治。包括辐射不育、化学不育和遗传不育。如应用 2.5 ~ 3 万 R 的 60Co（钴 -60）Y 射线处理马尾松毛虫雄虫使之不育，羽化后雄虫虽能正常地与雌虫交配，但卵的孵化率只有 5%，甚至完全不孵化。

三、生态调控技术

从森林生态系统整体功能出发，在充分了解森林生态系统结构、功能和演替规律及森林生态系统与周围环境、周围生物和非生物因素的关系前提下，充分掌握各种有益生物种群、有害生物种群的发生消长规律，全面考虑各项措施的控制效果、相互关系、连锁反应及对林木生长发育的影响。遵循森林有害生物生态控制的原则、目标，以及森林有害生物生态控制的基本框架和现有的成熟技术，森林有害生物生态控制措施主要有以下几点。

（一）立地调控措施

立地因子与林业工程项目有害生物的大发生有着密切的关系，特别是直接影响森林生态系统活力的立地因子对林业工程项目区有害生物的爆发起着举足轻重的作用。适地适树是森林生态系统健康的基本保证。因为立地与森林有害生物存在着直接的相关关系；立地通过天敌与有害生物发生着关系；立地通过植物群落与有害生物发生关系。因此，立地是森林有害生物发生、发育、发展的最基本条件。实践中立地调控措施主要包括整地、施肥、灌水、除草、松土等。这些措施的实施不仅要考虑对森林植物特别是经营对象的影响和效果，更要考虑立地调控措施对有害生物和天敌的影响。在实施立地调控措施时必须与造林目标和造林措施相结合，如基于根系一根际微生态环境耦合优化措施等微生态调控技术的应用。

（二）林分经营管理措施

任何林分经营管理措施都与森林有害生物的发生、繁殖、发展有着直接或间接的关系，这些关系往往影响着至少一个时代的森林生态系统功能的发挥。林分经营管理措施主要包括：生物多样性结构优化措施，林分卫生状况控制措施，林分地上、地下空间管理措施等。林分经营管理措施的对象可以是树木个体，也可以是林分群体。在计划和执行林分经营管理措施时，应该注意措施的多效益发挥和措施效果的持续稳定性以及措施的动态性。林分经营管理措施从本质上来讲，就是调整林分及林木的空间结构，以便于增强林分整体的抗逆性和提高林木的活力，从而间接调控森林有害生物的种群动态，同时也直接控制森林有害生物的大发生。

（三）寄主抗性利用和开发

寄主抗性利用和开发主要包括诱导抗性、耐害性和补偿性等几方面。诱导抗性是树木生存进化的一个重要途径，是树木和有害生物（昆虫和病原菌）协同进化的产物。已知诱导抗性在植物和有害生物种类上都广泛存在并大多数为系统性的，在植物世代间是可以传递或遗传的。因此，树木的诱导抗性是一个值得探索利用的控制途径。此途径对提高树木个体及其生态系统整体的抗性具有重要的意义。耐害性是林木对有害生物忍耐程度的一个重要生理特性，又是内在生理机制和外界环境因子相互作用的外在表现。研究和提升树木的耐害性对增强整个林分乃至生态系统的稳定性有极其重要的意义。实践中应选择具有较高耐害性的种或个体作为造林树种以增强整个林分乃至生态系统的耐害性。补偿性是指林木对有害生物的一种防御机制。当林木受到有害生物的危害时，林木自身立即调动这种机制用于补偿甚至超补偿由于有害生物造成的损失，以利于整个生态系统的稳定。补偿或超补偿功能在生态系统中普遍存在。因此，应该充分利用这种生态系统本身的机制，以发挥生态系统的自我调控功能。

四、生物防控技术

一切利用生物有机体或自然生物产物来防治林木病虫害的方法都属于生物控制的范畴。森林生态系统中的各种生物都是以食物链的形式相互联系起来的，害虫取食植物，捕食性、寄生性昆虫（动物）和昆虫病原微生物又以害虫为食物或营养，正因为生物之间存在着这种食物链的关系，森林生态系统具有一定的自然调节能力。结构复杂的森林生态系统由于生物种类多较易保持稳定，天敌数量丰富，天然生物防治的能力强，害虫不易猖獗成灾；而成分单纯、结构简单的林分内天敌数量较少，对害虫的抑制能力差，一旦害虫大发生时就可能造成严重的经济损失。了解这些特点，对人工保护和繁殖利用天敌具有重要指导意义。

（一）天敌昆虫的利用

林业工程项目区既是天敌的生存环境，又是天敌对害虫发挥控制作用的舞台，天敌和环境的密切联系是以物质和能量流动来实现，这种关系是在长期进化过程中形成的。在害虫综合治理过程中，就是要充分认识生态系统内各种成员之间的关系，因势利导，扬长避短，以充分发挥天敌控制害虫的作用，维护生态平衡。因此，生物控制的任务是创造良好的生态条件，充分发挥天敌的作用，把害虫的危害抑制在经济允许水平以下。

害虫生物控制主要通过保护利用本地天敌、输引外地天敌和人工繁殖优势天敌，以便增加天敌的种群数量及效能来实现。

1. 保护利用本地天敌

在不受干扰的天然林内，天敌的种类和种群数量是十分丰富的。它们的生息繁殖要求处于一定的生态环境，所以必须深入了解天敌的生物、生态学习性，据此创造有利于它们栖息、繁殖的条件，最大限度地发挥它们控制害虫的作用。

人工补充中间寄主。有些天敌昆虫往往由于自然界缺乏寄主而大量死亡，减少了种群数量，大大降低了对害虫的抑制能力，尤其是那些非专化性寄生的天敌昆虫。人工补充寄主是使其在自然界得以延续和增殖必不可少的途径。一种很有效的关键天敌，如在某一种环境中的某些时候缺少中间寄主，则其种群就很难增殖，也就不能发挥它的治虫效能。补充中间寄主的功能主要是改善目标害虫与非专化性天敌发生期不一致的缺陷，其次是缓和天敌与目标害虫密度剧烈变动的矛盾，缓和天敌间的自相残杀以及提供越冬寄主等。

增加自然界中天敌的食料。许多食虫昆虫，特别是大型寄生蜂和寄生蝇往往需要补充营养，才能促使性成熟。因此，在有些金龟子的繁殖基地，特别像苗圃地分期播种蜜源植物，吸引土蜂，可以得到较好的控制效果。

在林间的蜜源植物几乎对需要补充营养的天敌昆虫都是有益的，只要充分了解天敌昆虫与这些植物的关系，研究天敌昆虫取食习性，在天敌昆虫生长发育的关键时期安排花蜜植物对保护天敌、提高它们的防治效能是十分重要的。

直接保护天敌。在自然界中，害虫的天敌可能由于气候恶劣、栖息场所不适等因素引起种群密度下降，我们可以在适当的时期采用适当的措施对天敌加以保护，使它们免受不良因素的影响。有些寄生性天敌昆虫在冬季寒冷的气候条件下，死亡率较高，对这样的昆虫可考虑将其移至室内或温暖避风的地带，以降低其冬季死亡率。很多捕食性天敌昆虫，尤其是成虫，冬季的死亡率普遍较高，在冬季采取保护措施，可降低其死亡率。

2. 人工大量繁殖与利用天敌昆虫

当害虫即将大发生，而林内的天敌数量又非常少，不能充分控制害虫危害时，就要考虑通过人工的方法在室内大量繁殖天敌，在害虫发生的初期释放于林间，增加其对害虫的抑制效能，达到防止害虫猖獗危害的目的。在人工大量繁殖之前，要了解欲繁殖的天敌能否大量繁殖和能否适应当地的生态条件，对害虫的抑制能力如何等。既要弄清天敌的生物、生态学特性、寄主范围、生活历期、对温湿度的要求以及繁殖能力等，还要有适宜的中间寄主。

在人工繁殖天敌时，应注意欲繁殖天敌昆虫的种类（或种型）、天敌昆虫与寄主或猎物的比例、温湿度控制和卫生管理。对于寄生性天敌应注意控制复寄生数量和种蜂的退化、复壮等；对于捕食性天敌昆虫应注意个体之间的互相残杀。在应用时应及时做好害虫的预测预报，掌握好释放时机、释放方法和释放数量。

3. 天敌的人工助迁

天敌昆虫的人工助迁是利用自然界原有天敌储量，从天敌虫口密度大或集中越冬的地方采集后，运往害虫危害严重的林地释放，从而取得控制害虫的目的。

（二）病原微生物的利用

病原微生物主要包括病毒、细菌、真菌、立克次体、原生动物和线虫等，它们在自然界都能引起昆虫的疾病，在特定条件下，往往还可导致昆虫的流行病，是森林害虫种群自然控制的主要因素之一。

1. 昆虫病原细菌

在农林害虫防治中常用的昆虫病原细菌杀虫剂主要有苏云金杆菌和日本金龟子芽泡杆菌等。苏云金杆菌是一类广谱性的微生物杀虫剂，对鳞翅目幼虫有特效，可用于防治松毛虫、尺蛾、舟蛾、毒蛾等重要林业害虫。苏云金杆菌目前能进行大规模的工业生产，并可加工成粉剂和液剂供生产防治用。日本金龟子芽泡杆菌主要对金龟子类幼虫有致病力，能用于防治苗圃和幼林的金龟子。细菌类引起的昆虫疾病之症状为食欲减退、停食、腹泻和呕吐，虫体液化，有腥臭味，但体壁有韧性。

2. 昆虫病原真菌

昆虫病原真菌主要有白僵菌、绿僵菌、虫霉、拟青霉、多毛菌等。白僵菌也可进行大规模的工业发酵生产；绿僵菌可用于防治直翅目、鞘翅目、半翅目、膜翅目和鳞翅目等 200 多种昆虫。真菌引起昆虫疾病的症状为食欲减退、虫体颜色异常（常因病原菌种类不同而有差异）、尸体硬化等。昆虫病原真菌孢子的萌发除需要适宜的温度外，主要依赖于高湿的环境，所以，要在温暖潮湿的环境和季节使用，才能取得良好的防治效果。

3. 昆虫病原病毒

在昆虫病原物中，病毒是种类最多的一类，其中以核型多角体病毒、颗粒体病毒、质型多角体病毒为主。昆虫被核型多角体病毒或颗粒体病毒侵染后，表现为食欲减退、动作迟缓、虫体液化、表皮脆弱、流出白色或褐色液体，但无腥臭味，刚刚死亡的昆虫倒挂或呈倒“V”字形。病毒专化性较强，交叉感染的情况较少，一般 1 种昆虫病毒只感染 1 种或几种近缘昆虫。昆虫病毒的生产只能靠人工饲料饲养昆虫，再将病毒接种到昆虫的食物上，待昆虫染病死亡后，收集死虫尸并捣碎离心，加工成杀虫剂。

（三）捕食性鸟类的利用

食虫益鸟的利用主要是通过招引和保护措施来实现。招引益鸟可悬挂各种鸟类喜欢栖息的鸟巢或木段，鸟巢可用木板、油毡等制作，其形状及大小应根据不同鸟类的习性而定。鸟巢可以挂在林内或林缘，吸引益鸟前来定居繁殖，达到控制害虫的目的。林业上招引啄木鸟防治杨树蛀干性害虫，收到了较好的效果。在林缘和林中保留或栽植灌木树种，也可招引鸟类前来栖息。

五、化学防控技术

化学防治作用快、效果好、使用方便、防治费用较低，能在短时间内大面积降低虫口密度，但易于污染环境，杀伤天敌，容易使害虫再增猖獗。近年来，由于要求化学药剂高效低毒、低残留、有选择性，因此化学药剂对环境的污染已有所降低。

化学农药必须在预测害虫的危害将达到经济危害水平时方可考虑使用，并根据害虫的生活史及习性，在使用时间上要尽量避免杀伤天敌，同时应遵循对症下药、适时施药、交替用药、混合用药、安全用药的原则。

六、森林生态系统的“双精管理”

森林生态系统的“双精管理”即精密监测，精确管理，其目的就是对生态系统实行实时监测，及时发现非健康生态系统，采取先进的生物管理措施，及时、快速地恢复“患病”生态系统的健康，或者对处在健康、亚健康状态的生态系统，采取一定的、合理的措施，维护生态系统保持在比较稳定的健康状态。生物灾害的“双精”管理，不仅要克服被动防治和单种防治带来的弊端，更重要的是维护生态系统的健康，“双精”管理关键是通过先进的手段，进行实时监测，通过长期数据积累，建立准确的预报模型和人工干扰模型，进行准确预报和人工干扰模拟，采用先进的生物管理技术，实现森林灾害生物的科学管理，维护生态系统健康。

七、森林有害生物持续控制技术

森林有害生物可持续控制（SPMF）是以森林生态系统特有的结构和稳定性为基础，强调森林生态系统对生物灾害的自然调控功能的发挥，协调运用与环境和其他有益的物种的生存和发展相和谐的措施，将有害生物控制在生态、社会和经济效益可接受（或允许）的低密度、并在时空上达到可持续控制的效果。

八、森林保健技术

森林保健就是要培养、保持和恢复森林的健康，就是要使森林能够维持良好的生态系统结构和功能，具有较强的抗逆能力，对于人类有限的活动的影响和其他有限的自然灾害是能够承受，或者可自然恢复的，其实质就是要使森林具有较好的自我调节并保持其系统稳定性的能力，从而使其最大、最充分地持续发挥其经济、生态和社会效益。森林保健技术就是通过采取科学、合理的措施，保护、恢复和经营森林，维护森林的稳定性，使森林生态系统具有稳定性的能力，有效抵御自然灾害的能力，在满足人类对木材及其他林产品需求的同时，充分发挥森林维护生物多样性、缓解全球气候变暖、防止沙漠化、保护水资源和控制水土流失等多种功能，最大、最充分地持续发挥其经济、生态和社会效益。该项措施逐渐被人们所认知并开始研究和实施。

九、工程治理技术

对有周期性猖獗特点，生物学、生态学特性和发生规律基本清楚，危害严重、发生普遍或危险性大的有害生物，采取有效技术手段和工程项目管理办法，有计划、有步骤、有重点地实行预防为主、综合治理，对有害生物进行生产全过程管理，把灾害损失减少到最低水平，是实现持续控灾的一种有害生物管理方式。工程治理技术是一项技术含量高、有发展前途，适合我国国情的综合治理森林有害生物新的管理方式。我国在分析和总结了松材线虫病发生特点的基础，提出了工程治理技术，取得了良好效果。

第四节　林业工程项目主要有害生物的管理

一、叶部有害生物的管理措施

项目区有赤松毛虫、美国白蛾、杨小舟蛾、杨扇舟蛾、大袋蛾、春尺蠖、方翅网蝽、侧柏毒蛾等。

（一）松毛虫的管理措施

1. 做好虫情测报工作

松毛虫灾害的形成多是从局部开始，然后向四周扩散并逐步积累，达到一定虫口密度后爆发成灾。所以虫情测报工作非常重要，及早发现虫源地，并采取相应的措施进行防治，将会收到很好的效果。

（1）灯光锈集成虫

在松毛虫蛾子羽化时期，根据地理类型设置黑光灯诱蛾。灯光设置，一般要在开阔的地方，如盆地类型，则设盆地中间距林缘 100 m 左右，不宜设在山顶、林内和风口。用于虫情测报的黑光灯和诱杀蛾子者不同，需数年固定一定位置，选择好地点后（若为居民点，可设在房顶等建筑物上部）设灯光诱捕笼。较为适宜的为灯泡上部设灯伞，下设以漏斗，通入大型纱笼内。在发蛾季节，每天天黑时开灯，次日凌晨闭灯，统计雌雄蛾数、雌蛾满腹卵数、半腹卵和空腹的蛾数。

（2）性外激素诱集成虫

在成虫羽化期，于不同的林地设置诱捕器，诱捕器一般挂在松树第 1 盘枝上。每日清晨逐个检查记载诱捕雄蛾数量。诱捕器由下列 3 种任选一种，①圆筒两端漏斗进口型：用黄板纸和牛皮纸做成，直径 10cm，全长 25cm，两节等长从中间套接的圆筒，两端装置牛皮纸漏斗状进口，漏斗伸入筒内 6 ～ 7cm，中央留一进蛾小孔，孔径 1.4 ～ 1.5 cm。②四方形四边漏斗进口型，用黄板纸做成长 × 宽 × 高为 25 cm × 25 cm × 8 cm 四方形盒，盒的四边均装有牛皮纸漏斗，漏斗规格与上述两种相同，盒上方留有 8cm × 8cm 方孔，装硬纸板盖，作检查诱进蛾数用。③小盆形，22 ～ 26cm 口径的盆或钵，盆内盛水，并加少许洗衣粉以降低水的表面张力，盆上搁铁丝，供悬挂性外激素载体之用。放置诱捕器时，由一定剂量的性外激素制成的载体（一般橡胶作载体较好），装入各种诱捕器内，小盆形诱捕器的性诱剂载体应尽量接近水面，圆筒型和方盒诱捕器是用细绳悬挂在松枝上，水盆诱捕器则以三角架或松树枝交叉处固定。性外激素制剂的载体，有关部门可制成商品出售，使用时按商标上说明即可

（3）航天航空蓝测技术

在松林面积辽阔，山高路远人稀的林区，可采用卫星遥感（TM）图像监测技术和航空摄影技术，确定方位后，于地面进一步调查核实，往往比较及时而准确。

2. 营林措施

（1）营造混交林

混交林内松毛虫不易成灾的原因是森林生物群落丰富，松毛虫的天敌种类和数量较多，它们分别控制松毛虫各虫期；提供了益鸟栖息的环境，食虫鸟捕食大量的松毛虫，抑制了松毛虫的猖獗，保持了有虫不成灾的状态。因地制宜、适地适树，积极营造阔叶林、针阔叶混交林。

（2）封山育林和合理修枝

技严格执行封山育林制度，因地制宜、定期封山、轮流开放、有计划地发展薪炭林等；合理修枝、保护杂灌木等。防止乱砍滥伐和林内过度放牧，对于过分稀疏的纯林要补植适宜的阔叶树，对约 10 年生的松树，最少要保持 5 轮枝丫，丰富林内植被，注意对蜜源植物的繁殖和保护。

3. 生态调控措施

天敌对抑制松毛虫大发生起着重要的作用，但随环境条件差异而有所不同，树种复杂、植被丰富的松林，由于形成了较为良好的天敌、害虫食物链，使害虫种群数量比较稳定，能较长期处于有虫不成灾的水平，这种生态环境对保护森林，促进林业生产极为有利。

营造混交林和封山育林等措施可使林相多样、开花植物增多、植被丰富，有利于寄生蜂和捕食性天敌的生存和繁殖，使各虫期的天敌种类和数量增多。

严格禁止打猎，特别要禁止猎杀鸟类动物，据统计我国食松毛虫的鸟类有一百多种，这些鸟对抑制松毛虫数量的增长起着一定的作用，在一定条件下食虫鸟能控制或消灭松毛虫发生基地，所以通过保护、招引和驯化的办法，使林内食虫鸟种群数量增加。并要禁止在益鸟保护区内喷洒广谱性化学杀虫剂。

4. 物理防控措施

使用高压电网灭虫灯和黑光灯诱杀，本方法适合有电源或虫口密度较大的林区。此灯是以自镇高压诱虫灯泡基础改进而成。其结构由高压电网灭虫灯防护罩、诱集光源、杀灭昆虫用的电网三部分组成，使用时将松毛虫蛾子诱入高压电网有效电场内，线间产生的高压弧，使松毛虫死亡或失去飞翔能力。此灯宜在羽化初期开灯，盛期要延长开灯

时间，同时次日要及时处理没杀死的蛾子。其有效范围为300～400亩。在固定电源地区，要专人负责，严格执行操作程序，注意安全。对虫口密度大的林区，最好使用小型发电机，机动车及时巡回诱杀。

5. 人工防治

利用人工捕捉幼虫、采茧、采卵等，在一定林区是一项重要的辅助措施。特别是小面积松毛虫发生基地。

在松毛虫下树越冬地区，春季幼虫上树前，在树干1m处，刮去粗树皮12～15 cm宽，扎上4 cm宽的塑料薄膜，以阻隔幼虫上树取食，使其饥饿10～15天后死亡。薄膜接口处要剪齐，斜口向下，接头要短，钉的适度等。或在树干胸高处，涂上30 cm宽的毒环，防治上树越冬幼虫。

采卵块，此法是人工防治中收效最大的一种，尤其在虫口密度不大，松树不高的林地，对减少施药防治、保护天敌、调节生态平衡，是一项重要的辅助措施。在松毛虫产卵期，每4～5天一次，连续2～3次，比捉幼虫、采茧蛹安全，可达到较好的防治效果。

6. 合理使用化学农药

对于迅速控制发生某地的扩大蔓延，没有适当的生物措施时，动用杀虫剂，是必不可少的，特别是松毛虫年发生多代的地区，其生活周期短，猖獗蔓延迅速的情况下，更是必要的。动用杀虫剂其指导思想是要根据森林生态系统的整体观点，施药杀灭松毛虫，是为了调节松林——松毛虫——天敌三者之间的数量比例，改进其制约关系。也就是通过施药灭虫，改善林间生态系统的结构，维持它们间的生态平衡关系，以达长期的相对稳定，使其有虫不成灾。基于以上指导思想，大面积施用化学杀虫剂时要审慎，不但要根据猖獗发展的阶段，严禁在猖獗后期、天敌增多时使用，更要严格控制使用面积，因为在生产实践中对上千万亩乃至几千万亩松林，不必要也不可能全面洒布农药防治；即使要大面积施药防治也不可能取得100%的杀虫效果；因而控制和管理大面积森林内不发生松毛虫灾害，使其有虫不成灾，应该不同于农田等生态系统内害虫的防治，而要根据林业特点（周期长、靠自然力量即天敌自然抑制和松树的抗性）来进行防治。

7. 生物防治措施

由于森林生态系统是地球上最复杂的空间结构和组成，具有紧密而复杂的食物链关系，有其长期性和稳定性，同时林木对害虫有一定的忍耐性，因此，在开展松毛虫灾害综合治理中，利用生物措施来控制其猖獗，具有其独特的作用。在国内成功的行之有效的生物措施中，球孢白僵菌防治面积最大，而且具有扩散和传播的效果，容易造成人为的昆虫流行病。昆虫病毒（如DCPV病毒）则具有良好的疾病流行和垂直传递效果，可长期在昆虫种群中发挥控制数量增长的作用。苏云金芽孢杆菌具有较好的速杀作用，并能进行工业化生产。在杀虫微生物的使用过程中，必须充分了解各种微生物的特点，扬长避短，充分发挥其最佳效能。

放菌的基本方法和技术，人为地给林间引进白僵菌，采用各种方法增加林间白僵菌的存活量；改造环境，强化地方病，对现有林进行改造，增加森林的郁闭度和蜜源植物，使林间原有的病原很好的保存和传播；适时补充白僵菌，当白僵菌的数量已不足以抑制松毛虫的大量增殖时，就应人工补充放菌。菌药或多菌种混用，在虫口密度较大林分，为迅速降低虫口数量,可在白僵菌剂中加入亚致死剂量的化学农药或细菌制剂一起使用。

二、枝干部有害生物的管理措施

项目区杨树天牛主要包括光肩星天牛、云斑天牛等；松柏树项目区内有松褐天牛、褐幽天牛、双条衫天牛、大球蚧等。枝干害虫发生的主要成因，即人工林树种组成过于单一，且多为天牛感性树种，抗御天牛灾害功能低下。以生态系统稳定性、风险分散和抗性相对论为核心理论指导，以枝干害虫的生物生态学特性为依据，及时监测虫情，以生态调控技术——多树种合理配置为根本措施；以低比例的诱饵树“诱集”天牛成虫，采取多种实用易行的防治措施杀灭所诱集的天牛，以高效持效化学控制技术和生物防治措施为关键技术控制局部或早期虫源，构建了防护林天牛灾害持续控制技术体系，达到了有虫不成灾的目的。因此，筛选和利用抗性树种和品系以及单一树种的抗性机制；运用各种营林措施提高对天牛的自然控制作用。

（一）杨树天牛的管理措施

国内的杨树天牛防治技术主要有：筛选和利用抗性树种和品系，以及单一树种的抗性机制；运用各种营林措施提高对天牛的自然控制作用，如改变种植规模和林带的树种组成，控制虫源，合理配置“诱饵树”，并辅以诱杀手段；加强林业管理措施提高诱导抗性；保护和利用天敌（尤其是啄木鸟等）；筛选持效高效的化学杀虫剂（如微胶囊剂），改善施药方法；开发光肩星天牛的植物性引诱剂，以及其他物理防治方法。

现有的控制措施依其作用对象和范围可归纳为下述 3 个层次。

1. 针对害虫个体的技术

概括起来有人工捕捉成虫，锤击、削除卵粒和幼虫，毒签（泥、膏等）堵虫孔，将农药、寄生线虫、白僵菌等直接注入虫孔等。此类方法虽成本低廉和高效，但只在幼林或零星树木及天牛初发时现实可行，在控制较大范围的种群爆发时不可使用 。

2. 针对单株被害木的技术

如在发生早期伐除零星被害木，喷施或在树干基部注射各种农药或生物制剂毒杀卵、幼虫和成虫等，利用诱饵树如桑树、复叶槭等分别诱集桑天牛、光肩星天牛等，并辅以杀虫剂毒杀或捕杀。这类措施在虫害发生初期面积较小，附近又无大量虫源的条件下，如能连续施用数年，无疑是十分有效的。但在虫害普遍发生时，限于经济投入，也极难实施。

3. 针对整个害虫种群或林分的技术

如选用抗虫树种，适地适树、更新或改善不合理林带结构，实行多树种合理配置并辅以杀虫剂毒杀或捕杀，严格实行检疫和监测措施，保护利用天敌，开发天牛引诱剂等。这类措施通常对全林分进行或其效用泽及整个林分，并持有效性。

（二）松材线虫病

松材线虫病是松树的一种毁灭性流行病，染病寄主死亡速度快；传播快，且常常猝不及防，一旦发生，治理难度大，已被我国列入对内、对外的森林植物检疫对象。

1．疫情监测

以松褐天牛为对象的疫情监测技术，主要是通过引诱剂诱捕器进行。在林间设置松褐天牛引诱剂诱捕器，能早期发现和监测松材线虫病。以寄主受害症状变化进行监测，松材线虫侵入树木后，外部症状的发展过程可分为四个阶段：外观正常，树脂分泌减少或停止，蒸腾作用下降；针叶开始变色，树脂分泌停止，通常能够观察到天牛或其他甲虫侵害和产卵的痕迹；大部分针叶变为黄褐色，萎蔫，通常可见到甲虫的蛀屑；针叶全部变为黄褐色，病树干枯死亡，但针叶不脱落。此时树体上一般有次期性害虫栖居。松树感病后，枯死的树木会出现典型蓝变现象。

2．检疫控制

发生区要对松属苗木繁育基地、贮木场和木材加工厂开展产地疫情调查，详细登记带疫情况，并下发除害处理通知书，责令限期对疫情进行除害处理。同时根据产地检疫结果，对要求调运的松属苗木和繁殖材料、松木及其制品数量进行全面核实，严禁带疫苗木、木材及其加工产品进入市场流通。调运疫区的松材线虫寄主植物、繁殖材料、木材及其制品，必须实行检疫要求书制度，要事先征求调入地森检部门意见，并按照调入地的检疫要求书内容，进行严格的现场检疫检验，确认未携带松材线虫病方可签发植物检疫证书，并及时通知调入地森检部门。实施检疫检查的抽样比例，苗木按一批货物总件数的 5% 进行抽样、木材按总件数的 10% 进行抽样。森林植物检疫检查站（或木材检查站）要配备专职检疫人员，对过往的松材线虫病寄主植物及其产品实施严格的检疫检查，严禁未通过检疫的松苗、疫木及其制品调运。各地森检部门对来自发生区或来源不明的寄主植物及其产品要进行复检，发现带疫就地销毁；确认无松材线虫的繁殖材料要经过 1 年以上隔离试种，确认没携带松材线虫方可分散种植；对松木及其制品和包装材料要实施跟踪调查，严防疫情传入。要定期对本地区用材单位进行检疫检查，杜绝非法购买和使用疫情发生区的松材及其制品的现象。

3．以病原为出发点的病害控制

（1）清理病死树

每年春天病害感染发生前，对老疫点的重病区感病松树进行一次性全面的皆伐，彻底清除感染发病对象。对较轻区域采用全面清理病死树的措施，减少病原，防止病害临近扩散蔓延，逐步全面清理中心发生区的病死树，压缩受害面积，控制灾害的发生程度。对新发生疫点和孤立疫点实施皆伐，并通过采用“流胶法”，早期诊断 1km 范围内的松林，对出现流胶异常现象的树及时拔除。

实施清理病死树时，伐桩高度应低于 5 cm，并做到除治迹地的卫生清洁，不残留直径大于 1cm 松枝，以防残留侵染源。处置死树和活树时，应分别进行除害处理。

（2）病本除害处

砍伐后病死树应就地将直径 1cm 以上的枝条、树干和伐根砍成段，分装熏蒸袋用 20g/m^3 磷化铝密封熏蒸处理，搁置原地至松褐天牛羽化期结束。滞留林间的病枝材，亦可采用此法。对清理下山的病枝、根桩等可集中后，在指定地点及时烧毁。伐下的病材在集中指定地点采用药物熏蒸、加热处理、变性处理、切片处理等。药物熏蒸要求选择平坦地，集中堆放，堆垛覆盖熏蒸帐幕，帐幕边角沿堆垛周围深埋压土。病死树的伐根应套上塑料薄膜覆土，或用磷化铝（1 ～ 2 粒）进行熏蒸处理，或用杀线虫剂等进行喷淋处理，也可采取连根刨除，再进行上述方法除害。

4. 以寄主为出发点的病害控制

营造和构建由多重免疫和抗性树种组成的混交林，可以将现有感病树种的风险进行稀释。通过现代生物技术和遗传育种方法，培育抗松材线虫和松褐天牛的品种，也是松树线虫病可持续可控制的有效手段，需要加强这方面的研究。

5. 以媒介昆虫为出发点的病害控制

（1）化学防治

在松褐大牛成虫补充营养期，进行化学防治。采用 12% 倍硫磷 150 倍液 +4% 聚乙烯醇 10 倍液 +2.5% 溴氰菊酯 2 000 倍液林间喷雾，其防治效果十分显著。在发生区分别于松褐天牛羽化初期、盛期进行防治。采用地面树干、冠部喷洒或飞机喷洒绿色威雷（触破式微胶囊剂），50 ～ 80 mL/666.7 m^2（300-400 倍液），持效期长达 1 个多月，喷雾后第 20 天松褐天牛的校正死亡率仍高达 80% 以上。对有特殊意义的名松古树和需保护的松树，于松褐天牛羽化初期，在树干基部打孔注入虫线光或注入虫线清 1 ： 1 乳剂 400mL/m3 进行保护。

（2）诱杀防治

通过诱捕器和饵木诱杀松褐天牛诱木防治时，在除治区的山顶、山脊、林道旁或空气流通处，选择衰弱或较小的松树作为诱木，引诱松褐天牛集中在诱木上产卵，每 10 亩设置 1 株（松褐天牛密度大于原林分可适当增设诱木数量），于松褐天牛羽化初期（5 月上旬），在诱木基部离地面 30 ～ 40 cm 处的 3 个方向侧面，用刀砍 3 ～ 4 刀（小树可少些），刀口深入木质部约 1 ～ 2 cm，刀口与树干大致成 30°，用注射器把引诱剂注入刀口内。诱木引诱剂使用浓度为 1 ： 3（1 份引诱剂原液用 3 倍清水稀释），施药量（mL）大致与诱木树干基部直径（cm）树相当。也可设置集虫器，内盛清水或 3% 杀螟松乳剂。于每年秋季将诱木伐除并进行除害处理，杀死其中所诱天牛，减少天牛种群密度。

（3）生物防治

生物防治是环境协调性和可持续控制有害生物的技术措施，是害虫综合治理的中心环节之一。已知松褐天牛的生物控制因素主要有寄生性天敌，如管氏肿腿蜂、花绒寄甲、黑色枝附瘿蜂等。其中管氏肿腿蜂在林间防治试验中表现出较好的效果，研究表明管氏肿腿蜂在林间当代扩散半径达 50 m 左右，寄生率平均为 31.2%，3 个月后蜂群在林间扩散半径达 150 m 左右，寄生率提高到 25.0% ～ 46.1%。当年林间实际防治效果达 74.30% ～ 87.44%，下一年的持续防治效果达 85.16% ～ 95.68%。花绒寄甲是墨天牛属蛹期的天敌，有时能引起较高的幼虫死亡率。捕食性天敌有日本大谷盗、蚊态郭公虫、朽木坚甲、赤背齿爪步甲、小步甲、叩头虫、蚂蚁、蜘蛛、蛇蛉等；捕食性鸟类主要是啄木鸟类。啄木鸟对松林中的天牛种群密度控制是不能低估的。

在春天应用白僵菌和粉质霉氏杆菌联合防治松褐天牛幼虫，可取得较高（90%）的致死效果。在松褐天牛的病原真菌中，以球孢白僵菌和布氏白僵菌为多，分别占 37.80% 和 32.92%，金龟子绿僵菌和枝顶孢霉的出现频率较低，分别占 15.85% 和 9.12%，布氏白僵菌和球孢白僵菌的室外应用试验，天牛幼虫的死亡率分别为 51.10% 和 61.12%。细菌、昆虫病原线虫对松褐天牛也有较高的控制作用和应用前景。

6. 其他防控措施

建立以松材线虫为主要研究对象，综合应用“3S”技术，解决航天和航空遥感监测的关键技术，集成一套实用化、低成本、多平台互补的监测系统，编织由航天航空遥感与地面复位组成的准实时立体监测网络，建立监测、检测、防治辅助决策支持系统，并最终取得应用示范工程的成功，为我国的森林病虫害监测、防治辅助决策提供实用化的手段，为全面控制森林病虫害奠定技术基础。

（三）腐烂病和溃疡病

项目区有杨树腐烂病、杨树溃疡病、苹果腐烂病、板栗溃疡病、松树枝枯病、雪松枯梢病等。

1. 适地适树

适地适树，加强栽培管理，保证树木生长健壮，是防治本病的主要途径。栽植时应选取适宜的土壤条件；选样抗寒、抗旱、抗盐碱、抗虫、抗日灼适应性强的杨树、松树、苹果、板栗等树种。

2. 选用抗病品种和培育壮苗

在造林时，选用抗病树种。如白杨派和黑杨派树种大多数为抗病和较为抗病的；板栗树种尽量选用本地抗病品种，减少栽植国外引进的品种。

在苗木培育时，要特别注意加强苗木的木质化程度。并最好在出圃前的一年里用化学药剂进行防治，以减少出圃时病菌对苗木的侵染。插条应存于 2.7℃以下的阴冷处，以免降低插条生活力和在储藏期间插条大量受病原菌侵染；避免苗木长途运输，认真假植，造林前浸根 24 h 以上或蘸泥浆。

3. 营造混交林

营造多树种、多林种、多功能乔灌草异龄复层混交林，如杨树和刺槐、杨树和紫穗槐、杨树和胡枝子混交，松树和柞树行间或株间混交、松树和刺槐片状混交，均能增加土壤固氮作用和改善土地贫瘠条件，形成稳定的林分结构，提高抵抗有害生物的能力，达到有虫有病不成灾的目的。

4. 清除病株减少侵染来源

清除生长衰弱的植株，对严重的病株应及时清除（伐除病株、修除病枝、清除地被物等），以减少侵染来源。对严重感染的林分彻底清除，以免成为侵染源感染更大面积的林分。据研究，营林措施包括伐除病株、修除病枝、清除地被物等，对杨树烂皮病的防治效果可达 61.4%。

5. 化学防治

对已发病的植株，要进行刮治，用钉板或小刀，将病斑刺破，一直破到病斑与健康组织交界处，再涂药剂，施用的药剂。若在涂药后 5 天，在病斑周围在涂以 50 ~ 100 mg/kg 生长刺激物萘乙酸等，可促使周围愈合组织的生长，病斑不易复发。用小刀刮除病斑老皮，刷上退菌特和土面增温剂（退菌特 1 份，增温剂 50 份，水 200 份），既提高了治愈率又增强了受伤组织的愈合率。

对溃疡病菌有良好抑制作用的药剂种类和相应的浓度，包括 50% 甲基托布律 200 倍液，80% 抗菌素 402 的 200 倍液等，这些药剂均有较好的防治效果。

三、根部有害生物的管理

（一）病害

项目区根部主要有害生物引致的病害有紫纹羽病、白绢病、根癌病。

①首先要选择适宜于林木生长的立地条件，同时加强土、肥、水的综合管理，促使根系旺盛生长，提高其抗病力，这是预防根病发生的一项根本性措施。

②严格检疫。防止带病苗木出圃，一旦发现，应立即将病苗烧毁。对可疑的苗木在栽植前进行消毒，用 1%$CuSO_4$ 浸 5min 后用水冲洗干净，然后栽植。

③选栽抗病速生优良品种。

④加强栽后地下管理，提高抗病能力。地下管理的好坏直接影响到树木的生长量和抗病性，要做到适时浇水施肥，特别是土杂圈肥，尽量多施，及时松土除草，促进树木生长，增强树势，提高抗病能力。

⑤选用健康的苗木进行嫁接，嫁接刀要在高锰酸钾或 75% 酒精中消毒。

⑥土壤改良。有条件的地区，树下可种植豆科植物，进行深翻压青，或少量施用土杂肥、速效肥压青深翻，不断改良土壤，提高肥力，促进树木生长和提高抗病性。

⑦防止苗木产生各种伤口。采条或中耕时，应提高采条部位并防止锄伤埋条及大根，及时防治地下害虫。

⑧处理病株。要经常检查，发现重病株和死株及时挖除，减少浸染来源，并进行土壤消毒，防止传播蔓延。苗木栽植前用 10% 硫酸铜浸根 5 min 清水冲洗干净后栽植。

（二）虫害

根部虫害主要有地老虎类、蝼蛄类和金龟子类。

①改善苗圃排水条件，不使地块积水，可减轻危害。

②在幼苗出土前至初孵幼虫期铲除田间杂草，可直接消灭卵和初孵幼虫。

③防治地老虎、金龟子幼虫时，在苗木根部撒施毒土或药液灌根，消灭幼虫，或在清晨挖土捕杀断苗处的幼虫。防治蝼蛄将麦麸、谷糠或豆饼等炒香或煮至半熟拌上农药，做成毒饵均匀撒在苗床上或在畦边每隔一定距离挖 1 小坑，放入马粪或带水的鲜草拌以农药诱杀成虫、若虫。

④成虫发生期，在晴朗无风闷热的天气用黑光灯或糖醋液诱杀成虫。

⑤保护利用天敌如各种益鸟、刺猬、青蛙、步行虫、土蜂、金龟长喙寄蝇、线虫等。

四、有害杂草的管理

（一）薇甘菊

薇甘菊是世界十大重要害草之一，多年生草质藤本，原产中、南美洲。薇甘菊的蔓延特点是遇草覆盖遇树攀援，严密覆盖在灌木、小乔木及至十多米高的大树上。植物由于缺少阳光、养分和水分，光合作用不能正常进行，最终死亡。因此，薇甘菊有“植物杀手”“绿色杀手”“美丽杀手”之称。主要分布于路边、水边、田边、果园、林缘地带。

薇甘菊综合治理要点：

①在每年 4 ~ 10 月，人工将攀爬在林木上的薇甘菊连根拔除、堆沤或焚烧。

②结合林木抚育，对林木直径 1 m 范围内的薇甘菊进行人工铲除；对林木之间空地的薇甘菊用“森草净”或“草甘磷”等除草剂进行喷洒，彻底清除薇甘菊的根系。

③在发生薇甘菊的林地中引种寄生植物田野菟丝子，使其寄生在薇甘菊嫩枝、嫩叶和嫩茎上，通过吸取薇甘菊的营养供其自身生长，达到杀死薇甘菊的目的。

（二）大米草

大米草可破坏近海生物栖息环境、影响滩涂养殖、堵塞航道、诱发赤潮，被列入全球 100 种最有危害外来物种名单和中国外来入侵种的名单。大米草在滩涂的疯狂生长，致使其中的鱼类、蟹类、贝类、藻类等大量生物丧失生长繁殖场所，导致沿海水产资源锐减。同时，由于每年大量根系生理性枯烂和大量种子枯死于海水中，致使滩泥受到污染，海水水质变劣，引发赤潮。

大米草综合治理要点：

①每年 5 ~ 11 月，在植株、花、种子发生期，采用人工或特殊机械装置，对大米草进行拔除、挖掘、遮盖、火烧、水淹、割除、碾埋等。对滩涂上的大米草可以使用轻型履带车碾压，将大米草压进淤泥里。

②使用大米草除草剂 BC-08，杀死大米草的地上部分。

③在大米草扬花期，每亩喷施米草败育灵 20g，或施用米草净使大米草不能产生可育的种子。

（三）葎草

葎草是一种传播快、生长快、危害性较大的危险性杂草。主要生长于路旁、河滩、沟边等湿地，往往在庭院附近及田间、石砾质沙地、村庄篱笆上、林缘灌丛间的绿篱树球及杂草混生。其生命力较强，主要靠种子传播，极易生存，耐干旱、耐瘠薄，喜水喜肥，生长速度快，是多年生茎蔓草本植物。3 月、4 月间出苗，雄株 7 月中、下旬开花，雌株 8 月上、中旬开花。9 月中、下旬成熟。葎草主要钩附缠绕在其他植物体上从而迅速攀升，并逐渐将目的树种全部或部分遮盖，致使目的绿化树种等植物地上部分见不到阳光；地下部分与目的绿化植物争水争肥而使目的绿化植物生长受阻，直至绿化植物部分枝条枯萎或全部落叶死亡，使绿化植物失去了生存能力和观赏价值。

葎草综合治理要点：

1. 加强检疫

引进绿化树木种子进行严格出入境检疫；调运苗木时注意是否携带葎草的种子及干附茎枝，对带土坨的大苗应铲除表土 5 ～ 10 cm。

2. 深翻土壤

每年 3 ～ 11 月，在植株、花、种子发育阶段，在不伤及树木根系的情况下，深翻将停草种子埋入深层土壤，使之不能正常萌发。

3. 人工消除

坚持除早、除小、除彻底的原则。在夏秋季节将根系挖出，断其后患。

4. 药剂防治

每年春季出苗前或夏季开花阶段，使用除草剂，加水均匀喷洒防治。

第十五章　伐区木材生产作业与森林环境保护

第一节　木材生产作业基础知识

一、木材生产作业的特点和基本原则

（一）木材生产作业的特点

1. 木材生产具有获取林产品和保护生态环境的双重任务

森林当中具有国民经济和人民生活必不可少的木材和各种林产品，开发林产品是森林作业的目的之一。然而，森林也是陆地生态系统的主体，是由乔木、灌木、草本植物、苔藓以及多种微生物和动物组成的有机统一体。森林不仅提供各种林产品，还具有涵养水源、防止水土流失、调节气候、净化大气，保健、旅游等多种生态效益。森林生产的木材在有些方面可以用其他材料代替，如钢材、水泥、塑料等，而森林的多种生态效益不能由其他任何物质所代替。森林的生态效益只有在森林生态系统保持平衡而且具有很高的生产力的条件下才能充分发挥。因此，森林作业必须考虑对生态环境的影响，把对生态环境的影响控制在最低的限度。

2. 木材生产作业场地分散、偏远且经常转移

森林资源的特点是分散地生长在广阔的林地上，单位面积的生长量较少。以木材为

例，如把1公顷内生长着的300m³木材均匀地散铺在林地地面上，其厚度仅有3cm。而像煤炭、矿石和石油等工业资源在单位面积上蕴藏量则比木材大几十倍至几百倍。正是由于这一特点，使得木材生产作业地点年年更换，经常移动，而且分散于茫茫林海中。木材生产不能像矿山和石油工业那样建立厂房，实行相对稳定的固定作业。因此，森林作业对作业设备、作业组织都有着更高的要求。

3. 木材生产受自然条件的约束影响大

木材生产作业均在露天条件下进行，受风、雨、温度和山形地势等自然条件的影响较大。我国北方林区冬季寒冷，最低温度可达零下50℃，积雪深厚。南方林区酷热，尤其是沿海林区，常受台风侵扰。这些都给森林作业造成不利影响。在作业点，局部复杂且险要的地形也增加了作业的难度。因此，森林作业具有很强的季节性、随机性。应本着“适天时、适地利、适基础”的原则，充分利用有利季节，适当安排各季节的作业比重。此外，森林作业机械不但应易于转移，而且应有对自然条件的高度适应性，如在高温、低温条件下正常工作的性能等。

4. 木材生产应保证森林资源的更新和可持续利用

森林资源是一种可更新的资源，只要经营得当完全可以做到持续利用。关键是在森林作业中要保护林地土壤条件、森林小气候条件等，不破坏生物资源的更新条件。木材生产要根据不同的林相条件，确定合理采伐量、采伐方式、集材方式、迹地清理方式等。此外，还应充分利用木材生产的各种剩余物以及森林的多种资源，通过提高效益达到节约资源的目的。

5. 木材生产劳动条件恶劣，劳动防护和安全保护十分重要

对于任何一种作业来说，劳动力是关键因素。劳动力状况影响作业的效率、成本、安全和作业质量。由于森林作业的劳动条件恶劣，劳动防护和安全保护就显得更为重要。研究表明，劳动者的生理负荷和心理负荷与作业设备和作业环境有密切的关系。作业环境如温度、湿度、地势等直接影响森林作业人员的劳动负荷。作业设备的影响主要体现在振动、噪音以及有害气体对作业人员的影响上。

（二）木材生产的基本原则

1. 以人为本

森林采伐是最具有危险性和劳动强度最大的作业之一。关键技术岗位应持证上岗，采伐作业过程中应尽量降低劳动强度，加强安全生产，防止或减少人身伤害事故，降低职业病发病率。

2. 生态优先

森林采伐应以保护生态环境为前提，协调好环境保护与森林开发之间的关系，尽量减少森林采伐对生物多样性、野生动植物生境、生态脆弱区、自然景观、森林流域水量与水质、林地土壤等生态环境的影响，保证森林生态系统多种效益的可持续性。

3. 注重效率

森林采伐作业设计与组织应尽量优化生产工序，加强监督管理和检查验收，以利于提高劳动生产率，降低生产作业成本，获取最佳经济收益。

4. 分类经营

采伐作业按商品林和生态公益林确定不同的采伐措施，严格控制在国家和行业有关法律、法规、标准规定的重点生态公益林中的各种森林采伐活动，限制对一般生态公益林的采伐。

5. 资源节约

在木材资源的采伐利用中应该坚持资源开发与节约并重，将资源节约放在首位，以提高森林资源的利用效率为核心。这不仅是因为木材资源稀缺，供需矛盾尖锐，而且因为森林具有重要的生态功能，即使是人工用材林也具有涵养水源、调节气候、吸收二氧化碳、缓解温室效应的功能。

二、伐区木材生产工艺类型与特点

伐区木材生产指的是对已经成熟的林木，通过采伐、打枝、造材、集材、归楞、装车等作业，将立木变成符合国家标准的原木，并归类运输出伐区的作业过程。

（一）伐区木材生产工艺类型

伐区木材生产工艺类型是以集材时木材的形态划分的，根据集材时木材的形态，可以划分为：原木集材工艺、原条集材工艺和伐倒木集材工艺。各种工艺的作业程序如下：

①原木生产工艺——采伐、打枝、造材、原木集材、归楞、装车、清林。

②原条生产工艺——采伐、打枝、原条集材、归楞、装车、原条运材、清林。

③原条生产工艺——采伐、打枝、原条集材、造材、归楞、装车、原木运材、清林。

④伐倒木生产工艺——伐木、伐倒木集材、打枝、造材、装车或归楞、原木运材、清林。

⑤伐倒木生产工艺——伐木、伐倒木集材、装车、伐倒木运材、清林。

⑥伐倒木生产工艺——伐木、伐倒木集材、打枝、装车或归楞、原条运材、清林。

（二）伐区木材生产工艺的特点

1. 原木生产工艺

原木集材方式容易选择，通过性能好，集材时有利于保护保留木和幼树，集材成本低，有利于运材。但地形不好的情况下，影响造材质量。此外，劳动生产率低，适合于木材生产量少、森林资源零散分布的情况。

2. 原条生产工艺

原条生产工艺，造材作业移出伐区，改善了作业环境，有利于造材质量的提高。但对环境的不利影响表现在：如为择伐或渐伐，对保留木影响较大。集材设备要求较大功率，由于原条较长，采用半拖式集材，对地表破坏较大。采用大功率的集材设备，集材道破坏严重，产生水土流失和土壤压实。

3. 伐倒木生产工艺

伐倒木生产工艺能够提高木材利用率，并且节省了清林费用。但对保留木破坏较大，需大功率集材设备。此外，全树利用移走了林地的养分来源，不利于林地生产力的恢复。

南方林区人工林常用采伐工艺有 8 种模式，分别为：

①油锯采伐——手扶拖拉机集材——汽车运材。

②油锯采伐——手扶拖拉机集材——船运木材。

③油锯采伐——架空索道集材——农用车运材。

④油锯采伐——架空索道集材——汽车运材。

⑤油锯采伐——手板车集材——农用车运材。

⑥油锯采伐——手板车集材——排运木材。

⑦油锯采伐——土滑道集材——农用车运材。

⑧油锯采伐——人力担筒集材——农用车运材。

第二节　木材生产的准备作业与森林环境保护

一、木材生产的准备作业

伐区木材生产的准备作业主要包括：楞场和集材道的修建，生活点和物资的准备等。

（一）林木采伐许可证

实行凭证采伐是世界各国科学经营利用森林的一项重要经验。只有采伐量不超过生长量，才能保证森林的可持续利用，并保证其生态功能的持续发挥。采伐证规定了采伐的面积和出材量，有效控制了采伐者超量采伐、超量消耗的行为，是保证森林资源持续利用的重要措施。

1. 我国有关森林采伐许可证的法律规定

包括：①国家根据用材林的消耗量低于生长量的原则，严格控制森林年采伐量。国有的林木以国有林业企业事业单位为单位，集体和个人所有的以县为单位，制定采伐限额，汇总报国务院。

②年度木材生产计划，不得超过批准的采伐限额。

③成熟的用材林根据情况采取择伐、渐伐、皆伐。皆伐应严格控制，并在当年或第二年完成更新。

④防护林和特种用途林只进行抚育和更新性质的采伐。

⑤采伐林木必须申请采伐许可证，按许可证规定采伐。采伐许可证由县级以上林业主管部门批准。农村居民采伐自留山和个人承包集体的林木，由县级林业主管部门或委托的乡、镇人民政府颁发采伐许可证。

⑥审核部门不得超采伐限额发放采伐许可证。

⑦申请采伐许可证，必须提出采伐目的、地点、林种、林况、面积、蓄积、采伐方式和更新措施。

⑧采伐林木的单位和个人必须按采伐许可证规定的面积、株数、树种、期限完成更新造林，更新造林的面积和株数不得少于采伐面积和株数。

⑨有下列情况的，不得核发林木采伐许可证：防护林和特种用途林进行非抚育或更新性质的采伐。封山育林区。上年度采伐未完成更新造林任务的。上年发生重大滥伐案件、森林火灾、大面积病虫害未采取改进措施的。

⑩盗伐和滥伐林木承担法律责任。

⑪修建林区道路、集材道、楞场、生活点等所需采伐林木需单独办理采伐许可证。

2. 林木采伐许可证的主要内容

林木采伐许可证的主要内容包括：①采伐林分起源；②林种；③树种；④权属；⑤采伐类型；⑥采伐方式；⑦采伐强度；⑧采伐面积；⑨采伐蓄积；⑩采伐量中，商品材、自用材、烧材的数量；⑪采伐期限；⑫更新期限；⑬更新树种；⑭更新面积；⑮发证机关、领证人等。

林木采伐许可证规定了采伐的范围地点，避免了采伐者采好留坏，采大留小，采近留远等短期行为的发生，有利于科学经营和合理利用森林资源，促进采伐迹地及时更新，做到越采越多，越采越好。

伐区设计质量是核发采伐许可证的重要条件，能促使采伐者加强伐区管理，提高伐区作业质量。

更新跟上采伐是申请采伐许可证的前提，这就从制度上促使采伐者，必须保质保量完成更新任务，使更新跟上采伐。

林木采伐许可证有利于保护和改善森林生态环境，充分发挥森林的多种效益。有利于保护森林、林木所有者和经营者的合法权益。

（二）缓冲区设置

伐区内分布有小溪流、湿地、湖沼或伐区边界有自然保护区、人文保留地、野生动物栖息地、科研试验地等应设置缓冲区。此外，以下两种情况也应划出缓冲地带或保留斑块：一是伐区周边小班是空旷地，如无林地、农地、溪流等，应划出缓冲带，以免形成更大的空旷地或导致边缘林木稀疏化。二是伐区内存在着与社区居民相关的斑块。

小型湿地、水库、湖泊周围的缓冲带宽度应大于50m；自然保护区、人文保留地、自然风景区、野生动物栖息地、科研试验地等周围缓冲带宽度应大于30m。

河岸缓冲带的林木及其他植被的功能包括：为水体遮阴以缓冲水温变化，提供水生生态系统必需的枯枝落叶，对沉积物和其他污染物起过滤的作用，还具有减少水蚀的作用。一般说，坡度越陡，土壤流失可能性越大，河岸缓冲带就应越宽。

二、森林环境保护

（一）楞场修建与森林环境保护

楞场是伐区集材作业的终点，也是与木材运输的衔接点。楞场是集中放置木材、机械和装车运输的地方，往往会导致严重的土壤干扰、土壤压实和压出车辙。在这些裸露的地区，雨水径流和地表侵蚀会增加，这些过程会影响水质，其影响的程度取决于楞场的位置，径流中可能含有来自燃料和润滑剂的有毒物质。

楞场是木材生产中的临时设施，木材生产完毕后，要进行封闭和植被恢复。

为了保护森林环境，楞场选设与修建应符合以下要求：

①计划林道网前先确定楞场的位置。

②将作业中所需的楞场的数量降到最少。

③将楞场设在山坡上部，向上集材，形成圆锥形的集材道格局。

④如果必须向下坡集材，应使用小的原木楞场。

⑤楞场距离禁伐区和缓冲区至少 40m，要能有效减少集材作业对环境造成的影响。

⑥楞场位置应适中，符合集材方式与流向，保证集材距离最短和经济上最合理。

⑦楞场应地势平坦、干燥、有足够的使用面积、土质坚实、排水良好。

⑧楞场应便于各种简易装卸机械的安装。

⑨应避免通过楞场将雨水径流聚集到林道、索道、或直接通往水体的小路。

⑩楞场位置应在伐区作业设计（采伐计划）图上标明，符合条件者方能建设。

⑪楞场大小取决于木材暂存量、暂存时间和楞堆高度，应尽量缩小楞场面积，减少对生产区林地的破坏，保护森林环境。

⑫楞场修建应尽量少动用土石方、尽量避开幼树群、保持良好的排水功能、留出安全距离。

（二）集材道修建与森林环境保护

集材道路选设与修建应考虑以下因素：

①宜上坡集材。

②集材道路应远离河道、陡峭和不稳定地区。

③集材道路应避开禁伐区和缓冲区。

④集材道路应简易、低价、宜恢复林地。

⑤不应在山坡上修建造成水土流失的滑道。

⑥集材距离要短，应尽量减少集材道所占林地的面积、减少土壤破坏、减少水土流失。

⑦集材道宽应小于 5m，这样能够保证占用更少的林地，减少对土壤的破坏。

⑧集材道路修建的时间应符合：采伐开始前修建集材主道，采伐时修建集材支道，避免集材道路提前修建造成的土壤环境破坏。此外，冬季前和雨季后修建集材道路，能

减少修建时产生的水土流失。

⑨在斜坡上周期性的设置间隔以帮助分散地表径流。

⑩如在永久性的措施实施前，有可能发生大的侵蚀作用，应采用临时措施，如采伐剩余物覆盖等。

⑪不应随意改设集材道。

⑫集材道路修建应尽量减少破坏林区的溪流、湿地，保护林区的生态环境。

⑬应避免在大于40%的坡度上修建集材道。

⑭应将集材道与河流的交叉点减到最少，修建集材道应避免阻断河流的水流。

⑮清除主道伐根，支道伐根应与地面平齐。

（三）其他准备

1. 生活点

①生活点位置应选择在平坦、开阔，靠近水源且排水良好，不易受洪水威胁的地段。

②生活点规模应充分考虑作业人员的数量，尽量为作业人员提供舒适、卫生的居住条件和防火设备。

③生活点设计应规划出居住、活动场地。做好排水、供水、供电、电视接收等设施。生活点应有废弃物贮存和处理的设施。

2. 物资准备

①创造必要的交通、通讯条件。

②应准备好足够的不易腐坏的多种食品，尽量满足高强度体力劳动所需的营养。

③应配备足够的日常生活用品。

④应尽量配备休闲、娱乐物品。

⑤配备足够的常用急救药品和用品，以备作业人员发生事故或患有疾病时得以及时处置。

⑥配备足够的生产所需的物资，如易损坏的机械零件、绳索、燃料等，保证作业人员使用的工具配件、机械始终处于良好、安全的状态。

3. 设备准备

①应准备状态良好的采伐作业工（机）具和辅助工具。

②应为作业人员提供必要的安全保护设备。

③应配备有效的通讯设备和交通工具。

④生活点或作业点以及所使用的机械都应配备相应的防火设备。

第三节　木材采伐作业与森林环境保护

一、林木采伐与森林环境保护

林木采伐对森林环境的影响主要是损伤保留木，这也是伐木中需要注意和控制的主要问题。林木采伐需要经过以下几个程序：

（一）伐前公示

为了减少木材生产对社会环境的影响，应建立伐前公示制度，明确公示的形式、内容、期限等。大面积采伐应在当地广播电视、报刊等新闻媒体上发布公告，进行公示。采伐森林、林木的单位（个人）还应在伐区及其附近的交通要道设立公示牌，对林业主管部门核发的林木采伐许可证进行公示。

伐前公示有利于采伐活动公开化，并在公众的监督之下，防止乱砍滥伐行为的发生，保护森林环境。

（二）边界与采伐木标志

采伐前，应找到伐区设计时的标桩和伐开线，确认伐区边界。核对采伐木、保留木标志（挂号）情况。以利于有效防止越界采伐，有利于森林资源的合理利用及开发管理。

（三）确定伐木顺序

合理的伐木顺序应有利于集材作业，有利于保护保留木，有利于作业安全，有利于防止木材的砸伤和垫伤。

在伐木开始前，应首先确定伐木顺序，即伐木作业从哪一地段开始，如何推进。在一群树木中，考虑好每株树木先后采伐的顺序。从作业范围来看，一般应当从装车场这一边开始，向远处采伐。对于一个采伐号，第一采集材道上的树木，第二采集材道两侧的树木，第三采“丁字树”。因为集材道上的树木采光了之后，位于集材道两侧的被伐木就可以根据集材道的位置和走向确定树倒方向。在采伐集材道两侧的树木的同时，在集材道两旁，每隔十几米选留生长健壮的被伐木作为“丁字树”，用来控制集材道的宽度不再扩大，尤其是在集材道转弯之处。

在伐木过程中，每棵树的先后采伐顺序，要根据树木的生长状态和树木之间相互影响的情况来决定。一般来说，树木在前面的先伐，在后面的后伐。如大树小树相间，或好树病腐树并存时，为了防止先伐大树砸伤小树，或先采好树砸伤病腐树，则应当先采小树、后采大树，先采病腐树、后采健壮树。

在伐区里由于树木茂密，常常遇到一棵树被伐倒后没能落到地面，而是搭在另一棵树上。树木搭挂后给摘挂带来了困难，对安全工作也很不利。因此，伐木时应首先伐倒引起树木搭挂的那棵“迎门树”。

当遇到个别树木倾斜方向同周围其他树的倾斜方向相反的情况时，而且又没有办法使它按照大部分树木的倾向伐倒时，应该以这棵树为中心，以它的树高为半径，首先伐倒这个距离范围内的树木，最后再伐倒这棵倒向相反的树木，以免伐倒后，树冠倒在其他树木的底下，给继续采伐造成困难。

（四）树倒方向的确定

正确选择和掌握树倒方向是伐木作业中的重要问题，它不但对提高劳动生产率、保证安全生产、防止木材损失等有重要意义。而且对后续生产工序，如打枝和集材也有很大的影响。树倒的方向应由下列标准予以决定：

1. 集材方向

如果树以某个角度倒向集材道，采伐木较容易被集材，集材中对保留木的破坏性也较小。

2. 对采伐木和残留林分的最小破坏

在有条件的地方，树木在采伐后应倒在树冠之间或集材道上。树倒的方向应该避免碰到保留木及幼树。

3. 保护母树

一些好的目的树种应予以保留，为目的树种提供种子。这些树木应作上标记，以帮助伐木工识别，并强调这些树木不得破坏。

4. 陡坡

在采伐时，应避免非常陡峭的山坡° 当在山坡上进行采伐时，如有可能，采伐木应横穿山坡，以防止其折断，并最大限度地防止其滚下山坡。

5. 伐木工的安全

树倒的方向通常应给伐木工留以安全的避险通道。

一般树倒方向决定于集材方式，同时还要避免砸伤其他树木和摔伤树干使用拖拉机、畜力和架空索道集材时，要求集材道上的树木沿着集材道方向倒下。集材道两侧的树木，要求和集材道成 30° ～40° 角按人字形（小头朝前）或八字形（大头朝前）倒向集材道，这样可以减少绞集或装载的障碍。用绞盘机集材时，要求所有伐倒木倒向集材杆，以免集材时横向牵引。

（五）油锯伐木作业

油锯伐木是应用最广泛的伐木方式，特别是在山地林区作业具有其独特的优点。为更好掌握油锯的使用，首先要理解油锯的构造和工作原理。

1. 油锯的构造和工作原理

油锯是一种以汽油机为动力的手提式链锯。油锯是20世纪初在德国首先研制出来的。当时为双人锯，质量大，使用不便。20世纪50年代前后出现了单人油锯，从此油锯的使用逐步推广，并成为伐木机械化的主要工具。全世界每年的油锯产量多达几百万台，除木材生产外，也是园林、家具等行业的常用工具。

在山地林区，油锯在木材生产中占据主导地位，其体积小、质量小、转移方便、对地形适应能力强、作业效率高。油锯具有对地形、生产工艺组织和森林资源特征的高度适应能力。在山地林区，油锯不仅是采伐作业的主要工具，也是打枝、造材的主要工具。

油锯按把手位置分为高把油锯和矮把油锯两类。高把油锯适合于地形坡度不大的地区，操作省力，防振、减噪，但不利于打枝、造材。高把油锯设有减速器。矮把油锯适合于采伐、打枝、造材，适用范围广，在山地林区作业轻便、紧凑。但在平坦地形比较吃力。矮把油锯采用直接传动，简化了结构，提高了锯切速度。

油锯主要由发动机、传动机构和锯木机构三大部分组成。

（1）油锯的动力机构

油锯的动力机构大多采用单缸二冲程往复活塞式汽油机。为了使油锯整机质量小、结构紧凑，这类发动机要求能发挥尽量大的功率。因此，采用增大转速的办法使发动机“强化”。为了减轻质量，需要简化结构，采用新材料和新工艺制造，如配气系统、冷却系统和润滑机构都是采用简化结构。

（2）油锯的传动机构

油锯的传动机构分为直接传动和带减速器的传动。直接传动的油锯，发动机发出的动力由曲轴直接传给离合器、驱动轮。此时，驱动轮的转速即为曲轴转速，曲轴的扭矩即为驱动轮的扭矩。这类油锯多为短把锯。带减速器的油锯，发动机的动力首先传给离合器，再经过一级减速器传给驱动轮。发动机的转速经减速器降低，增大了输出扭矩、同时改变了动力的传递方向。这类油锯一般为高把锯。

油锯传动机构主要由离合器、减速器、驱动轮组成。油锯离合器的功用是接通或断开动力的传递，以及防止发动机超载。油锯离合器一般采用自动离心式摩擦离合器。这种离合器不但结构简单，而且操作方便。离合器靠转速的大小结合或分离，转速高时自动接合，转速低时自动分离。油锯的减速器由一对锥形齿轮组成，装在一个专门的减速器壳内，齿轮和轴作为一体个整，被动齿轮轴的伸出部分就是驱动链轮的轴。驱动链轮是驱动锯链运动的部件，把发动机输出的旋转运动变成锯链的直线运动。油锯上常用的链轮有星形链轮及齿形链轮两类。

（3）锯木机构

油锯锯木机构由导板及其固定张紧装置、锯链及导向缓冲装置组成。锯链是一个由不同形状、不同功能的构件组成的封闭链环。它的切削齿可以切割木材，而传动齿可以传递动力。导板是锯链运动的轨道，同时在锯切时还要起支撑作用，要求一定的强度和耐磨性。油锯导板都是悬臂式，带导向缓冲装置的导板，可以减少锯链的振动对导板头的冲击，减少摩擦力，提高耐磨性。

选择油锯的主要标准是：质量轻、体积小，密封性能好，导板转向性能好，噪音和振动小。衡量油锯性能的主要指标包括质量、发动机功率和油锯锯木生产率、油锯经济性、振动及噪音、可靠性指标等

2. 油锯伐木作业注意事项

油锯伐木时，应注意以下问题：

（1）降低伐根

降低伐根是充分利用森林资源、节约木材的重要措施之一。树木根部一般材质较好，利用价值较大。降低伐根还能保证作业安全，因为树倒下时，树干脱离伐根后，滑到地面的距离越低，就越不容易发生跳动和打摆现象。另外，降低伐根对集材作业还能减少阻碍，从而提高集材效率。

（2）减少木材损伤率

在采伐作业中，尽量减少木材损伤率，是保证原木质量，提高木材出材率的重要措施。伐木过程中，必须保证伐倒木的干材完整，避免摔伤、砸伤、劈裂、抽心等现象发生，最大限度地降低木材损伤率。

木材资源的节约利用能够减少森林资源的消耗，保证森林资源发挥更大的生态和经济效益。

（3）保护母树、幼树和林墙

伐区内的母树是森林天然更新种子的主要来源，因此，在有母树的伐区必须保留好母树。幼树是森林资源持续利用的基础，而且天然更新的幼树往往成活率较高，在采伐作业中应保护好伐前生长的幼树。

在非皆伐作业中，砍伐的树在倒下时会损伤和折断其他树。树藤将树冠缠在一起，能将其他树拉倒。

（4）保证安全生产

采伐作业是在山场露天条件下进行的。由于树干体大笨重，采伐和运输都不方便，加之劳动条件较差，这就要求采伐作业必须坚持安全生产的原则。安全生产的措施主要包括：

①伐除“迎门树”。

②清除被伐木周围 1 ~ 2m 以内的藤条、灌木和攀缘植物等障碍物，冬季作业还应清除或踩实积雪。

③开安全通道，在树倒方向的反向左右两侧（或一侧），按一定角度（30° ~ 45° ）开出长不小于 3m，宽不小于 1m 的安全道，并清除安全通道上障碍物。

3. 油锯伐木作业过程

伐木时应先锯下口，后锯上口。下口应抽片，上口应留弦挂耳。

下口位于树倒方向一侧，下口的深度应为树木根部直径的 1/4 ~ 1/3。倾斜树、枯立木、病腐树和根径超过 22cm 的树木，下口的深度应为树木根径的 1/3。下口开口高

度为其深度的1/2。抽片或砍口应达到下口尽头处。伐根径30cm以下的树，宜开三角形下口，其角度为30°～45°，深度为根径的1/4。

上口与下口的上锯口应在同一水平面上，留弦厚度随树木径级大小而增减，以树木能够倒地为限，但留弦厚度不应小于直径的10%。

树木倒向的控制：采伐木倒向的控制首先要考虑如何保护保留木，其次要考虑树木形态。树干通直树冠均匀的树木的倒向，可以通过上、下口位置控制。对于树干倾斜、偏冠、树干弯曲的采伐木在不影响保留木的情况下，采取就近自然倒向。

人为对树木倒向的控制措施包括：留弦借向，利用不同厚度和形状的留弦控制；加楔，在上口加楔，加金属楔或木楔；绳索牵引等，实际中往往多种方法并用。

（六）伐木机伐木

20世纪60年代，部分森林工业发达国家研制并应用了采伐联合作业机械。经过不断改进，到20世纪80年代，在一些国家，采伐联合作业机械已经成为森林采伐作业的主流设备。这种机械能完成采伐作业中的2道或2道以上工序，因地域不同而各异。

北欧的采伐联合作业机械完成的工序包括伐木、打枝、造材、归堆，称为伐区收获机。北美的典型采伐联合机械完成的工序则包括伐木、打枝、归堆，通称为伐木归堆机。

伐区作业条件恶劣，随机因素多，因此，伐区作业机械比常规机械要求高得多。伐区联合作业机械代表了木材生产作业机械的先进水平，也代表一个国家森林工业的整体水平。

二、打枝与剥皮作业

（一）打枝作业

打枝作业的目的是为了便于集材、造材、归楞、装车和运输。

打枝作业应从基部到树梢，将伐倒木的全部枝丫从根部开始向梢头依次打枝至6cm。

全部枝丫紧贴树干表面，不得打劈，不得深陷，凸起。

原条、原木集材时，在去掉梢头30～40cm处留1～2cm高，1～2个枝丫楂，便于捆木。为保证作业安全，打枝人员和清林人员作业时，应保持5m的距离。

从环境保护的角度考虑，打枝作业可以减少在拖曳式集材中对林地的破坏。

（二）剥皮作业

剥皮是为了木材保存和以后加工利用的需要。在一些森林采伐作业中，需要对原条或原木进行剥皮作业。我国采伐作业中的剥皮比例不大，基本上是手工作业。机械化剥皮刚刚开始，已出现几种剥皮机。

按照剥皮的时间，分采伐前剥皮和采伐后剥皮。我国杉木林采伐，有时在采伐当年夏天进行立木剥皮，加速木材干燥，以便秋冬季采伐。其他林区和树种，多在采伐后剥皮。

按使用的动力不同，分人力剥皮和机械剥皮。人力剥皮多使用剥皮铲或剥皮刀。机械剥皮有切刀剥皮、摩擦剥皮及混合式剥皮 3 种。切刀剥皮是利用锐利的切刀把树干表面的树皮剥离。多是让树干从刀头中间通过，进行剥皮，剥皮时往往带下一些木质。摩擦剥皮机多为滚筒式，把木材装进滚筒内，滚筒不断旋转，利用木材与木材相互摩擦以及木材同滚筒壁相互摩擦，让树皮自动脱落。这种剥皮机生产效率高，但要消耗大量动力，并要消耗大量的水。混合式剥皮是把切削和摩擦这 2 种剥皮方法结合起来。在滚筒内部焊有切刀，当滚筒转动时，木材在滚筒内翻转、撞击，摩擦以及受到切刀切削，从而剥下树皮。

三、集材作业与森林环境保护

集材作业是木材生产中，将木材从采伐地点运送到装车场或楞场的作业。由于作业对象及地形的限制，集材作业的成本在木材生产的总成本中所占比例较大，而且集材作业还涉及森林生态环境的保护，因此，是木材生产中的重要环节。

（一）集材方式的分类

集材作业的方式可从不同的角度进行分类，主要包括以下类型：

1. 按搬运的木材形态分类

按搬运的木材形态分，集材方式分为原木集材、原条集材、伐倒木集材。一般情况下，原木集材用得较多。

2. 按归集木材的运动状态分类

按归集木材的运动状态分，集材方式分为全拖式、半悬式、全悬式（全载式），半悬式用得最多。

3. 按集材的力源分类

①动力集材包括拖拉机集材、索道集材、直升机集材、飞艇集材、绞盘机集等。

②重力集材包括土滑道、木滑道、竹滑道、塑料滑道、冰雪滑道集材等。

③人力集材包括吊卯、人力小集中、人力串坡和板车集材等。

④畜力集材包括各类挽畜，如牛、马、大象集材等。

联合国粮农组织将集材分为地曳式集材；缆索集运系统；空中集运系统；挽畜集材、其他集运系统（包括人工集运、滑槽、绞盘卡车、水系集运等）。

亚太林业委员会将集材分为履带拖拉机集材、集材机集材、挽畜与人力集材、索道集材、直升机集材等。

（二）集材作业的目标

1. 联合国粮农组织（FAO）推荐的集材目标

FAO 规定的集材作业目标包括了生产效率和成本、环境保护、安全生产、产品质量等，主要包括以下几点：

①优化集运生产率，低成本、高效率。
②尽量减少集运作业造成的土壤板结和翻动。
③尽量减少对残留林木和树苗的破坏。
④尽量减少对砍伐单元内及周围江河的破坏。
⑤将所有原木运到集材场而不造成损失和质量退化。
⑥确保集运及周围人员的安全。

2. 亚太林业委员会推荐的集材目标

亚太林业委员会将集材作业的目标概括为。
①使用接地压力小的设备以免压实土壤。
②尽量减少对保留木、更新区、河道和缓冲带的破坏。
③执行必要的安全标准。
以上两个规程中对集材作业的环境影响，作了如下的限定：
①尽量减少集运作业造成的土壤板结和翻动。
②尽量减少对保留林木和树苗的破坏。
③尽量减少对砍伐单元内及周围江河的破坏。
④使用接地压力小的设备以免压实土壤。
⑤尽量减少对更新区、河道和缓冲带的破坏。

（三）集材作业方式

1. 拖拉机集材

拖拉机集材是当今世界上采用最广泛的一种集材方式。这种集材方式具有机动灵活、转移方便、生产效率高等特点，因而受到普遍欢迎。拖拉机集材主要应用在地势比较平缓、单位面积木材蓄积量大的平原林区或丘陵山地林区。在自然坡度不超过25°，每公顷出材量较大的皆伐伐区或择伐强度较大的伐区，较适宜采用拖拉机集材。

中国于1950年开始引进原苏联的集材拖拉机；1963年，松江拖拉机厂开始成批生产集材J-50型履带拖拉机，以后又陆续生产了集材J-80型轮式拖拉机。

履带拖拉机行驶速度慢，约为10.5km/h，但附着力比轮式拖拉机大1.5倍，能爬较大坡度，在雪地、泥泞、地面承载力低时通过性能较好。

轮式拖拉机全轮驱动，并采用大型低压轮胎、摆架式或滚架式驱动桥，速度约为28.7km/h，转弯半径小，机动灵活。

由于木材生产量的减少，以及出于森林环境保护方面的原因，拖拉机向小型化发展。

（1）拖拉机集材的特点和类型

拖拉机集材效率高、成本低、机动灵活，可以到达伐区的多数地方。与索道、绞盘机相比，不需要设置辅助设备，转移方便，投产迅速。可以集原木、原条和伐倒木，还可以集枝丫材。但受坡度和土壤承载能力的限制，一般只适于坡度小于25°，同时土壤承载能力大于拖拉机接地压力的伐区。此外，拖拉机与木材一起运动，自身移动需要消耗一定的功率。

按集材设备。拖拉机集材可分为索式、抓钩式和承载夹式。索式集材拖拉机的集材设备由绞盘机、搭载板或吊架及集材索组成，集材时需要人工捆木。我国的J-50拖拉机和J-80拖拉机都是索式集材。抓钩式集材设备抓取木材的抓钩只能在一个方向上伸出，而承载夹式抓取木材的夹钩不仅可以伸出，还能在一定范围内回转。

按承载方式，拖拉机集材可分为全载式、半载式和全拖式。全载式是木材全部装在集材设备上，集材时只有集材机械（包括载重）的阻力。全拖式是木材全部在地面上由机械拖动，对土壤破坏较大。半载式也称半拖式，是将木材的一端装在集材设备上，另一端拖在地上，因而产生摩擦阻力。半载式拖拉机集材，原条梢端（小头）搭在拖拉机后部的搭载板上，根端（大头）在地面拖动。原木集材则一端搭在搭载板上，另一端在地面拖曳。搭载板直接可以落下和升起，集材时用拖拉机上的卷筒和牵引索将木材拖到搭载板上，刹住卷筒，木材即稳固地搭载于拖拉机上。

（2）拖拉机集材的技术要求

①集材顺序应依次为：集材道、伐区、丁字树。

②集材绞盘机牵引索伸出方向与拖拉机纵轴线之间的角度不应大于20°。

③绞集作业时，牵引索两侧10m以内不应有人。

④沿陡坡向下绞集时，应尽可能使拖拉机避开原条容易窜动的方向。

⑤集材道的路面应平整，不应有倒木、乱石等障碍物，不应超坡集材。

⑥在北方冬季作业时，对集材道主道坡度在15。以上的地段应采取撒砂等防滑措施，轮式拖拉机应装防滑链。

⑦拖拉机集材时不应下道，而应单根绞集。

⑧拖拉机载量应适当。

⑨拖拉机应尽可能沿集材道，倒退着驶向原木。

⑩集材作业应离开河流缓冲区。

（3）拖拉机集材对森林环境的影响及保护措施

拖拉机集材对环境的破坏主要表现在3个方面：①压实土壤和使土壤表层破裂引起水土流失。压实的土壤会使土壤的透水性能下降，极易引起水土流失，进而使土壤肥力下降，影响森林更新。表层破裂的土壤失去植被保护，也容易引起水土流失。压实的土壤影响树木种子与土壤的结合，并且植物根系在压实土壤的厌氧环境里无法良好生长，林木的更新生长会受到影响。②影响河流水质。集材作业中产生的水土流失还会使附近的小溪、河流的泥沙含量增加，影响水质，影响水生生物的栖息环境。③损害幼树和保留木。拖拉机集材作业时，作业方式不当还会折断树干、剐蹭掉成熟林木的树皮以及压倒较小的幼树和幼苗。

减轻拖拉机集材对环境影响的防治对策：①尽量缩短集材道的面积。通过限制集材道的宽度，集材道的长度，减少占用林地面积。集材道的宽度不能超过5m。②将采伐剩余物铺设在集材道上，减少集材拖拉机对林地的破坏。③利用有利季节作业。例如，北方冬季作业，南方避开雨季，减轻集材过程中对土壤的破坏程度。④采用正确的作业方法，如拖拉机不下道，单根绞集等，可以减少集材作业对保留木和幼树的破坏。⑤集材拖拉机的发展方向是小型化和轻量化。应该符合结构简单、外形尺寸小、移动灵活、对林地土壤和保留木的影响小。⑥采用集材拖车。集材拖车是在拖拉机的牵引下进行集材，是国外常用的集材方式，符合生态集材的要求，对林区的幼苗、保留木的破坏小，对土壤的影响也较小。与国外相比，国内对集材拖车的研究比较少，使用的集材拖车大部分从国外引进。主要由车架、底盘、杆架以及牵引部件等部分组成。在拖拉机的牵引下，拖车集材效率高，通过性能好，对植被和土壤破坏小。集材拖车，一般采用双排轮胎，牵引部件采用铰接连接形式，方便拖车的转弯，跟随，此外，牵引部件为拖车和拖拉机之间提供了足够的长度，在牵引部件和拖拉机的连接处设有自锁装置，可以根据使用情况，转弯时自动解锁，在集材作业过程中，保证紧固连接拖拉机，保证传动性。⑦减小集材道的坡度级到最低。

2. 索道集材

用架空起来的钢索集运木材的设备，称为集材架空索道，简称索道。

我国幅员辽阔，从东北到西南，森林资源大多数分布在山区。而且，这些地方交通不便，特别是南方各林区，山高坡陡，沟谷纵横，地形复杂，要修建足够的集材道路，是十分困难的。即使修建简易的林区便道，花费人力物力也相当大。为了充分开发森林资源，采用索道集材比较经济和必要。

索道集材是解决复杂地形条件下，木材集运的一种较好方式。索道对地形适应性强，对高山陡坡、山涧溪流等地形复杂地区不需要营建道路，通过两个控制点直接架设将两点距离缩到最短，而且索道可以根据需要安装和拆卸。

（1）索道集材的特点

索道集材的优点：①对地形地势的适应性强。不管是在高山陡坡，或在深沟狭谷，还是跨越塘涧溪河等地，均可架设索道。②很少破坏地表，有利于水土保持和森林更新。③不但可以顺坡集材，也可以大坡度逆坡集材。④能够减少林道修建对林地的占用和破坏。⑤集材作业受气候季节的影响小。⑥集材作业中，可充分利用森林资源，梢头、枝丫均可以通过索道运出伐区加以利用，集运中也不损失木材。

索道集材的缺点：①安装、拆转费工时。②集材时机动性差，不如拖拉机灵活。③集材的宽度受限，横向的拖集距离有限。④全悬空集材时有利于水土保持，半悬空集材时索道下方会有一定的水土流失。⑤索道集材距离有限，集材距离受卷筒容绳量的限制。

（2）索道的组成

索道主要由下列部件组成：①钢索根据作用不同，分为承载索、牵引索、回空索。②跑车用以悬挂木材，并在钢索上滑行。根据结构不同，可分为增力式跑车、半自动跑车、全自动跑车、遥控跑车等。③绞盘机绞盘机是索道的动力机构，负责牵引悬挂木材的跑车及跑车的回空。④集材杆和尾柱用以支撑承载索和跑车。⑤廊道是为悬挂木材的跑车通过而伐开的林地通道。

（3）索道的类型及技术参数

①重力索道跨度一般以 100-300m 为宜，最大不超过 500m，一次集材不超过 0.25m^3 。

②动力索道动力索道跨度以 300m 为宜，最大不超过 500m。运载能力根据承载索直径决定，当跨度小于 300m 时，每趟载量为 0.5 ～ 0.8m^3。

③人力索道人拉区段跨度以 30m 为宜，控制区段 300m 为宜。运载量与钢索直径有关，通常钢索直径 17mm 时为 600kg。

（4）索道作业的技术要求

①索道线路应尽可能通过木材集中的地方，以减少横向拖集距离，提高作业效率。

②索道中间支架的位置应考虑使索道纵坡均匀，避免出现凹陷型侧面。

③安装时承载索张力应得当，选用强度合格的钢索。集材作业时应不开快车，不超载，不急刹车。

④索道卸材场地应考虑方便下阶段运输，如拖拉机接运或汽车运输等。

⑤索道安装完毕之后，应先试运行，经验收合格之后，方可正式使用。

⑥索道锚桩应牢固、安全。

（5）索道作业与森林环境保护

索道集材是一种空中集材方式，能有效保护林地土壤。半悬式索道集材时对林地会有一些破坏，但每架设一次集材量有限，木材与地面的接触次数少，因而产生的土壤破坏和水土流失少，特别是对于降雨量少的地区和季节，索道对林地破坏的程度是有限的。

3. 人力、畜力集材

人力、畜力集材历史悠久，尽管劳动强度大且生产效率低下，但在森林资源分散、单位面积出材量和单株材积小，且日渐重视森林生态环境保护的情况下，依然有其价值。

（1）人力集材

①人力集材分类及特点人力集材一般都与其他集材方式相配合，有吊卯、人力小集中、人力串坡和板车集材等方式。

②人力集材作业要求：

（2）畜力集材

①畜力集材的特点用牲畜（牛、马、骡或大象等）进行集材作业，集材时，木材的一端放在爬犁的横梁上，另一端拖在地上。

在我国北方，畜力集材一般冬季作业，夏季放牧。畜力集材对林地和保留木（包括幼树）的破坏比拖拉机集材要小得多，单位面积出材量对生产率的影响也不及拖拉机集材大。因此，适合于伐前更新好、保留木多和单位面积出材量少，坡度不超过17° 的伐区，特别是一些边远、零散的伐区。

②畜力集材作业要求：引导牲畜的工人应走在牲畜的侧面或后方。集材道上的丛生植物和障碍应及时清除。木材前端与牲畜之间至少应保持 5m 的安全距离。集材道的最大顺坡不超过 16° ，其坡长不超过 20m；重载逆坡不大于 2° ，其坡长不超过 50m。

（3）人、畜力集材对森林环境的影响

人、畜力集材尽管生产效率低，但有利于生态环境保护，不仅对林地的破坏小，而且机动灵活，对保留木和幼树的破坏也很小。

有关专家在综合考虑地表土及植被破坏程度、保留木和幼苗损伤程度、林木损耗程度、作业事故率、作业成本等 5 种因素条件下，研究畜力，索道、绞盘机、履带式拖拉机和轮式拖拉机等 5 种集材技术，结果显示，畜力最优，轮式拖拉机最差。

4. 板车集材

板车集材是我国南方应用的一种人力集材方式。人力操纵装有 2 个胶轮的小车，将木材装在车上，沿下坡集材。集材道一般宽 1.5m，坡度不超过 15° 。

板车集材适合于出材量小的伐区，由于板车道占用林地较少，对林地的破坏有限，有利于保护林地的土壤。板车集材机动性好，也有利于保护保留木。

当集材距离小于 1 000m 时，宜选用手板车集材。

5. 滑道集材

将木材放在人工修筑的沟、槽中，让其靠自身的重力下滑以实现集材，称为滑道集材。滑道按结构特点分为土滑道、木滑道、冰雪滑道、水滑道和竹滑道等。

（1）滑道的类型

①土滑道沿山坡就地挖筑的半圆形土槽，修建简单，投资少。适用于集材量小、木材分散、坡度在 55% 以上的伐区。但生产效率低，木材损失大，易造成水土流失。

②木滑道槽底和槽墙用原木铺成，槽宽取滑材最大直径加 10cm。

③冰雪滑道利用伐区自然坡度，取土筑槽，表面浇水结冰后构成半圆形的槽道，冰层厚度保持在 5cm 以上为宜。它具有结构简单、成本低、滑速快、生产效率高等优点。

④水滑道在水资源充足的伐区，修筑沟槽以后，引水入槽。木材在水槽内滑行或半浮式滑行集材，适用于水资源充分、坡度在 15° 以下的伐区。

⑤竹滑道利用竹片或圆竹按一定的纵坡铺成的滑道。

⑥塑料滑道。德国、奥地利等国采用塑料滑道集材。材料用软型聚乙烯，每节滑道长 5m、厚 5mm、半径 350mm、质量 25kg。它的最大优点是质量轻、安装转移快、节省木材。

（2）滑道集材的技术要求

①滑道最好不应刨地而成，可以筑棱成槽，以免破坏地表。

②滑道线应尽量顺直，少设平曲线，拐弯处沟槽应按材长相应加宽。

③完成集材任务后，滑道应及时拆除，恢复林地原貌。

④集材中，可分为大材、小材、软材、硬材分开放。

⑤木材在滑道中滑行时，应小头在前，大头在后。

⑥弯曲木材留在最后滑放。

（3）滑道集材对森林环境的影响

土滑道对林地的破坏较大，容易引起水土流失，其他滑道应该尽量筑棱成槽，并在集材作业完成后恢复植被以减少水土流失。

6. 绞盘机集材

绞盘机集材是以绞盘机为动力，通过钢索将木材由伐区内部牵引到指定地点的一种机械集材作业方式。绞盘机集材适于皆伐作业，集材距离一般可达300m。绞盘机集材按所拖集的木材形态分伐倒木集材、原条集材、原木集材3种。按拖集时木材的运动状态分全拖式集材、半拖式集材。

绞盘机集材具有下列特点：

①绞盘机集材对地形的适应性较强，在低湿地、沼泽地、丘陵地等地方均可进行。

②设备简单，易于操作，生产成本低，劳动效率高。

③破坏地表轻，不受作业季节影响。

④集材距离受卷筒容绳量的限制，而且不适于择伐作业。

⑤拖曳木材时容易破坏地表植被和土壤，在降雨量多的地区，容易引起水土流失。

当使用拖拉机集材受到限制时，可采用绞盘机集材。在地形变化的林区，可采用绞盘机和拖拉机2种集材方式组成接力式集材。

7. 气球集材

气球集材是利用气球的浮力和绞盘机的牵引力进行集材的一种方式。这种集材方式不受地形限制，不破坏伐区地表。但每次集材量低，成本高。此外，为获得较大的浮力，气球体积要求较大。集材时受风力影响大，气球不稳定。

8. 直升机集材

国外应用的直升机载量分别为：2.7t、2.7～5.4t、11.3t。这种集材方式可大大减少道路修建费，减少集材对林地和保留木的影响，适合于道路修建费高或需要保护珍贵树种的采伐。直升机集材工作节奏快，需要较大的伐区楞场面积。

9. 接力式集材

当一种集材方式不能完成集材作业时，可以采用接力式集材。接力式集材主要包括以下几种：

（1）拖拉机——架空索道接力式集材

这种集材方式适合于上部坡度缓和，出材量较多，而伐区下部坡度较陡的情况。

（2）架空索道——拖拉机接力式集材

这种集材方式适合于上部坡度较陡，大于25°，出材量较多，而下部坡度缓和的情况。

（3）畜力——人力串坡接力式集材

这种集材方式适合于上部坡度和缓，出材量少，下部坡度较陡的情况。

（4）畜力——架空索道接力式集材

这种集材方式适合于上部坡度和缓，出材量少，下部坡度较陡的情况。

（5）索道——小型拖拉机接力式集材

这种集材方式适合于上部坡度较陡，出材量较少，下部坡度和缓的情况。

（四）集材作业方式的适用条件

（1）拖拉机集材

适合于坡度不大的丘陵山区，地形平坦或起伏不大，适宜坡度＜15°。要有一定的出材量，出材量大，则效率高、成本低。

（2）索道集材

索道适合于地形复杂，坡度较陡的情况。适宜坡度：动力索道＜25°，人力、重力索道＜15°。从经济方面考虑，出材量：动力索道＞$80m^3$，无动力索道＞$50m^3$。

（3）绞盘机集材

适合于皆伐作业区，无保留木的情况，出材量＞$120m^3$的皆伐迹地，适宜坡度＜25°。对地表植被破坏较大，但架设成本低，设备简单。

（4）板车集材

适合于地势较平坦，岩石较少，资源分散，木材径级较小的情况，适宜坡度＜8°。出材量＞$15m^3$时，成本较低。板车集材需要较少的集材道路面积，占用林地少，有利于环境保护。板车既适合于集材，也适合于与其他集材方式配合作业的小集中作业。

（5）滑道集材

主要利用木材的重力下滑，不受地形限制，只要有一定的坡度均可以利用；适宜坡度＜25°，成本比较低，故对出材量没有限制。

（6）人力、畜力集材

人力集材限于小集中。畜力集材适合于木材产量比较少，资源分散，作业成本低，适宜坡度＜20°。

（7）运木水渠

适合高山林区，水源充足的情况，适宜坡度＜4°，出材量＞$75m^3$。

（8）空中集材

空中集材包括直升机和气球集材，适合于地形复杂，道路修建困难的地区。南方林区一些传统的手工地面集材，简单而经济。由于人工林普遍径级较小，这些简单的集材方式可能更加实用。如：一般的两坡夹一沟可采用溜山至沟底，再用担筒担出。一般的一坡一沟、坡度不大的可优先考虑小车配小道，利用板车集材。在山形地势条件较好、出材量较多、坡度小于25°的作业区，可以采用手扶拖拉机或农用车集材。

但发展的方向还应是机械化，甚至智能化。

三、伐区装车与归楞

伐区归楞作业是将集材到楞场的原条或原木，分门别类地堆放以利于装车运输的作业。伐区归楞分为人力归楞和机械归楞两种。

（一）归楞方式

1. 人力归楞

人力归楞在下列情况下进行：

①中小径材的归楞。

②材质较轻的木材（如杉木、毛竹）归楞。

③分散小楞场的木材归楞。

采用人力归楞作业的楞场，对从业人员应设立安全保障措施，雨天或雨后地面泥泞、木材表面未干的情况下应停止作业。

2. 机械归楞

机械归楞分为拖曳式和提升式两种，均可与装车联合作业。下列情况采用机械归楞：

①楞场存材量大。

②木材径级大、木质重。

③集材作业时间集中。

（二）归楞要求

1. 楞高

人力归楞以 1 ～ 2m 为宜，机械归楞可达 5m。

2. 楞间距

楞间距以 1 ～ 1.5m 为宜，楞堆间不应放置木材或其他障碍物。在楞场内每隔 150m 留出一条 10m 宽的防火带（道）。

3. 楞头排列

应与运材的要求和贮木场楞头排列次序密切结合。通常排列顺序为“长材在前、短材在后，重材在前，轻材在后”。

4. 垫楞腿

每个楞底均应垫上楞腿，伐区楞场楞腿可以采用原木，原木的最小直径应在 20cm 以上，并与该楞堆材种、规格相同，以便于装车赶楞，避免混楞装车。

5. 分级归楞

作业条件允许时，应尽量做到分级归楞。分级归楞标准应根据国家木材标准和各单位的生产要求而定，即按原木的树种、材种、规格与等级的不同进行归楞。

每日运输到楞场的木材，应及时归楞，为集材和造材作业创造条件。

（三）楞堆结构

楞堆结构类型的选择主要取决于归楞的作业方式、作业机械及对木材贮存的要求等，其类型主要分为以下几种：

1．格楞（捆楞）

适用于拖曳式（架杆绞盘机）归楞，这种楞垛在归楞、装车作业时，便于机械操作。

2．层楞

适用于人力归楞，这种楞垛通风良好、木材容易干燥，滚楞方便，装车时也容易穿索，但要求同层原木直径相同或相近。

3．实楞

适合于机械归楞，这种楞垛归楞方便，不受径级限制；但楞垛密，通气差，木材水分不易散发。在气候干燥，木材容易开裂的地区采用此结构楞堆较好。

（四）归楞作业安全要求

①归楞人员应严格按照有关操作规程进行，捆木工、归楞工和绞盘机司机应按规定信号进行作业。

②归楞工待木材落稳，无滚动危险后，方可摘解索带，发出提钩信号时，应站在安全地点，木材调头时，捆木工应站在木材两端，用工具牵引，不应用手推或肩靠，不应站在起吊木材下方操作。

③归到楞垛上的木材应稳牢，归楞工进行拨正操作时，其他人员应站到安全地点。

（五）装车作业

1．装车作业的要求

伐区装车（汽车）应按下列要求进行：

①汽车进入装车场时，待装汽车对正装车位置后，应关闭发动机，拉紧手刹制动，挂上一挡或倒挡，并将车轮用三角垫木止动。

②装车前，装车工应对运材车辆的转向梁、开闭器、捆木索进行检查，确认状态良好后，再装车。

③装载原条时，粗大、长直原条应装在底层，并按车辆承载标准合理分配载重量。

④起吊、落下木捆应平衡，不应砸车，捆木索不应交叉拧动。

⑤木捆吊上汽车时，看木工应站在安全架上调整摆正，木捆落稳后，方可摘解索钩。

⑥未捆捆木索之前，运材车辆不应起步行驶。

⑦连接拖车时，驾驶员应根据连接员的信号操作。

⑧平曲半径小于15m，纵坡大于8°的便道不应拖带挂车。

2．装车质量

①原条前端与驾驶室护拦的距离不应小于50cm。

②装车宽度每侧不应超过车体20cm。

③装车高度距地面不应超过4m，木材尾端与地面距离不应小于50cm。

④顶层最外侧靠车立柱的木材，超过车立柱顶端部分不应大于木材本身直径的1/3。

⑤木材载重量分配合理，不应超载和偏重。

⑥装载的木材应捆牢，捆木索应绕过所有木材并将其捆紧到不能移位。

3. 装车作业方式

伐区装车与伐区归楞的作业性质相似，其作业方法和所用机械也一样，有架杆绞盘机、缆索起重机、汽车起重机、颚爪式装卸机等。在南方林区，根据不同材种、树种，可采用机械和人力相结合的方式进行。

第四节　伐区其他森林环境保护

伐区清理是提高资源利用率，保护和恢复林地环境，为更新创造条件的重要作业环节。

一、采伐迹地清理与森林环境恢复

（一）采伐迹地清理的要求

①长度 2m、小头直径 6cm 以上的木材宜全部运出利用。

②将采伐放倒的病虫木，以及在采伐作业中受到严重伤害的树木的可利用部分造材运出迹地。

③将伐木造材作业中的剩余物，如枝丫、梢木、截头等按要求集中归成一定规格小堆。

④在水土容易流失的迹地宜横向堆放被清理物。

⑤将灌木、藤条砍除。

⑥用堆腐、带腐、散铺、火烧（病虫害严重的采伐迹地可用火烧法，其余迹地均不应使用）等方法恢复森林生态环境。

⑦与木材加工厂的管理人员合作，以便综合利用木材。

⑧为那些未被充分利用的劣等材寻求市场。

⑨鼓励采伐商提高森林资源的利用率。

⑩采伐的原料商品化，确保利益最大化。

（二）采伐迹地清理的方法

1. 腐烂法

在可利用的木材收集完后，剩余的较小枝丫留在林地上任其腐烂。腐烂法又分为：

（1）堆腐法

将剩余物堆在林中空地任其腐烂，堆的大小要合理，太大不易腐烂，太小占用林地多。一般 0.5 ~ 2m^3，每公顷 100 堆。

（2）散铺法

将采伐剩余物截成 0.5 ～ 1m 的小段，散铺于采伐迹地。该方法适合于土壤瘠薄、干燥及陡坡的采伐迹地，能降低林地水分蒸发，减少水土流失。

（3）带腐法

将采伐剩余物呈带状，沿等高线堆积于采伐迹地。该方法适合于皆伐迹地、且坡度大，易于水土流失的伐区。

2. 火烧法

全面火烧法适用于无母树的皆伐迹地，又称炼山。采用火烧法，采伐迹地周围要开好防火道。病虫害严重的采伐迹地可用火烧法，其余迹地均不应使用。

采伐迹地的清理应该有利于林地生产力的恢复，防止水土流失，防止森林病虫害的发生。

（三）楞场和装车场清理与森林环境恢复

楞场和装车场是木材生产中的临时设施，木材生产完毕后应进行适当的清理以利于森林更新。主要工作包括：

①拆除楞腿、架杆、支柱和爬杠，同木材一起运出。

②整平场地、填平被堆集木所压的坑、整平车辙、维护好排水设施保证场地不积水。

③将树皮和采伐剩余物均匀分散到楞场和装车场，增加森林的有机物和营养物。

④清除场地内的非生物降解材料和所有固体废物，包括油燃料桶和钢丝绳等。

⑤装卸地清理，基本不留下剩余物。楞场和装车场清理应有利于林地的水土保持，有利于林地生产力的恢复。

（四）集材道清理与森林环境恢复

集材道路是集材作业时的临时道路，其土壤和植被往往受到不同程度的破坏。集材作业通过次数越多的集材道路被破坏的越严重，特别是各种地面集材设备，对土壤和植被破坏较为严重。为保证森林更新以及防止集材道路上的水土流失，木材生产完成后，应对集材道路采取一定的清理和保护措施。主要包括：

①采伐工作结束后应及时整平被严重拖压的路面。

②以与集材道呈 90° 的方式（适用于坡度较缓的地区）或呈 30° ～ 60° 交角的方式（适用于坡度大于 20° 的地区）将枝丫横铺于集材道上。

③在坡度高于 15° 的地区宜挖羽状排水沟或修筑简易挡水坝。

④在凹形变坡点或山脚下宜修排水设施清除积水。

⑤简易挡水坝和排水沟的间距宜随坡度、雨量的增加而减小，南方地区应小于北方地区。

⑥填平集材道宜从道面两侧取土。

⑦水道清理，应清除水道内采伐剩余物及所有对下游有污染的废弃物。

⑧选择适当的更新方式尽快恢复植被。

（五）临时性生活区清理与环境恢复

临时生活区清理的主要措施包括：

①深埋临时生活区的垃圾。

②所有可能积水的地方应排干，积水不能直接排入水域。

③清理所有临时生活区的建筑和机械设备，拆除时应彻底清除或埋藏可降解的剩余杂物，移走容易引起火灾的油料、燃料、各种废弃物。

④受油料玷污的大片地面应挖埋。

⑤保持撤离后的地区干净、整洁。

临时生活区的清理应保护作业区域的环境卫生，有利于森林的更新和恢复。

在伐木作业后，在原木楞场、林道和集材道上种植野生动物喜爱的植物。

二、伐区作业质量检查与环境保护评估

伐区作业质量检查的目的是使采伐作业规范化，有利于森林更新、有利于保护环境、有利于提高作业效率、有利于保证作业安全。实现以人为本、生态优先、效率至上。

（一）伐区作业质量检查的阶段

伐区作业质量检查分为以下几个阶段：

①伐区调查设计质量检查。

②伐区准备作业检查。

③采伐期间的检查。

④采伐完后的伐区验收。

（二）伐区作业质量检查的主要内容

1.FAO 推荐的伐区作业质量评估

FAO 推荐的伐区作业质量评估，主要包括以下内容：

①检查的时间：伐区作业质量评估分为过程中评估和作业过程后评估。作业过程后评估一般在作业后 8 ～ 12 个月，包括一个完整的雨季。评估应在作业完成后 2 年内实施，以便采取补救措施。

②评估道路、集材场、集材道的状况：永久性道路应保持良好。临时性道路和集材道应予以封闭，并恢复植被，做水土保持处理。确定道路、集材场、集材道和索廊翻动的面积及宽度，以及与计划的差异。

③评估木材价值和数量的损失及原因：木材价值和数量损失的常见原因包括：定向采伐效率差；伐根过高；横截不当；集运遗弃等。

④检查缓冲带是否完好：缓冲区是为保护作业区域内溪流、湖泊、湿地的水环境或特殊的野生动物和濒危物种栖息地，以及文化区、村镇等而设立的缓冲区域。缓冲区是不应采伐作业或机械进入的森林地段。

⑤检查确定要砍伐而未砍伐、应保留而未留的树木原因。

⑥检查作业设备是否符合作业要求，是否遵照安全条规。

⑦检查操作人员的证书及劳动保护装备：伐木员、检尺员和机械集材人员应持证上岗。主要设备操作者：如操作电动锯、油锯、机动运输工具应有被认可的培训机构颁发的技能和能力证书。

⑧检查确定使用的油料、化学品及其他废物和污染物是否得到妥善处理。

⑨检查劳动保护用品是否符合要求，主要劳动保护用品包括：高对比度服装、安全头盔、护目镜、面具、紧身服、耳套、手套、安全靴或鞋、安全裤等。

⑩预测作业对今后林木更新，其他植被、野生动物的影响。

以上检查中涉及环境保护的检查内容主要包括：评估道路、集材场、集材道的状况；检查缓冲带是否完好；确定要砍伐而未砍、应保留而未留的树木原因；确定使用的油料、化学品及其他废物和污染物是否得到妥善处理；预测作业对今后林木更新，其他植被、野生动物的影响等。

2. 亚太林业委员会推荐的采伐作业监督和评价项目

亚太林业委员会对采伐作业的监督和评价项目主要包括以下内容：

（1）检查时间与处罚

监督是检查采伐活动是否遵循了伐前制定的标准，检查工作应贯穿于整个采伐过程。包括：伐前计划的检查、伐前野外调查质量的检查、采伐期间的多次检查、采伐完成后的检查。

检查报告应提交给林业主管部门、采伐公司、森林经营单位或其他相关的机构。并视违反规程的程度采取适当的处罚行动，如警告、处以罚金、停止采伐活动、收缴采伐许可证等。

林业部门的官员每次检查都要对作业评估，评估间隔的时间最多为 3 个月，最好 1 个月检查一次。如果评估结果不良应暂停作业，继续作业之前须进行进一步的实地评估。

（2）评估检查的内容

①计划是否有森林所有者、林务官及采伐者共同讨论的作业计划，采伐计划是否按规程完成。

②禁伐区（缓冲区）是否按规定设置禁伐区，禁伐区内是否有作业。

③道路是否按规程修建排水设施，保持路面的中高边低，两侧有 V 型排水沟；是否沿道路两侧按一定间距开挖羽状横向排水沟；是否有植被清理最宽处超过 30m 的路段。

④楞场楞场位置是否按计划位置；楞场排水方式是否正确；楞场应设在禁伐区之外，距缓冲区边缘至少 40m，坡度小且易于排水。

⑤集材是否有未按计划修建的集材道；是否有宽度超过 5m 的集材道；树木在集材道两侧被损坏的情况；修建集材道造成的土壤破坏。

⑥对保留木的损害是否有应保留的标记树被采伐。

⑦定向伐木和原木造材的质量定向伐木的要求是保证安全、尽量减少对其他立木或

保留林分的破坏、有助于集材、防止树木搭挂。

在原木造材的过程中，应最大限度地创造价值和浪费最少，保持树干所锯横断面的平整。造材后，原木标注所有者的商标、原木编号、长度、质量、树种和直径。

⑧伐后伐区的恢复工作主要包括水道桥涵、道路、集材道、楞场、场地清理等工作。在同当地林地所有者协商后，关闭道路并拆除原木桥涵和临时性桥梁；在道路和集材道上开挖过路的横向排水沟；在楞场恢复时，注意排水，可通过耕作或种植恢复植被。

3. 伐区作业质量评估的主要内容

伐区作业质量评估，主要评估采伐、集材、造材、林地清理、装车等作业的质量。包括以下几项。

①采伐质量评估采伐质量评估的主要内容包括：采伐面积；采伐方式；采伐强度；标记树木的采伐与保留；郁闭度；伐根等是否符合作业规程；集材拖拉机作业是否符合作业规程，是否下道集材；作业中幼苗、幼树损伤率等。

②伐区清理伐区清理检查的内容主要包括：是否随集随清；采伐剩余物归堆是否整齐；有病菌和害虫的剩余物是否采用药剂处理等。

③环境影响评估：缓冲区。发生下列情况之一的，每项扣 2 分：每个未按采伐设计设置的缓冲区；每个有采伐活动的缓冲区；每个有伐倒树木的缓冲区；每个未经批准却有机器进入的缓冲区；每个被损坏的禁伐木。土流失。水土流失是木材生产作业中最容易产生的环境损害，属于不合格作业的有采伐作业生活区建设时破坏的山体未回填；对可能发生冲刷的集材道未做处理；对可能发生冲刷的集材道处理达不到要求；集材道出现冲刷；集材道路未设水流阻流带，车辙、冲沟深度超 5cm。场地卫生。场地卫生发生下列情况的属于不合格作业：可分解的生活废弃物未深埋；难分解生活废弃物未运往垃圾处理场；采伐作业生活区的临时工棚未拆除彻底；建筑用材料未运出；抽查 $0.5hm^2$ 采伐面积，人为弃物超过 2 件；轻度损伤的树木未作伤口处理；重度损伤的树木未伐除。④资源利用资源利用主要检查伐区丢弃材和装车场丢弃材。

三、伐区安全生产与劳动保护

伐区生产作业，首先应做到“安全第一”，“以人为本”，保证作业人员的安全与健康，避免发生伤亡事故。

（一）安全管理

安全管理主要包括以下内容：

①主管部门和生产单位应建立相应的安全管理、监督、检查机构，明确相应的工作职责，制定严格的安全生产管理制度，对安全生产和劳动安全实施有效的管理、监督和检查。

②主管部门应组织编写和不断完善修道、建桥（涵）、伐木、打枝、造材、集材、装车、归楞、清林、运材、拆除建筑、机械设备操作和运输等相关的安全技术操作规程。

③当劳动保护设施不完备、机械设备有隐患、作业场地不安全、作业环境不适宜时，主管部门或生产单位应及时采取相应的措施，在不能保证作业人员安全与健康的情况下，作业人员有权拒绝正在从事的工作。

④主管部门或生产单位应经常组织开展有关安全生产和劳动安全的教育，增强作业人员的安全意识。

（二）劳动保护

①生产单位或主管部门应为作业人员提供安全、健康的工作环境，不应超时作业。

②应为采伐作业人员提供足够的、符合饮用标准的生活用水。

③应为作业人员配备符合国际或国家标准的安全设备和劳动保护用品。主要包括：具有不同作用的服装。服装的质地、面料和设计应充分考虑行业、工种的特性，采伐作业人员配备的服装颜色应与森林环境有较高的辨识度；机械操作人员应配备紧身式的服装；具有安全作用的头盔、鞋、靴、护腿等；还应配备消除高噪音的消音耳套、手套、眼罩、护面具等；为作业人员配备的保护用品，应在生产实践过程中，不断加以改进，使其更加舒适、实用、安全可靠；作业人员应掌握常见的预防、急救、自救方法（如流血、昏厥、虫、蛇咬伤等）；作业点或作业点附近应有常用的急救药品和器具；作业人员在作业现场应使用所要求的防护用品。

四、森林防火与机械设备维护

（一）森林防火

1. 防火、灭火教育

对于所有参与采伐作业的工作人员，都应进行防火、灭火的教育与培训。

2. 临时居住场地防火

①为作业人员休息、吃饭所搭建的帐篷、简易房屋或其附近的活动场地，都应设置防火隔离带，清除隔离带中的杂草、灌木、枯木、倒木。

②居住场地应配备消防器材。

③用于取暖、做饭、照明的火源，应有专人看管，火源周围不应有可燃物质。

④房屋外的烟囱应安装防火罩。

⑤及时清除容易引起火灾的油料、燃料、各种废弃物。

3. 作业区防火

在作业区不应用火。如遇特殊情况应用火时，应清理出场地，火源半径 3m 内不应有任何可燃物质，作业人员离开火源时，应彻底将火熄灭。

4. 机械设备防火

①清除机械设备表面多余的油污，以防高温或遇明火而引起火灾。

②机械加油时，应保证加油点 3m 内无任何可燃物质。

③机械的排气、点火或产生高温的系统，应安装防火装置或采取防火措施。

5. 火情处理

①一旦发生火情，应立即停止作业，采取必要的灭火措施，并向有关部门报告。

②火情处理时，应对火情进行危险性估计，以保证人身安全。

（二）机械设备维护

1. 使用与保管

①使用的机械设备，应有详细的使用说明，并由专业人员操作，不应超负荷作业。

②机械设备应定期检修，各种机械裸露的传动、转动、齿轮部分，应有完整、有效的防护装置。

③机械设备在使用前应进行检测、清洗、润滑、紧固、调整，没有授权检测部门的认证，不应使用。

④采伐作业后，应对所有使用的机械设备进行检修、清洗、润滑、紧固、调整和妥善保管。

2. 废物处理

①维修场地和排放的无毒废液应远离地表水域 50m。

②无毒固体废物应集中转移或埋入地下 0.5m 以下。

③有条件时，应对有害废物、废液进行无毒处理，否则，集中转移至专门的处理区域。

④采伐的机械设备在作业过程中应避免燃料、油料溢出。

3. 物品贮藏

备用的燃料、油料，以及其他化学制剂应有固定的场地和专用的容器，远离地表水域，在居民点 100m 以外，并设立特定的警示标志。

五、场地卫生与环境保护

（一）场地设置

①采伐作业人员的临时居住场地，应选择在地势平坦开阔、排水良好、不受山洪威胁的地段；

②居住场地选择后，应该进行精心的设计。设计内容包括寝室、厨房、仓库、储藏室、活动场地、供电场地、厕所、排水沟、供水、污水、废物处理等。

（二）生活用水

①不应直接使用积水或受污染的河水。

②应取用达到饮用标准的河水、溪水、雨水或泉水。

③蓄水池为水源时，应采取防止蚊、虫繁殖的措施，并进行消毒处理。

（三）垃圾处理

①生活垃圾应集中倒入垃圾坑内，垃圾坑应设置在生活用水下游，坑底高于地下水位、地表水不能流入或远离地表水域和居住场地 50m 以外的地段。

②垃圾坑应经常用土覆盖。

③难以分解的废弃物，如塑料等，应集中转移到专门的处理场所。

（四）有毒、有害物品管理

①有毒、有害物品使用对有毒、有害物品应建立严格的控制、监督的管理制度，不应随意扩大使用范围，增加剂量，更不应流失。

②有毒、有害物品保存与处理：有毒、有害物品应有单独、封闭的存放地点，并设置特定的警示标志；存放地点应远离生活区域和地表水域 100m 以外，放置于生活用水下游；有毒、有害物品应有专门的容器保存，不应泄漏，避免对人身或野生动植物造成危害；有毒、有害物品的残留物应集中转移至专门处理区域。

第十六章　现代林业生态工程建设与管理

第一节　现代林业生态工程的发展及方法

一、现代林业生态工程的发展

中华人民共和国成立以后，我国林业生态工程进入了真正的发展阶段，在党和国家高度重视下，全国开展了大规模的植树造林活动，取得了巨大的成绩。半个多世纪以来，我国林业生态工程建设大体可以分为 3 个阶段。

① 1949 ～ 1978 年，初期发展阶段。我国林业的发展是以破坏森林资源为基础的，以对原始林木的大量砍伐为表现形式，是积累的过程。

② 1978 ～ 1992 年，林业发展探索阶段。落实了林业生产责任制，并进行“林业三定”运动，即稳定山权、稳定林权、划定自留山。

③ 1992 年～至今，可持续发展阶段。我国不断摸索生态林业可持续发展道路，但是实际情况较为复杂，要想达到真正的可持续发展状态，还需要不断地对林业生态模式进行探讨与研究。

二、现代林业生态工程的建设方法

（一）要以和谐的理念来开展现代林业生态工程建设

1. 构建和谐林业生态工程项目

构建和谐项目一定要做好五个结合。一是在指导思想上，项目建设要和林业建设、经济建设的具体实践结合起来。如果我们的项目不跟当地的生态建设、当地的经济发展结合起来，就没有生命力。不但没有生命力，而且在未来还可能会成为包袱。二是在内容上要与林业、生态的自然规律和市场经济规律结合起来，才能有效地发挥项目的作用。三是在项目的管理上要按照生态优先，生态、经济兼顾的原则，与以人为本的工作方式结合起来。四是在经营措施上，主要目的树种、优势树种要与生物多样性、健康森林、稳定群落等有机地结合起来。五是在项目建设环境上要与当地的经济发展，特别是解决“三农”问题结合起来。这样我们的项目就能成为一个可持续发展项目，就有生命力。

2. 努力从传统造林绿化理念向现代森林培育理念转变

传统的造林绿化理念是尽快消灭荒山或追求单一的木材、经济产品的生产，容易造成生态系统不稳定、森林质量不高、生产力低下等问题，难以做到人与自然的和谐。现代林业要求引入现代森林培育理念，在森林资源培育的全过程中始终贯彻可持续经营理论，从造林规划设计、种苗培育、树种选择、结构配置、造林施工、幼林抚育规划等森林植被恢复各环节采取有效措施，在森林经营方案编制、成林抚育、森林利用、迹地更新等森林经营各环节采取科学措施，确保恢复、培育的森林能够可持续保护森林生物多样性、充分发挥林地生产力，实现森林可持续经营，实现林业可持续发展，实现人与自然的和谐。

在现阶段，林业工作者要实现营造林思想的“三个转变”。首先要实现理念的转变，即从传统的造林绿化理念向现代森林培育理念转变。其次要从原先单一的造林技术向现在符合自然规律和经济规律的先进技术转变。再次要从只重视造林忽视经营向造林经营并举，全面提高经营水平转变。“三分造，七分管”说的就是重视经营，只有这样，才能保护生物多样性，发挥林地生产力，最终实现森林可持续经营。要牢固树立“三大理念”，即健康森林理念、可持续经营理念、循环经济理念。

森林经营范围非常广，不仅仅是抚育间伐，而应包括森林生态系统群落的稳定性、种间矛盾的协调、生长量的提高等。

（二）现代林业生态工程建设要与社区发展相协调

现代林业生态工程与社会经济发展是当今世界现代林业生态工程领域的一个热点，是世界生态环境保护和可持续发展主题在现代林业生态工程领域的具体化。下面通过对现代林业生态工程与社区发展之间存在的矛盾、保护与发展的关系进行概括介绍，揭示其在未来的发展中应注意的问题。

1. 现代林业生态工程与社区发展之间的矛盾

我国是一个发展中的人口大国，社会经济发展对资源和环境的压力正变得越来越大。如何解决好发展与保护的关系，实现资源和环境可持续利用基础上的可持续发展，将是我国在今后所面临的一个世纪性的挑战。

在现实国情条件下，现代林业生态工程必须在发展和保护相协调的范围内寻找存在和发展的空间。在我国，以往在林业生态工程建设中采取的主要措施是应用政策和法律的手段，并通过保护机构，如各级林业主管部门进行强制性保护。不可否认，这种保护模式对现有的生态工程建设区域内的生态环境起到了积极的作用，也是今后应长期采用的一种保护模式。但通过上述保护机构进行强制性保护存在两个较大的问题，一是成本较高。二是通过行政管理的方式实施林业项目可能会使所在区域与社区发展的矛盾激化，林业工程实施将项目所在的社区作为主要干扰和破坏因素，而社区也视工程为阻碍社区经济发展的主要制约因素，矛盾的焦点就是自然资源的保护与利用。可以说，现代林业生态工程是为了国家乃至人类长远利益的伟大事业，是无可非议的，而社区发展也是社区的正当权利，是无可指责的，工程管理模式无法协调解决这个保护与发展的基本矛盾。

2. 现代林业生态工程与社区发展的关系

林业生态工程是一种公益性的社会活动，为了自身的生存和发展，我们对林业生态工程将给予越来越高的重视。但对于工程区的农民来说，他们为了生存和发展则更重视直接利益。如果不能从中得到一定的收益，他们在自然资源使用及土地使用决策时，对林业生态工程就不会表现出多大的兴趣。事实也正是如此，当地社区在林业生态工程和自然资源持续利用中得到的现实利益往往很少，时潜在和长期的效益一般需要较长时间才能被当地人所认识。与此相反，林业生态工程给当地农民带来的发展制约却是十分明显的，特别是在短期内，农民承受着林业生态工程造成的许多不利影响。

解决现代林业生态工程与社区发展之间矛盾的可能途径主要有三条：一是通过政府行为，即通过一些特殊和优惠的发展政策来促进所在区域的社会经济发展，以弥补由于实施林业生态工程给当地带来的损失，由于缺乏成功的经验和成本较大等原因，采纳这种方式比较困难，但可以预计，政府行为将是在大范围和从根本上解决保护与发展之间矛盾的主要途径。二是在林业生态工程和其他相关发展活动中用经济激励的方法，使当地的农民在林业生态工程和资源持续利用中能获得更多的经济收益，这就是说要寻找一种途径，既能使当地社区从自然资源获得一定的经济利益，又不使资源退化，使保护和发展的利益在一定范围和程度内统一在一起，这是比较适合农村现状的途径，其原因是这种方式涉及面小、比较灵活、实效性较强、成本也较低。三是通过综合措施，即将政府行为、经济激励和允许社区对自然资源适度利用等方法结合在一起，使社区既能从林业生态工程中获取一定的直接收益，又能获得外部扶持及政策优惠，这条途径可以说是解决保护与发展矛盾的最佳选择，但它涉及的问题多、难度大，应是今后长期发展的目标。

（三）要实行工程项目管理

建设项目一般都有一个比较明确的目标，但下列目标是共同的：即有效地利用有限的资金和投资，用尽可能少的费用、尽可能快的速度和优良的工程质量建成工程项目，使其实现预定的功能交付使用，并取得预定的经济效益。

1. 工程项目管理的五大过程

①启动：批准一个项目或阶段，并且有意向往下进行的过程。

②计划：制定并改进项目目标，从各种预备方案中选择最好的方案，以实现所承担项目的目标。

③执行：协调人员和其他资源并实施项目计划。

④控制：通过定期采集执行情况数据，确定实施情况与计划的差异，便于随时采取相应的纠正措施，保证项目目标的实现。

⑤收尾：对项目的正式接收，达到项目有序的结束。

2. 工程项目管理的工作内容

工程项目管理的工作内容很多，但具体的讲主要有以下 5 个方面的职能。

（1）计划职能

将工程项目的预期目标进行筹划安排，对工程项目的全过程、全部目标和全部活动统统纳入计划的轨道，用一个动态的可分解的计划系统来协调控制整个项目，以便提前揭露矛盾，使项目在合理的工期内以较低的造价高质量地协调有序地达到预期目标，因此讲工程项目的计划是龙头，同时计划也是管理。

（2）协调职能

对工程项目的不同阶段、不同环节，与之有关的不同部门、不同层次之间，虽然都各有自己的管理内容和管理办法，但他们之间的结合部往往是管理最薄弱的地方，需要有效的沟通和协调，而各种协调之中，人与人之间的协调又最为重要。协调职能使不同的阶段、不同环节、不同部门、不同层次之间通过统一指挥形成目标明确、步调一致的局面，同时通过协调使一些看似矛盾的工期、质量和造价之间的关系，时间、空间和资源利用之间的关系也得到了充分统一，所有这些对于复杂的工程项目管理来说无疑是非常重要的工作。

（3）组织职能

在熟悉工程项目形成过程及发展规律的基础上，通过部门分工、职责划分，明确职权，建立行之有效的规章制度，使工程项目的各阶段各环节各层次都有管理者分工负责，形成一个具有高效率的组织保证体系，以确保工程项目的各项目标的实现。这里特别强调的是可以充分调动起每个管理者的工作热情和积极性，充分发挥每个管理者的工作能力和长处，以每个管理者完美的工作质量换取工程各项目标的全面实现。

（4）控制职能

工程项目的控制主要体现在目标的提出和检查、目标的分解、合同的签订和执行、各种指标、定额和各种标准、规程、规范的贯彻执行，以及实施中的反馈和决策来实现的。

（5）监督职能监督的主要依据是工程项目的合同、计划、规章制度、规范、规程和各种质量标准、工作标准等，有效的监督是实现工程项目各项目标的重要手段。

（四）要用参与式方法来实施现代林业生态工程

1. 参与式方偿的概念

参与式方法是20世纪后期确立和完善起来的一种主要用于与农村社区发展内容有关项目的新的工作方法和手段，其显著特点是强调发展主体积极、全面地介入发展的全过程，使相关利益者充分了解他们所处的真实状况、表达他们的真实意愿，通过对项目全程参与，提高项目效益，增强实施效果。具体到有关生态环境和流域建设等项目，就是要变传统“自上而下”的工作方法为“自下而上”的工作方法，让流域内的社区和农户积极、主动、全面地参与到项目的选择、规划、实施、监测、评价、管理中来，并分享项目成果和收益。参与式方法不仅有利于提高项目规划设计的合理性，同时也更易得到各相关利益群体的理解、支持与合作，从而保证项目实施的效果和质量。各国际组织在发展中国家开展援助项目时推荐并引入的一种主要方法。与此同时，通过促进发展主体（如农民）对项目全过程的广泛参与，帮助其学习掌握先进的生产技术和手段，提高可持续发展的能力。

引进参与式方法能够使发展主体所从事的发展项目公开透明，把发展机会平等地赋予目标群体，使人们能够自主地组织起来，分担不同的责任，朝着共同的目标努力工作，在发展项目的制订者、计划者以及执行者之间形成一种有效、平等的“合伙人关系”。参与式方法的广泛运用，可使项目机构和农民树立参与式发展理念并运用到相关项目中去。

2. 参与式方法的程序

（1）参与式农村评估

参与式农村评估是一种快速收集农村信息资料、资源状况与优势、农民愿望和发展途径的新方法。这种方法可促使当地居民（不同的阶层、民族、性别）不断加强对自身与社区及其环境条件的理解，通过实地考察、调查、讨论、研究，与技术、决策人员一道制订出行动计划并付诸实施。

参与式农村评估的方法有半结构性访谈、划分农户贫富类型、制作农村生产活动季节、绘制社区生态剖面、分析影响发展的主要或核心问题、寻找发展机会等。

（2）参与式土地利用规划

参与式土地利用规划是以自然村 / 村民小组为单位，以土地利用者（农民）为中心，在项目规划人员、技术人员、政府机构和外援工作人员的协助下，通过全面系统地分析当地土地利用的潜力和自然、社会、经济等制约因素，共同制订未来土地利用方案及实施的过程。这是一种自下而上的规划，农户是制订和实施规划的最基本单元。参与式土地利用规划的目的是让农民能够充分认识和了解项目的意义、目标、内容、活动与要求，真正参与自主决策，从而调动他们参与项目的积极性，确保项目实施的成功。参与式土地利用规划的参与方有：援助方（即国外政府机构、非政府组织和国际社会等）、受援方的政府、目标群体（即农户、村民小组和村民委员会）、项目人员（即承担项目管理与提供技术支持的人员）。

通过参与式土地利用规划过程，则可以起到以下作用：①激发调动农民的积极性，使农民自一开始就认识到本项目是自己的项目，自己是执行项目的主人。②分析农村社会经济状况及土地利用布局安排，确定制约造林与营林管护的各种因子。③在项目框架条件下根据农民意愿确定最适宜的造林地块、最适宜的树种及管护安排。④鼓励农民进行未来经营管理规划。⑤尽量事先确认潜在土地利用冲突，并寻找对策，防患于未然。

（3）参与式监测与评估

运用参与式进行项目的监测与评价要求利益双方均参与，它是运用参与式方法进行计划、组织、监测和项目实施管理的专业工具和技术，能够促进项目活动的实施得到最积极的响应，能够很迅速地反馈经验、最有效地总结经验教训，提高项目实施效果。

在现代林业生态工程参与式土地利用规划结束时，对项目规划进行参与式监测与评估的目的是：评价参与式土地利用规划方法及程序的使用情况，检查规划完成及质量情况、发现问题并讨论解决方案、提出未来工作改进建议。

参与式监测与评估的方法是：在进行参与式土地利用的规划过程中，乡镇技术人员主动发现和自我纠正问题，监测中心、县项目办人员到现场指导规划工作，并检查规划文件与村民组实际情况的一致性；其间，省项目办、监测中心、国内外专家不定期到实地抽查；当参与式土地利用规划文件准备完成后，县项目办向省项目办提出评估申请；省项目办和项目监测中心派员到项目县进行监测与评估；最后，由国内外专家抽查评价。评估小组至少由两人组成：项目监测中心负责参与式土地利用规划的代表一名和其他县项目办代表一名。他们都是参加过参与式土地利用规划培训的人员。

参与式监测与评估的程序是：评估小组按照省项目办、监测中心和国际国内专家研定的监测内容和打分表，随机检查参与式土地利用规划文件，并抽查1～3个村民组进行现场核对，对文件的完整性和正确性打分。

第二节　现代林业生态工程的管理机制

林业生态工程管理机制是系统工程，借鉴中德财政合作造林项目的管理机制和成功经验，针对不同阶段、不同问题，我们研究整治出建立国际林业生态工程管理机制应包含组织管理、规划管理、工程管理、资金管理、项目监理、信息管理、激励机制、示范推广、人力资源管理、审计保障十大机制。

一、组织管理机制

省、市、县、乡（镇）均成立项目领导组和项目管理办公室。项目领导组组长一般由政府主要领导或分管领导担任，林业和相关部门负责人为领导组成员，始终坚持把林业外资项目作为林业工程的重中之重抓紧抓实。项目领导组下设项目管理办公室，作为同级林业部门的内设机构，由林业部门分管负责人兼任项目管理办公室主任，设专职副主任，配备足够的专职和兼职管理人员，负责项目实施与管理工作。同时，项目领导组下设独立的项目监测中心，定期向项目领导组和项目办提供项目监测报告，及时发现施工中出现的问题并分析原因，建立项目数据库和图片资料档案，评价项目效益，提交项目可持续发展计划等。

二、规划管理机制

按照批准的项目总体计划（执行计划），在参与式土地利用规划的基础上编制年度实施计划。从山场规划、营造的林种树种、技术措施方面尽可能地同农民讨论，并引导农民改变一些传统的不合理习惯，实行自下而上、多方参与的决策机制。参与式土地利用规划中可以根据山场、苗木、资金、劳力等实际情况进行调整，用“开放式”方法制订可操作的年度实施计划。项目技术人员召集村民会议、走访农户、踏查山场等，与农民一起对项目小班、树种、经营管理形式等进行协商，形成详细的图、表、卡等规划文件。

三、工程管理机制

以县、乡（镇）为单位，实行项目行政负责人、技术负责人和施工负责人责任制，对项目全面推行质量优于数量、以质量考核实绩的质量管理制。为保证质量管理制的实行，上级领导组与下级领导组签订行政责任状，林业主管单位与负责山场地块的技术人员签订技术责任状，保证工程建设进度和质量。项目工程以山脉、水系、交通干线为主线，按区域治理、综合治理、集中治理的要求，合理布局，总体推进。工程建设大力推广和应用林业先进技术，坚持科技兴林，提倡多林种、多树种结合、乔灌草配套，防护林必须营造混交林。项目施工保护原有植被，并采取水土保持措施，禁止炼山和全垦整地，营建林区步道和防火林带，推广生物防治病虫措施，提高项目建设综合效益。推行合同管理机制，项目基层管理机构与农民签订项目施工合同，明确双方权利和义务，确保项目成功实施和可持续发展。项目的基建工程和车辆设备采购实行国际、国内招标或“三家”报价，项目执行机构成立议标委员会，选择信誉好、质量高、价格低、后期服务优的投标单位中标，签订工程建设或采购合同。

四、涂金管理机制

项目建设资金单设专用账户，实行专户管理、专款专用，县级配套资金进入省项目专户管理，认真落实配套资金，确保项目顺利进展，不打折扣。实行报账制和审计制。

项目县预付工程建设费用，然后按照批准的项目工程建设成本，以合同、监测中心验收合格单、领款单、领料单等为依据，向省项目办申请报账。经审计后，省项目办给项目县核拨合格工程建设费用，再向国内外投资机构申请报账。项目接受国内外审计，包括账册、银行记录、项目林地、基建现场、农户领款领料、设备车辆等的审计。项目采用报账制和审计制，保证了项目任务的顺利完成、工程质量的提高和项目资金使用的安全。

五、监测评估机制

项目监测中心对项目营林工程和非营林工程实行按进度全面跟踪监测制，选派一名技术过硬、态度认真的专职监测人员到每个项目县常年跟踪监测，在监测中使用 GIS 和 GPS 等先进技术。营林工程监测主要监测施工面积和位置、技术措施（整地措施、树种配置、栽植密度）、拖工效果（成活率、保存率、抚育及生长情况等）。非营林工程监测主要由项目监测中心在工程完工时现场验收，检测工程规模、投资和施工质量。监测工作结束后，提交监测报告，包括监测方法、完成的项目内容及工作最、资金用量、主要经验与做法、监测结果分析与评价、问题与建议等，并附上相应的统计表和图纸等。

六、信息管理机制

项目建立计算机数据库管理系统，连接 GIS 和 GPS，及时准确地掌握项目进展情况和实施成效，科学地进行数据汇总和分析。项目文件、图表卡、照片、录像、光盘等档案实行分级管理，建立项目专门档案室（柜），订立档案管理制度，确定专人负责立卷归档、查阅借还和资料保密等工作。

七、激励惩戒机制

项目建立激励机制，对在项目规划管理、工程管理、资金管理、项目监测、档案管理中做出突出贡献的项目人员，给予通报表彰、奖金和证书，做到事事有人管、人人愿意做。在项目管理中出现错误的，要求及时纠正；出现重大过错的，视情节予以处分甚至调离项目队伍。

八、示范推广机制

全面推广林业科学技术成果和成功的项目管理经验。全面总结精炼外资项目的营造林技术、水土保持技术和参与式土地利用规划、合同制、报账制、评估监测以及审计、数字化管理等经验，应用于林业生产管理中。

九、人力保障机制

根据林业生产与发展的技术需求，引进一批国外专家和科技成果，加大林业生产的科技含量。组织林业管理、技术人员到国外考察、培训、研修、参加国际会议等，开阔视野，提高人员素质，注重培养国际合作人才，为林业大发展积蓄潜力，扩大林业对外合作的领域，推进多种形式的合资合作，大力推进政府各部门间甚至民间的林业合作与交流。

十、审计保障机制

省级审计部门按照外资项目规定的审计范围和审计程序，全面审查省及项目县的财务报表、总账和明细账，核对账表余额，抽查会计凭证，重点审查财务收支和财务报表的真实性；并审查项目建设资金的来源及运用，包括审核报账提款原始凭证，资金的入账、利息、兑换和拨付情况；对管理部门内部控制制度进行测试评价；定期向外方出具无保留意见的审计报告。外方根据项目实施进度，于项目中期和竣工期委派国际独立审计公司审计项目，检查省项目办所有资金账目，随机选择项目县全县项目财务收支和管理情况，检查设备采购和基建三家报价程序和文件，并深入项目建设现场和农户家中，进行施工质量检查和劳务费支付检查。

第三节　现代林业生态工程建设领域的新应用

林业是国民经济的基础产业，肩负着优化环境和促进发展的双重使命，不可避免地受到新技术、新材料、新方法的影响，而且已渗透到林业生产的各个方面，对林业生态建设的发展和功能的发挥起到了巨大的推动作用。林业生态建设的发展，事关经济、社会的可持续发展。林业新技术、新材料、新方法的进步是林业生态建设发展的关键技术支撑。

一、信息技术

信息技术是新技术革命的核心技术与先导技术，代表了新技术革命的主流与方向。由于计算机的发明与电子技术的迅速发展，为整个信息技术的突破性进展开辟了道路。微电子技术、智能机技术、通信技术、光电子技术等重大成就，使得信息技术成为当代高技术最活跃的领域。由于信息技术具有高度的扩展性与渗透性、强大的纽带作用与催化作用、有效地节省资源与节约能源功能，不仅带动了生物技术、新材料技术、新能源技术、空间技术与海洋技术的突飞猛进，而且它自身也开拓出许多新方向、新领域、新用途，推动整个国民经济以至社会生活各个方面的彻底改变，为人类社会带来了最深刻、最广泛的信息革命。信息革命的直接目的和必然结果，是扩展与延长人类的信息功能，特别是智力功能，使人类认识世界和改造世界的能力发生了一个大的飞跃，使人类的劳动方式发生革命性的变化，开创人类智力解放的新时代。

（一）信息采集和处理

1. 野外数据采集技术

林业上以往传统的野外调查都以纸为记录数据的媒介，它的缺点是易脏、易受损，数据核查困难。

2. 数据管理技术

收集的数据需要按一定的格式存放，才能方便管理和使用。因此，随着计算机技术发展起来的数据库技术，一经出现就受到林业工作者的青睐，世界各国利用此技术研建了各种各样的林业数据库管理系统。

3. 数据统计分析

数据统计分析是计算机在林业中应用最早也是最普遍的领域。借助计算机结合数学统计方法，可以迅速地完成原始数据的统计分析。

（二）决策支持系统技术

决策支持系统（DSS）是多种新技术和方法高度集成化的软件包。它将计算机技术和各种决策方法（如线性规划、动态规划和系统工程等）相结合。针对实际问题，建立决策模型，进行多方案的决策优化。

（三）人工智能技术

人工智能（AI）是处理知识的表达、自动获取及运用的一门新兴科学，它试图通过模仿诸如演绎、推理、语言和视觉辨别等人脑的行为，来使计算机变得更为有用。AI有很多分支，在林业上应用最多的专家系统（ES）就是其中之一。专家系统是在知识水平上处理非结构化问题的有力工具。它能模仿专门领域里专家求解问题的能力，对复杂问题做专家水平的结论，广泛地总结了不同层面的知识和经验，使专家系统比任何一个人类专家更具权威性。

（四）3S 技术

3S 是指遥感（RS）、地理信息系统（GIS）和全球定位系统（GPS），它们是随着电子、通信和计算机等尖端科学的发展而迅速崛起的高新技术，三者有着紧密的联系，在林业上应用广泛。

3 个系统各有侧重，互为补充。RS 是 GIS 重要的数据源和数据更新手段，而 GIS 则是 RS 数据分析评价的有力工具；GPS 为 RS 提供地面或空中控制，它的结果又可以直接作为 G1S 的数据源。因此，3S 已经发展成为一门综合的技术，世界上许多国家在森林调查、规划、资源动态监测、森林灾害监测和损失估计、森林生态效益评价等诸

多方面应用了 3S 技术，已经形成了一套成熟的技术体系。可以预期，随着计算机软硬件技术水平的不断提高，3S 技术将不断完善，并与决策支持系统、人工智能技术、多媒体等技术相结合，成为一门高度集成的综合技术，开辟更广阔的应用领域。

（五）网络技术

计算机网络是计算机技术与通信技术结合的产物，它区别于其他计算机系统的两大特征是分布处理和资源共享。它不仅改变了人们进行信息交流的方式，实现了资源共享，而且使计算机的应用进入了新的阶段，也将对林业生产管理和研究开发产生深远的影响。

二、生物技术

生物技术是人类最古老的工程技术之一，又是当代的最新技术之一，古今之间有着重要的联系，又有着质的飞跃和差别。生物技术包括四大工艺系统，即基因工程、细胞工程、酶工程和发酵工程。基因工程和细胞工程是在不同水平上改造生物体，使之具有新的功能、新的性状甚或新改造的物种，因而它们是生物技术的基础，也是生物技术不断发展的两大技术源泉；而酶工程和发酵工程则是使上述新的生物体及其新的功能和新的性状企业化与商品化的工艺技术，所以它们是生物技术产生巨大社会、经济效益的两根重要支柱

植物生物技术的快速发展也给林业带来了新的生机和希望。分子生物学技术和研究方法的更新和突破，使得林木物种研究工作出现勃勃生机。

（一）林木组培和无性快繁

林木组培和无性快繁技术对保存和开发利用林木物种具有特别重要的意义。由于林木生长周期长，繁殖力低，加上 21 世纪以来对工业用材及经济植物的需求量有增无减，单靠天然更新已远远不能满足需求。近几十年来，经过几代科学家的不懈努力，如今一大批林木、花卉和观赏植物可以通过组培技术和无性繁殖技术，实现大规模工厂化生产。这不仅解决了苗木供应问题，而且为长期保存和应用优质种源提供了重要手段，同时还为林木基因工程、分子和发育机制的进一步探讨找到了突破口。尤其是过去一直被认为是难点的针叶树组培研究。如今也有了很大程度的突破

（二）林木基因工程和细胞工程

林木转基因是一个比较活跃的研究领域。近几年来成功的物种不断增多，所用的目的基因也日趋广泛，最早成功的是杨树。有些项目开始或已经进入商品化操作阶段。在抗虫方面，有表达 Bt 基因的杨树、苹果、核桃、落叶松、花旗松、火炬松、云杉和表达蛋白酶抑制剂的杨树等。在抗细菌和真菌病害方面，有转特异抗性基因的松树、栎树和山杨、灰胡桃）等。在特殊材质需要方面，利用反义基因技术培育木质素低含量的杨树、按树、灰胡桃和辐射松等。

（三）林木基因组图谱

利用遗传图谱寻找数量性状位点也成为近年的研究热点之一。一般认为，绝大多数重要经济性状和数量性状是由若干个微效基因的加性效应构成的。可以构建某些重要林木物种的遗传连锁图谱，然后根据其图谱，定位一些经济性状的数量位点，为林木优良

性状的早期选择和分子辅助育种提供证据。

（四）林木分子生理和发育

研究木本植物的发育机制和它们对环境的适应性，也由于相关基因分离和功能分析的深入进行而逐步开展起来，并取得了应用常规技术难以获得的技术进展，为林业生产和研究提供了可靠的依据。

三、新材料技术

林业新材料技术研究从复合材料、功能材料、纳米材料、木材改性等方面探索。重点是林业生物资源纳米化，木材功能性改良和木基高分子复合材料、重组材料的开发利用，木材液化、竹藤纤维利用、抗旱造林材料、新品种选育等方面研究，攻克关键技术，扶持重点研究和开发工程。

四、新方法推广

从林业生态建设方面来看，重点是加速稀土林用技术、除草剂技术、容器育苗、保水剂、ABT 生根粉、菌根造林、生物防火隔离带、水土保持技术，生物防火阻隔带技术等造林新方法的推广应用。这些新方法的应用和推广，将极大地促进林业生态工程建设发展。

第四节　现代林业体制改革与创新

一、我国林业管理体制的现状

从我国的森林资源总量来说，我国的森林资源丰富，且木材种类繁多，呈现着多元化的发展趋势。但是，由于我国人口数量众多，丰富的森林资源总量相较于我国的人口数量来说，人均占有的森林资源数量较低。同时，当前我国的林业发展中还存在着许多不容忽视的问题。

（一）森林资源支持能力弱

尽管我国森林资源总量丰富，但是用总量除以我国的 14 亿人口数量，森林资源就相对不足了。同时，当前我国森林中树木的质量也在下降，其各项指标都低于世界平均水平。虽然我国森林呈现着多元化的发展趋势，但是还不足以支持当前我国快速发展的经济水平。我国林业发展缓慢，使得当前我国林业中人工林树种单一，其稳定性较差，这又进一步制约了我国林业的发展。

（二）林业体制机制不够健全

从当前我国林业的管理体制来看，不仅管理模式落后，并且运行机制也不够健全，从而使得我国的林业企业经营能力不足，发展缓慢。同时，中国当前实行的林业经济体制还存在着林权不清的情况，使得企业的经营缺乏足够的积极性与创新性，也就缺少一定的市场竞争力。

二、制约我国林业技术改革的因素

（一）林业技术改革的资金不足

从我国林业发展的整体来看，科学技术水平的改革与创新对于我国林业的发展以及经济效益的提高有着深刻的影响。但是科技所带来的林业发展往往集中于当前我国经济较为发达的地区。而对于我国大部分的林业待发展地区，由于林业技术改革资金的不足，使得其自身的技术得不到有效的改革与创新，从而不能促进林业的进步与发展。

（二）林业技术不具有创新力

尽管我国林业技术水平相对较高，但是，从客观方面来说，在林业技术的创新发展方面，我国的主动性以及

积极性明显不足。当前我国的高水平林业技术，大都是依靠引进国外先进技术，真正属于我国的林业技术还是比较少的。同时，对于这些由国外引进的技术，我国还存在着应用效率不高、缺乏整体认识的问题，从而使得我国林业技术水平以及经济有能力的发展受到一定的制约。

三、促进我国现代林业技术改革的有效措施

（一）加大林业技术创新人才的培训力度

充足的资金投入以及高素质的人才是我国林业技术改革和创新发展的重要因素，其对于当前我国林业技术的改革有着重要的现实意义。当前，我国林业建设方面的工作人员，其所拥有的知识体系比较陈旧，已经不能适应现今我国林业发展需要。因此，对于这部分林业技术人员，要加大对他们的培训力度，使他们能够提升理论知识，结合自身的工作经验，承担起现今科技含量较高的新型林业技术工作，从而促进我国林业技术的改革与创新。

（二）瞄准当前市场的发展需求

林业技术的改革与创新，其根本目的在于对林业经济的提升与促进。因此，当前市场的林业需求对于林业技术的改革与创新有着积极的促进作用。现代林业企业为了获取最大的经济效益，对林业技术改革、创新会投入大重的资金；资金投入会促进我国林业发展，也使得林业企业会得到有效的利润回报。因此，林业技术创新对于市场需求的瞄

准，不仅能够获取有效资金的支持，对于林业的稳定发展也有着一定的促进作用。

（三）建设林业技术推广网站

林业技术改革的根本目的是推动我国现代林业产业的发展。而对林业技术进行推广，对于提高林农与林企的林业生产力有着积极的作用。并且其在推动林业技术快速传播的基础上，还能在一定程度上促进符合当今林业发展需求的林业技术的创新与改革。

网络作为当今时代中传播速度最快、涉及范围最广的传播途径之一，对林业技术的推广有着推动作用。因此，建立林业技术的推广网站是现今加强林业技术推广、促进我国林业技术改革的有效方案。

四、通过国际科技合作促进国内科技创新

（一）建设一批高水平的林业科技国际合作研发基地

当今世界，国与国之间的联系日益密切，尤其是随着经济全球化进程的加剧，各国都无法仅仅依靠自身力量谋求发展，世界市场已经把各国紧紧联系在一起，在利益上互相掣肘。可以说，在科技全球化浪潮中，科学研究全球化趋势日益加强，而跨国合办研究开发机构是国际科技合作深化的表现。对于林业来说，应顺应当今科技合作潮流，与国家重大林业科研计划、重点实验室、工程中心等相结合，积极鼓励并依托具有优势的科研院所与国外相关机构合作，建立高水平的林业国际合作研究中心和研发基地。在合作研究机构的研究方向上，应强调前沿领域研究。

（二）建立国际化研究组织和研究网格以打造林业国际合作平台

随着我国综合国力的提高和林业科技国际地位的上升，林业科技国际合作的国际化运作也应提升层次，其中建立国际化研究组织就是重要的内容。为了配合相关研究工作，我国政府还成立了国际竹藤网络研究中心。通过国际竹藤组织这一国际科技合作与交流的平台，我国竹藤科研和开发水平日益提高，国际影响力日益增强。我国已经成为国际竹藤研究开发和信息的集散地，众多国际机构都提出了合作研究的建议。

（三）保护知识产权以强化科技创新

创新始终是科技工作的首要任务，林业行业也是如此。林业科技的创新离不开学习和借鉴、引进和吸收，通过采取走出去、引进来的方式，加强与林业发达国家的科技交流和合作，学习借鉴林业发达国家的先进经验，以最快的速度引进国外先进技术并加以吸收运用。把学习借鉴的经验和吸收的先进技术与我国特色相结合。

（四）完善林业科技国际合作的支撑条件

今后，林业科技国际合作将更多地建立在平等投入、互惠互利的基础上，尤其是那些需要多国共同投资、共同研究、共享成果的重大科技项目。如果没有充足的专项经费投入，就无法参加重要的国际性研究计划，也就不能共享研究的资料和成果，从而导致

错过许多发展良机。因此，应进一步加大对林业科技国际合作的投入力度，适时建立林业科技国际合作基金，支持重大项目的前期研究工作。

另外，要建立健全我国林业科技国际合作的法律法规和管理体系，加强宏观调控和政策引导，加强各部门和各行业之间的联合和协作，提高林业国际合作项目的管理水平，这也是保障林业科技国际合作可持续发展的重要条件。

五、通过加强国际合作提升人才素质

（一）借鉴国外经验加强人力资源开发

深入系统地研究国外尤其是其他国家人力资源开发的方法和经验，充分挖掘和利用林业人力资源潜力，是全面提高我国林业人才素质的有效途径之一。一是政府重视教育，积极开发人力资源；二是人力资源开发目标和内容突出实用价值；三是人力资源开发手段充分利用高科技；四是把培训与就业紧密结合起来；五是重视老年人力资源开发；六是采用各种手段从国外引进高素质人才；七是建立和完善人才奖励制度；八是重视人力资源开发立法工作，使人力资源的开发成为一项法定活动；九是设立人力资源开发机构和加强人力资源开发研究等。

（二）加强国际交往和行业交往

各级林业管理部门和企事业单位要积极组织参观考察国内外先进的人力资源开发机构，学习吸取他们的有益经验，同时应邀请国内外专家，通过讲学和组织研讨会等形式，加强与国内外同行和其他行业在人力资源开发方面的交流。应鼓励与国内外大学、企业和其他人力资源开发机构以多种形式合作开发人力资源，尤其是开发林业高级技术和管理人员，提高我国林业人力资源的开发水平。要创造条件，多派遣一些技术和管理骨干到国外留学、进修、培训；同时采取一定的政策，鼓励留学生回国工作，即使不回来，也可以以其他形式为祖国林业建设服务。要研究建立专项基金或奖学金，按照重大工程关键技术岗位要求，培养一批高水平的林业国际型人才。

（三）加大林业骨干国外进修培训力度

经济也在日益完善。培养和造就一支有理想、能力强、懂规则、团结实干、勇于开拓进取的高素质林业人才队伍，适应新形势下对外开放工作的需要，是做好一切林业工作的关键。因此，要有计划、有目的、分层次地加强林业队伍培训和能力建设，培养一批科技领头人、科技尖子、科技骨干队伍和林业管理人才队伍。选拔优秀中青年科技人员去国外深造，通过学习掌握现代科技和高新技术，培养一批具有现代科技知识和经营管理才干，能在林业生产中开拓进取，进行技术创新、新产品创新并能参与国内外市场竞争的优秀人才。要培养从事世贸规则和有关公约相关条款的研究人员，同时培养一批懂经贸、法律、外语等方面的复合型人才，使他们在思想道德、科学理论、实践技能、作风修养等方面有大的提高，真正肩负起实现新世纪我国现代林业又好又快发展的历史重任。

第十七章 森林可持续经营技术

第一节 可持续经营的理论基础

一、森林经营的概念

森林经营是对现有森林进行科学管理，以提高森林不同目的的使用效果而采取的各种措施。林木的生长周期很长，通过人工造林或者靠自然生长形成森林后，需要经历很长时间才能达到成熟、衰老。在森林整个生长发育过程中，为了使森林健康良好地生长，人们对森林实施的一切抚育措施，主要通过各种抚育方法控制森林的树种组成、调整林分密度、改善林分结构促进森林生长、提高林分质量、完善森林的各种防护效能，这是森林经营研究的主要内容。现代森林经营的目的不仅仅是为了获取木材，而且还包括所有森林产品和服务。林业的持续发展是从森林生态系统出发，将森林持续的地物质产品和持续的环境服务放在同一位置上。

森林是可再生资源，当森林成熟、衰老采伐后可通过人为或自然的方法形成新一代森林。也就是说，当森林成熟、衰老后，怎样合理采伐，及时更新，发挥森林的不断再生作用，使森林恢复起来，持续发挥其各种效能。只要科学合理地经营管理，森林就可以源源不断地为人类提供大量木材等林产品和服务，又可以维持生态平衡和生物多样性。所以，森林经营还包括对森林永续培育的一切技术措施。

"三分造林，七分管护"，说明了森林经营的重要性。特别是在当今，森林不仅提供人类生产生活所必需的木材，更重要的是提供人类生存、繁衍、发展的良好环境，提供丰富人类精神生活和物质生活所必需的多种物质资源和环境资源。社会对森林的总需求是公众对景观的需求与社会对木材的需求，作为森林经营者，应努力使森林满足社会的总需求。

如何科学合理地经营好森林，也就是如何实现林业可持续发展，这不仅成为中国林业的中心议题，同时，也是全世界林业工作者的共识。

在林业生产中，森林经营工作范围广、持续时间长。森林经营的指导思想应建立在生态平衡的基础上。长期以来，森林经营的目标是在一定的社会经济和环境的约束下，使目的产品（主要是木材）的收获最大。这一占统治地位的传统森林永续经营的观点，从理论到实践均受到了森林生态系统经营的挑战。从过去传统的"木材利用"观念转变为"生态利用"。所谓"生态利用"就是按生态系统生长发育的自然规律经营和利用森林，使各类森林发挥其应具有的功能，以满足人类社会的需求。

二、森林经营理论的发展

全球森林因自然地理条件及其社会文化、经济因素而有明显的地域差异。森林经营理论明显地受到特定国家社会经济发展水平、文化背景、森林资源现状等的影响和制约，因此，不同的国家在森林经营思想、经营行为、经营方式等方面存在着一定差异。尽管如此，从理论与实践的角度来看，森林经营理论的发展和变化有着共同的轨迹和趋势。森林经营理论总是围绕和制约着森林经营目标和任务的。

（一）原始林业时期

与落后的社会经济发展水平相对应，人与自然环境的关系是直接的也是密切的。反映在人与森林的关系上，森林不仅是人类进化的场所，更是人类所需食物和住所的唯一来源。由于当时的人口密度低，科学技术不发达，并且有广袤的森林资源为依托，这一时期人对森林的影响是微弱的。伴随着农牧业的发展，森林被认为是妨碍农牧业发展的自然障碍，因此，毁林开荒、取薪毁林，就成为这一时期的重要特征。

（二）传统林业时期

传统林业是伴随着产业革命的兴起而产生和发展的。17 世纪末 18 世纪初，森林资源成为重要的工业原料。对原木直接或间接的工业利用逐步代替了以民用材为主的地位，特别是取代了以薪材利用为主的森林利用格局。随着木材工业的进一步发展，新型相关产业的不断出现（如铁路、建筑、造纸业、家具业等），客观上加快了森林资源的消耗速度。森林采运和原木生产以及后来所开展的大规模人工造林实践是这一时期林业活动的主要内容。

传统森林经营理论其理论框架的特点可概括如下。

①以森林的单一木材生产为中心，目的是要通过对森林资源的管理，向社会均衡提

供木材。

②以法正林理论为核心。不论是完全调整林还是广义法正林，不论是同龄林还是异龄林都充分体现出以木材生产为中心这一本质特征。

③以收获调整和森林资源蓄积量的管理为技术保障体系的核心。

④以林场或林业局为范围的部门生产组织管理形式，并以林班和小班为基本单元组织森林经营单位。

需求是发展的动力。随着社会经济的发展，科学技术的进步，人类对森林资源及其环境的需求也在发生变化。一方面，人口的增加，生活水平的提高，对林产品的需求从品种到数量进一步扩大，与此同时，对森林环境安全和文化享乐的需求与日俱增。另一方面，由于人类干预自然的能力越来越强大，工业及其相关产业的发展，致使森林资源本身存在和发展的空间环境越来越艰难，甚至萎缩。特别是林业部门长期的大规模的采伐，以及贫困人口为了生存所引发的毁林，全球范围内森林资源不仅面积减少，而且质量也在不同程度的下降。需求的扩大与供给能力的缩小，迫使林业必须寻求新的发展模式与途径。与此相对应，森林经营理论和模式也必须做出相应的改变。

（三）现代林业时期

从森林经营理论的演变，特别是森林经营目标的变化来看，尽管早在20世纪五六十年代，许多国家和地区的林业实践中，已经注意到了森林经营与生态环境社会经济发展的关系，也注意到了维持森林生态系统健康问题。

从“永续收获”到“森林可持续经营”，森林经营理论的内涵显著扩大了，各国政府虽都承诺森林要可持续地加以经营，然而对这一概念并不存在统一的精确的解释。一般说来，森林可持续经营意味着在维护森林生态系统健康活力生产力多样性和可持续性的前提下，结合人类的需要和环境的价值，通过生态途径达到科学经营森林的目的。森林可持续经营必须遵循如下几条基本原则。

①保持土地健康（通过恢复和维持土壤、空气、水、生物多样性和生态过程的完整），实现持续的生态系统；

②在土地可持续能力的范围内，满足人们依赖森林生态系统得到食物、燃料、住所、生活和思想经历的需求；

③对社区、区域、国家乃至全球的社会和经济的健康持续发展作出贡献；

④寻求人类和森林资源之间和谐的途径，通过平等地跨越地区之间、世代之间和不同利益团体之间的协调，使森林的经营不仅满足当代人对森林产品和服务的需求，而且为后代人满足他们的需求提供保障。评判是否实现森林的可持续经营应从生态、社会、经济三方面综合衡量，即同时满足生态上合理（环境上健康的）、经济上可行（可负担得起的）及社会上符合需求（政治上可接受的）的发展模式。

森林可持续经营与传统的森林永续经营理论相比有以下5点区别。

①永续经营强调单一产品或价值的生产，生态系统经营强调森林的全部价值和效益；

②永续经营的经营单位是林分或林分集合体，生态系统经营的是景观或景观的集合；

③永续经营与法正林经营模式相似，而生态系统经营则反映了自然干扰的规律；

④永续经营注重森林的贮量和定期产量，而生态系统经营首先注重森林的状态（指年龄、结构、林木活力、动植物种类、木材残留物等），其次才是贮量和定期产量；

⑤生态系统经营强调人类是生态系统的一个组成部分。

森林可持续经营理论的演变与社会经济的发展有着极为密切的关系。从中国社会经济发展水平、生态环境现状出发，在理论上重新认识中国森林可持续发展问题，确立符合可持续发展基本原则以及社会发展需要的森林经营理论，并用于指导中国森林可持续经营实践，使中国林业的发展真正起到优化环境、促进发展的双重目的是中国林业工作者面临的艰巨任务。在区域可持续发展的整体框架下，森林可持续经营的基本任务是建立一个健康、稳定的森林生态系统。而森林生态系统是一个具有等级结构以林木为主体的生物有机体，与其环境相互作用共同组成的开放系统。因此，实施森林生态系统可持续经营应当是有层次的，即在全球、国家、区域、景观、森林群落等不同空间尺度上，实施森林可持续经营的基本目标。

三、森林可持续经营内涵及其任务

森林可持续经营已经成为全球范围内广泛认同的林业发展方向，也是各国政府制定森林政策的重要原则。森林可持续经营战略是从全局系统综合长远的高度，把处理好经济发展社会进步资源环境基础和森林生态系统的关系；处理好局部利益和全局利益的关系，处理好不同空间尺度（景观、社区、区域、国家与全球）的关系；处理好近期中期与长期发展的关系为着眼点，从社会经济发展过程中，协调森林与人类的矛盾以及利益关系出发，通过森林的可持续经营，促进和保障人类社会的可持续发展。

（一）森林可持续经营的内涵

什么是森林可持续经营？森林资源和林地应以可持续的方式经营，以满足当代和后代对社会、经济、生态、文化和精神的需要。这些需要是指对森林产品和森林服务功能的需要，如木材、木质产品、水、食物、饲料、药物、燃料、保护功能、就业、游憩、野生动物栖息地、景观多样性、碳的减少和贮存及其他林产品。应当采取适当的措施以保护森林免受污染（包括空气污染）、火灾和病虫害的危害，以充分维持森林的多用途价值。从森林与人类生存和发展相互依赖关系来看，比较一致的观点可归纳为：森林可持续经营是通过现实和潜在森林生态系统的科学管理合理经营，维持森林生态系统的健康和活力，维护生物多样性及其生态过程，以此来满足社会经济发展过程中，对森林产品及其环境服务功能的需求，保障和促进人口资源环境与社会经济的持续协调发展。

森林可持续经营是对森林生态系统在确保其生产力和可更新能力，以及森林生态系统的物种、生态过程多样性不受到损害前提下的经营实践活动。它是通过综合开发培育和利用森林，以发挥其多种功能，并且保护土壤、空气和水的质量，以及森林动植物的生存环境，既满足当前社会经济发展的需要，又不损害未来满足其需求能力的经营活动。

森林可持续经营不仅从健康完善的生态系统生物多样性良好的环境及主要林产品持续生产等诸多方面反映了现代森林的多重价值观，而且对区域乃至整个国家、全球的社会经济发展和生存环境的改善，都有着不可替代的作用，这种作用几乎渗透到人类生存时空的每一个领域。它是一种环境不退化、技术上可行、经济上能生存下去以及被社会所接受的发展模式。

（二）森林可持续经营的基本任务

森林经营受许多因素的影响和制约，特定时空条件下，森林经营的总体目标取向是各种相关因素综合作用的结果。林业领域在对传统森林经营模式重新认识的基础上，已开始研究和关注如何才能使中国林业的发展真正实现优化环境促进发展的双重目的；如何通过森林的可持续经营，促进和保障区域人口、资源、环境与社会经济的协调发展问题。

森林可持续经营的根本任务是要建立起生态上合理、经济上可行、社会可接受的经营运行机制。它起码有 4 个方面的任务。

①确定和提出特定区域社会经济发展中，需要森林可持续经营过程提供什么样的物质产品和环境服务功能，特定区域自然生态环境条件，能够提供什么样的森林经营的自然基础。

②将上述社会需求与自然基础相耦合，明确森林可持续经营的社会目标、经济目标、生态环境目标，以及保障这三大目标实现的可持续经营的森林目标。即所需的森林结构、分布格局、空间配置。

③实现森林可持续经营目标的途径。具体说来，包括森林可持续经营战略、空间途径、森林可持续经营的技术体系等的综合运用，实现森林可持续经营目标。

④完善森林可持续经营的保障体系，主要包括建立起政府宏观调控体系、公众参与机制、管理体制、以产权制度为基础的合理利益分配机制和森林生态效益补偿机制等涉及社会、经济、文化、法律、行政等诸多领域的综合协调，借以保障森林可持续经营过程和目标的顺利实施。

第二节　森林结构调控技术

一、林木分化与自然稀疏

森林内的林木，各方面都参差不齐。即使在同龄纯林中，各林木之间的差异也是很大的。森林内林木间的这种差异称之为林木分化。

在任何充分郁闭的同龄林内，林分的平均树高若以 1 作为基数，那么，最高的林木是平均树高的 1.15 倍，最低的林木是平均树高的 0.8 倍；同样，如果平均直径为 1，则最大直径为 1.7，最小直径为 0.5。

引起林木分化的原因，主要是林木个体本身的遗传性和其所处的外界环境。如用同样质量的松树种子，在相同的环境条件下进行育苗试验，结果长出来的苗木大小不一，这就说明这些种子具有不同的遗传性和个体生长力。

林木分化在幼苗、幼树时期已经开始。当森林郁闭后，林冠对森林内部的环境起着决定性影响，林木之间争夺营养空间——光、水、肥而进行的竞争加剧，使分化过程更加激烈。生存能力强的植株长势旺盛，树冠处于林冠上层，得到充足的光、水、肥，树冠发育较大，占据较大的空间，并抑制相邻林木。而生存竞争能力弱的植株，因为得不到充足的光水肥，生活力减弱，生长逐渐落后，处于林冠下层，并且随着林分的生长，这种差异将愈来愈大，最后枯死。可见，林木分化的后果导致部分生长落后的林木衰亡。

自然稀疏是森林适应环境条件，调节单位面积林木株数的自然现象。但是通过森林自然稀疏调节的森林密度，是该森林在该立地条件该发育阶段中所能“容纳”的“最大密度”，而不是“最适密度气在混交林中，自然稀疏所保留下来的树种和个体，可能最适应该立地条件，但并不一定是目的树种，其材质和干形可能具有某些严重的缺陷，而淘汰掉的可能是一些树干通直的林木。并且，自然稀疏掉的林木，未曾合理利用，造成资源浪费。所以，对自然稀疏应进行人为干预，通过抚育采伐，即以人为稀疏来代替自然稀疏，使森林既能保持合理密度，又能保留经济价值较高的林木，同时还利用了采伐掉的林木，提高总的经济效益。可见，林木分化和自然稀疏规律，为抚育采伐提供了理论依据。

二、林木分级

森林中的林木因竞争力的不同而表现出不同的大小和形态，根据林木的分化程度对林木进行分级。林木分级的目的是为抚育采伐时选择保留木，确定采伐木提供依据。林木的分级方法很多，据不完全统计，国内外有 30 多种，应用最普遍的是德国林学家克拉夫特提出的林木生长分级法。

克拉夫特分级方法是把同龄纯林中的林木按其生长的优劣和树冠形态分为 5 级，各级林木的特征如下：

Ⅰ级——优势木。树高和直径最大，树冠很大，且伸出一般林冠之上。

Ⅱ级——亚优势木。树高略次于Ⅰ级，树冠向四周发育，在大小上次于Ⅰ级木。

Ⅲ级——中等木。生长尚好，但树高直径较前两级林木为差，树冠较窄，位于林冠的中层，树干的圆满度较Ⅰ、Ⅱ级木为大。

Ⅳ级——被压木。树高和直径生长都非常落后，树冠受挤压，通常都是小径木。被压木又可分为 a、b 两个亚级。

Ⅴ级——濒死木。完全位于林冠下层，生长极落后，又可分为两个亚级。

克拉夫特林木分级法的优点是简便易行，可作为控制抚育采伐强度的依据。其缺点是，只注意林木的大小，没有考虑到树干的形质缺陷。

克拉夫特林木分级法适合于同龄林。对于异龄林的林木分级有一个特点，就是既要考虑成年树，又要考虑幼树。一般异龄林用3级分级法，将林分内的林木分为优良木、有益木和有害木。

三、抚育采伐的概念和目的

（一）抚育采伐的概念

抚育采伐是从幼林郁闭开始，至主伐前一个龄级为止，为改善林分质量，促进林木生长，定期采伐一部分林木的措施。由于抚育采伐是在林分未达到成熟时采伐部分林木加以利用，所以，也叫中间利用采伐，简称间伐。抚育采伐既是培育森林的重要措施，又是获得木材的手段，具有双重意义，但是以抚育森林为主要目的，获取木材是兼得的。

森林主要是通过抚育采伐控制森林的组成，调控其内部结构和外部形态，解决开发森林中各种矛盾，使林分与环境保持协调一致，并能抵抗外界环境所给予的压力。无论是人工林还是天然林，从森林形成一直到成熟采伐利用的整个生长发育过程中，通过森林抚育改善林木生长发育的生态条件，缩短森林培育周期，提高木材质量和工艺价值，发挥森林多种功能。

（二）抚育采伐的目的

森林的作用是多种多样的，不同林种其主导作用不同，故抚育采伐的侧重面不同，其主要是有利于森林主导作用的发挥。下面就以一般林分抚育采伐的目的做一全面归纳。

1. 淘汰劣质林木，提高林分质量

几乎在任何森林中，由于林木个体的遗传性和所处的小环境不同，表现出不同的品质和生活力。

2. 调整树种组成

在混交林中，特别是天然混交林，几种树种生长在一起，往往发生互相竞争排挤的现象。被排挤处于劣势地位的林木不一定是价值低的非目的树种，而处于优势地位的林木并非全是价值高的目的树种。通过抚育采伐，伐除妨碍目的树种生长的非目的树种，保证林分合理的组成。

3. 降低林分密度，加速林木生长

森林在生长发育过程中，随着林木的生长，林分的相对密度不断增加，林木个体间竞争强烈，因竞争而影响了林木生长。若在林木竞争激烈的时期进行抚育采伐，伐去部分林木，降低林分密度，缓解林木间的竞争，有利于保存木的生长。

4. 提高木材总利用量

自然发展的森林，在其生长过程中，随着林木年龄的增加，一部分生长势弱的林木逐渐枯死，使单位面积上林木株数愈来愈少，这就是林分出现的自然稀疏现象。不进行抚育采伐的林分，通过自然稀疏死亡的林木达 80% 以上。若及时进行抚育采伐，用人为稀疏代替自然稀疏，则可以利用采伐木，避免资源的浪费，提高了木材总利用量。

5. 改善林分卫生状况，增强林分对各种自然灾害的抵抗能力

抚育采伐首先伐除各种生长不良的劣质林木，保留生长健壮的优质林木，改善了林内的卫生状况，提高了林分的质量和生长量，从而增强了林分对不良气候条件（风害、雪害等）和病虫害的抵抗能力，同时，降低了森林火灾发生的可能性。

四、抚育采伐的种类和方法

（一）透光伐

透光伐又称透光抚育。一般在幼龄林时期，为解决树种之间或林木与其他植物之间的矛盾，保证目的树种和其他林木不受压抑，以调整林分组成为主要目的的采伐。对于混交林，主要是调整林分树种组成，使目的树种得到适宜的光照，同时伐去目的树种中生长不良的林木；对于纯林，主要是间密留均、留优去劣。透光伐的方法有 3 种。

1. 全面抚育

按抚育采伐确定的采伐树种和采伐强度，在全林中进行透光伐。这种方法只有在交通方便、劳力充足、薪炭材有销路、主要树种占优势且分布均匀的情况下才使用。

2. 局部抚育

不是将全林，而是部分地段进行的透光伐。这种方法适用于交通不便、劳力来源少、薪炭材无销路的情况下使用。局部抚育可分为群团状抚育和带状抚育。

3. 群团状抚育

针对主要树种的幼树在林地上分布不均匀，仅在有主要树种分布的群团内进行，无主要树种的地方不进行抚育，这样可节省劳力、时间和费用。带状抚育，将林地分成若干条带，每间隔一带，抚育一带。抚育后 5 ～ 10 年，如果间隔带上边缘的林木妨碍抚育带上的林木生长，则应将影响抚育带上的林木砍除。一般带的宽度 2 ～ 5m，通常是等带，也可不等。带的设置视气候和地形条件而定，在山区有水土流失的地方，带的方向应与等高线平行，以利于水土保持。

透光伐伐除的林木，多数年龄较小，所以，透光伐时往往不需要确定严格的采伐强度，通常用单位面积上保留多少目的树种作为参考指标。

（二）疏伐

透光伐之后，林分的树种组成基本确定，森林在以后的生长发育时期内，林木之间的问题主要上升为对营养空间的竞争。疏伐就是林分自壮龄至成熟以前，为了解决目的树种个体间的矛盾，不断调整林分密度，以促进保留木生长为主要目的的采伐，疏伐也叫生长伐或生长抚育。它是对不同年龄阶段调整林分的合理密度。疏伐时期林分正处于迅速生长期，随着年龄的增长，单株林木需要愈来愈大的空间来扩大树冠，增加叶量。

这时，伐去过密的和生长不良的林木，为保留木提供充分的营养空间，促进保留木迅速生长。世界各国疏伐历史比较悠久，方法也较多，可归纳为4种。

1. 下层疏伐

也叫下层抚育。主要砍除居于林冠下层生长落后径级较小的濒死木和枯立木。也就是砍伐在自然稀疏过程中将被淘汰的林木。此外，还砍伐个别处于林冠上层的弯曲木分杈木等干形不良的林木。下层疏伐基本上是以人工稀疏代替林分的自然稀疏，并不改变森林自然选择进程的总方向。

下层疏伐适用于单层纯林，特别是针叶同龄纯林。因为生长高大的植株往往也是生长势旺盛、树冠发育正常、干形良好、有培育前途的林木。

2. 上层疏伐

上层疏伐与下层疏伐相反，主要砍伐居于林冠上层的林木。在混交林中，位于林冠上层的林木往往是非目的树种，或者虽然为目的树种，但常常是树形不良、分杈多节，树冠过于庞大，严重影响周围其他优良林木的正常生长。因此，应该伐除这些经济价值较低、干形不良、无培育前途的上层林木，使林冠疏开，为经济价值较高、有培育前途的林木创造良好的生长条件，保证目的树种能够获得充分的光照。

上层疏伐适用于异龄林、阔叶林和混交林，特别是针阔混交林，往往阔叶树生长快，居于林冠上层，而针叶树生长慢，位于林冠下层，受阔叶树的影响。

3. 综合疏伐

综合疏伐综合了下层疏伐和上层疏伐的特点，既从林冠上层，也从林冠下层选择砍伐木。在实施综合疏伐时，先将在生态上彼此有密切联系的林木划分为若干个植生组（或称树群），然后以每一个植生组为单位，将林木分为优良木、有益木和有害木，主要砍伐有害木，保留优良木和有益木，使林分保持多级郁闭（阶梯郁闭），保留下来的大中小林木都能得到充分光照而加速生长。

综合疏伐砍伐较多的上层木，改变了自然选择的总方向，对保留木生长促进作用大，采伐木径级大，收入也高。但综合疏伐的灵活性很大，要求较高的熟练技术，易加剧风害和雪害的发生。

综合疏伐实际上是上层疏伐的变型，与上层疏伐有相似的特点。一般适用于天然阔叶林，尤其是混交林和复层异龄林。

4. 机械疏伐

机械疏伐是按照一定的株行距，机械地确定砍伐木的抚育采伐。此法不考虑林木的大小和品质的优劣，只要事先确定砍伐行距或株距后，一律伐去。确定砍伐木的方法有：隔行砍、隔株砍和隔行隔株砍。此法适用于人工林，特别是人工纯林或分化不明显的林分。

机械疏伐的优点是工艺简单，操作方便，在平坦地区便于机械化作业，成本低。

（三）卫生伐

卫生伐是为维护与改善林分的卫生状况而进行的抚育采伐。一般不单独进行，因为改善林内卫生状况在透光伐或疏伐中即可完成。只有当林分遭受严重自然灾害。

五、抚育采伐的技术要素

抚育采伐的技术要素包括抚育采伐的开始期、采伐强度、采伐木选择和间隔期。

（一）抚育采伐的开始期

抚育采伐的开始期是指第一次进行抚育采伐的时间，这是抚育采伐首先要解决的问题。何时进行抚育采伐取决于树种生物学特性、立地条件、林分密度、生长状况、交通运输、劳力以及小径材销路等综合因素。抚育采伐的主要目的是为了提高林分的生长量和林木质量，因此，开始期过早，不仅对促进林木生长作用不大，还不利于形成优良的干形，并且间伐材为小径木；若开始期过迟，林分密度偏大，营养空间已不能满足林木生长的需要，生长受到抑制，生长量下降，尤其是胸径生长量明显下降。

（二）抚育采伐的强度

抚育采伐强度是指砍伐多少林木，保留多少林木，也就是通过抚育采伐将林分稀疏到何种程度的问题。由于抚育采伐强度不同，对林地光、热、水分等生态因子产生的影响不同。采伐强度过大，林分过分稀疏，林木的尖削度加大，单位面积内木材蓄积量减小，同时杂草滋生，甚至破坏林分的稳定性；若采伐强度过小，对林木生长的促进作用不大。因此，在森林生长发育过程中，合理地控制林分密度是森林经营中颇为重要的研究课题。

（三）选择采伐木

在实施抚育采伐时，采伐木选择的正确与否，关系到抚育采伐的质量，决定于抚育采伐的目的能否达到，影响着抚育采伐的总效果。在生产实践中，各地积累了确定采伐木的许多经验，一般在选择采伐木时应注意以下几方面。

①淘汰低价值的树种，保留经济价值高的树种

②砍去劣质和生长落后的林木

③伐除有碍森林环境卫生的林木

④维护森林生态系统的平衡

⑤满足特种林分的经营要求

（四）抚育采伐的间隔期

抚育采伐的间隔期又称为重复期，是指相邻两次抚育采伐所间隔的年限。间隔期的长短，取决于树冠恢复郁闭的速度和直径生长量的变化。在进行一次抚育采伐后，林冠疏开，保留木的树冠因得到充分扩展，直径生长量提高，等到树冠重新郁闭，直径生长量又开始下降时，需要进行下一次抚育采伐。

因此，间隔期和抚育采伐强度是密切相关的。抚育采伐强度越大，林冠恢复郁闭所需的年限越长，相应的间隔期也变长。

在经济条件允许的情况下，用采伐量小、间隔期短的多次抚育采伐方式抚育森林，可使林分长期保持较大的生长量，形成树干圆满、通直、少节、年轮宽度均匀的良材。但由于采伐量少，费工，增加了采伐的开支，使经济效益降低。

第三节　森林采伐更新技术

一、森林采伐更新的概念

森林更新是森林可持续经营的基础，森林经过采伐火烧或其他自然灾害消失后，以自然力或人为的方法重新恢复森林称为森林更新。利用自然的力量形成的森林称为天然更新；以人为的方法重新恢复森林称为森林更新。森林更新的方法除了人工更新和天然更新之外，还有一种人工促进天然更新，是对天然更新加以人工辅助形成森林的方法。根据森林更新发生于采伐前后的不同，可分为伐前更新和伐后更新。伐前更新是在森林采伐以前的更新，简称前更；伐后更新是在森林采伐以后的更新，简称后更。

森林更新与森林采伐是密切相关的，有什么样的采伐方式就有相应的更新方式。采伐方式的确定就意味着更新方式的选定，合理的采伐作业就意味着更新的开始。森林主伐方式分为择伐、皆伐和渐伐3种。不同主伐方式适于不同的森林地段和森林更新方式。

二、择伐更新

择伐是每隔一定时期，采伐一部分成熟林木，使林地始终保持不同年龄的有林状态的一种主伐方式。

（一）择伐更新过程及其特点

择伐是模拟原始天然林自然更新过程，是以采伐成熟林来代替原始林中老龄过熟林木的自然枯死和腐朽，造成林冠疏开，为更新创造必要的空间。择伐后被采伐掉的林木所占的空间，就会出现许多幼苗幼树，及时地实现了天然更新。所以，择伐最适合于在异龄复层林中进行，成熟一批采伐一批，每次采伐后都出现一批新的幼苗幼树，始终维持异龄林状态。择伐是符合于森林自身特点的一种更新方式。

择伐借助于母树的天然更新，通常是与天然更新配合进行的，但在天然更新不能保证的情况下，并不排除采用人工植苗或播种的方法，来弥补天然更新的不足。

择伐是以主伐为主，并辅以抚育采伐，故称采育择伐。合理的择伐应完成3个任务：采伐利用已成熟的林木；为更新创造良好的条件；对未成熟林木进行抚育。为此，择伐木的选择必须遵循“采大留小，采劣留优，采密留稀”的原则。砍伐已成熟的老龄林木、受害木、弯曲木、生长密集处的林木、妨碍幼树生长的林木和无培育前途的林木，在采伐过程中要注意对幼树的保护，把采伐和育林有机地结合起来。

择伐量的多少决定于采伐强度的大小，采伐强度应由林分的年生长量来决定，但又与间隔期的长短密切相关。在择伐作业中，间隔期又称为回归年或择伐周期，是指相邻两次采伐所间隔的年限。通常以年生长量除采伐量来确定间隔年限。所以，间隔期的长短受采伐量的制约，一般年采伐量不能超过年生长量。

（二）择伐的种类

择伐按其经营的集约程度分为集约择伐与粗放择伐。

1. 集约择伐

以采伐较小，间隔期较短，在采伐利用木材的同时，还十分注意对林分的培育。此法最适宜在异龄林中实施，采伐木比较分散，不仅采伐一定直径的林木，而且采伐病腐木以及非目的树种。这种采伐既是主伐，又是抚育伐。择伐后，林分始终维持大、中、小林木的均匀分配。

2. 粗放择伐

采伐量较大，间隔期较长，只注重木材利用而忽略今后森林的质量和产量，是对森林进行破坏性的掠夺式采伐。径级择伐就是一种粗放择伐，它是从森林工业的观点出发，只考虑取得一定规格的木材与经济收入，很少考虑采伐后的林地状况和更新问题。

（三）择伐的评价及选用条件

1. 择伐的评价

择伐的优点在于始终维持森林环境以至于天然更新很容易获得成功。择伐的缺点表现为 3 个方面：采伐木比较分散，采伐、集材较困难，因此，木材生产成本高；在整个择伐作业过程中，易损伤保留木和幼树；择伐要求具有较高的技术。

2. 择伐的选用条件

鉴于择伐的优缺点，决定了择伐适用于特殊用途的森林，如风景林防护林等；适于由耐阴树种组成的复层异龄林和准备培育为异龄林的单层同龄林；适用于采伐后不易引起林地环境恶化的森林；适用于混有珍贵树种的林分。采伐时，将珍贵树种留作母树，繁殖后代。

三、皆伐更新

皆伐是将伐区上的林木在短期内一次采完或几乎采完，并于伐后及时更新恢复森林的一种采伐方式。皆伐迹地最适宜于人工更新，但在目的树种天然更新有保障的情况下，可采用天然更新或人工促进天然更新。皆伐迹地上形成的森林一般为同龄林。

（一）皆伐迹地环境条件特点及对更新的影响

由于皆伐迹地完全失去原有林木的遮蔽，在裸露的迹地上小气候植物和土壤条件与林内相比均有显著的变化，将影响迹地的更新。

1. 迹地小气候

皆伐后太阳辐射直达迹地，气温土温增高，尤其是地表温度增高显著。迹地没有树木的遮挡，风速加大。由于气温高，风速大，蒸发量随之加大，迹地相对湿度明显降低。在北方冬季迹地积雪比林内多，但由于翌春迹地地温回升较快，雪融化早且速度也快。

2. 迹地植物和土壤

植物生长条件的变化直接受小气候条件的影响。森林皆伐后的最初 1 ～ 2 年，迹地上的植物种类成分与原林下相比无明显变化，但处于极不稳定状态，伐后 3 ～ 5 年变化明显而迅速。原林下耐阴植物逐渐被喜光植物所取代，5 年后达到较为稳定的密生灌丛和草被，植物总覆盖度达 90% ～ 100%，草根盘结度逐年增加，使地表层 10 ～ 15cm 厚的土壤形成密网状草根层。在新采伐迹地上具有杂草灌丛少，覆盖度低，土壤疏松等特点，有利于更新；伐后 4 ～ 5 年的旧皆伐迹地，杂草遍地滋生蔓延，更新比较困难。

（二）皆伐迹地的人工更新

皆伐迹地最便于人工更新。由于皆伐后的 1 ～ 2 年内，迹地杂草灌丛较少，土壤疏松多孔，环境变化不大，所以，最好在采伐当年完成更新，最迟应在第 2 年。更新技术基本与荒山造林相同，一般比干旱地区荒山造林容易得多。人工更新的优点是可以按照人们的要求配置树种组成和密度，可提高森林更新的质量，而且成林较快，缩短更新期，加速森林的恢复，又易于管理。

皆伐迹地上常有一些天然更新起来的幼苗幼树，人工更新时应注意保护，使其与栽植树种形成混交林，同时可加快森林的恢复。

（三）皆伐迹地的天然更新

皆伐迹地在能保证森林天然更新获得成功的情况下，应采用天然更新，以便充分利用自然力，可节省劳力和资金。

皆伐按伐区排列方法，分为带状间隔皆伐更新、带状连续皆伐更新和块状皆伐更新。

1. 带状间隔皆伐更新

将整个采伐林分划分成若干采伐带（伐区），隔一带采伐一带。几年后，当采伐带完成更新时，再采伐保留带。第 1 次采伐的伐区，两侧保留的林墙可起下种和保护更新的幼苗幼树的作用。

2. 带状连续皆伐更新

带状连续皆伐是按顺序依次采伐各采伐带，前一带完成更新后，再采伐下一带，直至采伐完全林。当林分面积较大时，可将林分划分成若干采伐列区，在每个采伐列区中，划分出 3 个以上的伐区，同时按顺序依次采伐各采伐列区的采伐带，直至采伐完全林。

3. 块状皆伐更新

在地形不规整或者不同年龄的林分呈片状混交的情况下，无法采用带状皆伐时，适用块状皆伐。伐区的形状尽可能呈长方形（带状），以便发挥林墙的作用。

森林采伐后采用何种更新方式，必须依照树种更新特性、伐区自然条件和经济手段综合考虑决定。

（四）皆伐的评价与适用条件

1. 皆伐的评价

皆伐的优点：采伐集中，便于机械化作业，采伐方法简便易行，不存在选择采伐木和确定采伐强度；可节省人力、物力、财力，降低木材生产成本；最便于人工更新，迹地光照条件好，有利于喜光树种更新和无性更新。

皆伐的缺点：环境变化剧烈，通常对更新不利；不利于水土保持，降低了森林的防护效能，严重干扰森林生态平衡等。

2. 适用条件

①皆伐对象主要是用材林，对营造的人工用材林，大部分实行皆伐；对天然用材林，则应慎重考虑，皆伐地块的面积绝不能过大。

②适用于成熟或过熟的同龄林。

③适用于人工更新的各类森林。一些林业经营水平高的国家，采用皆伐方式，主要原因是皆伐迹地便于人工更新，而人工林有利于提高林地生产力，又有较高的质量。

④低价值林分改造更换树种的林分。

⑤适用于无性更新的林分。

⑥岩石裸露的石质山地、土层很薄、更新困难的林分，不应采用皆伐。

⑦水湿地、地下水位较高、排水不良的林分，不宜采用皆伐。因为皆伐后失去原有林木，蒸腾量大大降低，会加剧水湿程度，甚至形成沼泽化。

⑧对水源涵养林、水土保持林、护岸林、护路林等防护林以及风景林，应避免采用皆伐。

四、渐伐更新

渐伐是把林分中所有成熟林木，在一定期限内（通常不超过一个龄组）分几次采伐完的一种采伐方式。渐伐在其数次采伐过程中，逐渐为林木更新创造条件，当成熟木全部采伐完后，林地也全部更新成林。虽然更新起来的林木年龄不同，但在一个龄级之内属于相对同龄林。

渐伐是由保留母树的皆伐演变而来的。皆伐保留母树很少，只是为了下种，而渐伐保留母树很多，其目的不只是为了下种，也为更新的幼苗幼树提供庇护作用。

（一）渐伐更新过程及其特点

渐伐是分数次采伐完成熟林木。典型渐伐分 4 次采伐，其名称分别为：预备伐、下种伐、受光伐和后伐。

1. 预备伐

通常在密度大的林分中进行。由于林分密度大林内光照弱，林下地被物层堆积较厚。预备伐的目的在于疏开林冠，增加林内光照，促进保留木结实，加速死地被物分解，为提供足够的种子作准备，同时也为种子发芽和幼苗生长创造条件。伐后林分郁闭度保持在0.6 ~ 0.7，若伐前郁闭度不太大，不需进行预备伐。

2. 下种伐

在预备伐的若干年，林木大量结实以后，通过采伐促进林木下种，同时进一步疏开林冠，为更新创造条件。下种伐应在种子年进行，使种子尽可能多地落到林地上，伐后郁闭度为0.4 ~ 0.6，若伐前林下更新的幼苗较多，郁闭度不大，可免去下种伐。

3. 受光伐

下种伐之后，林地上逐渐长起许多幼苗幼树，它们对光照的要求越来越多。受光伐就是给逐渐长大的幼苗幼树增加光照的采伐。伐后郁闭度保持在0.2 ～ 0.4。

4. 后伐

受光伐后，幼苗幼树得到充足的光照，生长速度加快，3 ～ 5年后不再需要老林木的保护，如果老林木继续存在，将影响新林生长，这时把老林木全部伐除，整个渐伐过程结束，新林也完成更新。

从渐伐过程来看，是以天然更新为主的采伐方式，每次采伐使林分不断得到稀疏，林内光照条件不断改善，促进了林木结实和下种能力；同时有老林木林冠的保护，有利于幼苗幼树生长。在生产实践中，根据渐伐的林分状况和更新特点，并不需要采伐4次就可获得较好的森林更新，则可简化为2 ～ 3次采伐，称其为简易渐伐。

渐伐作业对采伐木的选择应注意3个原则，一是有利于林内卫生状况，维护良好的森林环境；二是有利于幼林和保留木的生长；三是有利于树木结实、下种和天然更新。

（二）渐伐的种类

渐伐按照采伐过程可分为典型渐伐和简易渐伐；按照伐区排列方式的不同分为全面渐伐、带状渐伐和群状渐伐。

（三）渐伐的评价及适用条件

1. 渐伐的评价

渐伐的优点在于始终维持森林环境，对森林的防护作用影响不大，并且有丰富的种源和上层林木的保护，天然更新易成功。而缺点表现在渐伐要求的技术水平较高，采伐作业过程中对保留木和幼苗幼树损伤率较大。

2. 渐伐适用条件

渐伐适宜于所有树种的成熟单层或接近单层的林分；适用于容易发生水土流失的地区或具有其他特殊用途的林分，如特殊防护林、风景林等；适宜对皆伐天然更新有困难而又难以人工更新的森林，如沼泽、陡坡、土层薄等地段上的森林。

五、更新采伐

更新采伐是指为了恢复改善提高防护林和特用林的有益效能，进而为林分的更新创造良好条件而进行的采伐。更新采伐不是以获取木材为主要目的的采伐，它一般在森林成熟后，防护或其他有益效能开始下降时进行。

六、森林采伐更新方式的选择

在进行森林主伐之前，选择适宜的主伐方式是至关重要的，这关系到合理地经营利用森林资源，而且对保证森林的及时更新更具有现实意义。

合理采伐的一个重要标志，就是森林的持续利用。森林的持续利用，不仅是木材，还应包括水资源动物资源以及其他各种用途的持续。上述 3 种主伐更新方式各有各的特点，适用于不同的环境条件和具有不同特征的林分。在林业生产实践中，应根据森林经营的方针和多样性的特点，因地制宜地选择主伐更新方式，才能合理采伐利用森林资源，并不断发挥其各种效能。

选择主伐更新方式时应注意以下 3 点：首先要考虑森林的生态作用，采伐方式必须有利于水土保持涵养水源，尤其对有水土流失危险的陡坡森林更需注意，坡度大于 35° 时不得采用皆伐方式；其次要本着有利于恢复森林的原则，采伐方式为森林更新创造好的条件；再次，在采伐合理的前提下，采伐更新方式有利于降低木材生产成本，提高劳动生产率。

第四节　次生林经营技术

天然林包括原始林和次生林。天然林是我国森林资源的主体，在维护生态平衡和改善生态环境以及保护生物多样性方面发挥着不可替代的重要作用。中国实施天然林资源保护工作，不仅对中国的生态环境保护和建设产生重大影响，同时也将为世界的生态环境保护做出巨大的贡献。

一、次生林及其形成

次生林是对应于原始林而言的，一般来说在原始林受到人为的或自然因素破坏后，以天然更新自然恢复形成的次生群落，称为次生林。由于次生林是天然林，因而又称为天然次生林。但有的次生林是在人工林被破坏后的迹地上产生的，所以，又扩大为原生林经过破坏后，以天然更新自然恢复形成的次生群落。

次生林的发生发展包括 2 种过程：一种是群落退化（逆行演替）；另一种是群落复生（进展演替）。群落退化是指原始群落在外因（如采伐、火烧、开垦、放牧、病虫害、旱涝等）的作用下，原来的群落由高级阶段往低级阶段退化。外力是形成退化的直接原因，外力作用的方式程度和持续的时间决定次生林发生发展的速度趋向、所经历的阶段与产生次生林的类型及其途径。如果外力强，对原生林破坏的程度越大与持续的时间越长，则所形成的次生林结构越简单，类型越单纯。当外力作用极强时，则可使原生林一次直接退化到次生裸地。当外界因素破坏停止后，次生林即转向进展演替，向原生群落发展。其速度与破坏程度成反比，即破坏的越严重，恢复的速度越慢，反之，则越快。

二、次生林类型的划分

次生林类型划分的目的在于合理经营次生林，正确划分次生林类型，是经营好次生林的关键。我国林学界对次生林类型划分有不同的意见和划分方法，可归纳为以下几种。

（一）按自然类型划分

1. 根据优势树种分类

优势树种是森林的主要组成部分，支配着森林发展的总方向，又是人们经营森林的主要对象。所以，以优势树种的名称来划分，如山杨林、桦树林等。但由于组成次生林的优势树种一般都对环境有较强的适应能力，在不同的生长条件的地段，生产力相差甚大。通常由于活地被物优势种可以指示立地条件，常常利用上层优势树种和林下活地被物优势种一起来划分类型。

2. 根据立地条件分类

环境支配着森林，决定着森林的生存生长发育，环境条件的变化会引起森林在组成、结构与生产力上的相应变化。虽然森林容易受人为活动的影响，但环境总是比较稳定的。在划分森林类型时，应将环境条件作为基础。环境条件主要指气候条件与土壤条件，但在同一气候区内，森林主要受土壤肥力（水分与养分）的影响，所以应先按土壤肥力的差异划分立地条件类型，然后与林分的优势树种结合起来，划分森林类型。

3. 以环境主导因子分类

虽在同一气候区内，但地形不同，局部气候差异很大，对土壤发育也有较大影响。由于海拔高度、坡向、坡度、坡位等地形因子的不同，使各种生态因子形成显著的差异，从而导致次生林的变化，加之地形是个较稳定易于鉴别的自然因素，作为主导因子进行森林分类，易于掌握。

（二）按经营类型划分

根据林分的主要特征，比如树种组成、林龄、郁闭度、密度培育目的、卫生状况等，结合拟采取的经营措施加以划分。不同的经营类型的林分，要求有不同的技术措施。次生林经营类型的划分，应在自然类型划分的基础上，将经营目的与技术要求相同的林分归并为若干个经营类型，以便采取相同的经营措施。通常划分为以下经营类型：

1. 抚育型

指林木有生长潜力，有培育前途或者合乎经营目的要求的次生林。

2. 改造型

指大部分林木无培育前途，不符合经营要求，需要改造的低劣次生林。

3. 抚育改造型

树种组成复杂，而组成林分的各树种生产力大小不均衡的各种次生林。应通过抚育采伐伐去低劣和生产力不高的树种，在抚育采伐后，主要树种的数量仍然不足，并且分布不均，需要引进目的树种实行局部造林。

4. 利用型

对零星分散的老熟次生林及时砍伐利用，并同时做好森林更新工作。

5. 封育型

有一定优良林木，但郁闭度密度不够抚育采伐标准的中幼近熟林，或处于山脊陡坡（立地条件差）生产力低，却对山体有重要防护作用的次生林。对这些林分要管护好，实行封育。

经营次生林要根据林分的不同情况采取相应的措施，做到该保护的保护，该抚育的抚育，该改造的改造，该利用的利用，逐步变低产为高产，变劣质为优质。

三、次生林的经营措施

确定次生林经营技术，应根据次生林不同类型特点、地形条件、土地类别以及林分状况（林分年龄树种组成、林分郁闭度、病虫害）等差异，拟定相应的技术措施。次生林经营管理的主要技术可概括如下。

（一）次生林的抚育间伐

次生林抚育间伐主要是以稀疏、淘汰为手段，调整林分组成结构，促进林分的进展演替，培育更高质量的森林。抚育间伐技术要比人工林复杂，因林分类型、状况、立地等不同而不同。对于天然幼龄林，按不同生态公益林的要求分 2 ~ 3 次调整树种结构，伐除非目的树种和过密幼树，对稀疏地段补植目的树种。

天然次生林疏伐强度用单位面积立木株数作为控制指标。立地条件较好的地段保留株数可适当小些，反之则大些。抚育后林分郁闭度不应低于 0.5，并且不得造成天窗或疏林地。未进行过透光伐的飞播林，首次疏伐每公顷保留 3500 株以上或伐后郁闭度控制在 0.7 ~ 0.8。

（二）低效次生林分改造

1. 低效林分

低效林分指在一定的立地条件下，按照立地的生产和生态潜力来衡量，生态功能和经济功能都很低下的林分，包括人工林和天然次生林。人工商品林中低产林很少，主要由于造林树种选择不当，配置不合理，幼林抚育不及时，立地条件不适应，导致林木生长不良，虽然成活、成林，但不能成材，每公顷生长量很低，成为低产林。

2. 林分改造对象

（1）树种组成不符合经营要求的林分

培育森林都有一定的经营目的，并不是所有树种都符合经营要求。凡是有不符合经营要求的树种组成的林分。

（2）郁闭度在 0.3 以下的疏林地

即使林分由目的树种组成，但由于株数太少，郁闭度在 0.3 以下者。

（3）经过多次破坏性采伐，无培育前途的残次林

由于经过多次破坏性的乱砍滥伐，林分中材质好的优良树种以及干形好、符合做各种用材的林木，大部分被砍尽，残留的林木结构混乱，多数是价值低、干形不良或受病虫害危害的林木，规格材出材率不足 30%，以致不能通过正常的抚育间伐，使林分达到符合经营要求。

（4）生长衰退的林分

经过多代萌芽更新，生长衰退，生长速度明显减慢，森林生产力低，且多数林木发生心腐，这种现象也常为多次破坏性砍伐的结果。对于天然次生林，速生中生树种的中龄阶段，每公顷年生长量在 $3m^3$ 以下；幼龄阶段，每公顷年生长量在 $2.25m^3$。以下；慢生树种的中龄林阶段，每公顷年生长量在 $2.25m^3$ 以下；幼龄阶段，每公顷年生长量在 $1.5m^3$ 以下的低效林，需要改造。

（5）遭受严重火灾、风灾、雪灾以及病虫害等自然灾害的林分

林分遭受火灾、风灾、雪灾以及病虫害等严重的自然灾害后常使林木死亡，产生大量枯立木和倒木或树干、树枝折断，或弯曲成弓形，以致失去利用价值。这种林分内部极其混乱，卫生状况极差，是病虫的发源地，森林的生产力大为降低。经过清林后，常使树冠郁闭破坏，形成疏密不匀的状态，甚至出现林窗和林间空地。

（6）大片灌丛

除了特殊经营的灌丛林和涵养水源保持水土的灌丛林外，立地条件好的灌丛林都应改造为乔木林。需要指出的是，有些林分虽然属于改造对象，但有固沙、护堤等特殊意义，根据情况不急于改造或不改造

3. 林分改造方法

林分改造以森林生态学理论为指导，遵循森林群落自然演替规律，根据树种的生物学特性，用人工措施建立起生态功能显著、抗逆性强、生长稳定的森林生态系统。低效林改造应统一规划，通过改造达到无林（林中空地）变有林，灌丛变乔林，纯林变混交林，多代萌生林变实生林，杂木阔叶林变针阔混交林，低效林变高产林。

（1）林冠下造林

适用于林木稀疏，郁闭度小于 0.5 的低价值林分。在林冠下播种或植苗，提高林分

密度。林冠下造林能否成功的关键：一是选择适宜的树种。引入树种既要与立地条件相适应，又要与原有林木相协调。如果原来的优势树种是阔叶树，则应引进针叶树。二是如何及时处理引进树种与原有树种的矛盾。随着引进树种年龄的增大，需要的光照越来越多，应对上层次生林林木进行疏伐，疏伐次数与强度应以林冠下幼树的生长状况和林地条件而异。

（2）小面积皆伐改造

用于无必要培育的灌丛林和残次林，首先伐除全部林木，若有少数珍贵树种和目的树种的幼树应保留，然后用适宜的树种造林。一次改造强度控制在蓄积的 20% 以内。适用于地势平坦不易引起水土流失的地方。

（3）群团状改造

林分尚有一定目的树种，但分布不匀，呈群团状分布。将无培育前途的林木砍去，在林间空地和伐孔内补植目的树种（一般为针叶树）。选择补植树种应以林间空地大小和立地条件而定。

（4）带状改造

与小面积皆伐一样，适用于无培育前途的灌丛林和残次林。当林地面积较大或有水土流失的地方用带状改造，实行带状间隔皆伐与人工更新。带的宽度决定于立地条件和栽植树种的生物学特性。喜光树种和立地条件好的林地可宽一些；在地形较陡的林地宜窄些，一般是保留带宽度与林分高度相等。这种方法的优点是能保持一定的森林环境，侧方庇荫，有利于幼树的生长发育。

（5）抚育改造法

以抚育与改造相结合的方式，用于目的树种达不到 50% 的杂木林，通过抚育采伐的方式逐渐伐除非目的树种，在伐孔和稀疏处引进较耐阴的目的树种，增加目的树种比例。

（三）封山育林技术

1. 封山育林的作用

封山育林是对被破坏的森林进行人为的封禁培育，利用林木天然下种或萌糵能力，促进新林形成的一项技术措施。封山育林是扩大和恢复森林资源的有效方法。封山育林大多数用于森林环境适宜，但山势陡峭的深山、远山等交通不便，劳动力缺乏或资金不足地区的天然次生林或残存的天然林。

封山育林具有投资少、见效快的优点，是符合我国国情的一种可行的措施。封山育林有广泛的适应性，符合森林更新和演替规律，摆脱人为对植被的干扰和破坏，将荒山、疏林、灌丛置于自然演替的环境中，使其沿着交替方向发展。

封山育林形成的森林，多为乔、灌、草混交复层林分，物种丰富，森林生态系统稳定。在涵养水源保持水土、增加生物多样性、改善生态环境等方面的作用非常显著。

2. 封山育林的理论基础

封山育林的理论依据主要是森林群落演替和森林植物的自然繁殖力。森林植物的自然繁殖力是群落演替的基础，没有植物的自然更新，群落演替是不可能发生的。在能生长森林的区域内，不论原有的植被类型是什么，甚至是裸地，通过封禁，最终都会演变为森林，育林活动只是加速这个演变过程。

3. 封山育林的方法

（1）封山育林的条件（对象）

主要包括疏林、灌丛林、老采伐迹地和火烧迹地，具有天然下种更新条件的地区，少林、无林区的河流中上游地带水源涵养林区以及荒山荒地；具备乔木或灌木更新潜力的地段；人为破坏和人为不利影响严重的地段；人工造林困难的高山、陡坡、岩石裸露地、水土流失严重及沙漠、沙地，经封育可望成林或增加林草盖度的地段。在符合上述条件的地段进行封育，禁止或减少人为活动的干扰，给森林以休养生息的时间，使其在自然繁殖的前提下自然恢复成林。

（2）封山育林的方法

主要包括全封、半封和轮封 3 种方法。

全封：也称死封。指在封育期间，禁止一切不利于植物生长繁育的人为活动，如采伐、砍柴、放牧、割草等。一般适用于高山、远山、江河上游、水库附近水土流失严重的水源涵养林防风固沙林和风景林等的封育。封育年限可根据成林年限确定，一般 3 ~ 5 年，有的可达 8 ~ 10 年以上。

半封：也称活封。指在林木主要生长季节实施封禁，其他季节，在严格保护目的树种幼苗幼树的前提下，可有计划有组织地进行砍柴割草等活动。在有一定目的树种、生长良好、林木覆盖度较大的宜封地，可采取半封。适用于封育用材林和薪炭林等。

轮封：根据封育区的具体情况，将封育区划片分段，轮流实行全封或半封。在不影响育林和水土保持的前提下，划出一定范围暂时供群众樵采、放牧等活动，其余地区实行封禁。轮封间隔期 2 ~ 3 年或 3 ~ 5 年。对于当地群众生产、生活和燃料有实际困难的地方，可采取轮封。特别适用于封育薪炭林。

在规划和开展封山育林时，要统筹兼顾山区群众的目前利益，适当解决进山打柴放牧和搞林副业生产等具体问题。一般除远山、高山、江河上游和水库周围山地，以及水土流失、风沙危害严重的地区应实行全封外，都可分别实行半封或轮封。实践证明，只要加强管理，半封和轮封能够实现“封而不死，开而不乱”，所以很受群众欢迎。

（四）次生林的采伐更新

次生林达到成熟后，应及时采伐利用，并及时更新。由于次生林的主要组成树种多为喜光树种，前期生长速度快，后期生长慢，成熟期或衰老期到来的早且容易得心腐病，所以，次生林采伐年龄不宜过大。

参考文献

[1] 胡松梅 . 园林规划设计 [M]. 世界图书出版社西安有限公司，2018.06.

[2] 黄丽霞，马静，李琴，孙春红 . 园林规划设计实训指导 [M]. 上海：上海交通大学出版社，2018.08.

[3] 徐文辉 . 城市园林绿地系统规划第 3 版 [M]. 武汉：华中科技大学出版社，2018.02.

[4] 崔星，尚云博，桂美根 . 园林工程 [M]. 武汉：武汉大学出版社，2018.03.

[5] 张启亮，李宾，陈泽 . 园林美术 [M]. 北京 / 西安：世界图书出版公司，2018.06.

[6] 杨云霄 .3DS MAX/VRay 园林效果图制作第 2 版 [M]. 重庆：重庆大学出版社，2018.02.

[7] 娄娟，娄飞 . 风景园林专业综合实训指导 [M]. 上海：上海交通大学出版社，2018.08.

[8] 王国夫 . 园林花卉学 [M]. 杭州：浙江大学出版社，2018.12.

[9] 郭媛媛，邓泰，高贺，赖素文 . 园林景观设计 [M]. 武汉：华中科技大学出版社，2018.02.

[10] 黄茂如 . 黄茂如风景园林文集 [M]. 上海：同济大学出版社，2018.06.

[11] 骆明星，韩阳瑞，李星苇 . 园林景观工程 [M]. 北京：中央民族大学出版社，2018.06.

[12] 杨群，乐华 . 园林工程设计 [M]. 天津：天津大学出版社，2018.09.

[13] 曾筱，李敏娟 . 园林建筑与景观设计 [M]. 长春：吉林美术出版社，2018.01.

[14] 曾明颖，王仁睿，王早 . 园林植物与造景 [M]. 重庆：重庆大学出版社，2018.03.

[15] 陈新 . 美国风景园林纵横 [M]. 上海：同济大学出版社，2018.08.

[16] 马锦义 . 公园规划设计 [M]. 北京：中国农业大学出版社，2018.03.

[17] 刘利亚 . 景观规划与设计 [M]. 武汉：华中科技大学出版社，2018.05.

[18] 董卫，李百浩，王兴平 . 城市规划历史与理论 3[M]. 南京：东南大学出版社，2018.05.

[19] 陈从周 . 扬州园林与住宅纪念版 [M]. 上海：同济大学出版社，2018.11.

[20] 郭莲莲 . 园林规划与设计运用 [M]. 长春：吉林美术出版社，2019.01.

[21] 孔德静，张钧，胥明 . 城市建设与园林规划设计研究 [M]. 长春：吉林科学技术出版社，2019.05.

[22] 彭丽 . 现代园林景观的规划与设计研究 [M]. 长春：吉林科学技术出版社，2019.08.

[23] 李良，牛来春 . 普通高等教育“十三五”规划教材园林工程概预算 [M]. 北京：中国

农业大学出版社，2019.05.
[24] 秦红梅 . 天津大学建筑设计规划研究总院风景园林院作品集 [M]. 天津：天津大学出版社，2019.02.
[25] 何会流 . 园林树木 [M]. 重庆：重庆大学出版社，2019.09.
[26] 唐岱，熊运海 . 园林植物造景 [M]. 北京：中国农业大学出版社，2019.01.
[27] 武静 . 风景园林概论 [M]. 北京：中国建材工业出版社，2019.12.
[28] 武涛，王霞 . 风景园林专业英语 [M]. 重庆：重庆大学出版社，2019.05.
[29] 陆娟，赖茜 . 景观设计与园林规划 [M]. 延吉：延边大学出版社，2020.04.
[30] 陈晓刚 . 风景园林规划设计原理 [M]. 北京：中国建材工业出版社，2020.12.
[31] 李勤，牛波，胡炘 . 宜居园林式城镇规划设计 [M]. 武汉：华中科技大学出版社，2020.01.
[32] 李会彬，边秀举 . 高等院校风景园林专业规划教材草坪学基础 [M]. 北京：中国建材工业出版社，2020.09.
[33] 张秀省，高祥斌，黄凯 . 风景园林管理与法规第 2 版 [M]. 重庆：重庆大学出版社，2020.02.
[34] 张文婷，王子邦 . 园林植物景观设计 [M]. 西安：西安交通大学出版社，2020.08.
[35] 陈丽，张辛阳 . 风景园林工程 [M]. 武汉：华中科技大学出版社，2020.02.
[36] 王江萍 . 城市景观规划设计 [M]. 武汉：武汉大学出版社，2020.07.
[37] 丁慧君，刘巍立，董丽丽 . 园林规划设计 [M]. 长春：吉林科学技术出版社，2021.03.
[38] 张恒基，朱学文，赵国叶 . 园林绿化规划与设计研究 [M]. 长春：吉林人民出版社，2021.03.
[39] 于晓，谭国栋，崔海珍 . 城市规划与园林景观设计 [M]. 长春：吉林人民出版社，2021.06.
[40] 吕桂菊 . 高等院校风景园林专业规划教材植物识别与设计 [M]. 北京：中国建材工业出版社，2021.06.
[41] 陈晓刚 . 高等院校风景园林专业规划教材园林植物景观设计 [M]. 北京：中国建材工业出版社，2021.03.
[42] 姚岚，张少伟，雍东鹤，胡莹 . 中外园林史 [M]. 北京：机械工业出版社，2021.01.
[43] 祝建华 . 园林设计技法表现 [M]. 重庆：重庆大学出版社，2021.01.
[44] 王红英，孙欣欣，丁晗 . 园林景观设计 [M]. 北京：中国轻工业出版社，2021.02.